工业和信息产业高等教育教学指导委员会"十二五"规划教材
普通高等教育电子信息、机电类规划教材·电气类、机电类专业通用

工程制图

魏加兴
窦建玲　主编

汤志坚　主审

電子工業出版社·

Publishing House of Electronics Industry

北京·BEIJING

内 容 简 介

本书共 12 章,分别是制图基础知识、投影法基础、基本立体的投影、立体的截交线和相贯线、组合体视图、尺寸标注、机件的表达方法、轴测图、计算机绘图、标准件和常用件、零件图、装配图。本书每章都有相应的复习题目。另外,本书配有习题册一本,以供学习巩固所用。

为了方便教师教学,本书配有电子教学课件,课件针对各章节中的重点、难点以动画的形式给以表现,使其更加直观易懂,方便了教师的教学。电子课件中还配有习题册的答案,同样是把重点、难点的题目解答以动画的形式来表现,并配有大量的三维实体造型,让解题过程一目了然。

本书可作为高等本科院校、高等专科院校、高职院校电气类、机电类、工业设计、计算机、化工等相关专业的画法几何及机械制图课程的教材。

图书在版编目(CIP)数据

工程制图 / 魏加兴,窦建玲主编 . —北京:电子工业出版社,2012.5

普通高等教育电子信息、机电类规划教材

ISBN 978 – 7 – 121 – 15677 – 9

Ⅰ. ① 工… Ⅱ. ① 魏… ② 窦… Ⅲ. ① 工程制图 – 高等学校 – 教材 Ⅳ. ① TB23

中国版本图书馆 CIP 数据核字(2012)第 002026 号

策　　划:陈晓明
责任编辑:赵云峰　　特约编辑:张晓雪
印　　刷:北京虎彩文化传播有限公司
装　　订:北京虎彩文化传播有限公司
出版发行:电子工业出版社
　　　　　北京市海淀区万寿路 173 信箱　邮编 100036
开　　本:787×1092　1/16　印张:17　字数:435 千字
版　　次:2012 年 5 月第 1 版
印　　次:2023 年 7 月第 9 次印刷
定　　价:32.00 元

前　言

本书以培养应用型人才为出发点，以培养学生的徒手绘图、尺规作图和计算机绘图能力为重点。在内容编排上突出实用性，在掌握必要的基础理论前提下，重点放在识图、绘图能力的培养上。根据编者多年的教学实践经验，针对高等教育的特点，书中列举了大量的实例进行分析讲述，在教授识图、绘图的方法和经验的同时融入了基本原理的介绍。

本书具有以下特点：

（1）充分考虑学生对知识的接受性以及教师教学组织的便利性，精简了传统画法几何如点、线和面的投影、截交线、相贯线等相关内容，增加了计算机绘图的内容，加大了组合体的绘图和读图练习，整本书在内容上保持了简明性和先进性，结构上便于教师组织教学。

（2）选择典型、难易适中的例题，很好地表达相关内容，并联系生产实际，提高了教材的针对性和实用性，意在培养学生的创新意识，提高其创新设计的能力。

（3）为方便教师教学，本书配有 PPT 格式课件，教师可根据个人教学需要对课件进行再编辑，增强了课件的灵活性和实用性。课件将各章节中典型的重点、难点的例题以动画的形式分解讲述，使解题思路和过程清晰明了。在以动画形式解题的同时，还对相关内容进行了拓展，讲述了一道题目多种解法的思路与方法。

（4）本书配有习题册，并配备电子版标准答案。在标准答案中，同样将重点、难点的解题过程做成了动画，并配有所有习题的三维实体模型各角度的图片，方便辅助学生对题目的空间想象。

本书由桂林电子科技大学魏加兴、窦建玲主编。

参加本书编写的有：广西师范大学穆荣兵，桂林电子科技大学信息科技学院雷铭，桂林电子科技大学梁惠萍、梁璟。桂林电子科技大学汤志坚主审了本书内容，并提出修改意见。

本书虽经多次反复校对，错误之处在所难免，敬请读者批评指正。

编　者
2011 年 9 月

目　　录

第1章 制图基础知识

1.1 制图国家标准简介

图样是设计和制造产品的重要技术文件，是工程界表达和交流技术思想的共同语言。因此，图样的绘制必须遵守统一的规范，这个统一的规范就是技术制图和机械制图的中华人民共和国国家标准，简称国标，用 GB 或 GB/T（GB 为强制性国家标准，GB/T 为推荐性国家标准）表示，通常统称为制图标准。工程技术人员在绘制产品工程图样时必须严格遵守，认真贯彻国家标准。

国家标准对图纸幅面、绘图比例、图线、字体等均有明确规定。

1.1.1 图纸幅面及格式（GB/T14689－93）

1. 图纸幅面

图纸幅面是指图纸本身的大小规格。基本幅面有五种，分别用代号 A0、A1、A2、A3、A4 表示。绘制图样时，应优先采用表 1－1 中所规定的基本幅面，必要时可沿长边加长。A0、A2、A4 幅面的加长量按 A0 幅面长边的 1/8 的倍数增加；A1、A3 幅面的加长量按 A0 幅面短边的 1/4 的倍数增加，见图 1－1 中所示的细实线部分。A0、A1 幅面也允许同时加长两边，见图 1－1 中所示的虚线部分。

表 1－1 图纸幅面及边框尺寸   单位：mm

幅面代号	A0	A1	A2	A3	A4
$B \times L$	841×1189	594×841	420×594	297×420	210×297
e	20			10	
c	10			5	
a	25				

2. 图框格式

图框是图纸上所供绘图范围的边线。在图纸上用粗实线画图框，其格式分为不留装订边和留有装订边两种，其格式分别见图 1－2 和图 1－3 所示，其中 a、e、c 的数值见表 1－1。

3. 标题栏

每张图样上必须画出标题栏。标题栏的格式国家标准（GB/T10609.1—1989）已做了统一规定（如图 1－4 所示）。为了简便起见，学生制图作业可采用图 1－5 所示的标题栏格式。

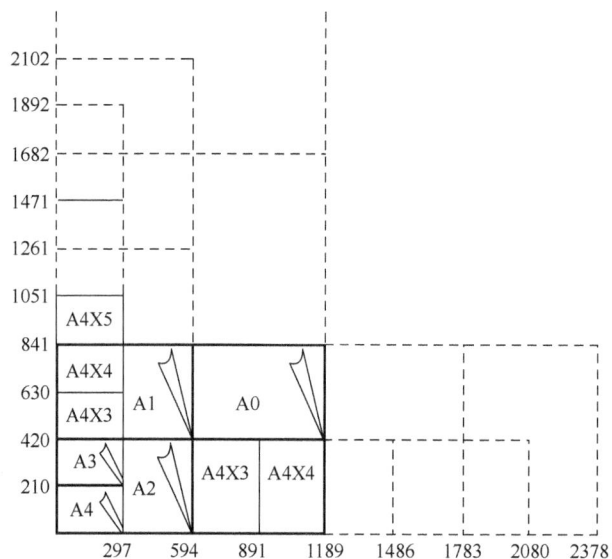

图 1-1　图纸幅面及加长幅面

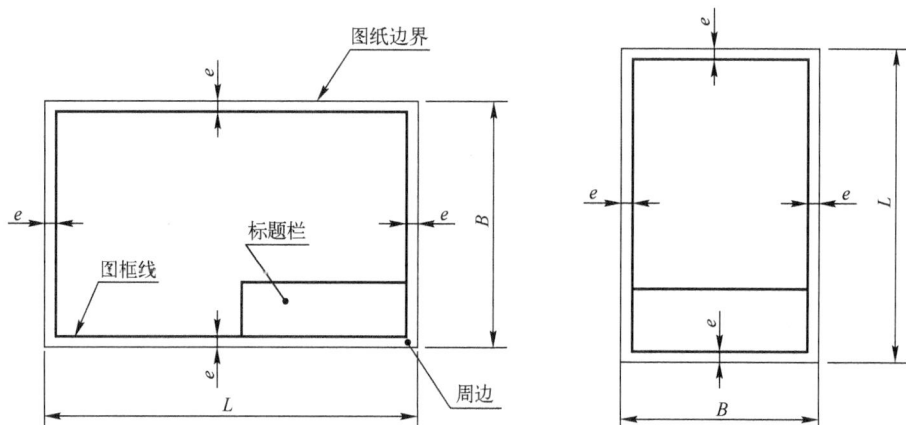

图 1-2　不留装订边的图框格式

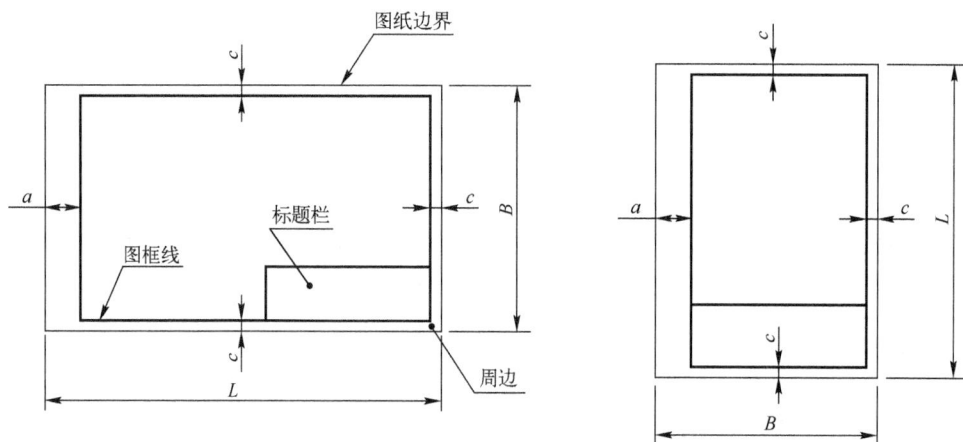

图 1-3　留装订边的图框格式

标题栏的外框是粗实线，右边和底边与图框重合，内部的分栏线用细实线绘制；填写的字体除名称用 10 号字外，其余均用 5 号字。

图 1-4　标题栏格式

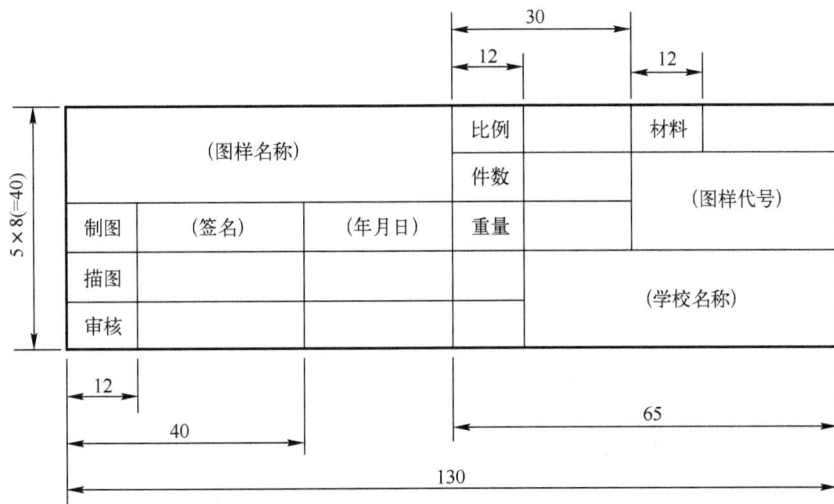

图 1-5　学生作业用标题栏

标题栏的位置一般位于图纸的右下角，如图 1-2、图 1-3 所示，看图的方向一般应与标题栏中文字的方向一致，但特殊需要时，也可将标题栏移于右上方，但需做标志，如图 1-6 所示。

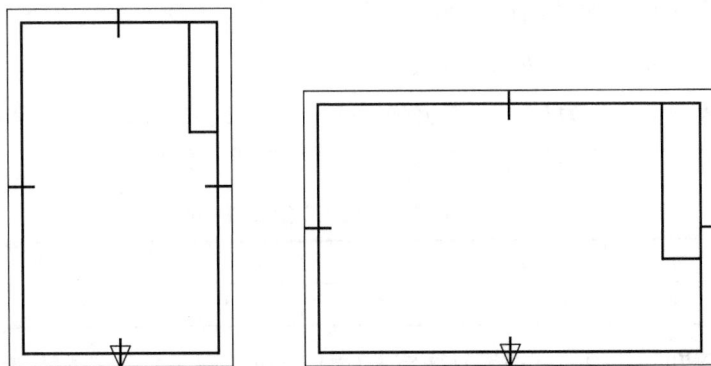

图 1-6　特殊情况的标题栏位置

1.1.2 比例（GB/T14690—1993）

比例是图形与实物相应要素的线性尺寸之比。

比例有三种类型：

（1）原值比例，图形尺寸等于实物尺寸，即1:1。

（2）放大比例，图形尺寸大于实物尺寸，如：2:1等。

（3）缩小比例，图形尺寸小于实物尺寸，如：1:2等。

绘制图样时，应从表1-2规定的系列中选取适当的比例。优先选择第1系列，必要时允许选取第2系列，为了能从图样上得到实物大小的真实概念，应尽量采用1:1的比例绘图，当形体不宜采用1:1绘制图样时，也可用缩小或放大比例画图。

同一机件的各个图形应采用相同的比例，并把所采用的比例标注在标题栏的比例栏中。

表1-2 比例类型

种　类	第1系列	第2系列
原值比例	1:1	
放大比例	$5:1$、　$2:1$、 $1 \times 10^n:1$　$5 \times 10^n:1$　$2 \times 10^n:1$	$2.5:1$、　$4:1$、 $2.5 \times 10^n:1$、　$4 \times 10^n:1$
缩小比例	$1:2$　$1:5$、　$1:10$ $1:2 \times 10^n$　$1:5 \times 10^n$　$1:1 \times 10^n$	$1:1.5$　$1:2.5$　$1:3$　$1:4$　$1:6$ $1:1.5 \times 10^n$　$1:2.5 \times 10^n$　$1:3 \times 10^n$　$1:4 \times 10^n$

若同一张图中某个图形采用了另一种比例，则应在该视图的下方或右侧标注比例，如：$\dfrac{I}{2:1}$、$\dfrac{A}{1:100}$、$\dfrac{B-B}{25:1}$、平面图1:100等。

1.1.3 字体（GB/T14691—1993）

在图样中除了表示物体形状的图形外，还需要用文字、数字和字母表示物体的大小、技术要求及其他说明等，国家标准对字体的大小和结构做了统一规定。

1. 图样基本要求

（1）字体书写必须做到：字体工整、笔画清楚、间隔均匀、排列整齐。

（2）字体的号数即字体的高度（用h表示）系列为：1.8、2.5、3.5、5、7、10、14、20mm。高度人于20mm的尺寸按$\sqrt{2}$比率递增。

（3）字体的宽度b一般为$h/\sqrt{2}$，参见表1-3。长仿宋字体的特点是：笔画横平竖直、起落分明、笔锋满格、字体结构匀称。书写时一定严格要求，认真书写。

表1-3 长仿宋体字高与字宽关系（mm）

字高	20	14	10	7	5	3.5
字宽	14	10	7	5	3.5	2.5

（4）拉丁字母和阿拉伯数字或罗马数字分成A型和B型。A型字体的笔画宽度b为字高的1/14；B型字体的笔画宽度b为字高的1/10。在同一图样上，只允许选用一种形式字体，

可写成直体和斜体，斜体字头向右倾斜，与水平基线成75°。

2. 字体实例

（1）汉字示例。

10 号字

字体工整 笔画清楚 间隔均匀 排列整齐

7 号字

横平竖直 注意起落 结构均匀 填满方格

5 号字

机械制图机械设计院校系专业姓名制图审核序号件数名称比例材料重量

（2）A 型拉丁字母大写斜体示例。

ABCDEFGHIJKLMNO
PQRSTUVWXYZ

（3）A 型拉丁字母小写斜体示例。

abcdefghijklmnop
qrstuvwxyz

（4）阿拉伯数字示例。

0123456789

（5）希腊字母示例。

$\alpha\beta\gamma\delta\varepsilon\zeta\eta\theta\vartheta\iota\kappa$
$\lambda\mu\nu\xi o\pi\rho\sigma$
$\upsilon\phi\varphi\chi\psi\omega$

1.1.4 图线类型及应用

1. 图线

国家标准（GB/T17450—1998）规定了各种线型的名称、形式及其画法。常见图线的名称、形式、宽度以及在图样上的应用如表 1-4 所示。

表 1-4　常见图线形式及应用

图线名称	图线形式	代号	图线宽度	主要用途
粗实线	——————	01.2	$b = 0.5 \sim 2$	可见轮廓线，可见棱边线
细实线	——————	01.1	$\approx b/3$	尺寸线，剖面线，引出线，过渡线
波浪线	∿∿∿	01.1	$\approx b/3$	断裂处边界线，视图与剖视图分界线
双折线	——〈〉——	01.1	$\approx b/3$	断裂处边界线，视图与剖视图分界线
虚线	- - - - - -	02.1	$\approx b/3$	不可见轮廓线，不可见棱边线
单点划线	—·—·—·—	04.1	$\approx b/3$	轴线，对称中心线，分度圆（线），轨迹线
双点划线	—··—··—	05.1	$\approx b/3$	相邻辅助零件的轮廓线，极限位置的轮廓线

2. 图线的宽度

图线分为粗、细两种，粗线的宽度为 b，细线的宽度约为 $b/3$。粗线的宽度 b 应根据图形的大小和复杂程度的不同，在 $0.5 \sim 2\text{mm}$ 之间选择。

图线宽度的推荐系列为：

0.13，0.18，0.25，0.35，0.5，0.7，1，1.4，2mm。

3. 图线的画法

（1）同一张图样中，同类图线的宽度应一致，虚线、细点划线、及双点划线的线段长度和间隔也应一致。

（2）两条平行线之间的最小间隙不得小于 0.7mm。

（3）点划线和双点划线的首末两端应是线段而不是短划，如图 1-7（a）所示。

（4）绘制圆的对称中心线时，应超出圆外 $2 \sim 5\text{mm}$；在较小的图形上绘制点划线或双点划线有困难时，可用细实线代替，如图 1-7（b）所示。

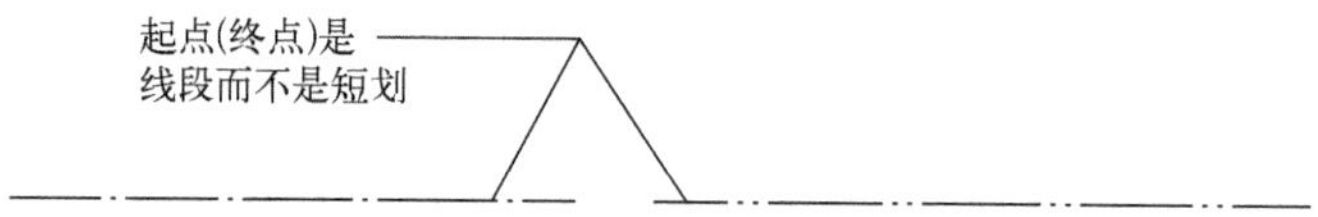

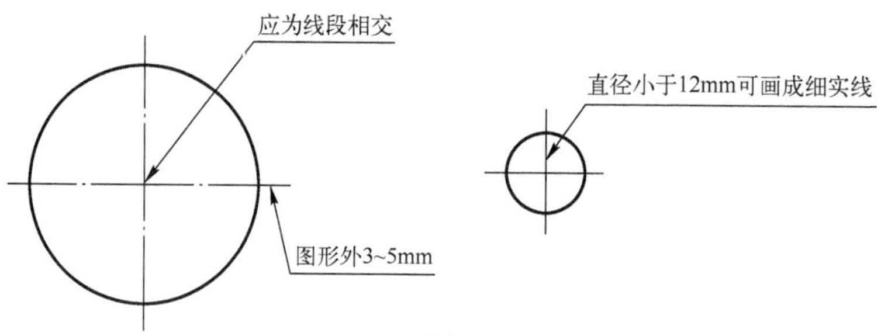

图 1-7　点划线、双点划线的画法

（5）虚线与虚线（或其他图线）相交时，应线段相交；若虚线是实线的延长线时，在连接处要分开，如图1-8所示。

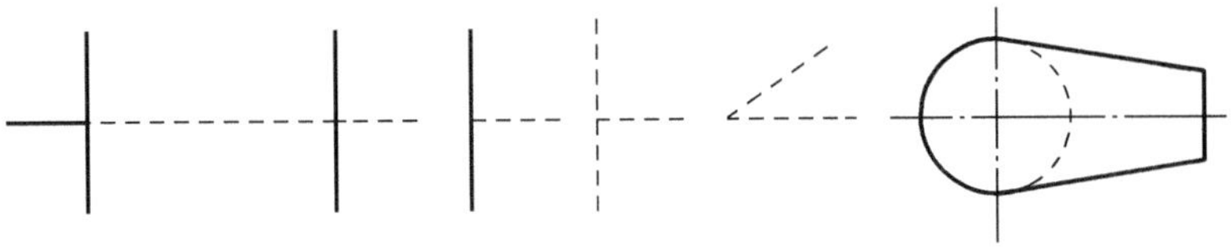

（a）正确的画法

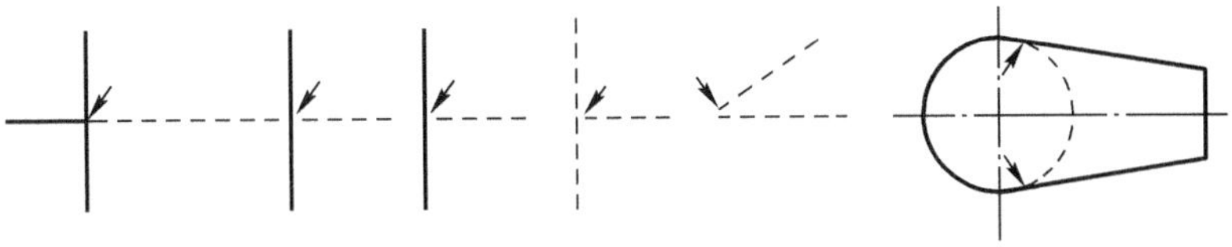

（b）错误的画法

图1-8　虚线的画法

1.2　绘图工具及作图方法

按照使用工具的不同，绘制图样可分为尺规绘图、徒手绘图和计算机绘图。尺规绘图是一种借助图板、丁字尺、三角板、绘图仪器等工具进行手工绘图的方法。为保证绘图质量，提高绘图速度，必须掌握绘图工具及仪器的正确使用方法。

1.2.1　绘图工具

1. 铅笔

通常铅芯有不同的硬度，分别用 B、H、HB 表示。标号 B、2B、…、6B 表示软铅芯，数字越大表示铅芯越软；标号 H、2H、…、6H 表示硬铅芯，数字越大表示铅芯越硬；HB表示不软不硬。画底稿时，一般用 H 或 2H，图形加深常用 B、2B 或 HB。削铅笔时应将铅笔尖削成锥形，铅芯露出长度为 6～8mm，注意不要削有标号的一端。

使用铅笔绘图时，用力要均匀，用力过小则绘图不清楚，用力过大则会划破图纸或在纸上留下凹痕甚至折断铅芯。画长线时，要一边画一边旋转铅笔，这样可以保持线条的粗细一致。画线时的姿势，从侧面看笔身要铅直，从正面看，笔身要倾斜约60°。

2. 图板

图板用于固定图纸，作为绘图的垫板，板面一定要平整，硬木工作边要保持笔直。图板大小有不同的规格，通常比相应的图幅略大，画图时板身略为倾斜比较方便。图纸的四角用胶带纸粘贴在图板上，位置要适中，如图1-9所示。

3. 丁字尺

丁字尺由尺头和尺身组成，是用来与图板配合画水平线的工具。图1-9中，尺身的工作边（有刻度的一边）必须保持平直光滑。在画图时，尺头只能紧靠在图板的左边上下移动，画出一系列的水平线，或结合三角板画出一系列的垂直线，如图 1-10 所示。

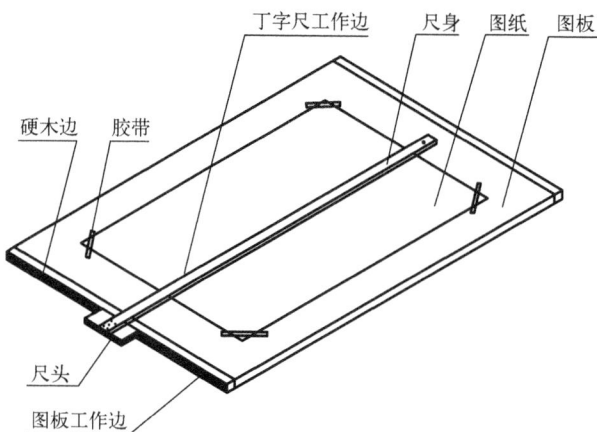

图 1-9　图板与丁字尺

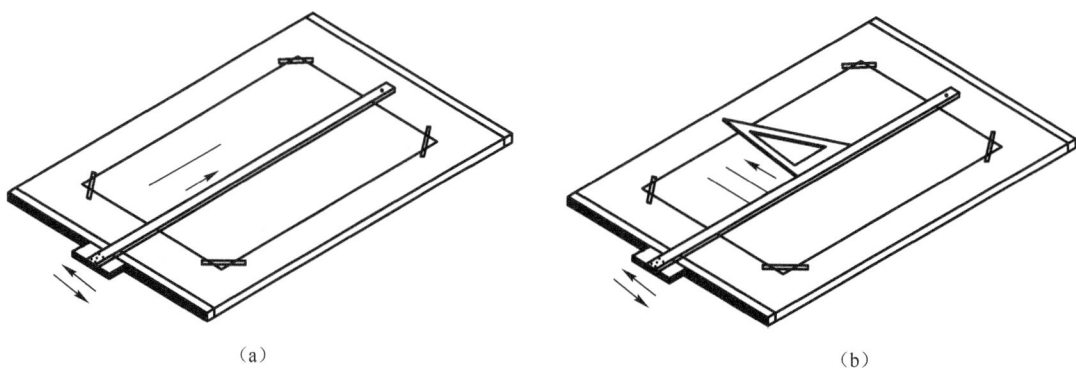

（a）

（b）

图 1-10　丁字尺的使用

4．三角板

一副三角板有 30°、60°、90° 和 45°、45°、90° 两块。三角板的长度有多种规格，如 25cm、30cm 等。绘图时应根据图样的大小，选用相应长度的三角板。三角板除了结合丁字尺画出一系列的垂直线外，还可以配合画出 15°、30°、45°、60° 及 75° 等角度的斜线，如图 1-11 所示。

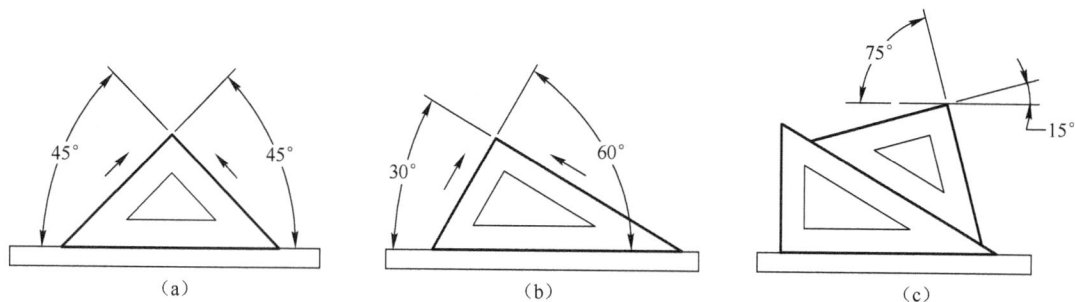

（a）

（b）

（c）

图 1-11　绘制 15°、30°、45°、60° 及 75° 的斜线

1.2.2　绘图仪器

1. 圆规

圆规用来画圆及圆弧。常见有大圆规、弹簧圆规和点圆规等三种，其中定圆心的一条腿的钢针，两端都为圆锥形，并可按需要适当调节长度；另一条腿的端部可按需要装上有铅芯的插腿，可绘制铅笔线圆（弧）；或装上墨线笔头的插腿可绘制墨线圆（弧）。

当使用铅芯绘图时，应将铅芯削成斜圆柱状，斜面向外，同时应先调整针脚，使针尖略长于铅芯，且插针和铅芯脚都与纸面保持垂直。画大圆时，可加上延伸杆。如图 1-12 所示。

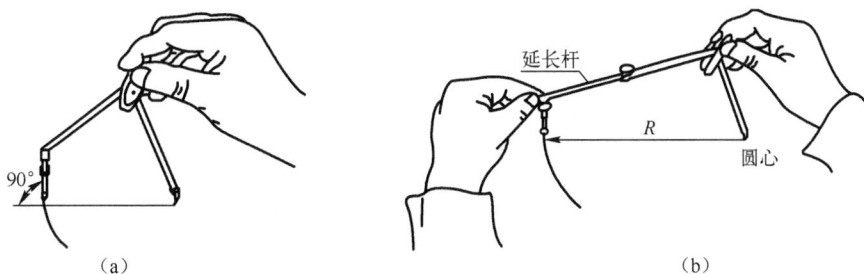

（a）　　　　　　　　　　　　　　　　　　　（b）

图 1-12　圆规的使用方法

2. 分规

分规的形状与圆规相似，只是两腿都装有钢针，当分规两腿合拢时，两针尖迎合成一点，如图 1-13（a）所示，分规用来量取线段的长度，或用来等分直线段或圆弧，如图 1-13（b）所示。

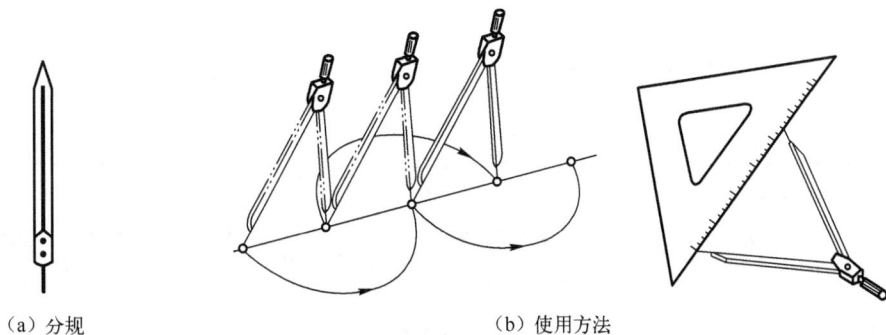

（a）分规　　　　　　　　　　（b）使用方法

图 1-13　分规及其使用方法

7. 其他

绘图时常用的其他用品还有图纸、小刀、橡皮、擦线板、胶带纸、细砂纸、排笔、专业模板、数字模板和字母模板等。

1.3　几何作图

工程图样的图形是由直线、圆弧和其他曲线所组成的几何图形，只有熟练地掌握各种几何图形的作图原理和方法，才能更快更好地手工绘制各种工程图样。下面介绍几种基本的几何作图方法。

1.3.1　平行线和垂直线的画法（如图1-14所示）

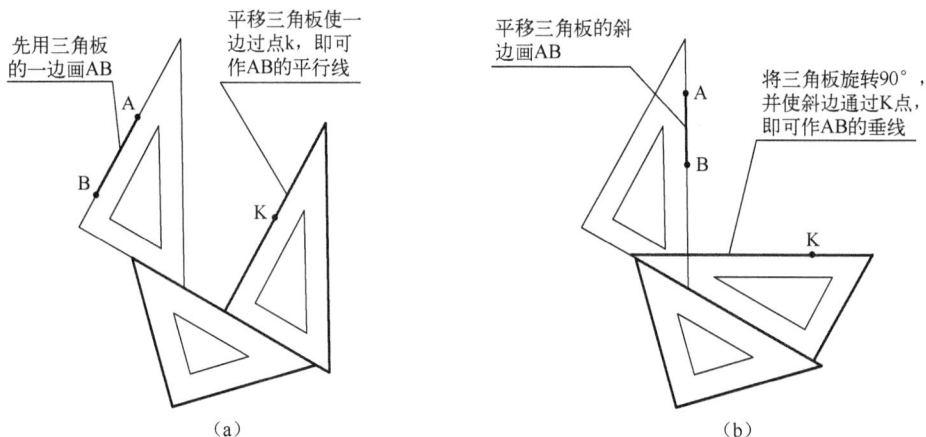

图1-14　平行线和垂直线的画法

1.3.2　斜度

斜度表示一直线（或平面）对另一直线（或平面）的倾斜程度，在图样中以 $1:n$ 的形式标注，图1-15为斜度的作图方法。

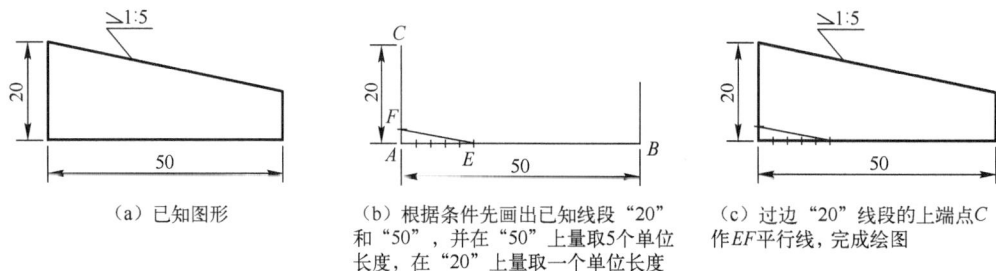

（a）已知图形　　（b）根据条件先画出已知线段"20"和"50"，并在"50"上量取5个单位长度，在"20"上量取一个单位长度　　（c）过边"20"线段的上端点 C 作 EF 平行线，完成绘图

图1-15　斜度的画法

1.3.3　锥度

锥度表示正圆锥的底圆直径与圆锥高度之比，在图样中以 $1:n$ 的形式标注，图1-16所示为锥度的作图方法。

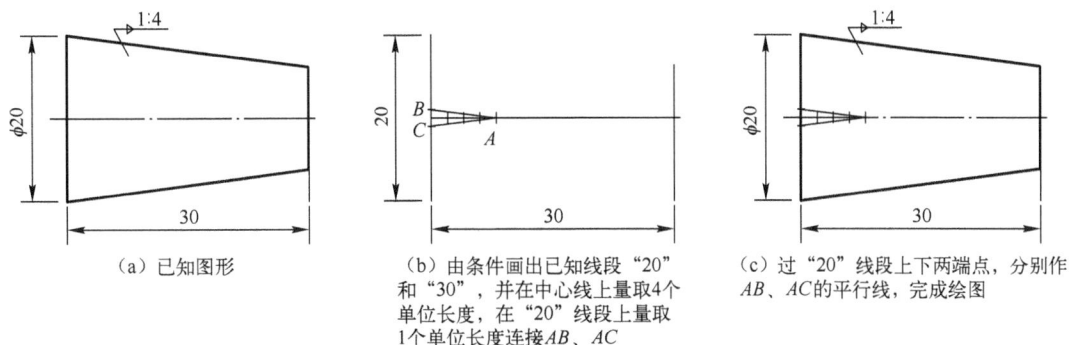

（a）已知图形

（b）由条件画出已知线段"20"
和"30"，并在中心线上量取4个
单位长度，在"20"线段上量取
1个单位长度连接AB、AC

（c）过"20"线段上下两端点，分别作
AB、AC的平行线，完成绘图

图 1-16　锥度的画法

1.3.4　圆弧连接

画零件的轮廓时，常遇到用已知半径的圆弧光滑地连接两条已知线段（直线或圆弧）的情况，其作图方法称为圆弧连接。

这里的光滑连接，在几何里就是相切的作图问题，连接点就是切点。作图的关键是要准确地求出连接圆弧的圆心和连接点（切点）。作图步骤概括为以下 3 点：

（1）求连接圆弧的圆心。

（2）求连接点。

（3）连接并擦去多余部分。

圆弧连接的基本作图方法如下：

1. 作一圆弧连接两直线

与已知直线相切的圆，其圆心轨迹是一条与该直线平行的直线，两线的距离等于半径 R（见图 1-17）。由此可以得出如下作图方法：

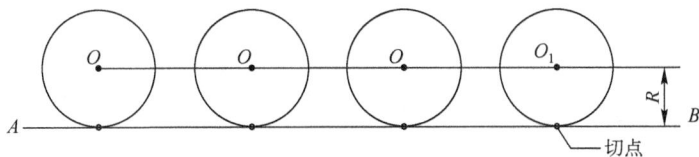

图 1-17　圆与直线相切

（1）已知两直线 L、M，连接圆弧半径为 R，如图 1-18（a）所示。

（2）分别作与直线 L、M 距离为 R 的平行线 L_1、M_1，相交于 O 点，如图 1-18（b）所示。

（3）过 O 分别作直线 L、M 的垂线，垂足为 A、B，如图 1-18（c）所示。

（4）以 O 为圆心，只为半径画弧，使圆弧通过 A、B 两点，擦去多余部分，完成作图，如图 1-18（d）所示。

两直线 L、M，可以是正交，也可以是斜交，作图方法是一样的。

2. 作圆弧连接一点与另一圆弧

半径为 R 的圆与半径为 R_1 的已知圆相外切，其圆心轨迹为已知圆的同心圆，半径为 R + R_1，切点 K 为两圆的连心线与圆弧的交点，如图 1-19 所示。

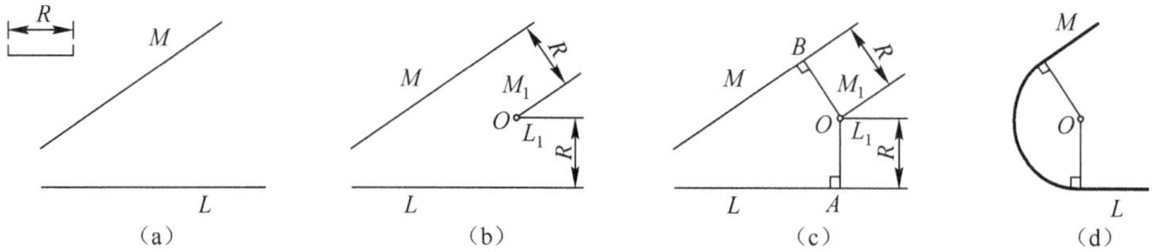

图 1-18 作一圆弧连接两直线

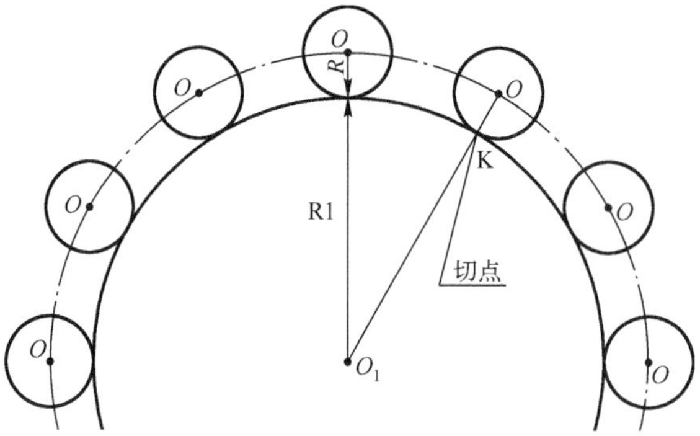

图 1-19 圆与圆外切的几何关系

（1）已知一点 A 和一圆弧 O_1，连接圆弧半径为 R，如图 1-20（a）所示。

（2）作图步骤如下：

① 分别以 A、O_1 为圆心，以 R、$R + R_1$ 为半径画弧，相交于 O 点，如图 1-19（b）所示。

② 连接 O_1、O，交已知圆弧于 B 点，如图 1-20（b）所示。

③ 以 O 为圆心，R 为半径画弧 O_1，使圆弧通过 A、B 两点，擦去多余部分，完成作图，如图 1-20（c）所示。

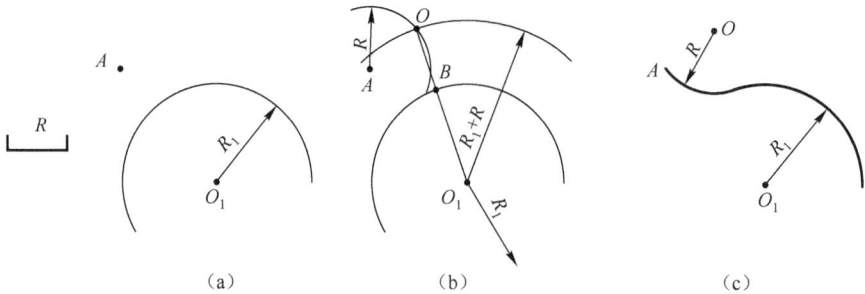

图 1-20 作圆弧连接一点与另一圆弧

3. 作圆弧连接一直线与另一圆弧

（1）已知一直线 L 和一圆弧 O_1，连接圆弧半径为 R，如图 1-21（a）所示。

（2）作图步骤如下：

① 作与直线 L 距离为 R 的平行线 L_1，以 O_1 为圆心，$R + R_1$ 为半径画弧，交 L_1 于 O 点，如图 1-21（b）所示。

② 过 O 作直线 L 的垂线，垂足为 A；连接 O、O_1，交已知圆弧于 B 点，如图 1-21（c）所示。

③ 以 O 为圆心，R 为半径画弧，使圆弧通过 A、B 两点，擦去多余部分，完成作图，如图 1-21（d）所示。

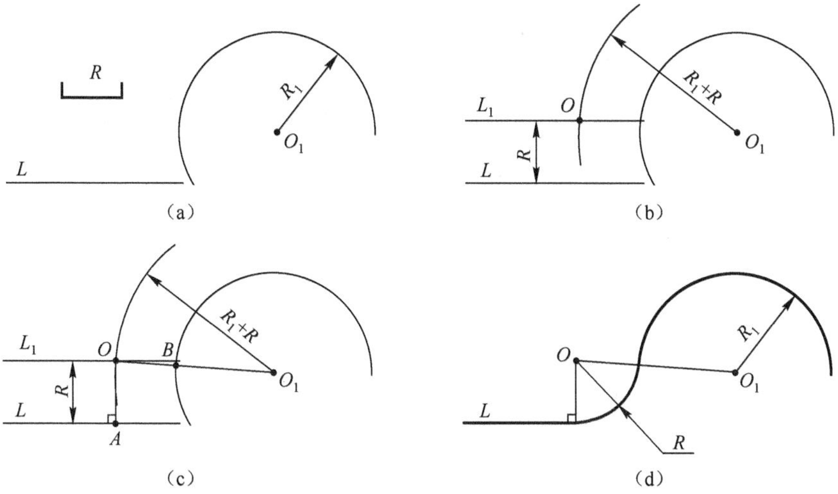

图1-21　作圆弧连接一直线与另一圆弧

4. 作圆弧与两已知圆弧外切连接

（1）已知两圆弧 O_1、O_2，连接圆弧半径为 R，如图1-22（a）所示。

（2）作图步骤如下：

① 分别以 O_1、O_2 为圆心，以 $R+R_1$、$R+R_2$ 为半径画弧，相交于 O 点，如图1-22（b）所示。

② 连接 O、O_1，交圆弧 O_1 于 A 点；连接 O、O_2，交圆弧 O_2 于 B 点，如图1-22（c）所示。

③ 以 O 为圆心，R 为半径画弧，使圆弧通过 A、B 两点，擦去多余部分，完成作图，如图1-22（d）所示。

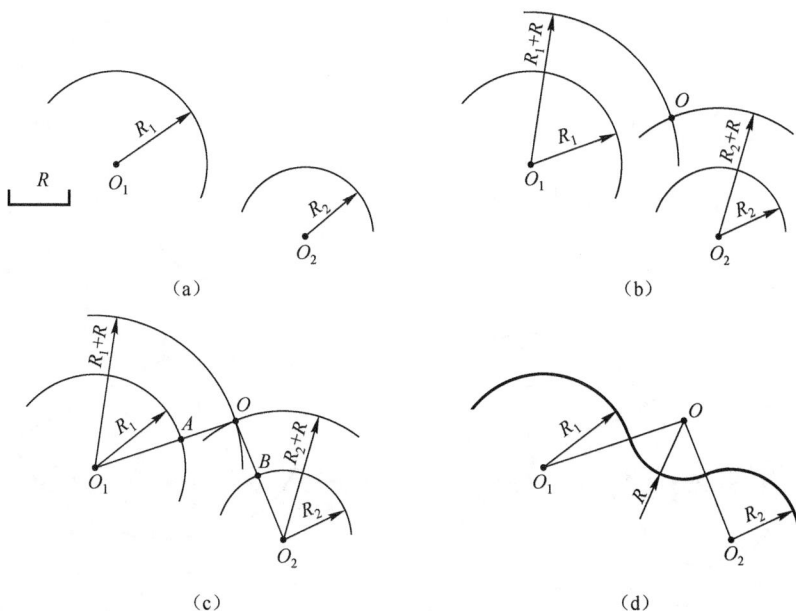

图1-22　作圆弧与已知两圆弧外切连接

5. 作圆弧与两已知圆弧内切连接

半径为 R 的圆与半径为 R_1 的已知圆相内切,其圆心轨迹为已知圆的同心圆,半径为 $|R_1 - R|$。切点 K 为两圆的连心线与圆弧的交点,如图 1-23 所示。

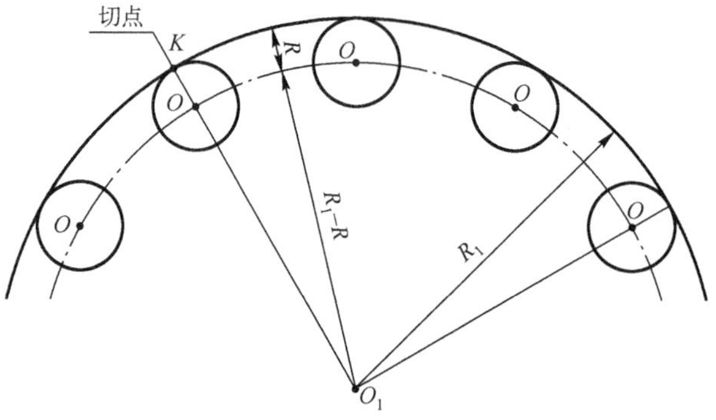

图 1-23　圆与圆内切的几何关系

(1)已知两圆弧 O_1、O_2,连接圆弧半径为 R,如图 1-24(a)所示。

(2)作图步骤如下:

① 分别以 O_1、O_2 为圆心,以 $R - R_1$、$R - R_2$ 为半径画弧,相交于 O 点,如图 1-24(b)所示。

② 连接 O、O_1,交圆弧 O_1 于 A 点;连接 O、O_2,交圆弧 O_2 于 B 点,如图 1-24(c)所示。

③ 以 O 为圆心,R 为半径画弧,使圆弧通过 A、B 两点,擦去多余部分,完成作图,如图 1-24(d)所示。

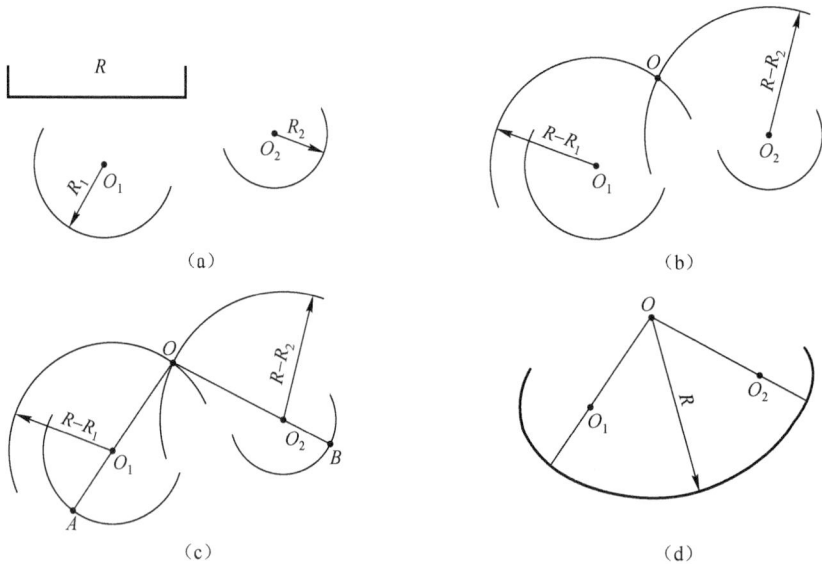

(a)　　　　　　　　　　　(b)

(c)　　　　　　　　　　　(d)

图 1-24　作圆弧与已知两圆弧外切连接

6. 作圆弧与一已知圆弧内切连接，与另一圆弧外切连接

（1）已知两圆弧 O_1、O_2，连接圆弧半径为 R，如图 1-25（a）所示。

（2）作图步骤如下：

① 分别以 O_1、O_2 为圆心，以 $R-R_1$、$R+R_2$ 为半径画弧，相交于 O 点，如图 1-25（b）所示。

② 连接 O、O_1，交圆弧 O_1 于 A 点；连接 O、O_2，交圆弧 O_2 于 B 点，如图 1-25（b）所示。

③ 以 O 为圆心，R 为半径画弧，使圆弧通过 A、B 点，擦去多余部分，完成作图，如图 1-25（c）所示。

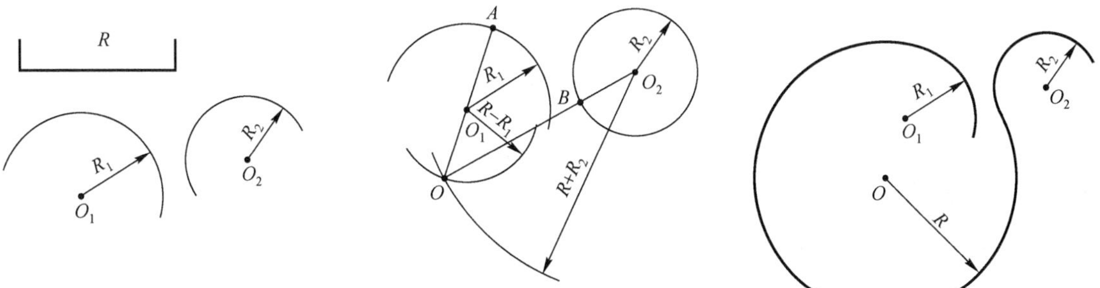

（a）　　　　　　　　　（b）　　　　　　　　　（c）

图 1-25　作圆弧与一已知圆弧内切连接，与另一圆弧外切连接

1.3.5　作已知圆的内接正五边形

（1）已知圆 O，如图 1-26（a）所示。

（2）作图步骤如下：

① 求出半径 OF 的中点 G，以 G 为圆心，GA 为半径画弧，交水平直径于点 H，如图 1-26（b）所示。

② 以 AH 为截取长度，由点 A 开始将圆周截取为 5 等分，依次连接 AB、BC、CD、DE、EA，如图 1-26（c）所示。

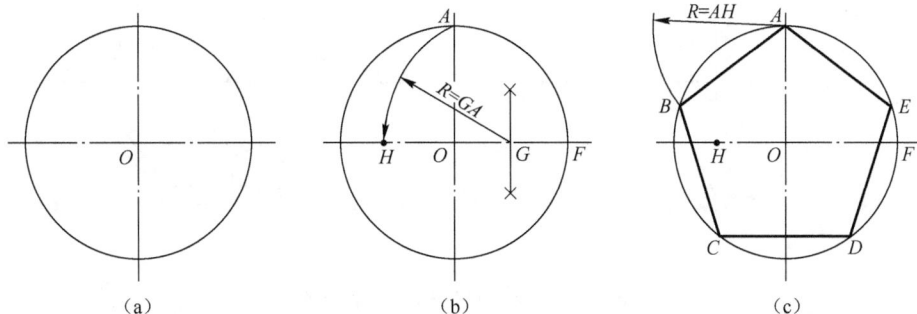

（a）　　　　　　　　　（b）　　　　　　　　　（c）

图 1-26　作圆 O 的内接正五角星

1.3.6　作已知圆的内接正六边形

（1）已知圆 O，如图 1-27（a）所示。

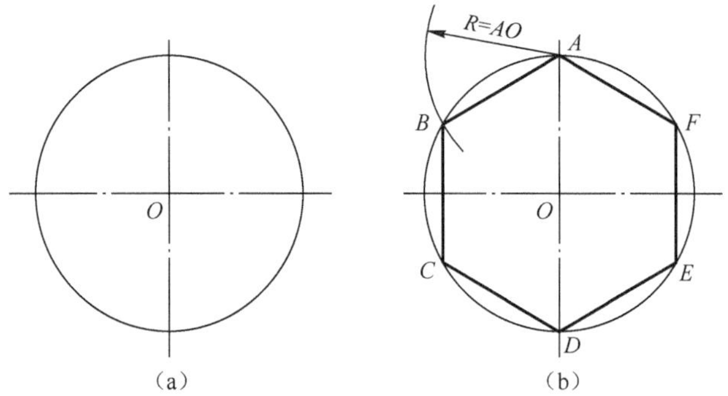

图 1-27　作圆 O 的内接正六边形

（2）作图步骤：以圆 O 半径 R 为截取长度，由 A 点（可以是圆周上的任一点）开始将圆周截取为六等分，顺次连接 A、B、C、D、E、F、A，即为所求，如图 1-27（b）所示。

1.3.7　作已知圆的内接正七边形（近似画法）

（1）已知圆 O，如图 1-28（a）所示。

（2）作图步骤如下：

① 将已知圆 O 的垂直直径 AN 7 等分，得等分点 1、2、3、4、5、6，如图 1-28（a）所示。

② 以 N 为圆心，NA 为半径作弧，与圆 O 水平中心线的延长线交得 M_1、M_2，如图 1-28（a）所示。

③ 过 M_1、M_2 分别向等分点 2、4、6 引直线，并延长到与圆周相交，得 B、C、D、G、F、G 点，如图 1-28（b）所示。

④ 由 A 点开始，顺次连接 A、B、C、D、E、F、G、A 即为所求，如图 1-28（b）所示。

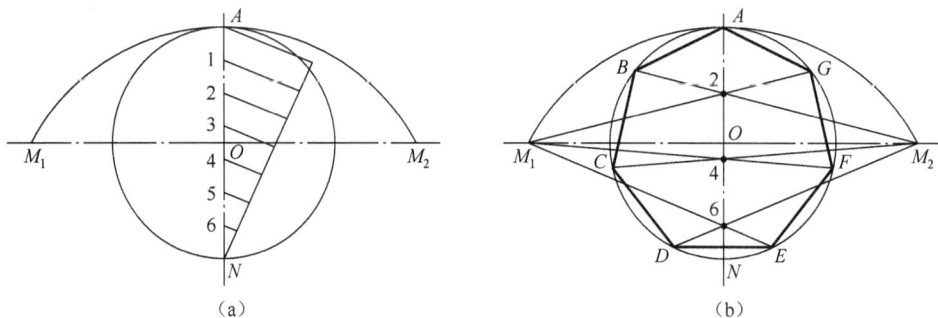

图 1-28　作圆 O 的内接正七边形

1.3.8 过已知点作圆的切线

（1）已知圆 O 以及圆外一点 A，如图 1-29（a）所示。

（2）作图步骤如下：（提示：直径对应的圆周角为 90°）。

① 连接 AO，作 AO 垂直平分线，得中点 N，如图 1-29（b）所示。

② 以 N 为圆心，NA（NO）为半径画圆，与已知圆 O 交于 B、C 两点，连接 AB、AC 即为所求，如图 1-29（c）所示。

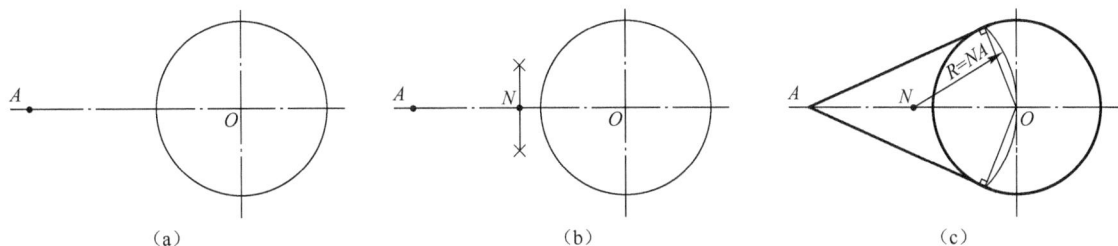

（a） （b） （c）

图 1-29 过已知点作圆的切线

1.3.9 椭圆近似画法

1. 同心圆法作椭圆

（1）已知椭圆的长轴 AB 和短轴 CD，如图 1-30（a）所示。

（2）作图步骤如下：

① 分别以 AB 和 CD 为直径作大小两圆，并将两圆周分为 12 等分（也可是其他若干等分），如图 1-30（b）所示。

② 由大圆各等分点作竖直线，与由小圆各对应等分点所作的水平线相交，得椭圆上各点，用曲线板（或徒手）连接起来即为所求，如图 1-30（c）所示。

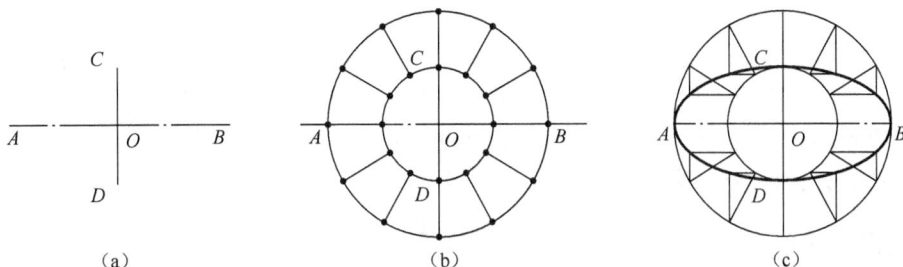

（a） （b） （c）

图 1-30 同心圆法作椭圆

2. 四心法作椭圆

（1）已知椭圆的长轴 AB 和短轴 CD，如图 1-31（a）所示。

（2）作图步骤如下：

① 以 O 为圆心，OA 为半径，作圆弧，交 DC 延长线于点 E，连接 AC；以 C 为圆心，

CE 为半径，画弧交 CA 于点 F，如图 1-31（b）所示。

② 作 AF 的垂直平分线，交 AO 于 O_1，交 DO 于 O_2，在 OB 上截取 $OO_3 = OO_1$，在 OC 上截取 $OO_4 = OO_2$，如图 1-31（c）所示。

③ 分别以 O_1、O_2、O_3、O_4 为圆心，O_1A、O_2C、O_3B、O_4D 为半径作圆弧，使各弧在 O_2O_1、O_2O_3、O_4O_1、O_4O_3 的延长线上的 G、J、H、I 四点处连接，如图 1-31（d）所示，

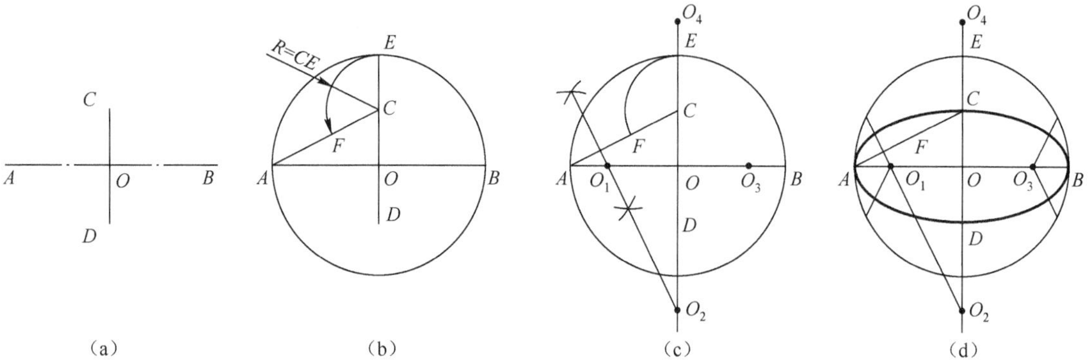

（a）　　　　　　　（b）　　　　　　　（c）　　　　　　　（d）

图 1-31　四心法作椭圆

1.4　平面图形绘制方法和步骤

一般平面图形都是由若干线段（直线或曲线）连接而成。要正确绘制一个平面图形，必须对平面图形进行尺寸分析和线段分析。

1.4.1　平面图形的尺寸分析

尺寸按其在平面图形中所起的作用，可分为定形尺寸和定位尺寸两类。确定图形各部分大小的尺寸称为定形尺寸，而用于表示各几何图形之间相对位置的尺寸称为定位尺寸，要确定平面图形中线段的相对位置，还要引入尺寸基准的概念。

1．尺寸基准

确定尺寸位置的点、线、面称为尺寸基准，也就是注写尺寸的起点。对于平面图形，应分别按水平方向和竖直方向确定一个尺寸基准。尺寸基准往往可用对称图形的对称中心线、图形的底边和侧边、较大圆的中心线等。如在图 1-32 所示的平面图中，水平方向、竖直方向的尺寸基准分别取 $\phi56$ 圆的竖直中心线和水平中心线。

2．定形尺寸

确定平面图形各组成部分的形状大小的尺寸称为定形尺寸。如确定直线的长度、角度的大小、圆弧的半径（直径）等的尺寸。图 1-32 中所示 $\phi56$、$\phi48$、$R80$、$R14$、$R24$ 及 32 等都是定形尺寸。

3．定位尺寸

确定平面图形各组成部分相对位置的尺寸，称为定位尺寸。如图 1-32 中所示 30、50、90 等都是定位尺寸。

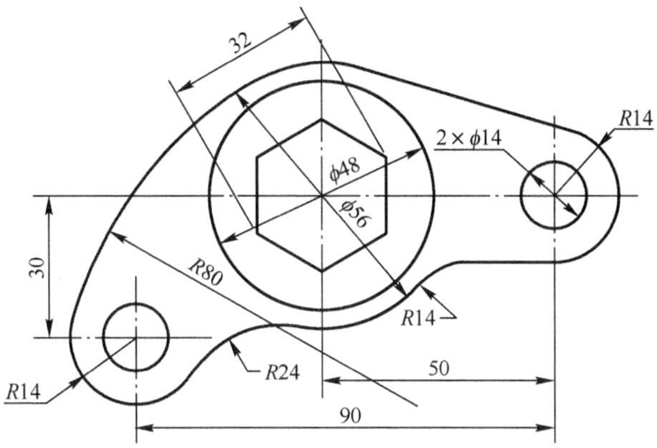

图 1-32 平面图形的尺寸分析

1.4.2 平面图形的线段分析

根据线段在图形中的定形尺寸和定位尺寸是否齐全，通常分成三类线段，即已知线段、中间线段和连接线段。

1. 已知线段

已知线段是根据给出的尺寸可直接画出的线段。如图 1-32 中的 $\phi56$、$\phi48$、32、$\phi14$、$R14$ 等都是已知线段。

2. 中间线段

中间线段是指缺少一个尺寸，需要依据另一端相切或相接的条件才能画出的线段。

3. 连接线段

连接线段是指缺少两个尺寸，完全依据两端相切或相接的条件才能画出的线段，如图 1-32 中所示的 $R80$、$R24$ 圆弧等都是连接线段。

在绘制平面图形时，应先画已知线段，再画中间线段，最后画连接线段。

1.4.3 平面图形的作图步骤

（1）选定比例，布置图面，使图形在图纸上位置适中。

（2）画出基准线。

（3）画出已知线段。

（4）画出中间线段。

（5）画出连接线段。

（6）分别标注定形尺寸和定位尺寸。

例 1-1 画出如图 1-32 所示的平面图形。

解：

（1）分析、布置图形：定出图形各部分的基准线（轴线、对称线等），如图 1-33（a）

所示。

　　（2）画出已知线段，如图 1-33（b）所示。

　　（3）画出中间线段和连接线段，如图 1-33（c）所示。

　　（4）描深，如图 1-33（d）所示。

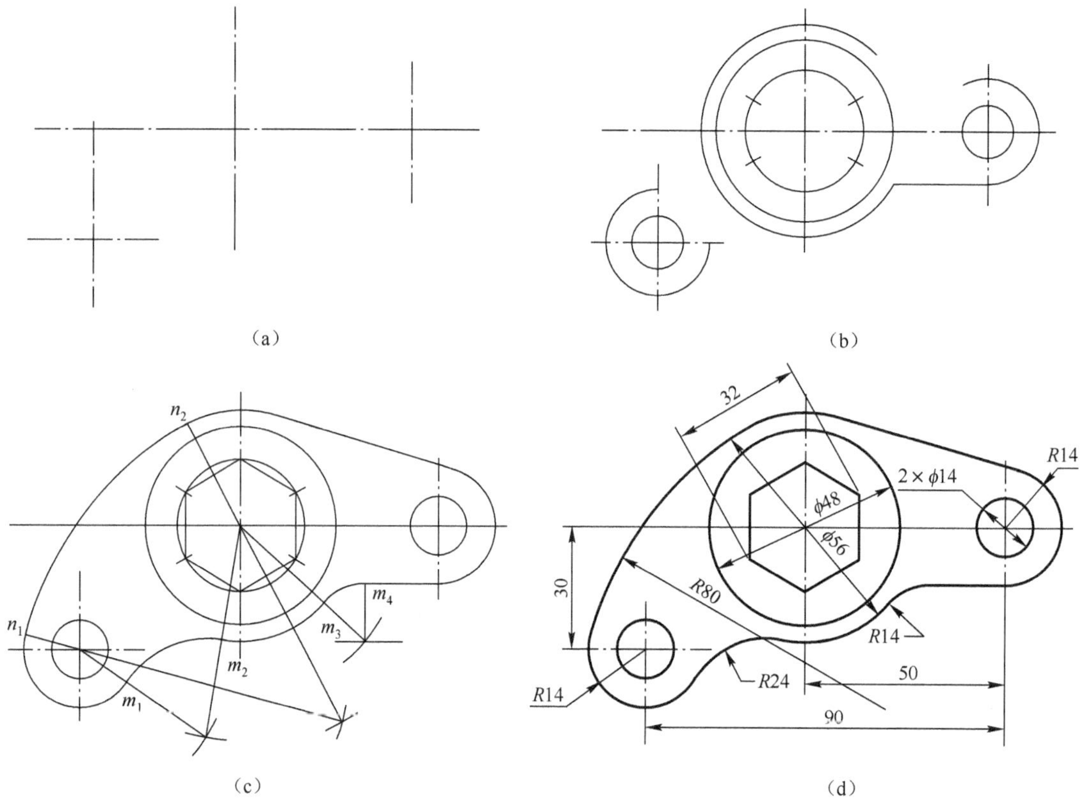

（a）

（b）

（c）

（d）

图 1-33　平面图形的画图步骤

第2章 投影法基础

2.1 投影法基本知识

2.1.1 投影的形成

当物体被光照射后，在地面或墙面会产生影子，这种现象叫做投影。经过科学的总结、概况，逐步形成了投影方法。如图 2-1 所示，S 为投影中心，A 为空间点，平面 P 为投影面，S 与 A 的连线为投射线，SA 的延长线与平面 P 的交点 a 称为 A 点在平面 P 上的投影，这种产生图像的方法叫做投影法。投影法是在平面上表示空间形体的基本方法之一，它广泛地应用于工程图样中。

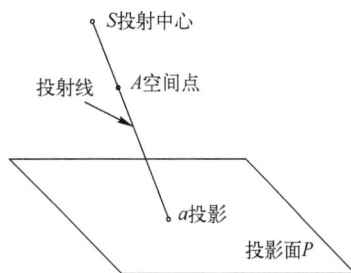

图 2-1 投影法

2.1.2 投影法分类

投影法一般可分为中心投影法和平行投影法两类。

1. 中心投影法

当投影中心距离投影面为有限远时，所有的投影线都汇交于一点，这种投影法称为中心投影法，如图 2-2 所示，用这种方法所得的投影称为中心投影。

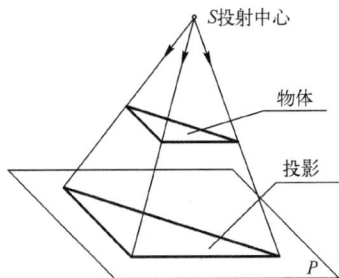

图 2-2 中心投影

2. 平行投影法

当投影中心距离投影面为无限远时，所有的投影线均可看做互相平行，这种投影法称为平行投影法，如图 2-2 所示。根据投影线与投影面的倾角不同，平行投影法又分为斜投影法和正投影法两种。

（1）斜投影法：当投影线倾斜于投影面时，称为斜投影法，如图 2-3（a）所示。用这种方法所得的投影称为斜投影。

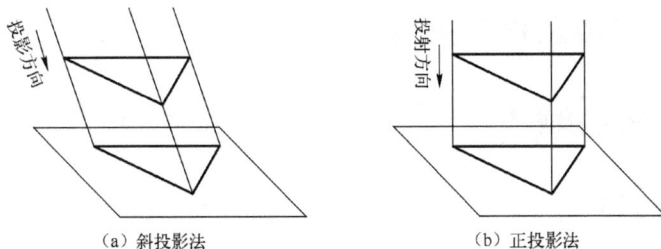

（a）斜投影法 　　　　（b）正投影法

图 2-3 平行投影法

（2）正投影法：当投影线垂直于投影面时，称为正投影法，如图2-3（b）所示。用这种方法所得的投影称为正投影。

2.1.3 正投影的特征

1. 实形性：当直线线段或平面图形平行于投影面时，其投影反映实长或实形，如图2-4（a）、（b）所示。

2. 积聚性：当直线或平面垂直于投影面时，其投影积聚为一点或一直线，如图2-4（c）、（d）所示。

3. 类似性：当直线或平面倾斜于投影面时，其投影小于实长或不反映实形，但与原形类似，如图2-4（e）、（f）所示。

4. 平行性：空间互相平行的两直线在同一投影面上的投影保持平行，如图2-4（g）所示，$AB /\!/ CD$，则，$ab /\!/ cd$。

5. 从属性：若点在直线上，则点的投影必在直线的投影上，如图2-4（e）中 C 点在 AB 上，C 点的投影 c 必在 AB 的投影 ab 上。

6. 定比性：直线上一点所分直线线段的长度之比等于它们的投影长度之比；两平行线段的长度之比等于它们没有积聚性的投影长度之比，如图2-4（e）中 $AC : CB = ac : cb$，图（g）中 $AB : CD = ab : cd$。

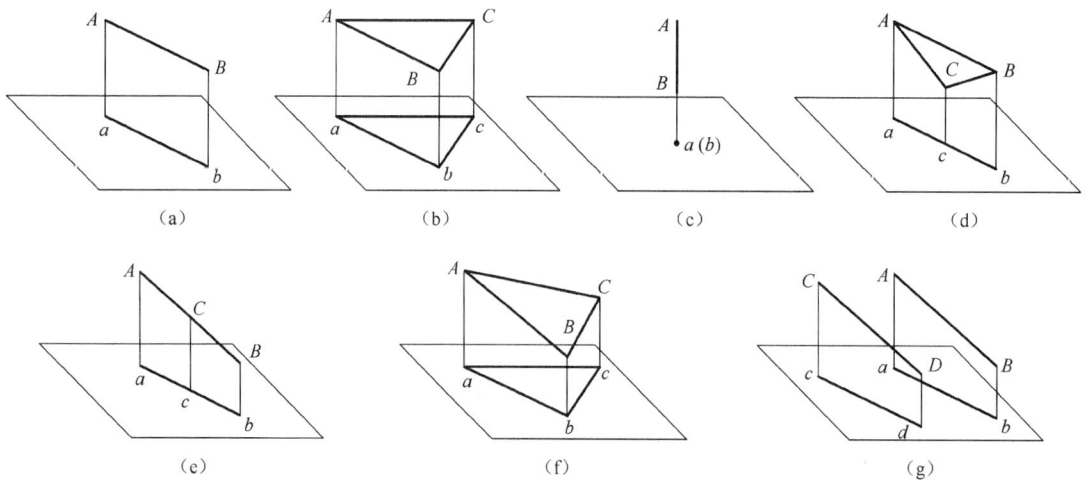

图 2-4　正投影的特性

以上性质，虽以正投影为例，其实适用于所有的平行投影。

2.2　三视图的形成及投影关系

2.2.1　三视图的形成

1. 物体的一面投影

如图2-5所示，在长方体的下面放一个水平投影面 H（简称 H 面），在水平投影面上的投影称为水平投影。从图中可看出，长方体的水平投影只反映长方体的长度和宽度，不能反映其高度，因此不能反映其形状。由此可以得出结论：物体的一面投影不能确定物体的形状。

2. 物体的两面投影

如图 2-6 所示，在水平投影面 H 的基础上，建立一个与其垂直的正立投影面（简称 V 面），在正立投影面上的投影称为正面投影。从图中可看出，水平投影反映长方体的上、下底面实形，正面投影反映长方体前、后侧面的实形，而长方体的左、右侧面并未反映出来。

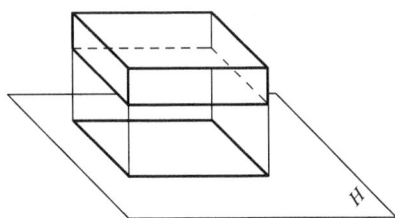

图 2-5　物体的一面投影　　　　　图 2-6　长方体的两面投影

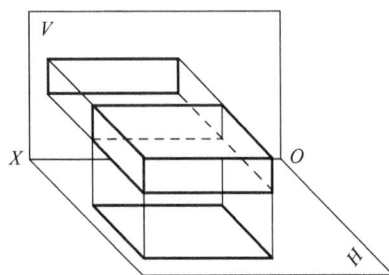

图 2-7 所示的三棱柱的水平投影和正面投影与图 2-6 所示的长方体的水平投影和正面投影完全相同，所以只根据两面投影无法确定所表达的形体是长方体还是三棱柱体，或者是其他形状的物体。因此可得出结论：物体的两面投影有时也不能唯一确定物体的形状。

3. 物体的三面投影

如图 2-8 所示，在 H 面、V 面的基础上再建立一个与 H 面、V 面都互相垂直的侧立投影面（简称 W 面），在侧立投影面上的投影称为侧面投影。由正面、水平面和侧面投影所确定的形体形状是唯一的。因此可以得出结论：通常情况下，物体的三面投影，可以唯一确定物体的形状。

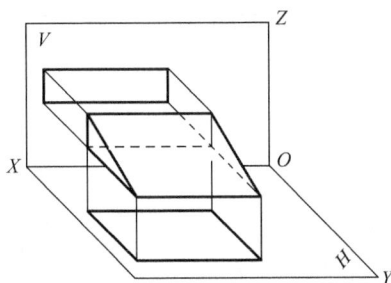

图 2-7　三棱柱的两面投影　　　　　图 2-8　物体的三面投影

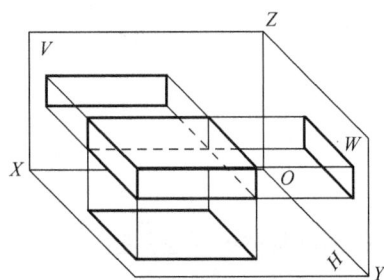

V 面、H 面和 W 面共同组成一个三面投影体系，三投影面两两相交的交线 OX、OY 和 OZ 称为投影轴，三投影轴的交点称为原点 O。

4. 三视图的形成

将物体置于三面投影体系中，使底面与水平面平行，前面与正面平行，用正投影法分别向三个投影面进行投影，得到物体的三视图，如图2-9（a）所示，即：

主视图：由物体的前面向后投影，在正立投影面（V面）上得到的图形。

俯视图：由物体的上面向下投影，在水平投影面（H面）上得到的图形。

左视图：由物体的左面向右投影，在侧立投影面（W面）上得到的图形。

为使三个视图画在同一个图纸平面上，必须把三个投影面展开，展开的方法如图2-9（b）所示，将物体从三面投影体系中移出，V面保持不动，H面绕OX轴向下旋转90°（随H面旋转的OY轴用OY_H表示）；W面绕OZ轴向右旋转90°（随W面旋转的OY轴用OY_W表示），使V面、H面和W面摊平在同一个平面上，如图2-9（c）所示。实际作图时，只需画出物体的三个投影而不需画投影面边框线，能熟练作图后，三条轴线亦可省去，如图2-9（d）所示。

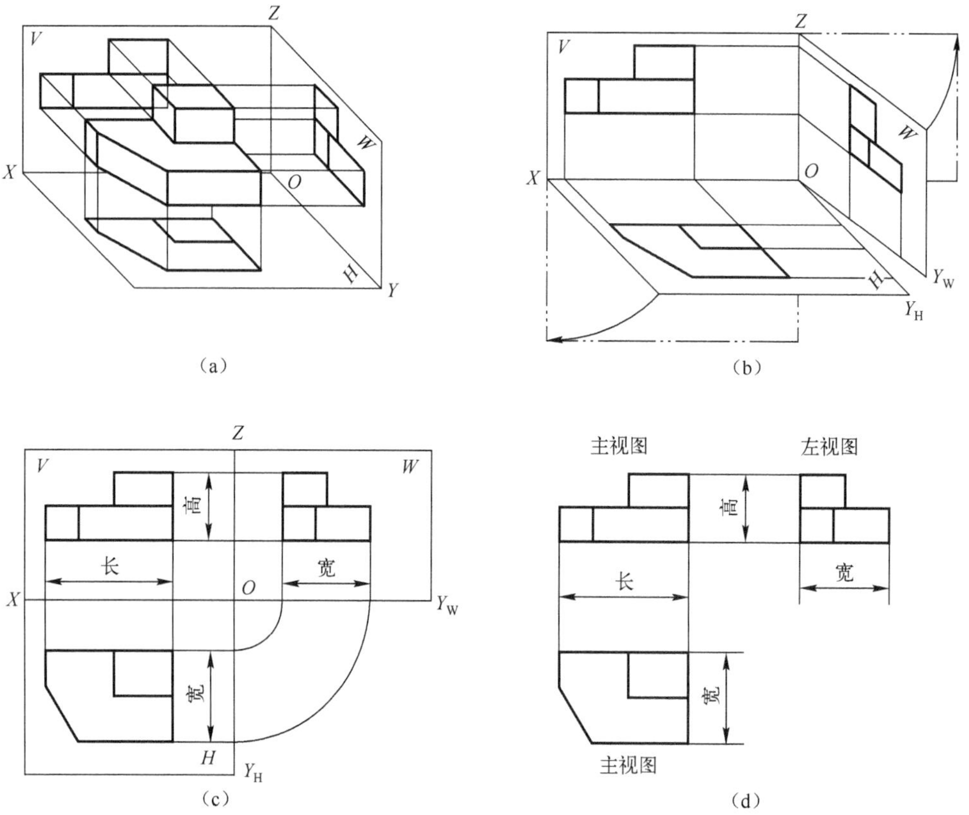

（a）

（b）

（c）

（d）

图 2-9 三视图的形成

5. 三视图与物体的对应关系

（1）位置对应关系。物体有上、下、左、右、前、后六个方位，当物体在三面投影体系中的位置确定以后，距观察者近的是物体的前面，离观察者远的是物体的后面，同时物体的上、下、左、右方位也确定下来了，并反映在三视图中，如图2-10中所示，物体的三面投影图与物体之间的位置对应关系为：

主视图反映物体的上、下、左、右的位置关系。

俯视图反映物体的前、后、左、右的位置关系。

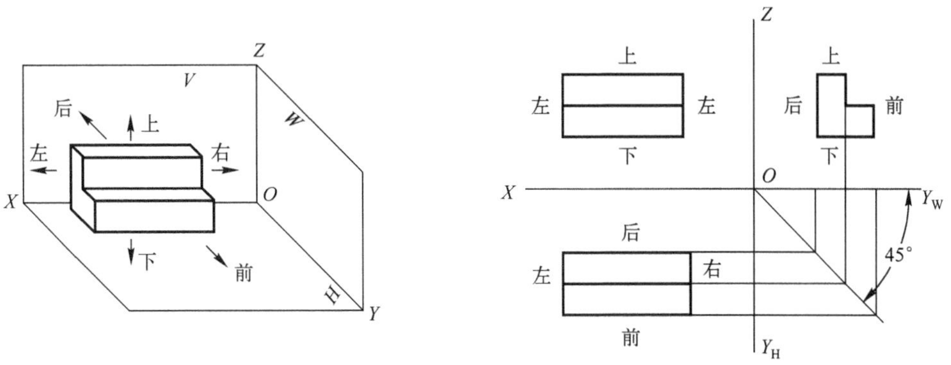

（a）直观图   （b）投影图

图 2-10　投影图与物体的位置对应关系

左视图反映物体的上、下、前、后的位置关系。

（2）度量对应关系。物体都有长、宽、高三个方向的尺寸，左、右之间的尺寸叫做长；前、后之间的尺寸叫做宽；上、下之间的尺寸叫做高。

三视图是在物体安放位置不变的情况下，从三个不同方向投影所得到的，它们共同表达同一物体，每个视图反映物体两个方向的尺寸：主视图反映物体的长和高方向的尺寸；俯视图反映物体的长和宽方向的尺寸；左视图反映物体的高和宽方向的尺寸。

每一个尺寸又由两个视图重复反映：主视图和左视图共同反映高度方向的尺寸，并对正；主视图和俯视图共同反映长度方向的尺寸，且平齐；左视图和俯视图共同反映宽度方向的尺寸，并相等。

总结起来，三视图之间的投影规律如下：

主、俯视图长对正；主、左视图高平齐；俯、左视图宽相等。简称为"长对正、高平齐、宽相等"，即"三等"规律。这是三视图之间最基本的投影规律，也是绘图和读图时必须遵循的投影规律。

2.3　点、直线、平面的投影

点、线、面是构成物体形状的基本几何元素，研究它们的投影，是为了能够透彻理解工程图样所表达的内容。而线、面又可以看成是点的集合，因此要研究形体的投影问题，首先要研究点的投影。

2.3.1　点的投影及其规律

如图 2-11（a）所示，将空间点 A 放在如前所述的三投影面体系中，由 A 点分别向 H、V、W 面作垂线 Aa、Aa'、Aa''，垂足 a、a'、a'' 即为点 A 在 H 面、V 面和 W 面的投影，分别称为 A 点的水平投影、正面投影、侧面投影。空间点一般用大写拉丁字母如 A、B、C 表示；水平投影用相应的小写字母表示；正面投影用相应的小写字母加一撇表示；侧面投影用相应的小写字母加二撇表示。

将三面投影体系按投影面展开规律展开，便得到 A 点的三面投影图，如图 2-11（b）所示。

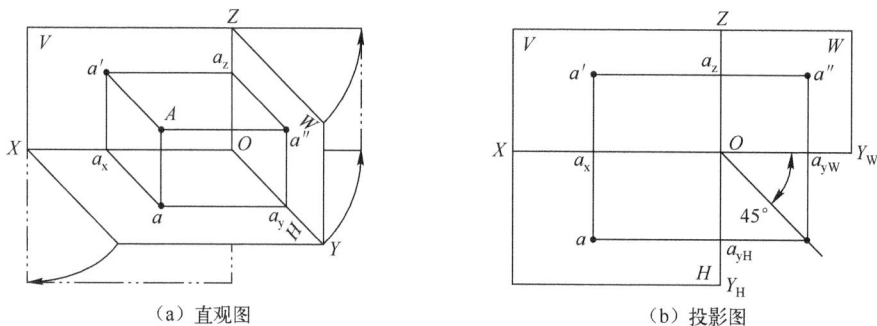

（a）直观图　　　　　　　　　　　　（b）投影图

图 2-11　点的三面投影

1. 点的三面投影规律

从图 2-11（a）可看出：$aa_x = Aa' = a''a_z$，即 A 点的水平投影 a 到 OX 轴的距离等于 A 点的侧面投影 a'' 到 OZ 轴的距离，都等于 A 点到 V 面的距离。在图 2-11（b）中可以看出：$aa' \perp OX$ 轴，同理可得出 $a'a'' \perp OZ$ 轴。

由此，可得点的三面投影规律如下：

（1）点的水平投影与正面投影的连线垂直于 OX 轴，即 $aa' \perp OX$。这两个投影都反映空间点的 X 坐标，即；$a'a_z = aa_{YH} = X_A$，体现了三视图的"长对正"。

（2）点的正面投影与侧面投影的连线垂直于 OZ 轴，即 $a'a'' \perp OZ$。这两个投影都反映空间点的 Z 坐标，即；$a'a_x = a''a_{YW} = Z_A$，体现了三视图的"高平齐"。

（3）点的水平投影到 OX 轴的距离等于该点的侧面投影到 OZ 轴的距离。这两个投影都反映空间点的 Y 坐标，即 $aa_x = a''a_z = Y_A$，体现了三视图的"宽相等"。

作图时，为了表示 $aa_x = a''a_z$ 的关系，常用过原点 O 的 45°斜线或以 O 为圆心的圆弧把点的 H 面与 W 面投影关系联系起来，如图 2-11（b）所示。

由上述规律可知，已知点的两个投影便可求出其第三个投影，也可由点 A 的三个坐标值（x_A、y_A、z_A）画出其三面投影。

2. 求点的三面投影

例 2-1　如图 2-12（a）所示，已知点 A 的两面投影，求作第三面投影。

解：如图 2-12（b）所示，解题过程如下：

（1）作 45°辅助线。

（2）过 a' 作垂直 OZ 轴的直线。

（3）过 a 作垂直于 OY_H 的直线，与 45°辅助线交于一点，过该交点作 OY_W 的垂线，该垂线与（2）中所作垂线的交点即为 A 点的侧面投影 a''。

例 2-2　已知点 A（10，15，20），求作 A 点的三面投影图。

解：如图 2-13 所示，解题过程如下：

（1）自 O 点向左截取 $Oa_x = 10$，得 a_x。

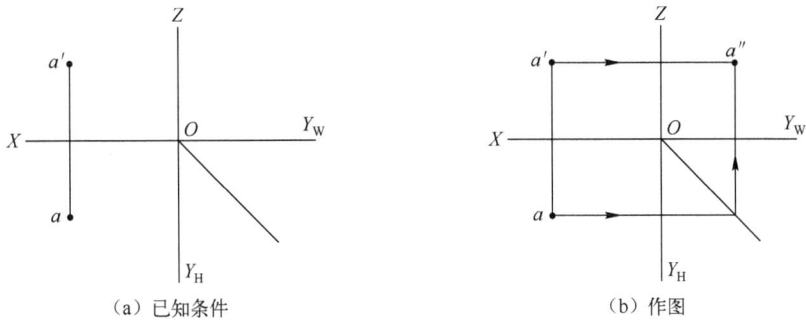

（a）已知条件   （b）作图

图 2-12　已知两面投影求第三面投影

（2）由 a_x 作 X 轴的垂线，向上截取 $a_x a' = 20$，得 a'，向下截取 $a_x a = 15$，得 a。

（3）根据 a 和 a'，按点的投影规律求出 a''。

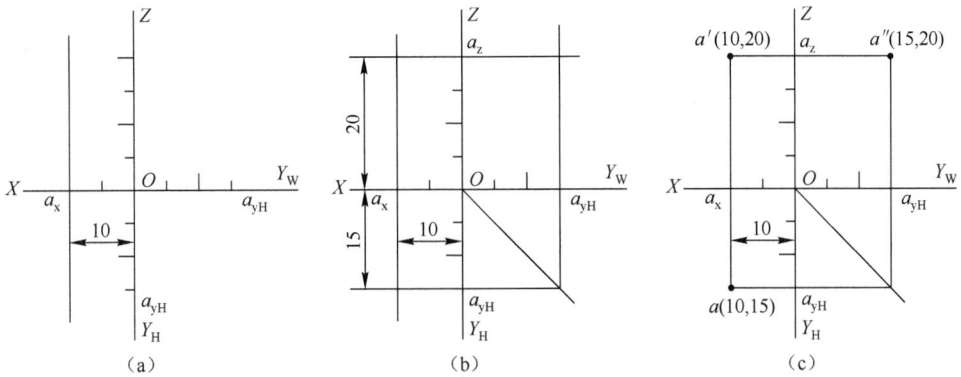

（a）   （b）   （c）

图 2-13　已知点的坐标求其投影

3. 点的坐标与投影之间的关系

如图 2-14 所示，点的坐标值反映到点的三投影中，体现了点的投影到投影轴的距离。

$x = a'a_z = aa_{yH} =$ 空间点 A 到 W 面的距离。

$y = aa_x = a''a_z =$ 空间点 A 到 V 面的距离。

$z = a'a_x = a''a_{yW} =$ 空间点 A 到 H 面的距离。

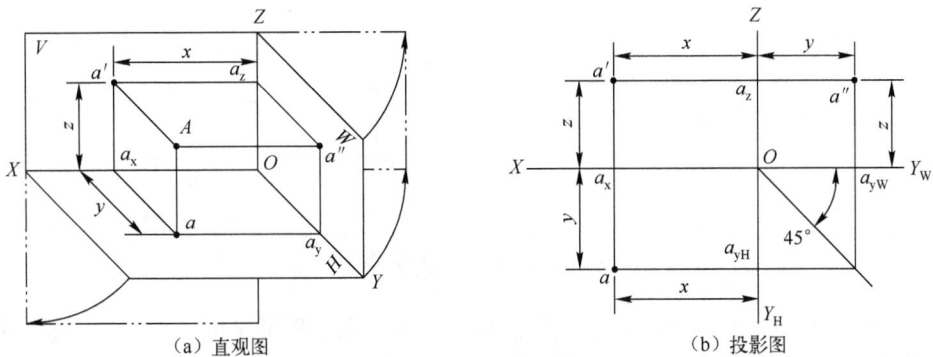

（a）直观图   （b）投影图

图 2-14　点的坐标与投影之间的关系

4. 投影面上或投影轴上点的投影规律

图 2-11 和图 2-12 中所示的点都是空间的一般点，也就是说该点到三个投影面都有一定的距离。如图 2-15 所示，投影面上或投影轴上的点的投影规律如下：

（1）若点在投影面上，则点在该投影面上的投影与空间点重合，另两个投影均在投影轴上，如图 2-15 中所示的 *A* 点和 *B* 点。

（2）若点在投影轴上，则点的两个投影与空间点重合，另一个投影在投影轴原点，如图 2-15 中所示的 *C* 点。

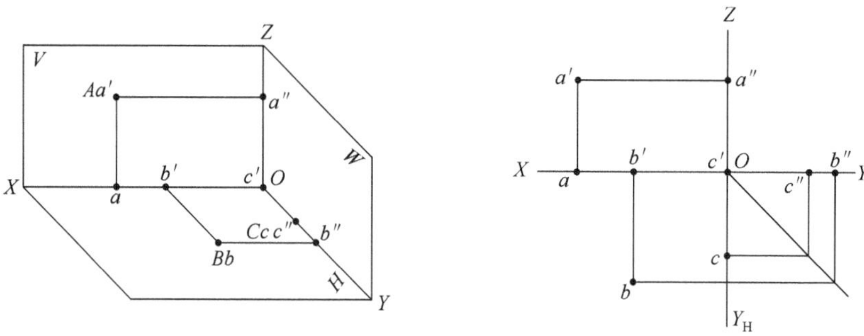

（a）直观图　　　　　　　　　　　　　（b）投影图

图 2-15　投影面、投影轴上点的投影

5. 两点的相对位置与重影点

（1）两点的相对位置。根据两点的投影，可判断两点的相对位置。如图 2-16 所示，从图（a）表示的上下、左右、前后位置对应关系可以看出：根据两点的三个投影判断其相对位置时，可由正面投影或侧面投影判断上下位置，由正面投影或水平投影判断左右位置，由水平投影或侧面投影判断前后位置。根据图（b）中 *A*、*B* 两点的投影，可判断出 *A* 点在 *B* 点的左、前、上方；反之，*B* 点在 *A* 点的右、后、下方。

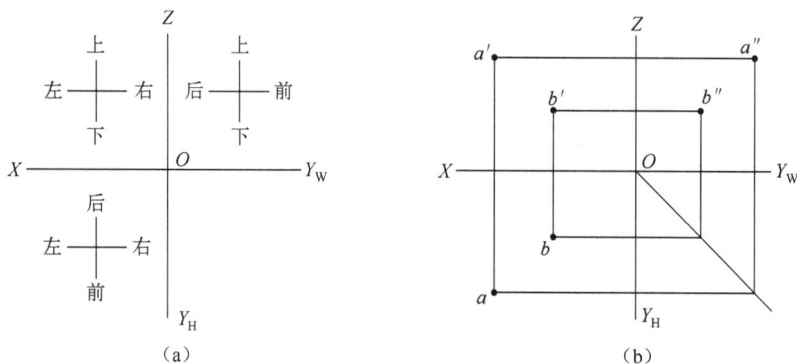

（a）　　　　　　　　　　　　　　　　（b）

图 2-16　两点的相对位置

（2）重影点及可见性的判断。当空间两点位于同一条投影线上时，它们在与该投射线垂直的投影面上的投影重合，这两点称为对该投影面的重影点。如图 2-17（a）所示，*A*、*C* 两点处于对 *V* 面的同一条投影线上，它们的 *V* 面投影 *a′*、*c′* 重合，*A*、*C* 就称为对 *V* 面的重影点。同理，A、B 两点处于对 H 面的同一条投影线上，两点的 H 面投影 a、b 重合，A、B 就称为对 H 面的重影点。

当空间两点在某一投影面上的投影重合时，其中必有一点遮挡另一点，这就存在着可见性的问题。如图 2-17（b）所示，A 点和 C 点在 V 面上的投影重合为 a'（c'），A 点在前遮挡 C 点，其正面投影 a' 是可见的，而 C 点的正面投影（c'）不可见，加括号表示（称前遮后，即前可见而后不可见）。同时，A 点在上遮挡 B 点，a 为可见，b' 为不可见（称上遮下，即上可见，下不可见）。同理，也有左遮右的重影状况（左可见，右不可见），如 A 点遮挡 D 点。

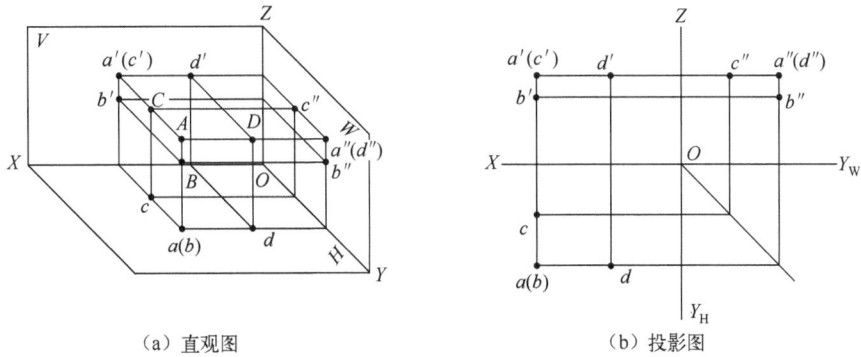

（a）直观图　　　　　　　　　　（b）投影图

图 2-17　重影点及其可见性

2.3.2　直线的投影

直线由两点决定，直线的投影由该直线上两点的投影所决定，因此直线的投影问题仍可归结为点的投影。

1. 直线及直线上点的投影

（1）直线对一个投影面的投影。直线对单一投影面的相对位置有垂直、平行和倾斜三种情况，如图 2-18 所示。

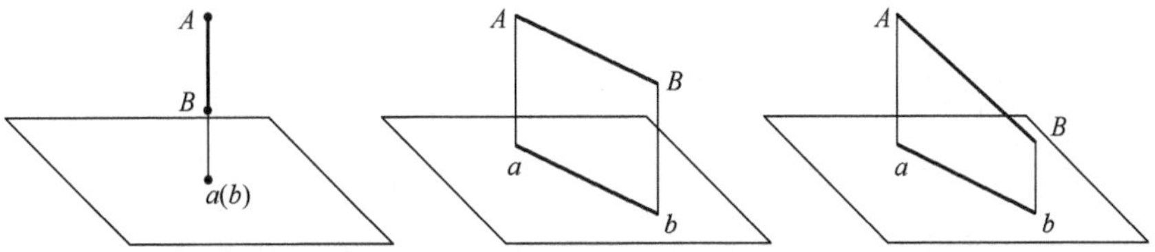

（a）直线垂直于投影面　　（b）直线平行于投影面　　（c）直线倾斜于投影面

图 2-18　直线对单一投影面的相对位置

① 当直线垂直于投影面时，直线在该投影面积聚为一点（见图 2-18（a）），体现了正投影的积聚性。

② 当直线平行于投影面时，该投影面上的投影反映空间线段的实长（见图 2-18（b）），体现了正投影的实形性。

③ 当直线倾斜于投影面时，该投影面上的投影是较空间线段缩短的线段（见图 2-18（c）），

体现了正投影的类似性。

（2）直线在三个投影面中的投影。如图 2-19（a）所示，通过直线 AB 上各点向投影面作投影，各投影线在空间形成了一个平面，这个平面与投影面 H 的交线 ab 就是直线 AB 的 H 面投影。

由于空间两个点可以确定一条直线，所以要绘制一条直线的三面投影图，只要将直线上两端点的各同面投影相连，便得直线的投影。如图 2-19（b）所示，要作出直线 AB 的三面投影，只要分别作出 A、B 两点的同面投影，然后将同面投影相连即得直线 AB 的三面投影 ab、$a'b'$、$a''b''$。

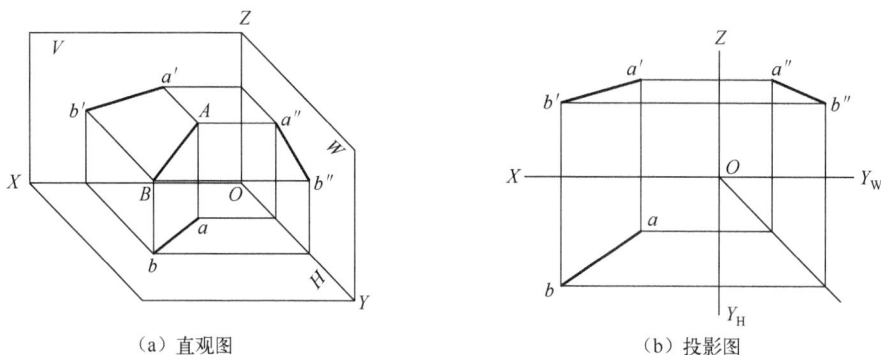

（a）直观图　　　　　　　　　　　（b）投影图

图 2-19　直线的三面投影

（3）直线上点的投影。

① 点的从属性。直线上点的投影，必然在直线的同面投影上，如图 2-20 中的 K 点。

② 点的定比性。直线上的点，分线段之比等于其投影之比，如图 2-20 所示，直线 AB 上有一点 K，点 K 分 AB 为 AK 和 KB，则有 $AK : KB = ak : kb = a'k' : k'b' = a''k'' : a''k''$

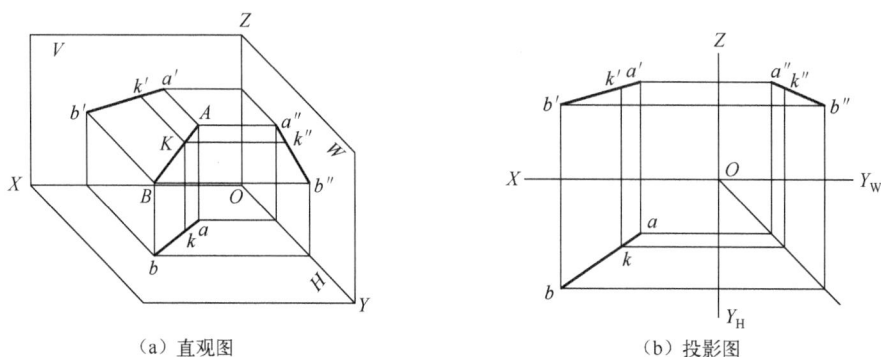

（a）直观图　　　　　　　　　　　（b）投影图

图 2-20　直线上点的投影特性

例 2-3　如图 2-21（a）所示，已知直线 AB 上有一点 C，C 点分直线为比为 $AC : CB = 3 : 2$，试作点 C 的投影。

解：根据直线上的点的定比性，作图步骤如图 2-21（b）所示：

① 由点 a 作任意直线，在其上量取 5 个单位长度得 B_0，在 aB_0 上取 C_0，并使，$aC_0 : C_0 B_0 = 3 : 2$。

② 连接 B_0 和 b，过 C_0 作 bB_0 的平行线交 ab 于 c。

③ 由 c 作投影连线与 $a'b'$ 交于 c'。

2. 各类直线的投影特性

直线和它在投影面上的投影所夹锐角为直线对该投影面的夹角。规定：α、β、γ 分别表示直线对 H、V、W 面的夹角，如图 2-22 所示。

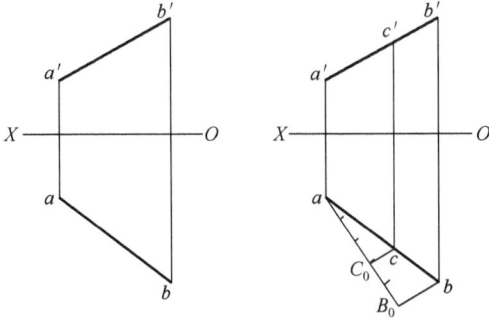

图 2-21　点的定比性应用　　　　图 2-22　直线的倾角

根据直线与投影面的相对位置的不同，直线可分为投影面平行线、投影面垂直线和一般位置直线，投影面平行线和投影面垂直线统称为特殊位置线。

（1）投影面平行线。

① 空间位置。把只平行于某一个投影面，与其他两投影面都倾斜的直线，称为投影面平行线。平行于 H 面，与 V、W 面倾斜的直线称为水平线；平行于 V 面，与 H、W 面倾斜的直线称为正平线；平行于 W 面，与 H、V 面倾斜的直线称为侧平线。

② 投影特性。根据投影面平行线的空间位置，可以得出其投影特性，如表 2-1 所示。

表 2-1　投影面平行线的投影特性

名称	直　观　图	投　影　图	投　影　特　性
正平线			1. 正面投影 $a'b'$ 反映线段实长，它与 OX、OZ 轴的夹角为 α、γ 2. 水平投影 $ab \perp OY_H$ 轴 3. 侧面投影 $a''b'' \perp OY_W$ 轴
水平线			1. 水平投影 ab 反映线段实长，它与 OX、OY_H 的夹角为 β、γ 2. 正面投影 $a'b' \perp OZ$ 轴 3. 侧面投影 $a''b'' \perp OZ$ 轴

名称	直 观 图	投 影 图	投 影 特 性
侧平线	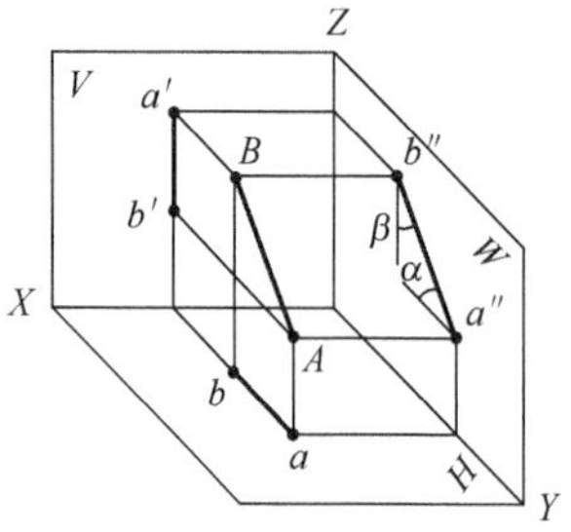	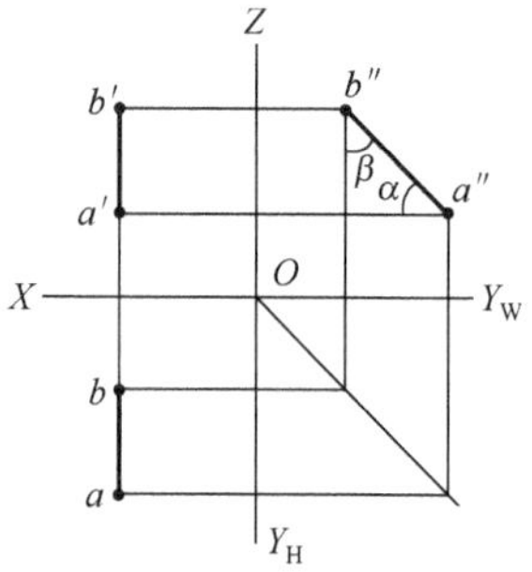	4. 侧面投影 $a''b''$ 反映线段实长,它与 OY_W、OZ 轴的夹角为 α、β 5. 正面投影 $a'b' \perp OX$ 轴 6. 水平投影 $ab \perp OX$ 轴

从表 2-1 可概括出投影面平行线的投影特性:

投影面平行线在其所平行的投影面上的投影反映实长,并反映与另两投影面的夹角;在其他两投影面上的投影同时垂直于所平行投影面不包含的那条投影轴,且长度都小于其实长。

(2)投影面垂直线。

① 空间位置。把垂直于某一个投影面,与其他两投影面都平行的直线,称为投影面垂直线。垂直于 V 面的直线称为正垂线;垂直于 H 面的直线称为铅垂线;垂直于 W 面的直线称为侧垂线。

② 投影特性。根据投影面垂直线的空间位置,可以得出其投影特性,如表 2-2 所示。

表 2-2　投影面垂直线的投影特性

名称	直 观 图	投 影 图	投 影 特 性
正垂线	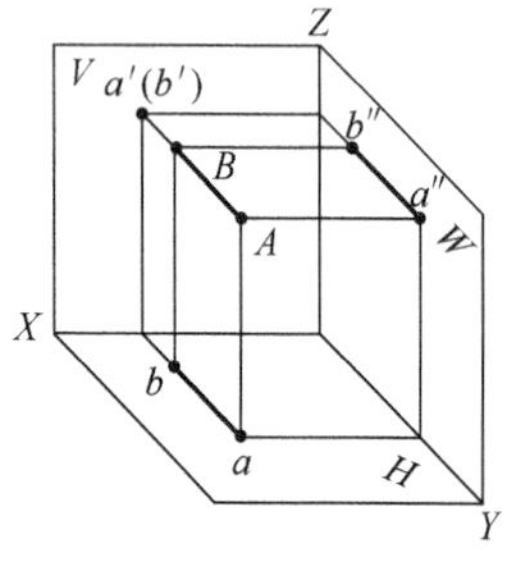	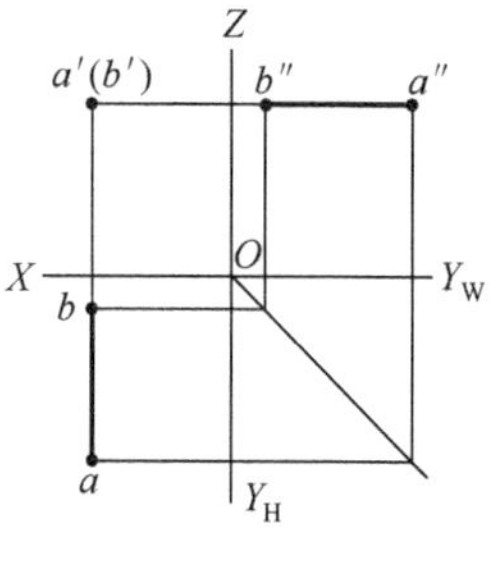	1. 正面投影 a'(b')积聚成一点 2. 水平投影 $ab//OY_H$ 轴 3. 侧面投影 $a''b''//OY_W$ 轴
铅垂线	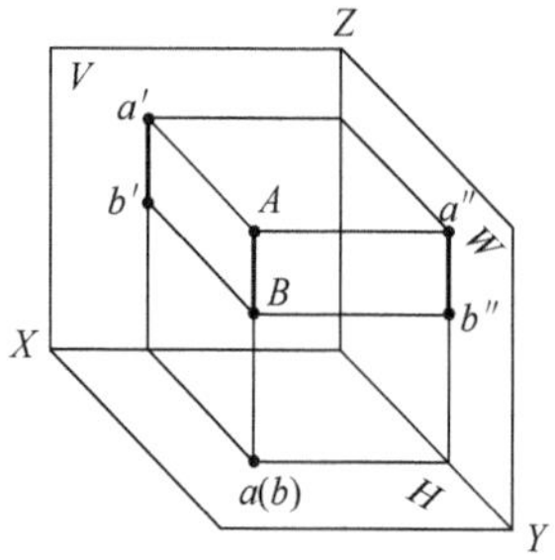	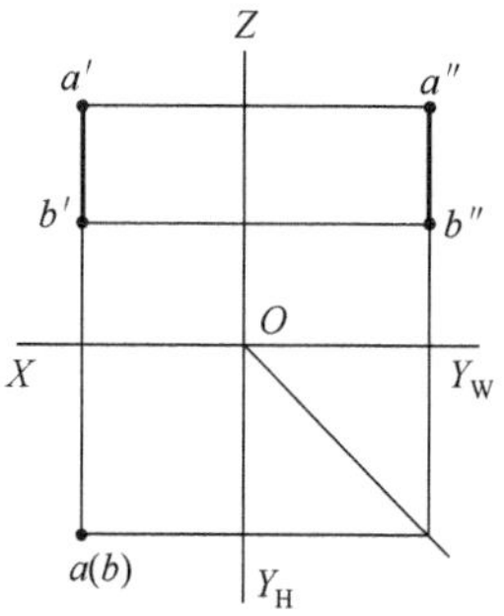	1. 水平投影 a(b)积聚成一点 2. 正面投影 $a'b'//OZ$ 轴 3. 侧面投影 $a''b''//OZ$ 轴

名称	直 观 图	投 影 图	投 影 特 性
侧垂线			1. 侧面投影 a''（b''）积聚成一点 2. 正面投影 $a'b'//OX$ 轴 3. 水平投影 $ab//OX$ 轴

从表2-2可概括出投影面垂直线的投影特性：

投影面垂直线在其所垂直的投影面上的投影积聚成一点；在其他两个投影面上的投影同时平行于该直线所垂直的那个投影面所不包含的那个投影轴，并且都反映线段的实长。

（3）一般位置直线。

① 空间位置。一般位置直线对三个投影面都处于倾斜位置。如图2-23所示，直线 AB 同时倾斜于 H、V、W 三个投影面，它与 H、V、W 面的倾角分别为 α、β、γ。

② 投影特性。根据一般位置直线的空间位置，可得其投影特性如下：

一般位置直线的三个投影均倾斜于投影轴，均不反映实长；三个投影与投影轴的夹角均不反映直线与投影面的夹角。

（4）求一般位置直线的实长及倾角。

在投影图中可以采用直角三角形法求线段的实长和倾角，即在投影、倾角、实长三者之间建立起直角三角形关系，从而在直角三角形中求出实长和倾角。

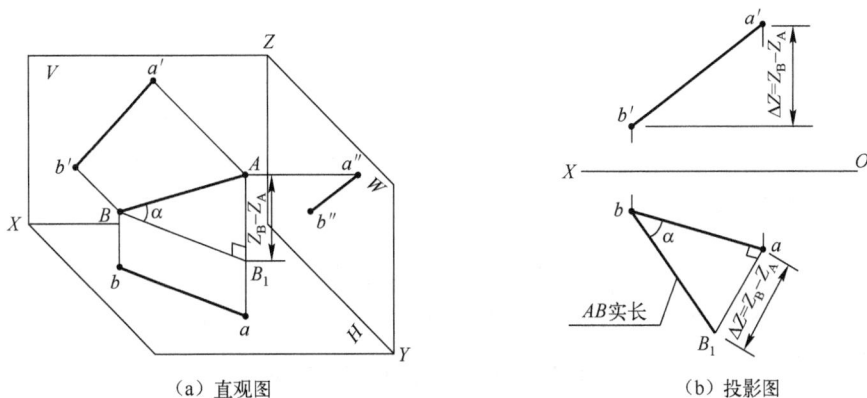

（a）直观图　　　　　　　（b）投影图

图2-23　直角三角形法求线段实长及倾角 α

根据几何学原理可知：直线与其投影面的夹角就是直线与它在该投影面的投影所成的角。如图2-23（a）所示，要求直线 AB 与 H 面的夹角及实长，可以自 B 点引 $BB_1//ab$，得直角三角形 AB_1B，其中 AB 是斜边，$\angle B_1BA$ 就是 α 角，直角边 $BB_1=ab$，另一直角边 AB_1 等于 B 点的 Z 坐标与 A 点的 Z 坐标之差，即 $AB_1 = Z_B - Z_A = \Delta Z$。所以在投影图中就可根据线

段的 H 投影 ab 及 Z 坐标差 ΔZ 作出与 $\triangle AB_1B$ 全等的一个直角三角形，从而求出 AB 与 H 面的夹角 α 及 AB 线段的实长，如图 2-23（b）所示。

由此，总结出 AB 的投影、倾角与实长之间的直角三角形边角关系，如表 2-3 所列。

表 2-3　线段 AB 的各种直角三角形边角关系

倾角	α	β	γ
直角三角形边角关系	水平投影 ab	正面投影 $a'b'$	侧面投影 $a''b''$
	$\Delta Z = A、B$ 两点的 Z 坐标差	$\Delta Y = A、B$ 两点的 Y 坐标差	$\Delta X = A、B$ 两点的 X 坐标差

从表 2-3 可以看出，构成各直角三角形共有 4 个要素，即：

① 某投影的长度。

② 坐标差。

③实长。

④ 对投影面的倾角。

在上述 4 个要素中，只要知道其中任意两个要素，就可求出其他两个要素。并且还能够知道：不论用哪个直角三角形，所作出的直角三角形的斜边一定是线段的实长，斜边与投影的夹角就是该线段与相应的投影面的倾角。

利用直角三角形关系图解关于直线段投影、倾角、实长问题的方法称为直角三角形法。在图解过程中，若不影响图形清晰时，直角三角形可直接画在投影图上，也可画在图纸任何空白地方。

例 2-4　如图 2-24（a）所示，已知直线 AB 的水平投影 ab 和 A 点的正面投影 a'，并知 AB 对 H 面的倾角 $\alpha = 30°$，B 点高于 A 点，求 AB 的正面投影 $a'b'$。

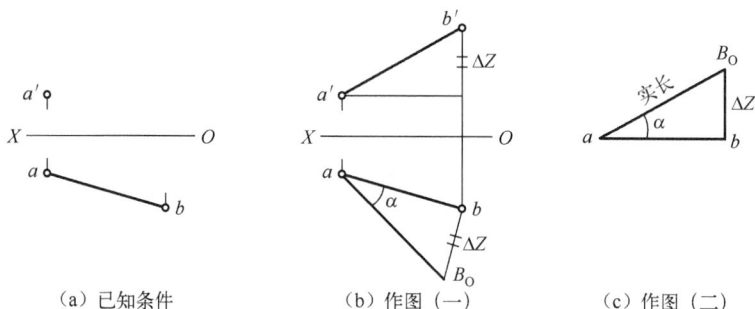

（a）已知条件　　（b）作图（一）　　（c）作图（二）

图 2-24　利用直角三角形法求 $a'b'$

解：在构成直角三角形的 4 个要素中，已知其中两要素，即水平投影 ab 及倾角 $\alpha = 30°$，可直接作出直角三角形，从而求出 b'。

作图步骤如下：

① 在图纸的空白地方，如图 2-24（c）所示，以 ab 为一直角边，过 a 作夹角为 30° 的斜线，此斜线与过 b 点的垂线交于 B_0 点，bB_0 为另一直角边 ΔZ。

② 利用 B_0 即可确定 b'，如图 2-24（b）所示。

此题也可将直角三角形直接画在投影图上，以便节约时间与图纸，如图 2-24（b）所示。

3. 两直线的相对位置

两直线间的相对位置关系有以下几种情况：平行、相交、交叉、垂直（相交或交叉的特殊情况），图 2-25 所示的是三种相对位置的两直线在水平面上的投影情况。

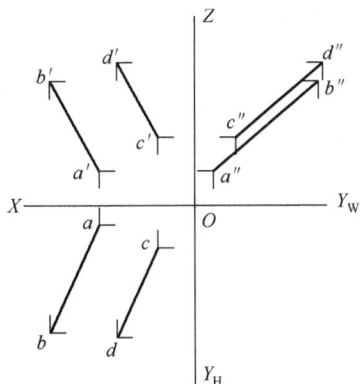

图 2-25　两直线的相对关系

（1）两直线平行。若空间两直线平行，则它们的同面投影必然互相平行，如图 2-25（a）和图 2-26 所示。

反过来，若两直线的同面投影互相平行，则此两直线在空间也一定互相平行。但当两直线均为某投影面平行线时，则需要观察两直线在该投影面上的投影才能确定它们在空间是否平行，仅用另外两个同面投影互相平行不能直接确定该两直线是否平行，如图 2-27 中通过侧面投影可以看出 AB、CD 两直线在空间不平行。

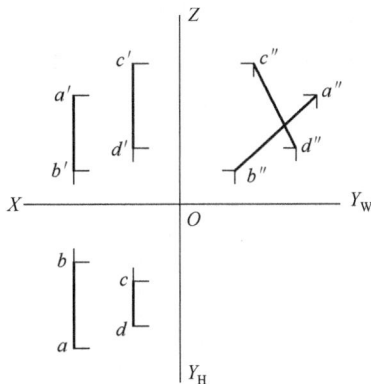

图 2-26　两直线平行　　　　图 2-27　两直线不平行

（2）两直线相交。若空间两直线相交，则它们的同面投影也必然相交，并且交点的投影符合点的投影规律，如图 2-25（b）和图 2-28 所示。

（3）两直线交叉。空间两条既不平行也不相交的直线，称为交叉直线，其投影不满足平行和相交两直线的投影特点。

若空间两直线交叉，则它们的同面投影可能有一个或两个平行，但不会三个同面投影都平行；它们的同面投影可能有一个、两个或三个相交，但交点不符合点的投影规律（交点的连线不垂直于相应的投影轴）。

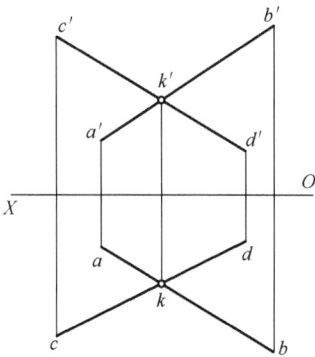

图 2-28　两直线相交　　　　　　　　图 2-29　两直线交叉

交叉两直线同面投影的交点是两直线对该投影面的重影点的投影，对重影点须判别可见性。重影点的可见性可根据重影点的其他投影按照前遮后、上遮下、左遮右的原则来判断。如图 2-27（c）和图 2-29 所示，AB 与 CD 的 H 投影。ab、cd 的交点为 CD 上的 E. 点和 AB 上的 F 点在 H 面上的重影，从 V 面投影看，E 点在上，F 点在下，所以 e 为可见，f 为不可见。同理，AB 与 CD 的 V 投影 $a'b'$、$c'd'$ 的交点为 AB 上的 M 点与 CD 上 N 点在 V 面上的重影，从 H 面投影看，M 点在前，N 点在后，所以 m' 点可见，n' 点不可见。

（4）两直线垂直。两直线垂直包括相交垂直和交叉垂直，是相交和交叉两直线的特殊情况。两直线垂直，其夹角的投影有以下 3 种情况：

① 当两直线都平行于某一投影面时，其夹角在该面的投影反映直角实形。

② 当两直线都不平行于某一投影面时，其夹角在该面的投影不反映直角实形。

③ 当两直线中有一条直线平行于某一投影面时，其夹角在该投影面上的投影仍然反映直角实形。这一投影特性称为直角投影定理。

图 2-30 是对该定理的证明：设直线 $AB \perp BC$，且 $AB /\!/ H$ 面，BC 倾斜于 H 面。由于 $AB \perp BC$，$AB \perp Bb$，所以 $AB \perp$ 平面 $BCcb$，又 $AB /\!/ ab$，故 $ab \perp$ 平面 $BCcb$，因而 $ab \perp bc$。

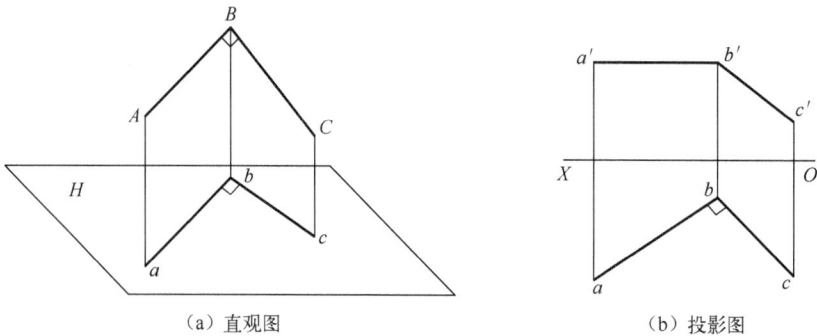

（a）直观图　　　　　　　　　　　（b）投影图

图 2-30　直角投影定理

例 2-5　如图 2-31 所示，求点 C 到正平线 AB 的距离。

解：一点到一直线的距离，即为由该点到该直线所引的垂线的长度，因此该题应分两步进行：一是过已知点 C 向正平线 AB 引垂线，二是求垂线的实长。作图过程如下：

① 过 c' 作 $c'd' \perp a'b'$。

② 由 d' 求出 d。

③ 连 $c\,d$，则直线 $CD \perp AB$。

④ 用直角三角形法求 CD 的实长，$c\,D_0$ 即为所求 C 点到正平线 AB 的距离。

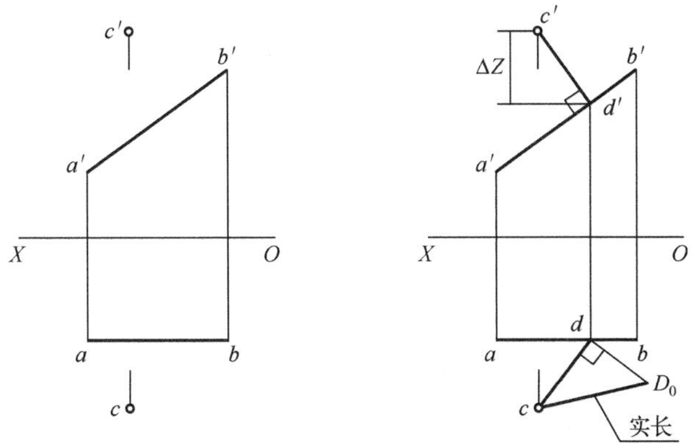

（a）已知条件　　　　（b）作图

图 2-31　求一点到正平线的距离

2.3.3　平面的投影

1. 平面的表示法

（1）用几何元素表示。平面的表示有如图 2-32 所示几种方法：

① 不在同一直线上的三点，如图（a）所示。

② 一直线和直线外一点，如图（b）所示。

③ 两相交直线，如图（c）所示。

④ 两平行直线，如图（d）所示。

⑤ 任意平面图形（如三角形、圆等），如图（e）所示。

（a）　　　　（b）　　　　（c）　　　　（d）　　　　（e）

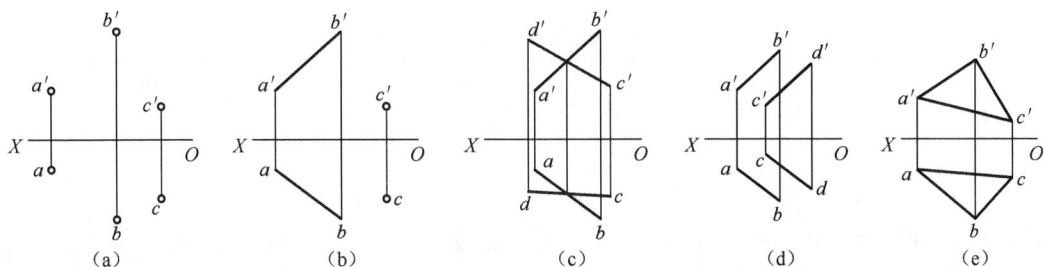

图 2-32　平面的表示法

（2）用迹线表示。平面与投影面的交线称为平面的迹线。用迹线表示的平面称为迹线平面，如图 2-33 所示。平面与 V 面、H 面、W 面的交线分别称为正面迹线（V 面迹线）、水平面迹线（H 面迹线）、侧面迹线（W 面迹线），迹线的符号分别用 P_V、P_H、P_W 表示。

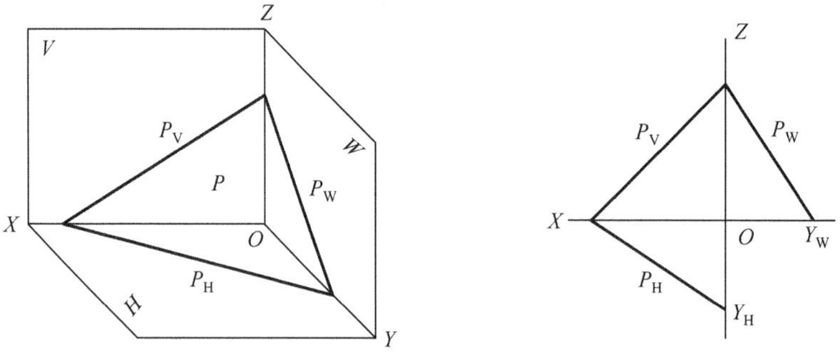

（a）直观图 　　　　　　　　（b）投影图

图 2-33　迹线表示平面

迹线具有共有性，它既是投影面内的一直线，也是某个平面内的一直线。如图 2-33（a）中的 P_H 便是既在 H 面内又在 P 平面内的一条直线。由于迹线在投影面内，便有一个投影与它本身重合，另外两个投影便与相应的投影轴重合。在投影图上，通常只将迹线与自身重合的那个投影画出，并用符号标记，凡与投影轴重合的，则省略标记，见图 2-33（b）所示。

2. 各种位置平面的投影特性

根据平面与投影面相对位置的不同，平面可分为投影面平行面、投影面垂直面和一般位置平面。投影面平行面和投影面垂直面统称为特殊位置平面。

（1）投影面平行面。

① 空间位置：平行于某一个投影面，与其他两个投影面都垂直的平面，称为投影面平行面。

平行于 H 面，与 V、W 面垂直的平面称为水平面。

平行于 V 面，与 H、W 面垂直的平面称为正平面。

平行于 W 面，与 H、V 面垂直的平面称为侧平面。

② 投影特性：

根据投影面平行面的空间位置，可以得出其投影特性，如表 2-4 所示。

表 2-4　投影面平行面的投影特性

名称	直　观　图	投　影　图	投　影　特　性
正平面	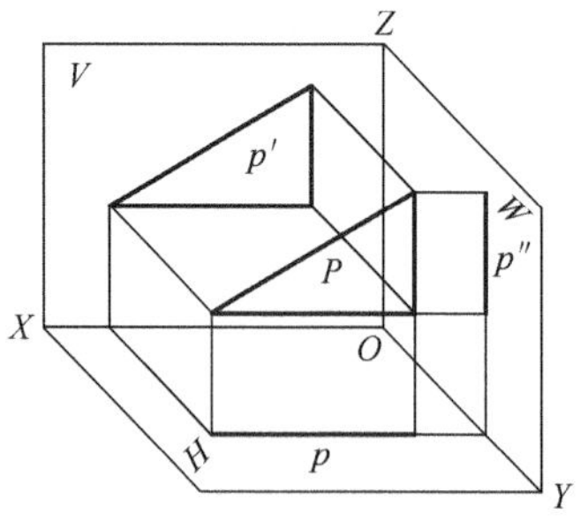	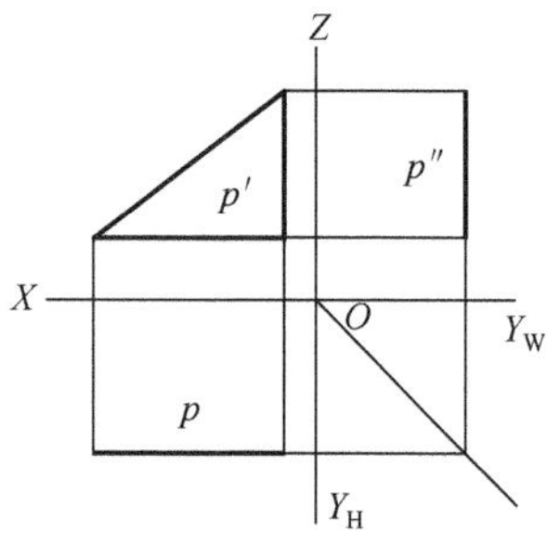	1. V 面投影反映实形 2. H 面投影和 W 面投影都积聚成一条直线，并同时垂直于 OY 轴

名称	直　观　图	投　影　图	投影特性
水平面	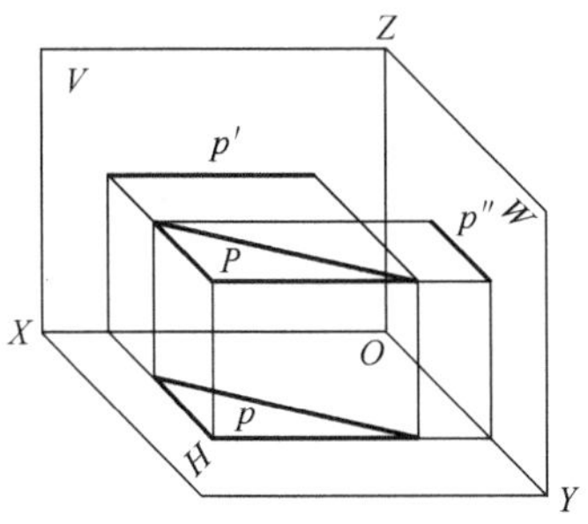	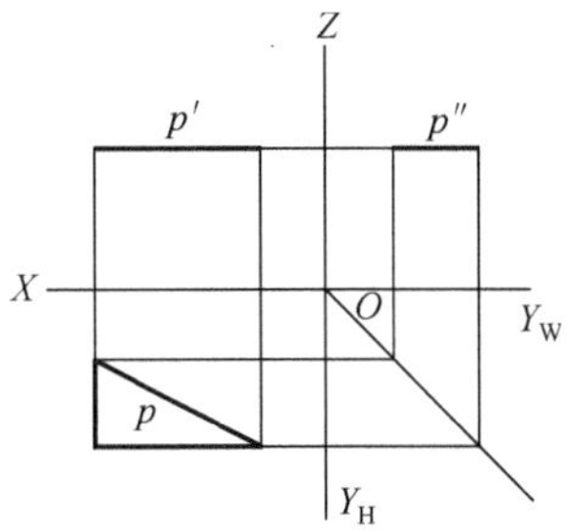	1. H 面投影反映实形 2. V 面投影和 W 面投影都积聚成一条直线，并同时垂直于 OZ 轴
侧平面	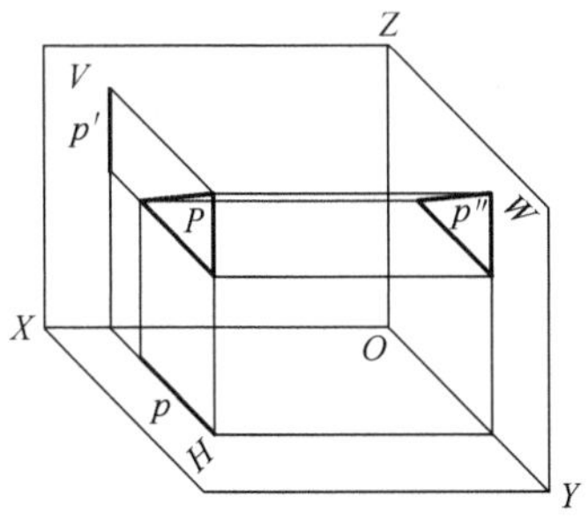	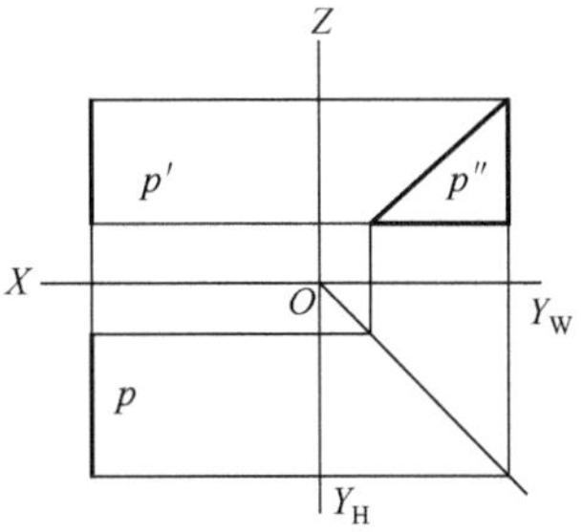	1. W 面投影反映实形 2. V 面投影和 H 面投影都积聚成一条直线，并同时垂直于 OX 轴

从表 2-4 可概括出投影面平行面的投影特性：

投影面平行面在它所平行的投影面上的投影反映实形；在其他两个投影面上的投影，都积聚成直线，并且同时垂直于该平面所平行的那个投影面所不包含的投影轴。

（2）投影面垂直面。

① 空间位置。垂直于某一个投影面，与其他两个投影面都倾斜的平面，称为投影面垂直面。

垂直于 H 面，与 V、W 面倾斜的平面称为铅垂面。

垂直于 V 面，与 H、W 面倾斜的平面称为正垂面。

垂直于 W 面，与 H、V 面倾斜的平面称为侧垂面。

② 投影特性。各种投影面垂直面的直观图、投影图及投影特性见表 2-5。

表 2-5　投影面垂直面的投影特性

名　称	直　观　图	投　影　图	投影特性
正垂面	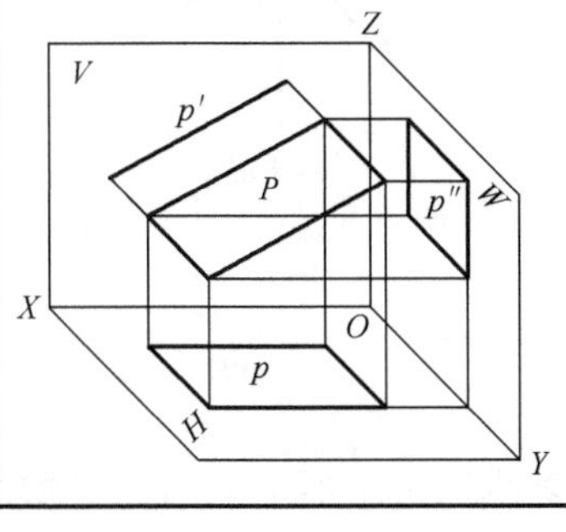	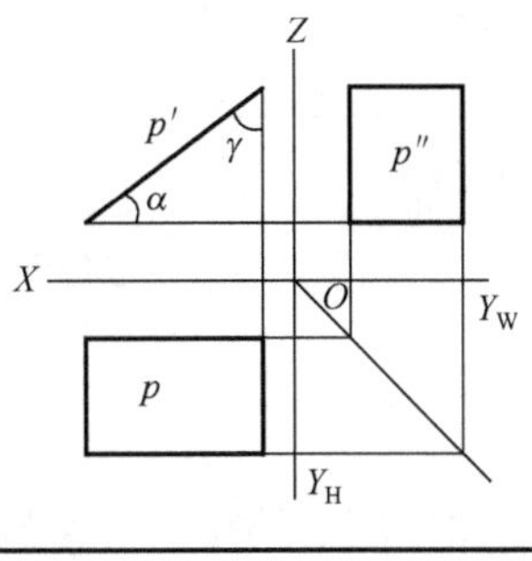	1. V 面投影积聚成一条直线，并反映于 H、W 面的倾角 α、γ 2. 其他两投影为面积缩小了的类似性

名　称	直　观　图	投　影　图	投　影　特　性
铅垂面			1. H 面投影积聚成一条直线，并反映与 V、W 面的倾角 β、γ 2. 其他两投影为面积缩小了的类似性
侧垂面			1. W 面投影积聚成一条直线，并反映与 H、V 面的倾角 α、β 2. 其他两投影为面积缩小了的类似性

从表 2-5 可概括出投影面垂直面的投影特性：

投影面垂直面在它所垂直的投影面上的投影积聚成直线，它与投影轴的夹角，分别反映该平面对其他两投影面的夹角；在其他两投影面上的投影为面积缩小的类似形。

（3）一般位置平面。

① 空间位置。一般位置平面与三个投影面均倾斜。

② 投影特性。从图 2-34 中，可概括出一般位置平面的三个投影均不反映实形，即三个投影都具有类似性。

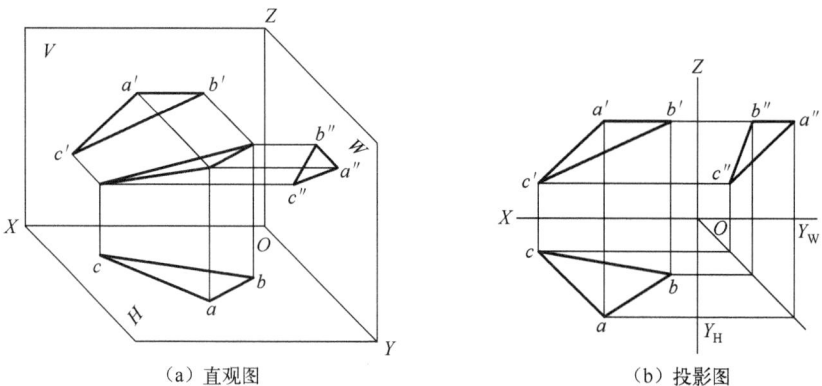

（a）直观图　　　　　　　　　　　（b）投影图

图 2-34　一般位置平面

3. 平面内的直线和点

（1）平面上的直线。直线在平面上的几何条件是：直线通过平面上的两点（如图 2-35

（a）所示），或通过平面上一点且平行于平面上的一直线（如图2-35（b）所示）。

（2）平面上的点。点在平面上的几何条件是：点在平面上的一条直线上。因此，要在平面上取点必须先在平面上取线，然后再在此线上取点，即：点在线上，线在面上，那么点一定在面上，如图2-35（c）所示。

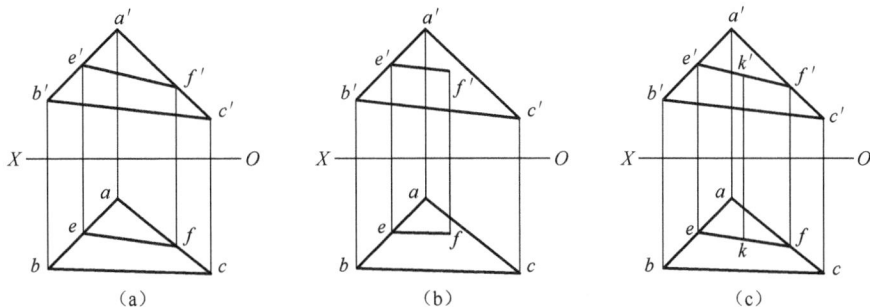

图2-35　平面上的直线和点

例2-6　如图2-36所示，已知平面ABC及K点的两面投影，试判断K（$k'k$）点是否在平面ABC上。

解：判断点是否属于平面的依据是：它是否属于平面上的一条直线。因此，过K点的一个投影作属于平面ABC的辅助直线ⅠⅡ（$1'2'$，12），再检验K点的另一投影是否在ⅠⅡ直线上，作图过程如图2-36所示。

由作图可知，K点不在该平面上。

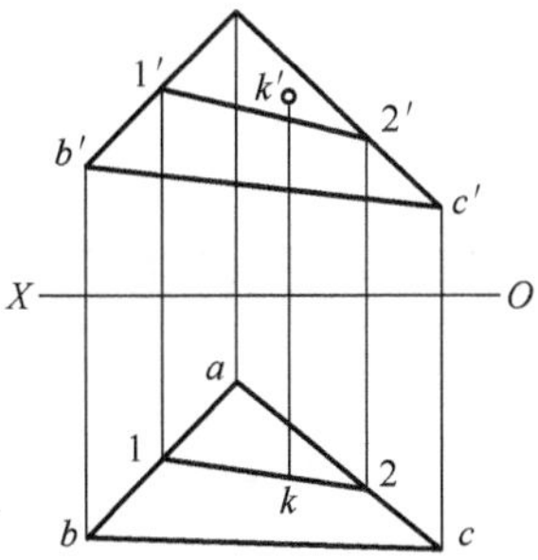

图2-36　判断点是否在平面上

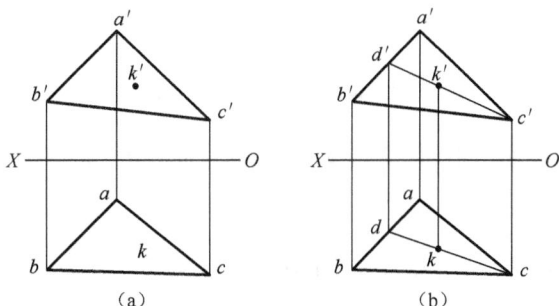

图2-37　求平面上K点的投影

例2-7　如图2-37（a）所示，在△ABC所确定的平面内取一点K，已知K点的正面投影，求该点的水平投影。

解：根据点在平面内的条件，过点K在△ABC内作一直线CK交AB于D，点K在直线CD上。作图过程见图2-37（b）。

3. 特殊位置平面上的直线和点

因为特殊位置的平面在它所垂直的投影面上的投影积聚成直线，所以特殊位置平面上的点、直线和平面图形，在该平面所垂直的投影面上的投影，都位于这个平面的有积聚性的同面投影或迹线上，如图2-38所示。

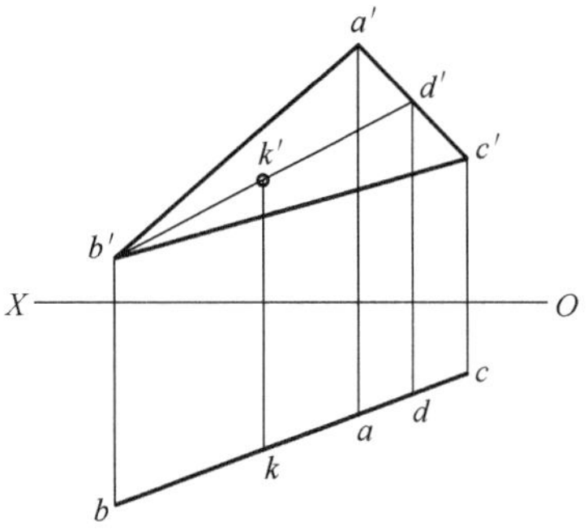

图 2-38 投影面垂直面上的点

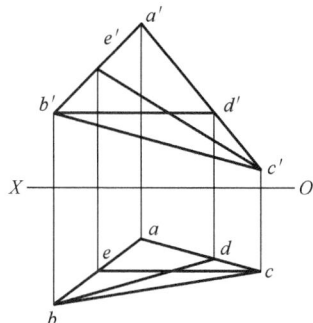

图 2-39 作平面上的投影面平行线

（4）平面内的投影面平行线。既在给定平面内，同时又平行于投影面的直线，称为平面内的投影面平行线。它们必须符合两个条件：符合直线在平面内的条件，又具有符合投影面平行线的投影特性。

平面内上的投影面平行线有三种：平面内的水平线、平面内的正平线和平面内的侧平线。

例2-8 如图2-39所示，$\triangle ABC$ 为一般位置平面，试在此平面上作一条正平线及一条水平线。

解：过 $\triangle ABC$ 上一已知点 C（c'，c）作正平线 CE，因正平线的水平投影平行于 OX 轴，所以过 c 作 $ce \mathbin{/\!/} OX$ 轴，与 ba 交于点 e，由 e 作出 e'，连接 $c'e'$，即得 CE 的正面投影。

同理，在 $\triangle ABC$ 内作水平线 BD，根据水平线的投影特性，过 b' 作 $b'd' \mathbin{/\!/} OX$ 轴，交 $a'c'$ 于 d'，由 d' 求出 d，连接 bd 即得 BD 的水平投影 bd。

2.4 直线与平面及两平面的相对位置

直线与平面、平面与平面的相对位置，有平行、相交和垂直三种情况（实际只有两种，垂直是相交的特例）。

2.4.1 直线与平面的相对位置

1. 直线与平面平行

（1）直线与平面相平行的几何条件。直线与平面相平行的几何条件是：直线平行于平面上的某一直线。利用这个几何条件可以进行直线与平面平行的检验和作图。如图 2-40 中，$ab \mathbin{/\!/} cf$，$a'b' \mathbin{/\!/} c'f'$，故 $AB \mathbin{/\!/} CF$，又 CF 位于 $\triangle CDE$ 上，因而直线 AB 与 $\triangle CDE$ 互相平行。

例2-9 如图 2-41（a）所示，已知直线 AB、$\triangle CDE$ 和点 P 的两面投影，求：

① 检验直线 AB 是否与 $\triangle CDE$ 互相平行？

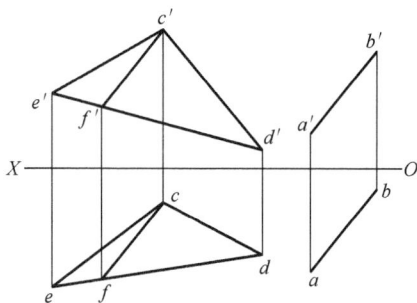

图 2-40 直线与平面平行

② 过点 P 作一水平线平行于△CDE。

解：

① 检验直线 AB 是否与△CDE 平行。要检验直线 AB 是否与△CDE 平行，只需要在△CDE 平面上，检验能否作出一条平行于 AB 的直线即可。检验过程如图 2-41（b）所示：

a. 过 d′作 d′f′∥a′b′，与 c′e′交得 f′；过 f′作 OX 轴的垂线，与 ce 交得 f，连接 d 与 f。

b. 检验 df 是否与 ab 平行：由于图中的检验结果是不平行的，说明在 ACDE 平面上不可能作出平行于 AB 的直线，故 AB 不平行于△CDE。

② 过点 P 作一水平线平行于△CDE。水平线的平行线仍然是一水平线，所以过点 P 作一水平线与△CDE 相平行，只需在△CDE 平面内作出一任意水平线，过点 P 作出该水平线的平行线即可。作图过程如图 2-41（b）所示：

a. 过 c′作 c′g′∥OX 轴，与 d′e′交得 g′；过 g′作 OX 轴的垂线，与 de 交得 g，连接 cg。

b. 过 P′作 P′h′∥c′g′，过 P 作 Ph∥cg，P′h′、Ph 即为所求水平线的两面投影。

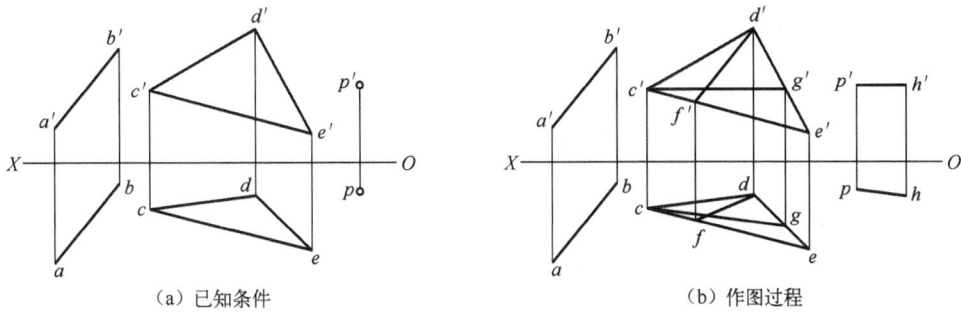

（a）已知条件　　　　　　　　（b）作图过程

图 2-41　直线与平面平行的验证与作图

（2）特殊位置的平面与直线平行。当平面为特殊位置时，则直线与平面的平行关系，可直接在平面有积聚性的投影中反映出来。如图 2-42 所示，设空间有一直线 AB 平行于铅垂面 P，由于过 AB 的铅垂投射面与平面 P 平行，故它们与 H 面交成的 H 面投影 ab 和 P_H 相平行，即 ab∥P_H。若直线也与 H 面垂直，则直线肯定与平面 P 平行，这时直线和平面 P 都具有积聚性。

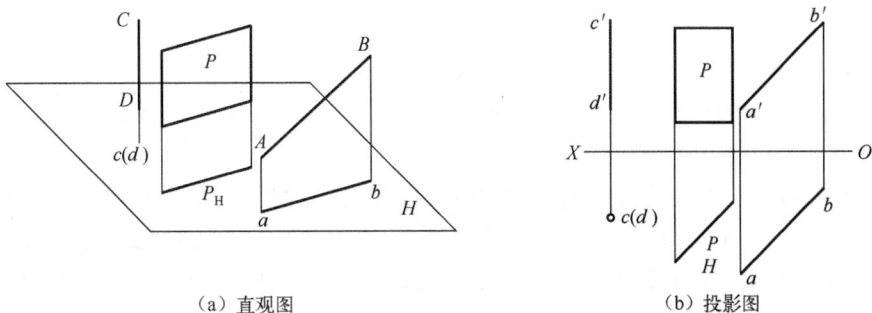

（a）直观图　　　　　　　　（b）投影图

图 2-42　特殊位置的平面与直线平行

由此可推导出，当平面垂直于投影面时，直线与平面相平行的投影特性为：在平面有积聚性的投影面上，直线的投影与平面的积聚投影平行，或者直线的投影也有积聚性。

2. 直线与平面相交

直线与平面相交于一点，该点称为交点。直线与平面的相交问题，主要是求交点和判别可见性的问题。

直线与平面的交点既在直线上，又在平面上，是直线和平面的共有点；交点又位于平面上通过该交点的直线上。如图 2-43 所示，直线 AB 穿过平面 $\triangle CDE$，必与 $\triangle CDE$ 有一交点 K；交点 K 一定位于平面内通过交点 K 的某一直线 $I\,II$ 上。

（1）直线与平面中至少有一个元素垂直于投影面时相交。直线与平面相交，只要其中有一个元素垂直于投影面，就可直接用投影的积聚性求作交点。在直线与平面都没有积聚性的投影面，可由交叉线重影点来确定或由投影图直接看出直线投影的可见性（前者称为重影点法，后者称为直接观察法），而交点的投影就是可见和不可见的分界点。

例 2-10　如图 2-44（a）所示，求作铅垂线 MN 与一般位置的 $\triangle ABC$ 平面的交点 K，并判别投影的可见性。

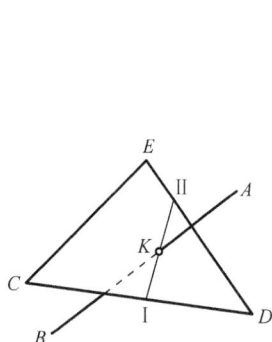

图 2-43　平面与直线的相交　　　图 2-44　投影面垂直线与一般位置平面相交

分析：因铅垂线 MN 在 H 面上的投影有积聚性，MN 上各点的 H 面投影都积聚在 MN 的积聚投影 mn 上，故 MN 与 $\triangle ABC$ 的交点 K 的 H 面投影 k 必定积聚在 mn 上；又因为 K 点也位于 $\triangle ABC$ 平面上，K 点必在平面内过 K 点的任一直线上，所以可利用辅助线法求出 K 点的 V 面投影 k'。作图过程如图 2-44（b）所示。

解：

①　在 mn 处标出交点 K 点的 H 面投影 k，连接 a 和 k，延长 ak，与 bc 交得 e。

②　由 e 作 OX 轴的垂线，与 $b'c'$ 交得 e'，连 a' 和 e'，$a'e'$ 与 $m'n'$ 交得 k'，即为交点 K 的 V 面投影。

③　在 $m'n'$ 与 $a'b'$ 的交点处，标注出 MN 与 AB 对 V 面的重影点 Ⅰ 与 Ⅱ 的 V 面投影 $1'$（$2'$），由 $1'$（$2'$）作 OX 轴的垂线，与 ab 交得 1，与 mn 交得 2；经观察，点 Ⅰ 位于点 Ⅱ 的前方，于是 $a'b'$ 上的 $1'$ 可见，$m'n'$ 上的 $2'$ 不可见，从而 $2'k'$ 画成虚线，以 k' 为分界点，$m'n'$ 的另一段必为可见，画成粗实线。

为了表明投影的可见性，一般在投影图中，可见线段的投影画成粗实线，不可见线段的投影画成虚线（也可不画出），作图过程中产生的线段的投影或其他辅助图线，都画成细实线。

例 2-11　如图 2-45（a）所示，求作一般位置直线 MN 与铅垂面 $\triangle ABC$ 的交点 K，并

判别投影的可见性。

分析：因△ABC 在 H 面上的投影有积聚性，△ABC 上各点的 H 面投影都积聚在△ABC 的积聚投影线 bac 上，故 MN 与△ABC 的交点 K 的 H 面投影 k 必定积聚在 bac 上；又因为 K 点也位于直线 MN 上，所以就可在 mn 与 bac 的相交处作出 k，再由 k 作 OX 轴的垂线，与 m′n′交得 k′。作图过程如图 2-45（b）所示。

解：

① 在 mn 与 bac 的相交处，标注出交点 K 的 H 面投影 k，由 k 作 OX 轴的垂线，与 m′n′ 交得点 K 的 V 面投影 k′。

② 在 H 面投影中可直接看出直线 MN：交点 K 左侧的一段，位于△ABC 之前，故 mk 为可见，画成粗实线，另一段则不可见，画成虚线。

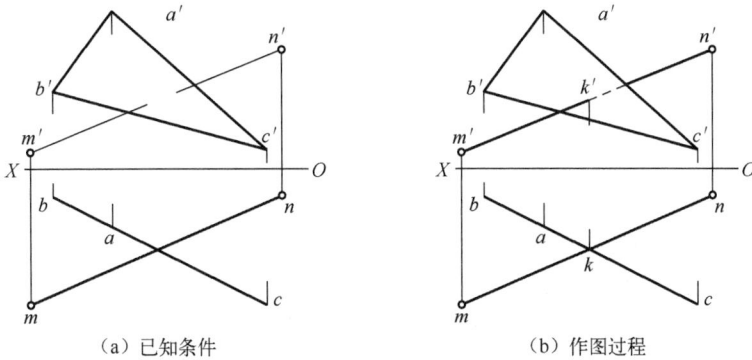

（a）已知条件　　　　　　　　　（b）作图过程

图 2-45　投影面垂直面与一般位置直线相交

（2）直线与平面都不垂直于投影面时相交。如图 2-46 所示，有一直线 MN 和一般位置平面△ABC，为求直线 MN 和平面△ABC 的交点，可先在平面 ABC 上求一条直线ⅠⅡ，使该直线的 H 面投影与 MN 的 H 面投影重合，然后求出直线ⅠⅡ的 V 面投影 1′2′，1′2′与 m′n′的交点 k′即为所求。这种求直线与平面的交点的方法，称为辅助直线法。

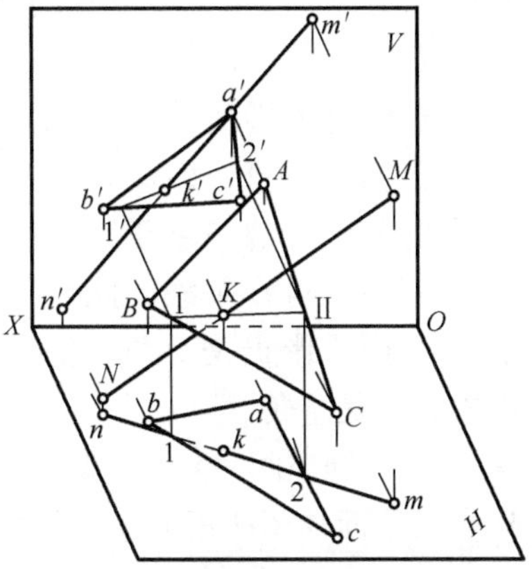

图 2-46　直线与平面都不垂直于投影面时相交

例 2-12　如图 2-47（a）所示，求作直线 MN 和平面△ABC 的交点 K，并判别投影的可见性。

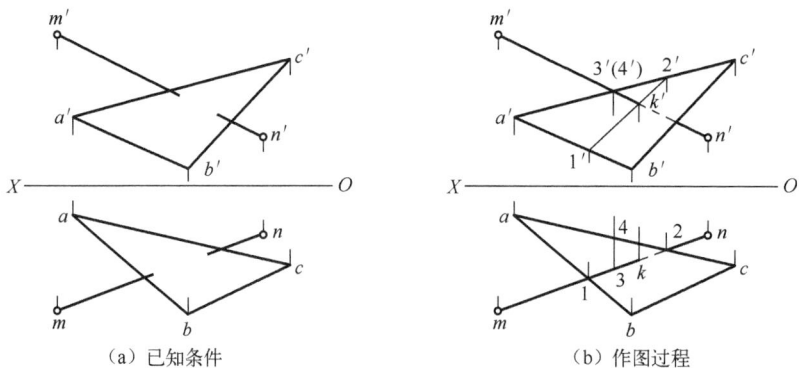

（a）已知条件　　　　　　　　（b）作图过程

图 2-47　一般位置的直线与平面的交点作图

解：

① 在 H 面投影图中标出直线 MN 与△ABC 的两边 AB、AC 的重影点 1、2。

② 由重影点 1、2 作 OX 轴的垂线分别与 $a'b'$ 和 $a'c'$ 交得 $1'$、$2'$，连接 $1'2'$，与 $m'n'$ 交得 k'。

③ 由 k' 作 OX 轴的垂线，与 mn 交得 k，即为所求。

④ 判别可见性：直线 MN 穿过△ABC 之后，必有一段被平面遮挡而看不见，为此可以利用例 2-11 的方法进行判别，即过 $m'n'$ 和 $a'c'$ 的交点作 OX 轴的垂线，与 ac 交得 4，与 mn 交得 3；由于 3 位于 4 之前，故可判断；在 V 面投影图中，直线 MN 上的一段 $3'k'$ 位于平面△ABC 前面而可见，画成粗实线，另一段必为不可见，画成虚线。同理可判别：在 H 面投影图中 $1k$ 可见，$k2$ 不可见。作图过程如图 2-47（b）所示。

3. 直线与平面垂直

直线与平面垂直的几何条件是：直线只要垂直于该平面上的任意两条相交直线，而不管该直线是否通过两条相交直线的交点，则直线与平面必相互垂直。如图 2-48 所示，直线 AH 垂直于平面 $BCDE$ 上相交两直线 I II 和 III IV，所以 AH 垂直于平面 $BCDE$。

（1）一般位置的直线与平面垂直。在前面的学习中已经知道，两直线垂直，当其中一条直线为投影面的平行线时，则两直线在该投影面上的投影仍相互垂直。因此在投影图上作平面的垂线时，可首先作出平面上的一条正平线和一条水平线作为平面上的相交二直线，再作垂线，此时所作垂线与正平线所夹的直角，其 V 面投影仍是直角，垂线与水平线所夹的直角，其 H 面投影也是直角。

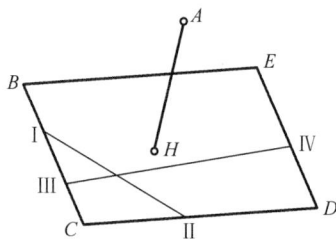

图 2-48　直线与平面垂直

例 2-13　如图 2-49（a）所示，已知空间一点 M 和平面 $ABCD$ 的两面投影，求作过 M 点与平面 $ABCD$ 相垂直的垂线 MN 的投影（MN 可为任意长度）。

解：

① 过 $a'1'$ 作 $a'1'$ // OX 轴，与 $b'c'$ 交得 $1'$，过 $1'$ 作 OX 轴的垂线，与 bc 交得 1，连接 $a1$ 并延长 $a1$，过 m 作 $a1$ 的垂线。

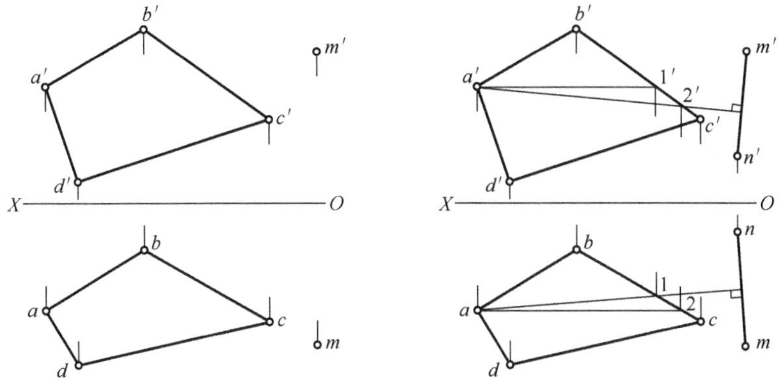

（a）已知条件　　　　　　　　　　　（b）作图过程

图 2-49　一般位置的直线与平面垂直

② 过 a 作 $a2 /\!/ OX$ 轴，交 bc 得 2，过 2 作 OX 轴垂线，交 $b'c'$ 得 $2'$。

③ 连 $a'2'$ 并延长 $a'2'$，过 m' 作 $a'2'$ 的垂线 $m'n'$。

④ 过 n' 作 OX 轴的垂线，得 n 点，将 $m'n'$ 和 mn 画成粗实线。$m'n'$、mn 即为所求垂线 MN 的投影。作图过程如图 2-49（b）所示。

本题只是要求作出一任意长度的垂线 MN，故在取 N 点的投影时，可在两面投影中的垂线上任意定出点 N，只是要求点 N 的两面投影符合投影规律而已。反之，利用该几何条件可以判断空间一直线是否与平面垂直。

例 2-14　如图 2-50（a）所示，已知一直线 MN 和平面 $\triangle ABC$ 的两面投影，试判断 MN 是否与平面 $\triangle ABC$ 垂直。

解：若直线 MN 与平面 $\triangle ABC$ 垂直，则 MN 必与 $\triangle ABC$ 平面上的任一直线垂直，为此可在 $\triangle ABC$ 平面上求作两条相交的水平线和正平线，检验是否与 MN 垂直即可。作图过程如图 2-50（b）所示：

① 过 a' 作 $a'1' /\!/ OX$ 轴，交 $b'c'$ 得 $1'$，过 $1'$ 作 OX 轴的垂线，与 bc 交得 1，连接 $a1$，并延长 $a1$。

② 判断 $a1$ 是否与 mn 垂直。本题中 $a1$ 显然不与 mn 垂直，因此可判断直线 MN 不垂直于平面 $\triangle ABC$。

如果在作图过程中 $a1 \perp mn$，还不能判定 MN 垂直于平面 $\triangle ABC$，必须再过点 A 在平面 $\triangle ABC$ 上求作一条正平线 $A\text{II}$，检验它是否与 MN 垂直。若 $a'2' \perp m'n'$，则判定直线 MN 垂直于平面 $\triangle ABC$；若 $a'2'$ 不与 $m'n'$ 垂直，则判定直线 MN 不垂直于平面 $\triangle ABC$。检验过程如图 2-50（b）所示。

（2）特殊位置的直线与平面垂直。特殊位置的直线与平面相垂直，只有图 2-51 所示的两种情况。

图 2-51（a）是同一投影面的平行线与垂直面相垂直的情况，图中 AB 是水平线，$CDEF$ 是铅垂面。由立体几何可推知：与水平线相垂直的平面，一定是铅垂面；与铅垂面相垂直的直线，一定是水平线；而且水平线的 H 面投影，一定垂直于铅垂面的有积聚性的 H 面投影，即图中 $ab \perp cdef$。同理，正平线与正垂面相垂直，侧平线与侧垂面相垂直，也都属于这种情况。由此可以得出结论：

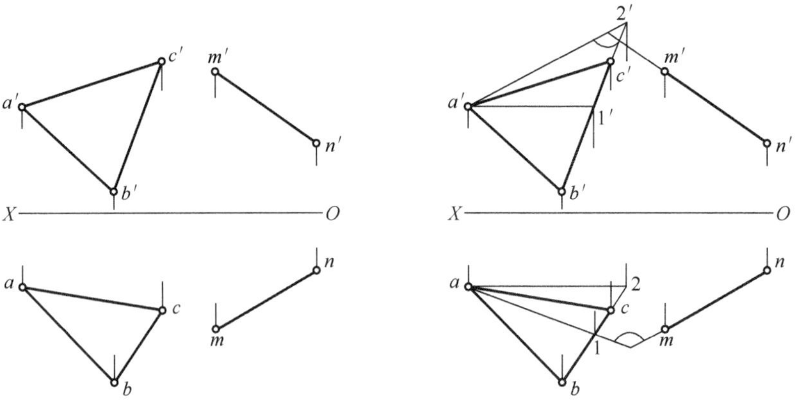

（a）已知条件   （b）检验进程

图 2-50 直线与平面垂直的验证

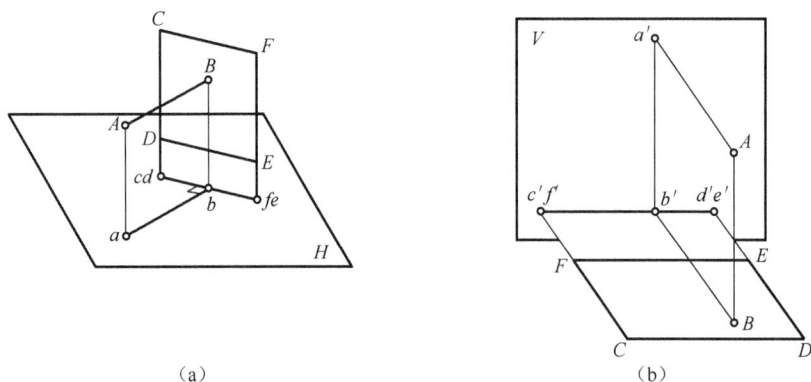

（a）   （b）

图 2-51 特殊位置的直线与平面垂直的投影特性

与投影面平行线相垂直的平面，一定是该投影面的垂直面；与投影面垂直面相垂直的直线，一定是该投影面的平行线；投影面平行线在所平行的投影面上的投影，必垂直于该投影面垂直面的有积聚性的同面投影。

图 2-51（b）是同一投影面的垂直线与平行面相垂直的情况，图中 AB 是铅垂线，$CDEF$ 是水平面。由立体几何可推知：与铅垂线相垂直的平面，一定是水平面；与水平面相垂直的直线，一定是铅垂线；而且铅垂线的 V 面投影，一定垂直于水平面的有积聚性的 V 面投影，即图中 $a'b' \perp c'd'e'f'$。同理，正垂线与正平面相垂直，侧垂线与侧平面相垂直，也都属于这种情况。由此综合上段所述，可以得出结论：

与投影面垂直线相垂直的平面，一定是该投影面的平行面；与投影面平行面相垂直的直线，一定是该投影面的垂直线；投影面垂直线的投影必定与平面的有积聚性的同面投影相垂直。

2.4.2 平面与平面的相对位置

1. 平面与平面平行

（1）两平面相平行的几何条件。两平面相平行的几何条件是：如果一平面上的一对相交直线，分别与另一平面上的一对相交直线互相平行，则两平面互相平行。利用这个几何条件可以进行平面与平面平行的检验和作图。如图 2-52 所示，$pq /\!/ ad$，$pr /\!/ ae$，$p'q' /\!/ a'd'$，$p'r' /\!/ a'e'$，故 $PQ /\!/ AD$，$PR /\!/ AE$，又 AD 与 AE 为位于 $\triangle ABC$ 上的相交二直线，因而由直线 PQ 和 PR 相交而形成的平面 PQR 与 $\triangle ABC$ 互相平行。

例 2-15 如图 2-53（a）所示，已知两平面 $\triangle ABC$ 和 $\triangle DEF$ 以及点 P 的两面投影，要求：

① 检验两平面 $\triangle ABC$ 和 $\triangle DEF$ 是否互相平行？

② 过点 P 作一平面平行于 $\triangle DEF$。

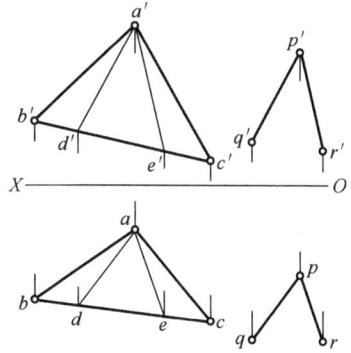

图 2-52　平面与平面平行

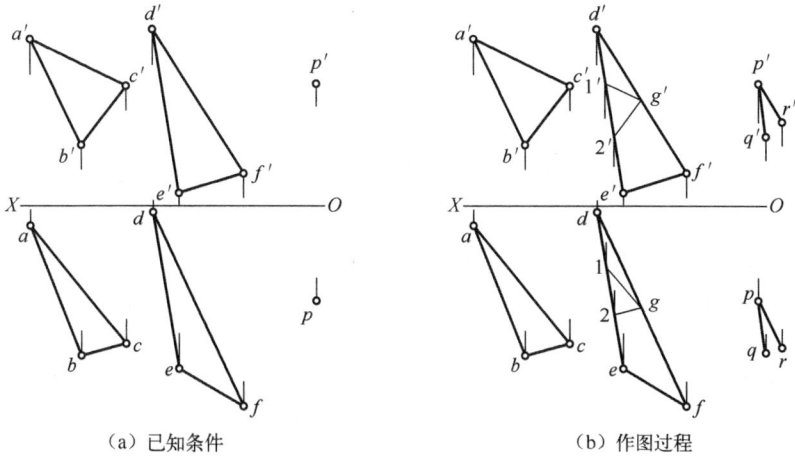

（a）已知条件　　　　　　（b）作图过程

图 2-53　平面与平面平行的验证与作图

解：

① 检验两平面平行，只要在一平面上作出两相交直线，检验是否与另一平面上的相交直线平行即可，作图过程如图 2-53（b）所示：

a. 在 $\triangle DEF$ 的 DF 边上找一点 G，标出其两面投影 g、g'。

b. 过 g' 作 $g'1' /\!/ a'c'$，与 $d'e'$ 交得 $1'$。

c. 过 g' 作 $g'2' /\!/ b'c'$，与 $d'e'$ 交得 $2'$。

d. 过 $1'$、$2'$，分别作 OX 轴的垂线，与 de 交得 1、2，连接 $g1$ 和 $g2$。

e. 检验 $g2$ 是否平行于 bc，$g1$ 是否平行于 ac。本题经检验 $g2 /\!/ bc$，$g1 /\!/ ac$，即 $G\text{II} /\!/ BC$，$GI /\!/ AC$，故 $\triangle ABC /\!/ \triangle DEF$。

若检验结果为 $g2$ 不平行于 bc 或 $g1$ 不平行于 ac，即可判断 $\triangle ABC$ 与 $\triangle DEF$ 一定不平行。

② 过点 P 作一平面与 $\triangle DEF$ 相平行，只要过点 P 作出两条与 $\triangle DEF$ 平行的相交直线即可。作图过程如图 2-53（b）所示：

a. 过 p' 作 $p'r' /\!/ d'f'$，$p'q' /\!/ d'e'$。

b. 过 p 作 $pr /\!/ df$，$pq /\!/ de$。

c. 因两条相交直线即可确定一个平面，故 pqr 和 $p'q'r'$，即为所求平面的两面投影。

（2）特殊位置的两平面平行。在特殊情况下，当两平面都是同一投影面的垂直面时，则两平面的平行关系，可直接在两平行平面有积聚性的投影中反映出来，即两平面的有积聚性的同面投影互相平行。如图 2-54 所示，设 H 面的垂直面 P 和 Q 互相平行，故它们的 H 面投影 $P_H /\!/ Q_H$；反之，因积聚投影 $P_H /\!/ Q_H$，由之所作的 H 面垂直面 P 和 Q 亦必互相平行。

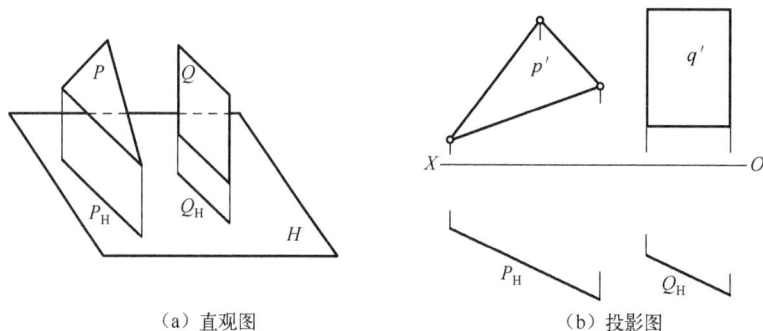

（a）直观图　　　　　　　　　（b）投影图

图 2-54　特殊位置两平面的平行

2. 平面与平面相交

两平面相交于一条直线，该线称为交线。平面与平面相交的问题，主要是求交线及判别可见性的问题。

两平面的交线是两平面所共有的直线，一般通过求出交线的两端点来连得交线。交线求出后，在判别投影可见性时必须注意：可见性是相对的，有遮挡，就有被遮挡；可见性只存在于两平面图形投影重叠部分，对两平面图形投影不重叠部分不需判别，都是可见的。

（1）两特殊位置平面相交。垂直于同一个投影面的两个平面的交线，必为该投影面的垂直线，两平面的积聚投影的交点就是该垂直线的积聚投影。如图 2-55（a）所示，平面 P 与平面 Q 都垂直于投影面 H，则两平面 P 和 Q 的交线 MN 必垂直于投影面 H，而且 P 和 Q 的 H 面投影和 Q_H 的交点必为 MN 的积聚投影 mn。

例 2-16　求作图 2-55（b）所示两投影面垂直面 P 和 $\triangle ABC$ 的交线点 MN，并表明可见性。

解：

① 在 abc 与 P_H 的交点处标出 mn，即为交线 MN 的 H 面投影。

② 过 mn 作 OX 轴的垂线，得交点 $m'n'$，连接 $m'n'$，即为所求交线 MN 的 V 面投影。

③ 判别可见性：在 mn 的左方，P_H 位于 $abmn$ 之前，故在 V 面投影中，p' 在 $m'n'$ 左侧为可见，右侧与 $\triangle ABC$ 重叠的部分必为不可见，作图结果如图 2-55（b）所示。

（2）两个平面中有一个平面处于特殊位置时相交。两平面相交，只要其中有一个平面对投影面处于特殊位置，就可直接用投影的积聚性求作交线。在两平面都没有积聚性的同面投影重合处，可由投影图直接看出投影的可见性，而交线的投影就是可见和不可见的分界线。

例 2-17　如图 2-56（a）所示，求作一般位置的平面 $\triangle ABC$ 与正垂面 $\triangle DEF$ 的交线 MN，并标明可见性。

解：

① 在 $b'c'$、$a'c'$ 与有积聚性的同面投影 $d'e'f'$ 的交点处，分别标出 $m'n'$，由 m'、n' 分别作 OX 轴的垂线，与 bc 交得 m，与 ac 交得 n。

② 连接 mn，即为所求交线 MN 的 H 面投影；MN 的 V 面投影积聚在 $d'e'f'$ 上。

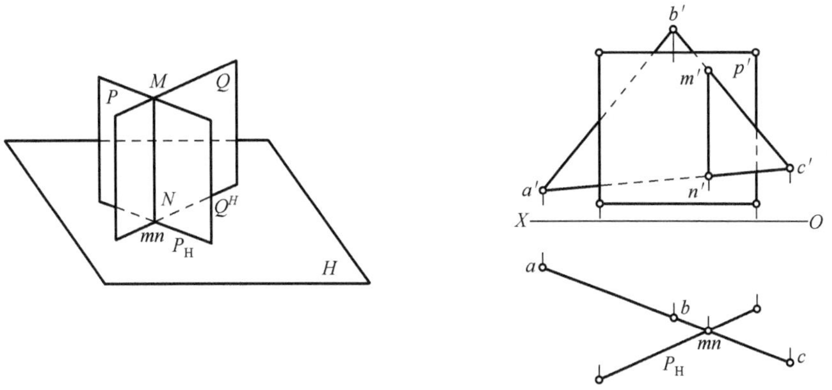

（a）直观图　　　　　　　　　　　　（b）投影图

图 2-55　两投影面的垂直面的相交

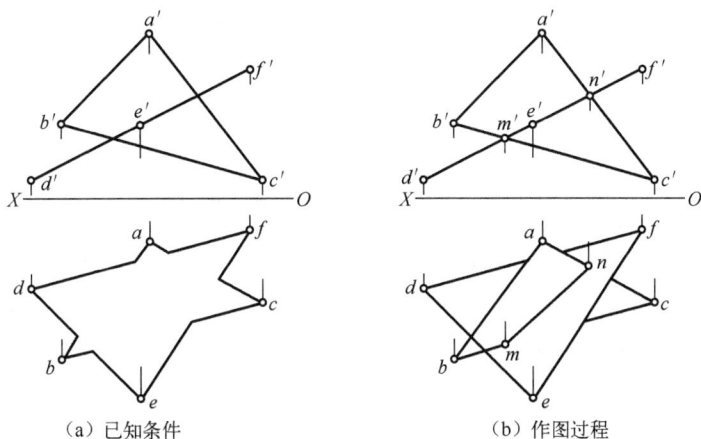

（a）已知条件　　　　　　　　　　　　（b）作图过程

图 2-56　一般位置平面与投影面垂直面相交

③ 判别可见性：在 *V* 面投影中可直接看出，$a'b'm'n'$ 位于 $d'e'f'$ 的上方，故应可见；$c'm'n'$ 位于 $d'e'f'$ 的下方，故在 *H* 面投影中与 *def* 的重合部分不可见。

④ 在已知投影图上画出适当的线型（本题及下面其他题目将不再画出虚线，亦表示不可见），作图过程如图 2-56（b）所示。

（3）两个一般位置平面相交。求两个一般位置平面的交线，实质上是分别求某一平面内的两条边线或某条边线与另一平面的两个交点，连接这两个交点即是两平面的交线。由于两平面的投影都没有积聚性，在解题前，可先观察出投影图上没有重叠的平面图形边线，它们不可能与另一平面有实际的交点，故不必求取这种边线对另一平面的交点，如图 2-57（a）所示边线 *AC*、*DG*、*EF*。这种方法称为线面交点观察法。

例 2-18　如图 2-57（a）所示，求作平面△*ABC* 与四边形 *DEFG* 的交线 *MN* 的两面投影，并标明可见性。

解：

① 经反复观察和试求，确定四边形 *DEFG* 的两条边线 *ED*、*FG* 与△*ABC* 平面的交点即为所求的交线 *MN* 的两端点。

② 用辅助直线法分别求出边线 *ED* 与△*ABC* 交点的投影 *m*、*m′*，边线 *FG* 与△*ABC* 交点

的投影 n、n'。

③ 连接 mn 和 $m'n'$，即为所求。

④ 判别可见性：可利用例 2-10 的判别方法来判别出两平面重影部分的可见性，结果如图 2-57（b）所示。

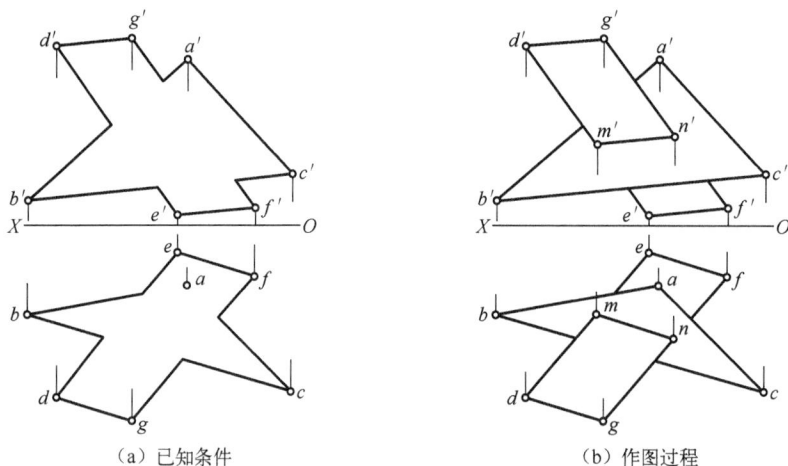

（a）已知条件　　　　　　　　　（b）作图过程

图 2-57　两个一般位置平面相交的求解

实际上两平面相交时，每一平面上的每一边对另一平面都会有交点，因此从理论上说，作图时可选择任一边对另一平面求交点，求得两个交点后连接即可求得交线的方向，然后取其在两面投影重叠部分内的一段即可得交线。

3. 平面与平面垂直

（1）两平面垂直的几何条件。如果一个平面包含另一个平面的一条垂线，则两个平面就相互垂直。如图 2-58 所示，直线 $AD \perp$ 平面 P，AD 又是 $\triangle ABC$ 平面上的一条直线，故 $ABC \perp$ 平面 P。

例 2-19　如图 2-59（a）所示，已知平面 $\triangle ABC$ 和点 P 的两面投影，求作过点 P 且与 $\triangle ABC$ 相垂直的平面的两面投影。作图过程如图 2-59（b）所示。

解：

① 过点 P 利用例 2-11 的方法作出一条 $\triangle ABC$ 的垂直线 PQ，标注出 p'、p、q'、q。

② 任选一点 r'、r，连接 $p'r'$、$q'r'$ 和 pr、qr，因 $PQ \perp \triangle ABC$，又由作图知，PQ 位于平面 $\triangle PQR$ 上，故 $p'q'r'$、pqr 即为所求平面的投影，作图结果如图 2-59（b）所示。

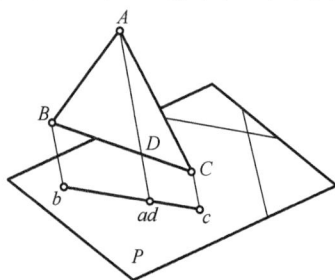

图 2-58　平面与平面垂直

（2）特殊位置的平面与平面垂直。两平面中至少有一个平面处于特殊位置时，如前面所示的图 2-60（a），与铅垂面 $CDEF$ 相垂直的平面，一定包含任一水平线 AB，它可以是包含 AB 的各个一般位置平面或包含 AB 的铅垂面、水平面。

同理可推知：与正垂面相垂直的平面，可以包含该平面垂线的一般位置平面或正垂面、正平面；与侧垂面相垂直的平面，可以包含该平面垂线的一般位置平面或侧垂面、侧平面。

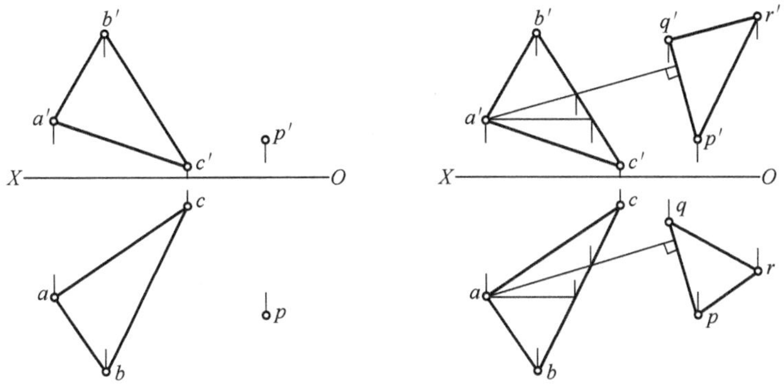

（a）已知条件　　　　　　　　　　（b）作图过程

图 2-59　过点 P 作 △ABC 的垂直面

（a）　　　　　　　　　　　　（b）

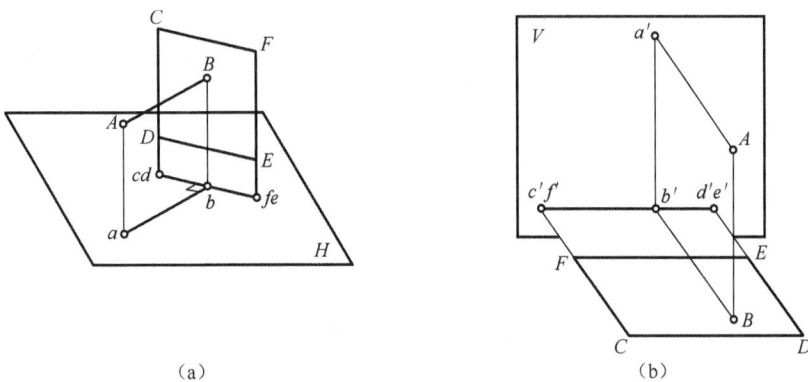

图 2-60　特殊位置的平面与平面垂直

又如图 2-60（b）所示，与水平面 *CDEF* 相垂直的平面，一定包含任一铅垂线 *AB*，它可以包含 *AB* 的铅垂面、正平面或侧平面。同理可推知：与正平面相垂直的平面，可以是包含该平面垂线的正垂面、水平面或侧平面；与侧平面相垂直的平面，可以是包含该平面垂线的侧垂面、水平面或正平面。

综合上述，可得出以下结论：

① 与某一投影面垂直面相垂直的平面，一定包含该投影面垂直面的垂线，可以是一般位置平面，也可以是这个投影面的垂直面或平行面。

② 与某一投影面平行面相垂直的平面，一定是这个投影面的垂直面，也可以是其他两个投影面的平行面。

例 2-20　如图 2-61（a）所示，已知 *A* 点和直线 *MN* 的投影，以及正垂面 *P* 的 *V* 面投影 P_V，试过点 *A* 作一平面，使该平面与直线 *MN* 相平行，与平面 *P* 相垂直。

解：按直线与平面相平行以及两平面相垂直的几何条件，只要过 *A* 点作任意长度的直线 *AB*∥*MN*，作任意长度的直线 *AC*⊥平面 *P*，则相交两直线 *AB* 和 *AC* 确定的平面，即为所求。

由于平面 *P* 是正垂面，所以 *AC* 必为正平线。作图过程如图 2-61（b）所示：

① 作 *a'b'*∥*m'n'*，作 *ab*∥*mn*。

② 作 *a'c'*⊥P_V，作 *ac*∥*OX* 轴。

③ AB 和 AC 所确定的平面 ABC，即为所求。

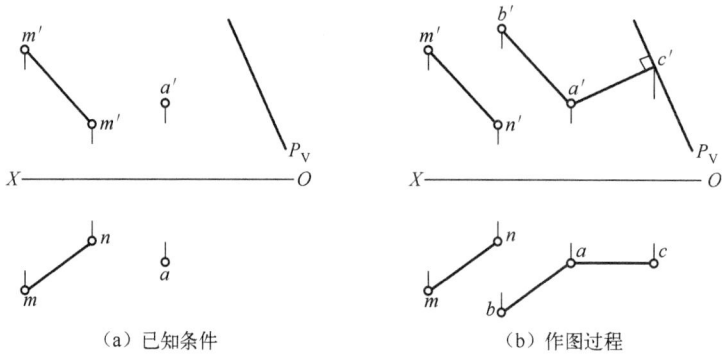

（a）已知条件　　　　　（b）作图过程

图 2-61　特殊位置的平面与平面垂直

当两个相互垂直的平面都是同一投影面的垂直面时，它们有积聚性的同面投影也互相垂直。如图 2-62 所示，两个矩形铅垂面 $PQMN$ 和 $PQRS$ 互相垂直，所以它们的有积聚性的 H 面投影也一定相互垂直，即：$pqmn \perp pqrs$。

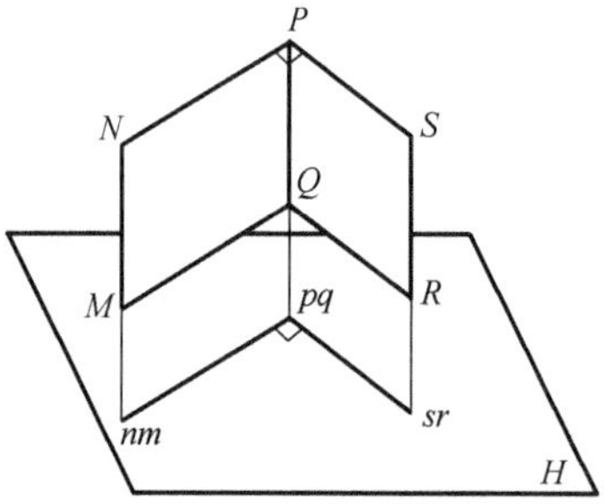

图 2-62　垂直于同一投影面的两平面相互垂直

第3章　基本立体的投影

机件形体大部分是由柱、锥、球等基本形体构成。常见的基本形体可分为两大类：一类是平面立体，如棱柱、棱锥等；另一类是曲面立体，如圆柱、圆锥、球、圆环等。

3.1　平面立体的投影

平面立体是由若干个平面围成的多面体。立体表面上的面与面的交线称为棱线，棱线与棱线的交点称为顶点。平面立体的投影就是作出组成立体表面的各平面和棱线的投影。

1. 棱柱

（1）棱柱的投影。以图 3-1 所示的三棱柱为例，对棱柱的形体分析和投影分析进行说明。

① 形体分析。三棱柱由两个端面和三个侧面所组成。两个端面为三角形，三个侧面为矩形，三条棱线相互平行且垂直于两端面。

② 投影分析。

a. 安放位置。两个端面的三角形均为侧平面，底面为水平面，前、后侧面均为侧垂面，三条棱线均为侧垂线。

b. 画投影图。画出两个端面的三面投影：其 W 面投影重合，反映三角形实形，是三棱柱的特征投影；H 面投影和 V 面投影均积聚为直线。

画出各棱线的三面投影：W 面投影积聚为三角形的三个顶点，其 H 面投影和 V 面投影均反映实长。

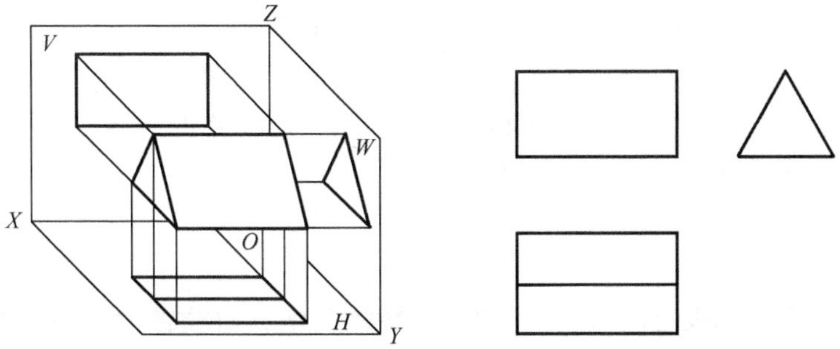

（a）直观图　　　　　　　　　　（b）投影图

图 3-1　三棱柱的投影

（2）棱柱表面取点、取线。由于组成棱柱的各表面都是平面，因此在平面立体表面上取点、取线的问题，实质上就是在平面上取点、取线的问题，可利用前述在平面上取点、取线的方法求得。解题时应首先确定所给点、线在哪个表面上，再根据表面所处的空间位置，利用投影的积聚性或辅助线作图。对于表面上的点和线，还要考虑它们的可见性。判别立体表面上点和线可见与否的原则是：如果点、线所在表面的投影可见，那么点、线的同面投影可见，即只有位于可见表面上的点、线才是可见的，否则不可见。

例 3-1　如图 3-2 所示，已知正三棱柱表面上点 M、N 的 V 面投影 m'、(n') 及 K 点的 H 面投影 k，求 M、N、K 点的其余两投影。

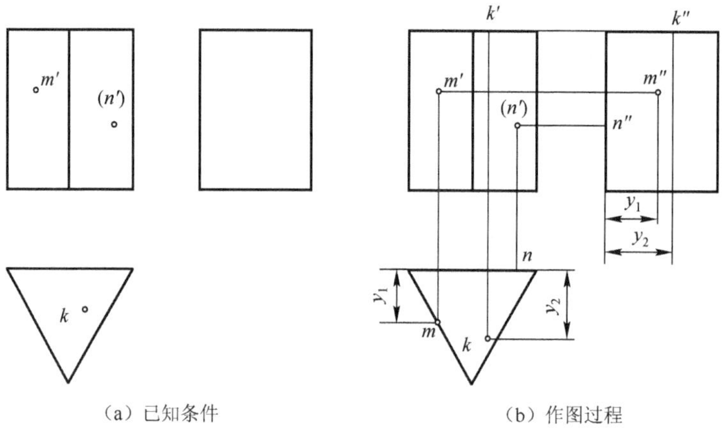

（a）已知条件　　　　　　　　　　（b）作图过程

图 3-2　三棱柱表面上取点

解：

① 分析。三棱柱的三个侧面均为铅垂面，H 面投影有积聚性，根据 m'、(n') 判断 M 点和 N 点分别位于三棱柱的左前侧面和后侧面上，其 H 面投影必在该两侧面的积聚投影上。根据 K 点的 H 面投影，可判断 K 点位于三棱柱的顶面上，而三棱柱的顶面为水平面，其 V 面投影和 W 面投影均积聚为直线段，因此 k' 和 k'' 也必然位于其顶面的积聚投影上。

② 作图。

a. 分别过 m'、(n') 向下引垂线交积聚投影于 m、n 点。

b. 根据已知点的两面投影求第三投影的方法（二补三）求得 m''、n'' 点。

c. 过 K 点的 H 面投影向上引垂线交顶面的积聚投影于 k' 点。

d. 根据 k、k'（二补三）求得 k'' 点。

e. 判别可见性：因 M 点在左前侧面，则 m'' 可见；而 N 点的 H 投影、W 投影及 K 点的 V 投影、W 投影均在积聚投影上，所以均可见。

2. 棱锥

（1）棱锥的投影。现以图 3-3 所示的正三棱锥为例，对棱锥的形体分析和投影分析进行说明。

① 形体分析。三棱锥由一个底面和三个侧面所组成，底面及侧面均为三角形。三条棱线交于一个顶点。

② 投影分析。

a. 安放位置：三棱锥的底面为水平面，侧面 $\triangle SAC$ 为侧垂面。

b. 画投影图：画出底面 $\triangle ABC$ 的三面投影：H 投影反映实形，V、W 投影均积聚为直线段。画出顶点 S 的三面投影，将顶点 S 和底面 $\triangle ABC$ 的三个顶点 A、B、C 的同面投影两两连线，即得三条棱线的投影，三条棱线围成三个侧面，完成三棱锥的投影。

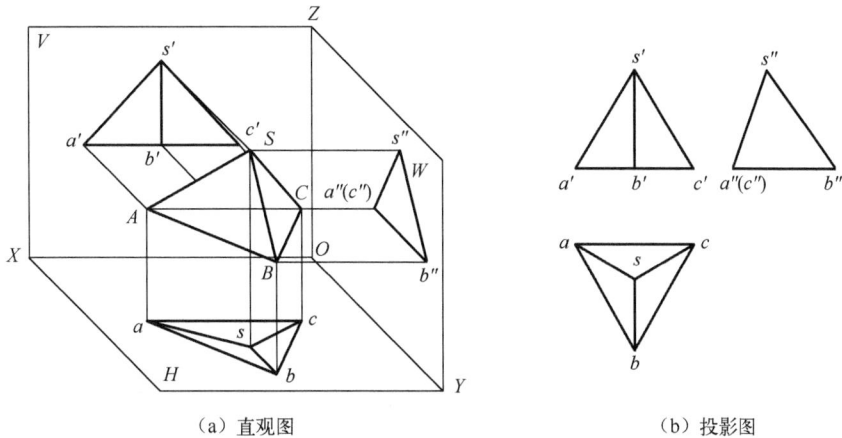

（a）直观图　　　　　　　　　　　　　（b）投影图

图 3-3　三棱锥的投影

（2）棱锥表面上取点、线。

例 3-2　如图 3-4 所示，已知四棱锥的三面投影及表面上点 M 的一个投影（m'）和折线段 EFG 的 V 面投影 $e'f'g'$，试求出点与线段的其他投影。

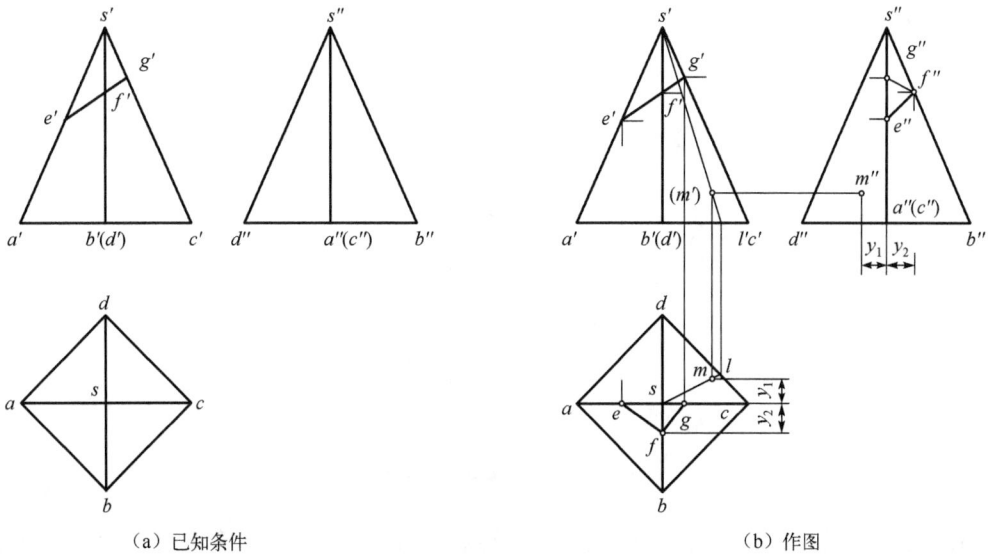

（a）已知条件　　　　　　　　　　　　（b）作图

图 3-4　四棱锥表面取点、取线

解：① 分析。四棱锥的底面为水平面，四个侧面均与三投影面倾斜，M 点的 V 投影（m'）为不可见，所以 M 必在右后侧面 $\triangle SCD$ 上。折线段 EFG 的 V 投影 $e'f'g'$ 为可见，所以折线段 EFG 必在前两侧面 $\triangle SAB$ 和 $\triangle SBC$ 上。

② 作图。

a. 求点 m、m''。由于点 M 所在的侧面 $\triangle SCD$ 为一般面，因此先过（m'）作一辅助直线 $S1$ 的 V 投影 $s'1'$，求其 H 投影 $s1$ 和 W 投影 $s''1''$，再根据从属关系求出 m、m''。由于右后侧

面△*SCD* 的 *W* 投影不可见，因此 *m"* 不可见。

b. 求 *efg* 和 *e"f"g"*。*E*、*F*、*G* 三点分别位于 *SA*、*SB*、*SC* 三条棱线上，根据从属关系求得 *e*、*f*、*g* 和 *e"*、*f"*、*g"*，连接 *ef*、*fg*、*e"f"*、*f"g"*，即得折线段 *EFG* 的 *H* 投影和 *W* 投影。由于 *FG* 所在的侧面△*SBC* 的 *W* 投影不可见，因此 *f"g"* 不可见。

3.2 曲面立体的投影

常见的曲面立体是回转体，回转体的曲面是母线（直线或曲线）绕一轴作回转运动而形成的。曲面上任一位置的母线称为素线，母线上每一点的运动轨迹都是圆，称为纬圆，纬圆平面垂直于回转直线。主要有圆柱体、圆锥体和圆球等。

画回转体的投影，通常要注意以下几点：

（1）用点划线画出轴线的投影；如图 3-5（b）所示，当轴线为铅垂线时，其正面投影为一竖直线，水平投影积聚为一点，用圆形的中心线来表示。

（2）画出回转体底面圆的投影。如图 3-5（b）水平投影为实线圆，正面投影为上下两直线。

（3）画出转向轮廓线的投影。曲面上可见与不可见的分界线称为回转面对该投影面的转向轮廓线。当轴线平行于某一投影面时，对该投影面的转向线就是轴线两侧最远的素线。如图 3-5（b）中正面投影中的曲线，及水平投影中的虚线圆，就是回转体对 *V* 面、*H* 面的转向轮廓线的投影。

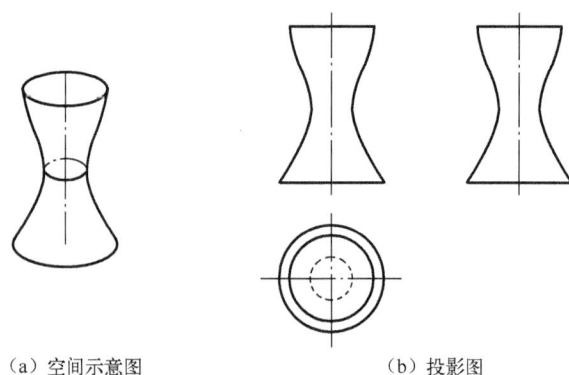

（a）空间示意图　　　　　　　　　　（b）投影图

图 3-5　回转体的投影

曲面立体表面上取点、线，与在平面上取点、线的原理一样，应本着"点在线上，线在面上"的原则，此时的"线"可能是直线，也可能是纬圆。在曲面立体表面上取线（直线、曲线），应先取该曲面上能确定此线的一系列的点，求出它们的投影，然后将其连接并判别可见性。

1. 圆柱体

（1）圆柱体的形成。如图 3-6（a）所示，圆柱体由圆柱面、顶面、底面围成。圆柱面是由直线绕与其平行的轴线旋转一周而形成的，因此圆柱也可看做是由无数条相互平行、而且长度相等的素线所围成的立体。

（2）圆柱体的投影。

① 分析。圆柱轴线垂直于 H 面，底面、顶面为水平面，底面、顶面的水平投影反映圆的实形，其他投影积聚为直线段。

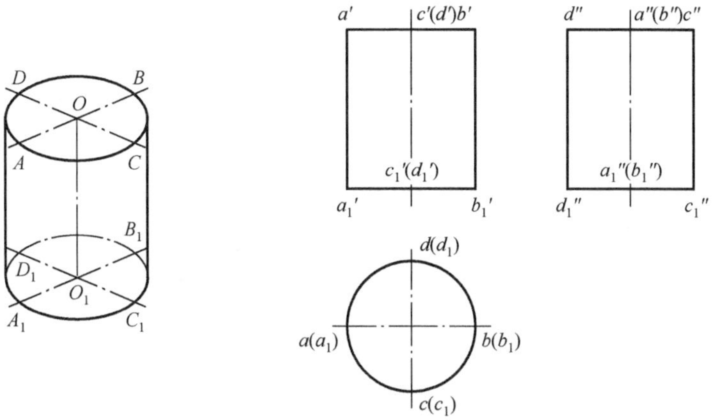

（a）空间示意图　　　　　　　（b）投影图

图 3-6　圆柱体的投影

② 画投影图。

a. 用点划线画出圆柱体的轴线、中心线。

b. 画出顶面、底面圆的三面投影。

c. 画转向轮廓线的三面投影。该圆柱面对正面的转向轮廓为 AA_1 和 BB_1，其侧面投影与轴线重合，对侧面的转向轮廓线为 DD_1 和 CC_1，其正面投影与轴线重合。

应注意圆柱体的 H 面投影圆是整个圆柱面积聚成的圆周，圆柱面上所有的点和线的 H 投影都重合在该圆周上。圆柱体的三面投影特征为一个圆对应两个矩形。

（3）圆柱表面上取点、取线。在圆柱体表面上取点，可直接利用圆柱投影的积聚性作图。

例 3-3　如图 3-7 所示，已知圆柱面上的点 M、N 的正面投影，求其另两个投影。

解：

① 分析。M 点的正面投影 m' 可见，又在点划线的左面，由此判断 M 点在左前半圆柱面上，侧面投影可见。N 点的正面投影（n'）不可见，又在点划线的右面，由此判断 N 点在右后半圆柱面上，侧面投影不可见。

② 作图。

a. 求 m、m''。过 m' 向下作垂线交于圆周上一点为 m，根据 y_1 坐标求出 m''。

b. 求 n、n''。作法与 M 点相同。

例 3-4　如图 3-8 所示，已知圆柱面上的 AB 线段的正面投影 $a'b'$，求其另两个投影。

解：

① 分析。圆柱面上的线除了素线外均为曲线，由此判断线段 AB 是圆柱面上的一段曲线。又因 $a'b'$ 可见，因此曲线 AB 位于前半圆柱面上。表示曲线的方法是画出曲线上的诸如端点、转向轮廓线上的点、分界点等特殊位置点及适当数量的一般位置点，把它们光滑连接

即可。

② 作图。

a. 求端点 A、B 的投影。利用积聚性求得 H 投影 a、b，再根据 y 坐标求得 a''、b''。

b. 求侧视转向轮廓线上的点 C 的投影 c、c''。

c. 求适当数量的中间点。在 $a'b'$ 上取 d'、e'，然后求出 H 投影 d、e 和 W 投影 d''、e''。

d. 判别可见性并连线。C 点为侧面投影可见与不可见分界点，曲线的侧面投影 $c''e''b''$ 为不可见，画成虚线；$a''d\ ''c''$ 为可见，画成实线。

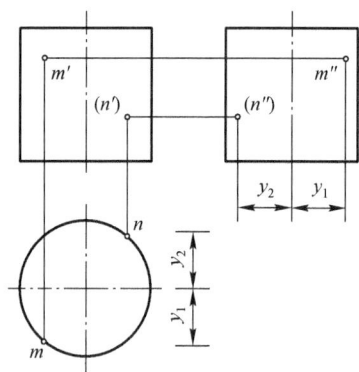

图 3-7　圆柱表面上取点　　　　　图 3-8　圆柱表面上取线

2. 圆锥体

（1）圆锥体的形成。圆锥体是由圆锥面和底面围合而成。圆锥面可看做一直母线绕与其相交的轴线旋转而成。因此圆锥体可看做是由无数条交于顶点的素线所围成，也可看做是由无数个平行于底面的纬圆所组成。

（2）圆锥体的投影。

① 形体分析。图 3-9 所示的圆锥轴线垂直于 H 面，底面为水平面，H 投影反映底面圆的实形，其他两投影均积聚为直线段。

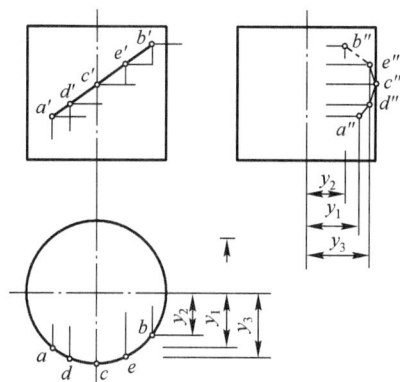

（a）空间示意图　　　　　　　　（b）投影图

图 3-9　圆锥体的投影

② 画投影图。

a. 用点划线画出圆锥体各投影轴线、中心线。

b. 画出底面圆的三面投影。

c. 画出锥顶 S 的三面投影。

d. 画出各转向轮廓线的投影，即正视转向轮廓线的 V 投影 $s'a'$、$s'b'$，侧视转向轮廓线的 W 投影为 $s''c''$、$s''d''$。

圆锥面的三个投影都没有积聚性。圆锥面三面投影的特征为一个圆对应两个三角形。

（3）圆锥体表面上取点、取线。由于圆锥面的三个投影都没有积聚性，求表面上的点时，需采用辅助线法。为了作图方便，在曲面上作的辅助线应尽可能的是直线（素线）或平行于投影面的圆（纬圆），所以在圆锥面上取点的方法有两种：素线法和纬圆法。

例 3-5 如图 3-10 所示，已知圆锥面上点 M 的正面投影 m'，求 m、m''。

解：方法一：素线法。

① 分析。如图 3-10（a）所示，M 点在圆锥面上，一定在圆锥面的一条素线上，故过锥顶 S 和点 M 作一素线 ST，求出素线 ST 的各投影，根据点线的从属关系，即可求出 m、m''。

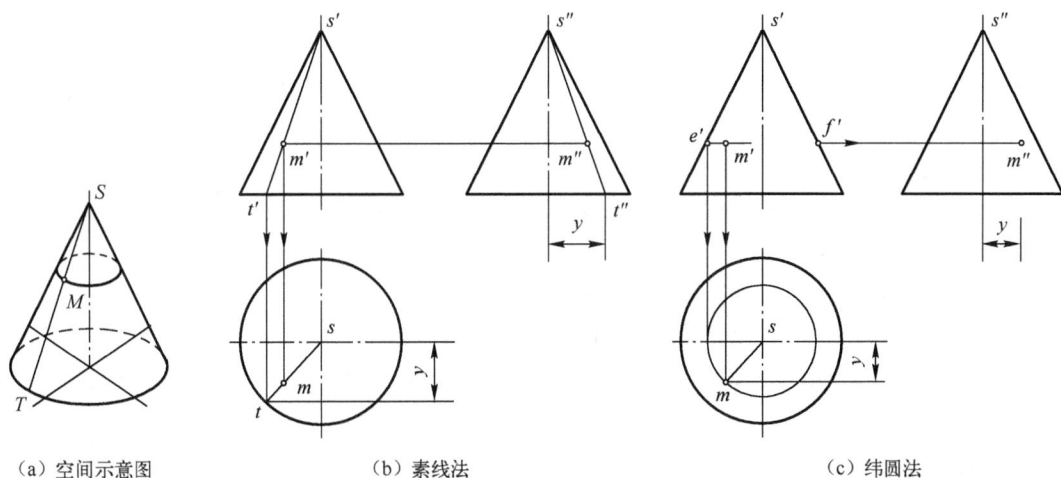

（a）空间示意图　　　（b）素线法　　　（c）纬圆法

图 3-10　圆锥表面上取点

② 作图。

a. 如图 3-10（b）所示，连接 $s'm'$ 并延长交底圆于 t'，在 H 投影上求出 t 点，根据 t、t' 求出 t''，连接 st、$s''t''$ 即为素线 ST 的 H 投影和 W 投影。

b. 根据点线的从属关系求出 m、m''。

方法二：纬圆法。

① 分析。过点 M 作一个平行于圆锥底面的纬圆，该纬圆的水平投影为圆，正面投影、侧面投影为一直线。M 点的投影一定在该圆的投影上。

② 作图。

a. 在图 3-10（c）中，过 m' 作与圆锥轴线垂直的线 $e'f'$，它的 H 投影为一直径等于 $e'f'$，圆心为 S 的圆，m 点必在此圆周上。

b. 由 m'、m 求出 m''。

例3-6 如图 3-11 所示，已知圆锥面上的线段 AB 的正面投影，求其另两投影。

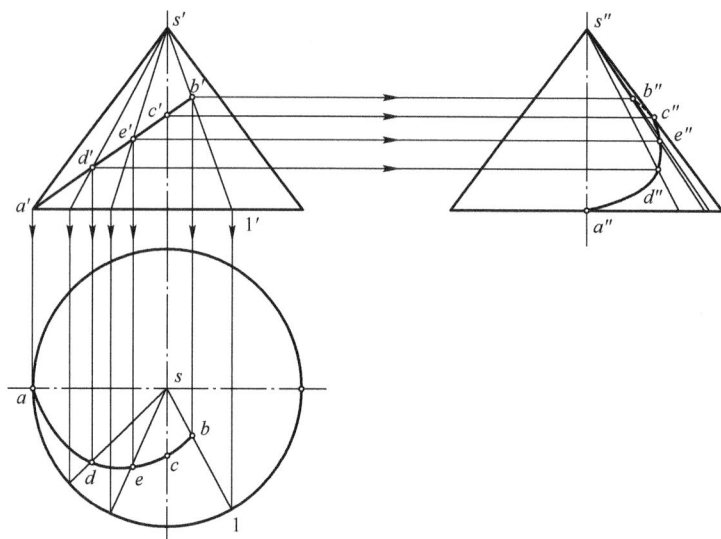

图 3-11 圆锥面上取线

解：求圆锥面上线段的投影的方法是：求出线段上的端点、轮廓线上的点、分界点等特殊位置点及适当数量的一般点，依次光滑连接各点的同面投影即可。

作图步骤如下：

① 求线段端点 A、B 的投影。a、a'' 在投影图上可直接求出，B 点的投影可用素线法（素线为 S_1）。

② 求侧视转向轮廓线上的 C 点的投影 c、c''。

③ 选取一般点 D、E，用素线法求出 d、d''，e、e''。

④ 判别可见性。由正面投影可知，曲线 BC 位于右半锥面上，其侧面投影不可见，画成虚线。

3. 圆球

（1）圆球的形成。圆球是由圆球面围合而成，圆球面可看做是由半圆绕其直径旋转一周而形成的。

（2）圆球体的投影。

① 形体分析。以图 3-12 为例，圆球的三个投影均为大小相等的圆，其直径等于圆球的直径。正面投影圆是前、后半球的分界圆，也是球面上最大的正平圆；水平投影圆是上、下半球的分界圆，也是球面上最大的水平圆；侧面投影圆是左、右半球的分界圆，也是球面上最大的侧平圆。三投影图中的三个圆分别是球面对 V 面、H 面、W 面的转向轮廓线。

② 画投影图。

a. 确定球心位置，并用点划线画出它们的对称中心线；各中心线分别是转向轮廓线投影的位置。

b. 分别画出球面上对三个投影面的转向轮廓线圆的投影。

圆球面的投影特征为三个直径相等的圆。

（3）圆球面上取点、取线。球面的三个投影均无积聚性。为作图方便，球面上取点常用纬圆法。

圆球面是比较特殊的回转面，它的特殊性在于过球心的任意一直径都可作为回转轴，过表面上一点，可作属于球面上的无数个纬圆。为作图方便，选用平行于投影面的纬圆作辅助纬圆，即过球面上一点可作正平纬圆、水平纬圆或侧平纬圆。

如图 3-12（b）所示，已知属于球面上的点 M 的正面投影 m'，求其另两投影。

根据 m' 的位置和可见性，可判断 M 点在上半球的右前部，因此 M 点的水平投影 m 可见，侧面投影 m'' 不可见。作图时可过 m' 作一水平纬圆，作出水平纬圆的 H、W 投影，从而求得 m、m''。当然，也可采用过 m' 作正平纬圆或侧平纬圆来解决，这里不再详述。

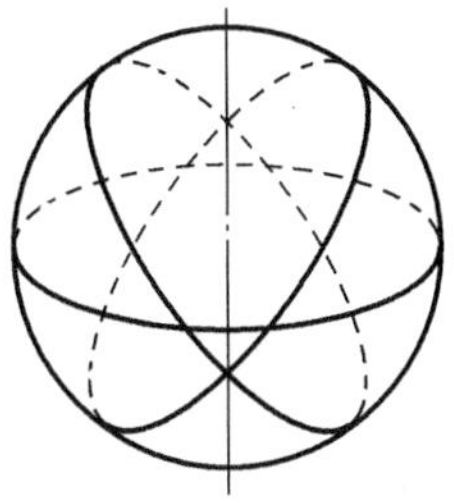

（a）空间示意图 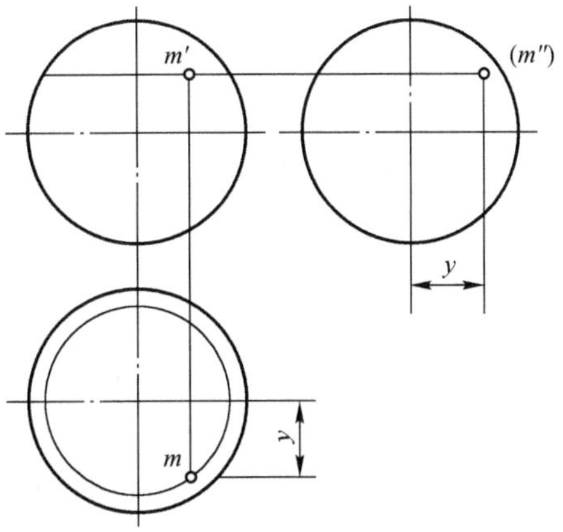　　　　　　　　　　（b）投影图

图 3-12　圆球体的投影及圆球面上取点

4. 圆环

（1）圆环的形成。圆环可以看成是一个圆母线绕和它共面但不过圆心的轴线旋转而成，如图 3-13 所示。

（2）圆环的投影。

① 形体分析。如图 3-13 所示，圆环的主视图表示出最左、最右两素线圆的投影；上、下两条水平线是圆环面的轮廓线，即圆环面的最高点（空间为一水平圆）和最低点（空间也是一水平圆）的投影；左、右素线圆的投影各有半圆处于内环面，在正面投影中不可见，故画成虚线，图中的点划线表示轴线。俯视图表示了圆环面的最大圆和最小圆的投影，这两个圆是圆环面在俯视图上的轮廓线；图中的点划线圆表示素线圆圆心轨迹的投影。左视图与主视图只是投影方向不同，而投影图则完全一样。

② 画投影图。

a. 确定圆环中心位置及素线圆中心位置，并用点划线画出它们的对称中心线（注：在俯视图中素线圆的圆心轨迹是一个圆）。

b. 在主视图中画出最左、最右两素线圆的投影和上、下两条水平线（圆环面的轮廓线）。

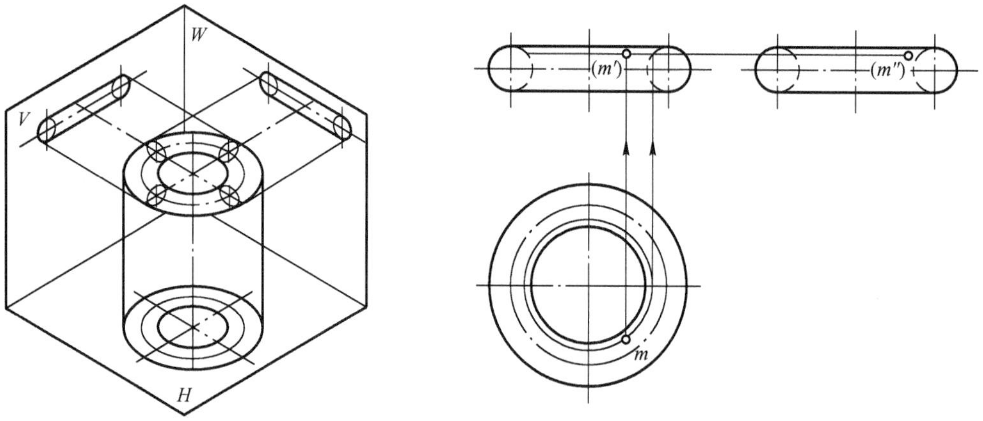

（a）空间示意图　　　　　　　　　　　　（b）投影图

图 3-13　圆环三视图及圆环表面取点

c. 在俯视图画出圆环面的最大圆和最小圆的投影。

d. 左视图与主视图图样完全相同。

（3）圆环面上取点。如图 3-13（b）所示，已知圆环面上点 M 的水平投影 m，求 m' 和 m''。

圆环面的母线不是直线，故采用纬圆法求作。由俯视图中 m 是可见的，可以断定点 M 在圆环面的上半部、右半部和前半部的内环面上，因此其正面和侧面投影均不可见。

过点 m 作一水平圆，其正面和侧面投影均积聚成直线，再用线上找点的方法求出 m' 和 m''。

第4章　立体的截交线和相贯线

实际中的机件往往不仅仅是单一的基本立体，而是由基本立体经过截切或者由基本体叠加而成的，可称之为组合形体。

在组合形体的表面上经常出现一些交线，这些交线有些由平面与立体相交而产生，有些则是由两立体相交而产生。平面与立体相交，可视为立体被平面所截。截割立体的平面称为截平面；截平面与立体表面的交线称为截交线；由截交线所围成的平面图形称为截面（断面），如图4-1所示。

截交线具有以下基本性质：

（1）封闭性。立体是由它的表面围合而成的完整体，所以立体表面上的截交线总是封闭的平面图形。

（2）共有性（双重性）。截交线既属于截平面，又属于立体的表面，所以截交线是截平面与立体表面的共有线。组成截交线的每一个点，都是立体表面与截平面的共有点。

两立体相交又称两立体相贯，两相交的立体称为相贯体，相贯体表面的交线称为相贯线，如图4-2所示。

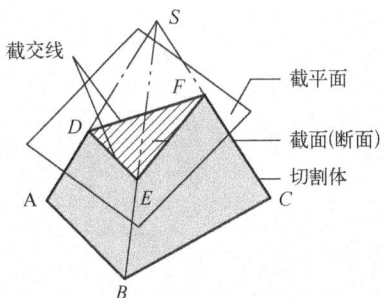

图4-1　平面与立体表面相交　　　　图4-2　两曲面立体相贯

两曲面立体的相贯线具有以下基本特性：

（1）一般是闭合的空间曲线，特殊情况下是平面曲线或直线。

（2）相贯线是相交两立体表面的共有线，相贯线上的点是两曲面立体表面的共有点。

4.1　平面与平面立体相交

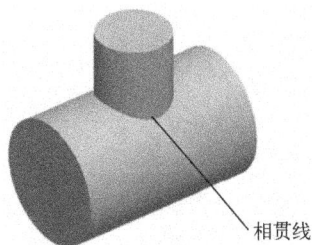

1. 截交线的形状分析

平面截割平面立体所得的截交线，是由直线段组成的封闭的平面多边形。平面多边形的每一个顶点是平面体的棱线与截平面的交点，每一条边是平面体的表面与截平面的交线。

2. 求截交线的方法

求截交线的方法通常有两种：

（1）交点法。求出平面立体的棱线与截平面的交点，再把同一侧面上的点相连，即得截交线。

（2）交线法。直接求平面立体的表面与截平面的交线。

3. 求截交线的步骤

（1）分析截平面的特性以及和平面立体相对位置关系。确定截交线的形状，找出截交线具有的积聚性的投影。

（2）求棱线与截平面的交点。先在截平面具有积聚性投影上找出交点的一面投影，再依次求出相应另外两投影。

（3）连接各交点。连接时应注意：过一个点只能连两条线，且必须同一表面上的两点才能相连。

（4）判别可见性。即可见表面上的交线可见，否则不可见。

例4-1 如图4-3所示，求四棱锥被正垂面P截割后截交线的投影。

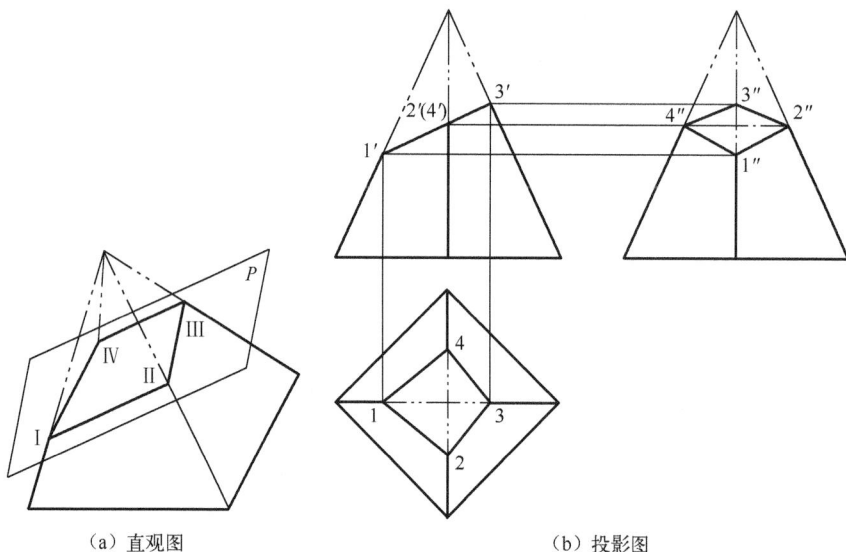

（a）直观图　　　　　　　　　　　　（b）投影图

图4-3　平面截割四棱柱

解：

① 分析。由图4-3（a）可见，截平面P与四棱锥的四个侧面都相交，所以截交线为四边形。四边形的四个顶点是四棱锥的四条棱线与截平面的交点。由于截平面P为正垂面，故截交线的V面投影积聚为直线，可直接确定，然后再由V投影求出H和W投影。

② 作图。

a. 如图4-3（b）所示，根据截交线投影的积聚性，在V面投影中直接求出截平面P与四棱锥四条棱线交点的V面投影1′、2′、3′和4′。

b. 根据从属性，在四棱锥各条棱线的 H、W 投影上，求出交点的相应投影 1、2、3、4 和 1″、2″、3″和 4″。

c. 将各点的同面投影依次相连（注意同一侧面上的两点才能相连），即得截交线的各投影。由于四棱锥去掉了被截平面切的部分，所以截交线的三个投影均为可见。

例 4-2 如图 4-4（a）所示，已知正四棱锥及其上缺口的 V 投影，求 H 和 W 投影。

解：从给出的 V 投影可知，四棱锥的缺口是由水平面 P 和正垂面 Q 截割四棱锥而形成的，只要分别求出 P 平面和 Q 平面与四棱锥的截交线 Ⅰ、Ⅱ、Ⅲ、Ⅳ、Ⅴ 和 Ⅳ、Ⅴ、Ⅵ、Ⅶ、Ⅷ，以及 P、Q 两平面的交线 ⅣⅤ 即可。具体作图过程在此不再详述。

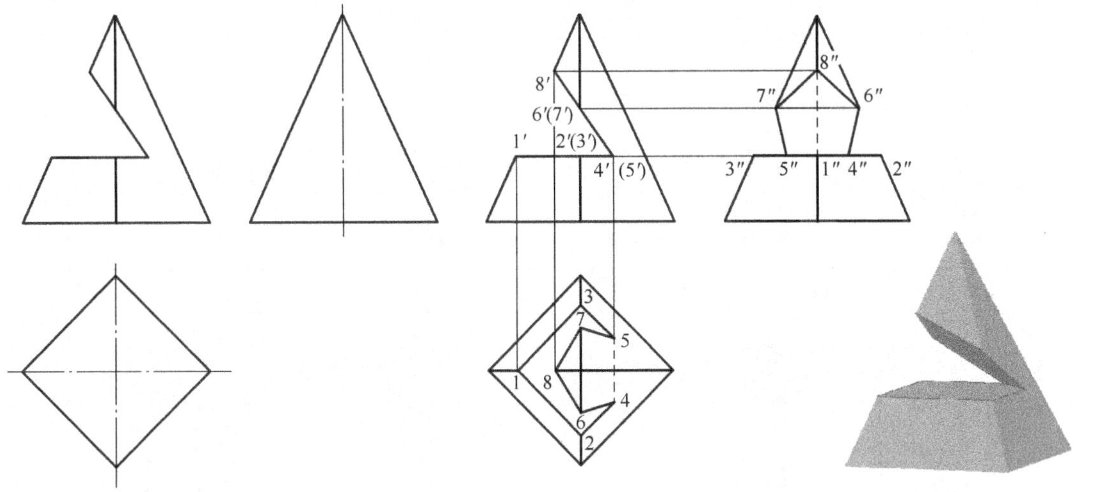

| （a）已知条件 | （b）作图过程 | （c）立体图 |

图 4-4 求缺口四棱柱的投影

4.2 平面与曲面立体相交

4.2.1 求平面与曲面体截交线的方法和步骤

1. 截交线的形状分析

平面与曲面立体相交，其截交线一般为封闭的平面曲线，特殊情况为由直线与曲线组成或完全由直线组成。其形状取决于曲面体的几何特征，以及截平面与曲面体的相对位置。截交线是截平面与曲面立体表面的共有线，求截交线时只需求出若干共有点，然后按顺序光滑连接成封闭的平面图形即可。所以，求曲面体的截交线实质上就是在曲面体表面上取点。

2. 求截交线的方法

截交线上的任意一点都可看做是曲面体（回转体）表面上的某一条线（素线或纬圆）与截平面的交点。因此只要在曲面上适当地作出一系列的素线或纬圆，并求出它们与截平面的交点即可。交点分为特殊点和一般点，作图时应先作出特殊点。特殊点能确定截交线的形状和范围，如最高点、最低点，最前点、最后点，最左点、最右点等，这些点一般都在转向轮廓线上，是向某个投影面投影时可见性的分界点。为了能较准确地作出截交线的投影，还应在特殊点之间作出一定数量的一般点。

3. 求截交线的一般步骤

（1）分析截平面与曲面体的相对位置及投影特点，明确截交线的形状，看截交线的投影有无积聚性。

（2）求截交线上的特殊点和一般点。特殊点的投影一般可直接定出；一般点通常用素线法或纬圆法求得。

（3）顺次将各点光滑连接，并判别其可见性。

4.2.2　平面截切圆柱

平面截切圆柱时，根据截平面与圆柱轴线的相对位置的不同，截交线有三种不同的形状，见表4-1。

表4-1　平面与圆柱相交

图型	截平面与轴线平行	截平面与轴线垂直	截平面与轴线倾斜
立体图	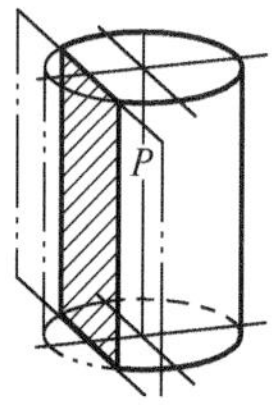	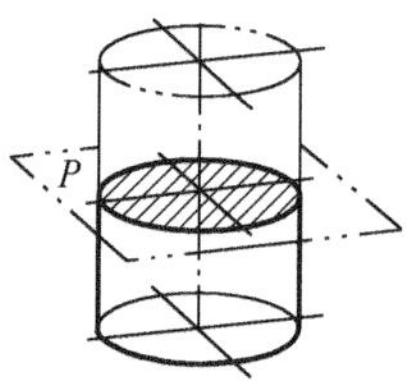	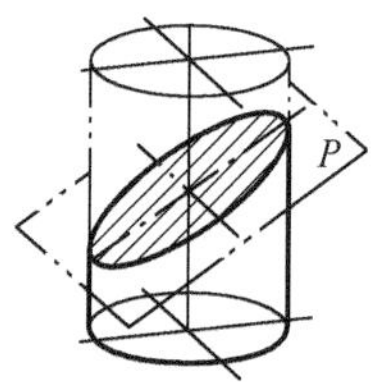
投影图	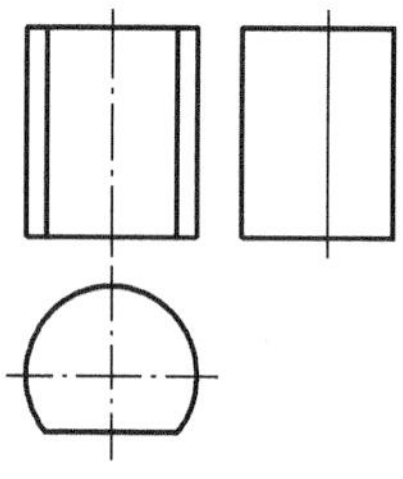	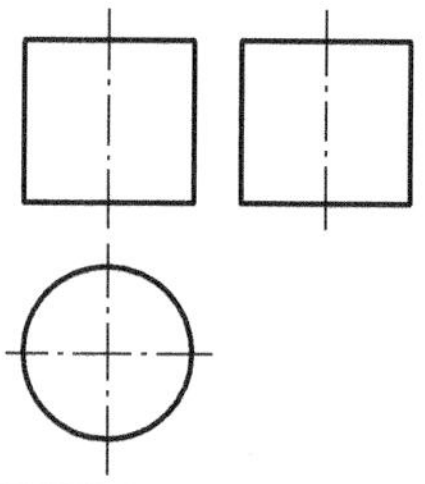	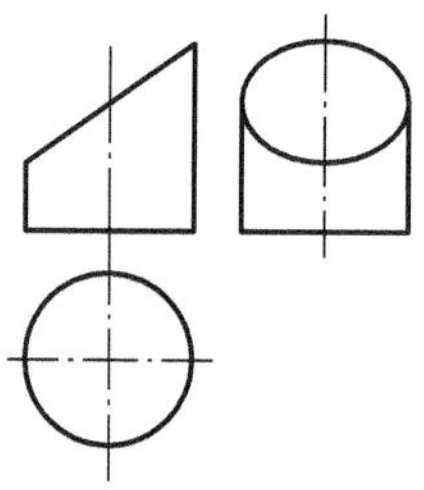
截交线的形状	直线	圆	椭圆

例4-3　如图4-5所示，求正垂面 P 截切圆柱所得的截交线的投影。

解：① 分析。正垂面 P 倾斜于圆柱轴线，截交线的形状为椭圆。平面 P 垂直于 V 面，所以截交线的 V 投影和平面 P 的 V 投影重合，积聚为一段直线。由于圆柱面的水平投影具有积聚性，所以截交线的水平投影也有积聚性，与圆柱面 H 投影的圆周重合。截交线的侧面投影仍是一个椭圆，须作图求出。

② 作图。

a. 求特殊点。要确定椭圆的形状，须找出椭圆的长轴和短轴。如图4-5（a）所示，椭圆长轴为Ⅰ Ⅱ，短轴为Ⅲ Ⅳ，其正面投影分别为 $1'2'$、$3'（4'）$。并且Ⅰ、Ⅱ、Ⅲ、Ⅳ分别为椭圆投影的最低点、最高点、最前点、最后点，由 V 投影 $1'$、$2'$、$3'$、$4'$ 可直接求出 H 投影 1、2、3、4 和 W 投影 $1''$、$2''$、$3''$ 和 $4''$。

（a）直观图　　　　　　　　　　（b）投影图

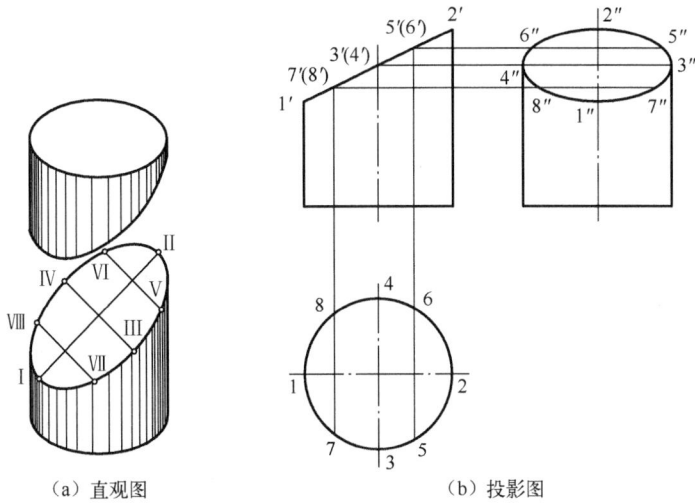

图 4-5　平面截切圆柱

b. 求一般点。为作图方便，在 V 投影上对称性地取 $5'$（$6'$）、$7'$（$8'$）点，而 H 投影 5、6、7、8 一定在柱面的积聚投影（圆周）上，由 H、V 投影再求出其 W 投影 $5''$、$6''$、$7''$、$8''$。取点的多少一般可根据作图准确程度的要求而定。

c. 依次光滑连接 $1''8''4''6''2''5''3''7''1''$ 即得截交线的侧面投影。

4.2.3　平面截切圆锥

平面截切圆锥时，根据截平面与圆锥的相对位置不同，其截交线有五种不同的情况，详见表 4-2。

表 4-2　平面与圆锥的相交

图型	截平面 垂直于轴线	截平面 倾斜于轴线	截平面 平行于一条素线	截平面 平行于轴线	截平面 通过锥顶
立体图					
投影图					
截交线的 形状	圆	椭圆	抛物线	双曲线	两素线（三角形）

例 4-4 如图 4-6 所示,求平面 P 截切圆锥所得的截交线的投影。

解:① 分析。由图 4-6(a)可看出:截平面 P 为平行于圆锥轴线的正平面;截切圆锥所得的截交线为双曲线;双曲线的 H、W 投影与正平面 P 的 H、W 积聚投影重合为一段直线;双曲线的 V 投影反映实形。

② 作图。

a. 求特殊点。确定双曲线形状的点是双曲线的顶点和端点。从 W 投影上直接找出顶点 Ⅰ 和端点 Ⅱ、Ⅲ 的 W 投影 1″ 和 2″(3″),从 H 投影上直接找出相应的 H 投影 1、2、3,然后由 H、W 投影求得 1′、2′、3′,同时 Ⅰ 点也是双曲线上的最高点,Ⅱ 点和 Ⅲ 点是双曲线上的最低点。

② 求一般点。从 W 投影上直接取 4″(5″),用纬圆法求得其相应的 H 投影 4、5 和 V 投影 4′ 和 5′。

③ 依次光滑连接 2′4′1′5′3′ 各点,即得截交线的 V 面投影,反映双曲线实形。

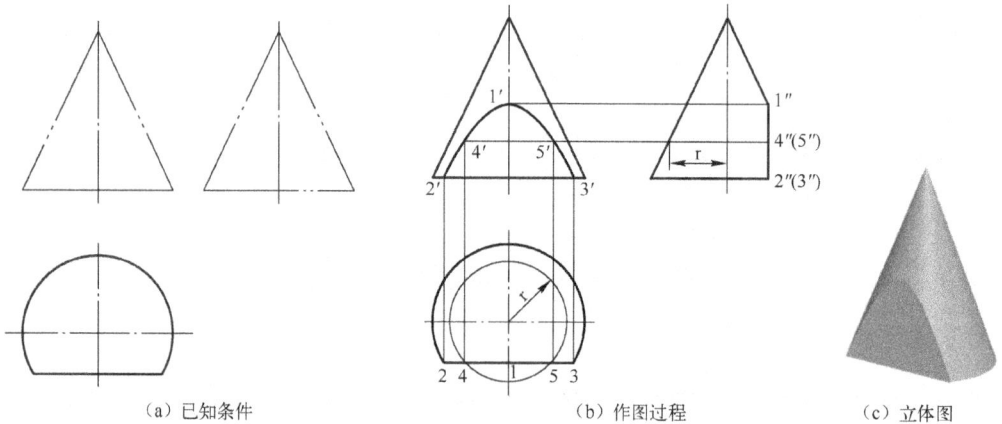

（a）已知条件　　　　　　　　（b）作图过程　　　　　　　　（c）立体图

图 4-6　平面截切圆锥

4.2.4　平面截切圆球

平面与球面相交,不管截平面的位置如何,其截交线均为圆。而截交线的投影可分为两种情况,如表 4-3 所示。

表 4-3　平面截切圆球

图　　型	截平面与投影面平行	截平面与投影面倾斜
立体图		
投影图		

（1）当截平面平行于投影面时，截交线在该投影面上的投影反映圆的实形，其余投影积聚为直线。

（2）当截平面与投影面倾斜时，截交线在该投影面上的投影为椭圆。

例 4-5 如图 4-7 所示，求正垂面截切圆球所得截交线的投影。

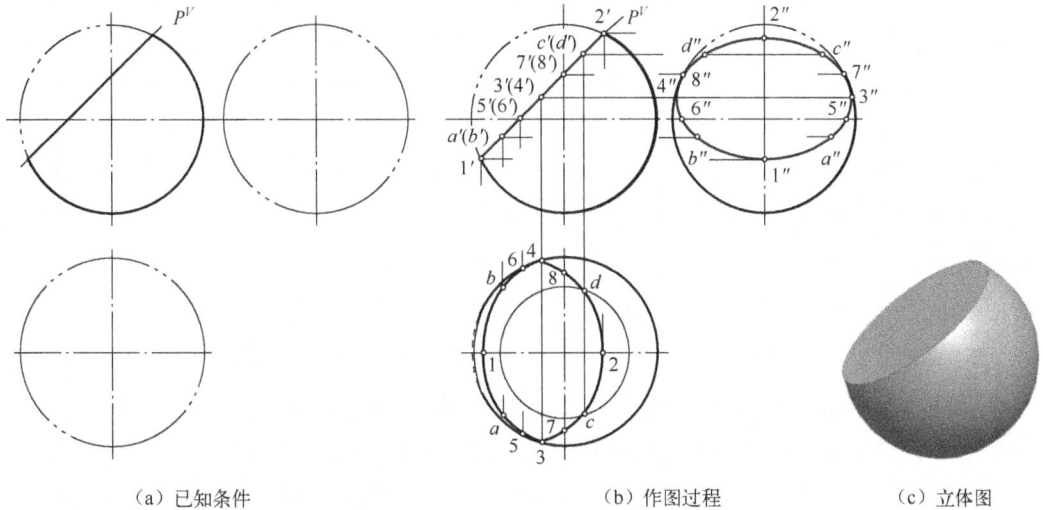

（a）已知条件　　　　　　　　　（b）作图过程　　　　　　　　（c）立体图

图 4-7　平面截切圆球

解：① 分析。正垂面 P 截切圆球所得截交线为圆，因为截平面垂直于 V 面，所以截交线的 V 面投影积聚为直线，H 投影和 W 投影均为椭圆。

② 作图。

a. 求特殊点。椭圆短轴的端点为Ⅰ、Ⅱ并且Ⅰ、Ⅱ分别为最低点、最高点，均在球的轮廓线上。根据 V 投影 $1'$、$2'$可定出 H、W 投影 1、2 和 $1''$、$2''$。在 $1'2'$ 的中点取 $3'$（$4'$），用纬圆法求出 3 4 和 $3''4''$，3 4 和 $3''4''$分别为 H、W 投影椭圆的长轴，Ⅲ点和Ⅳ点是截交线上的最前点、最后点。另外，P 平面与球面水平投影转向轮廓线相交于 $5'$（$6'$）点，可直接求出 H 投影 5、6 点，并由此求出其 W 投影 $5''$、$6''$。P 平面与球面侧面投影转向轮廓线相交于 $7'$（$8'$），可直接求出 W 投影 $7''$、$8''$，并由此求出其 H 投影的 7、8 点。

b. 求一般点。可在截交线的 V 投影 $1'$、$2'$上插入适当数量的一般点，用纬圆法求出其他两投影（在此不再详细作图，读者可自行试作）。

c. 光滑连接各点的 H 投影和 W 投影，即得截交线的投影。

4.3　两平面立体相交

两平面立体相交，又称两平面立体相贯。如图 4-8 所示，一个立体全部贯穿另一个立体的相贯称为全贯，当两个立体相互贯穿时，称为互贯。

两平面体相贯时，相贯线为封闭的空间折线或平面折线，每一段折线都是两平面立体某两侧面的交线，每一个转折点为一平面体的某棱线与另一平面体某侧面的交点（贯穿点）。所以求两平面立体相贯线，实质上就是求直线与平面的交点或求两平面交线的问题。

4.3.1 求相贯线的方法

1. 交点法

依次检查两平面体的各棱线与另一平面体的侧面是否相交，然后求出两平面体各棱线与另一平面体某侧面的交点，即相贯点，依次连接各相贯点，即得相贯线。

2. 交线法

直接求出两平面体某侧面的交线，即相贯线段。依次检查两平面体上各相交的侧面，求出相交的两侧面的交线（一般可利用积聚投影求交线，参考前面两平面相交求交线的方法），即为相贯线。

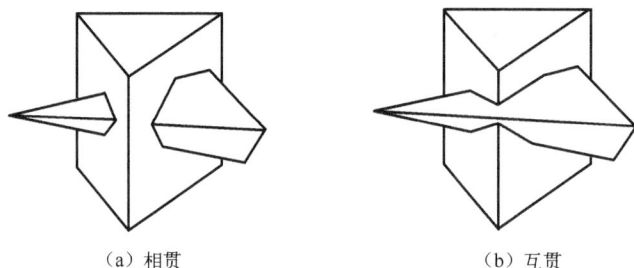

（a）相贯   （b）互贯

图 4-8　两立体相贯

4.3.2 求相贯线的步骤

（1）分析两立体表面特征及与投影面的相对位置，确定相贯线的形状及特点，观察相贯线的投影有无积聚性。

（2）求一平面体的棱线与另一平面体侧面的交点（贯穿点）。

（3）连接各交点。连接时必须注意：

① 同时位于两立体同一侧面上的相邻两点才能相连。

② 相贯的两立体应视为一个整体，而一个立体位于另一立体内部的部分不必画出（即：同一棱线上的两点不能相连）。

（4）判别可见性。每条相贯线段，只有当其所在的两立体的两个侧面同时可见时，它才是可见的；否则，若其中的一个侧面不可见，或两个侧面均不可见时，则该相贯线段不可见。

（5）将相贯的各棱线延长至相贯点，完成两相贯体的投影。

例 4-6　如图 4-9 所示，求作两三棱柱的相贯线。

解：① 分析。图中三棱柱 ABC 和三棱柱 EFG 是相贯的，相贯线为一组空间折线。三棱柱 ABC 各个侧面垂直于 W 面，侧面投影有积聚性，相贯线的侧面投影与其重合。三棱柱 EFG 各个侧面都垂直于 H 面，水平投影有积聚性，相贯线的水平投影与其重合。这样相贯线的水平投影与侧面投影都可直接求得，只须作图求其正面投影。

② 作图。

a. 求三棱柱 ABC 的棱线 A 与三棱柱 EFG 的侧面 EF、FG 的贯穿点 Ⅰ、Ⅱ。在 H 投影上

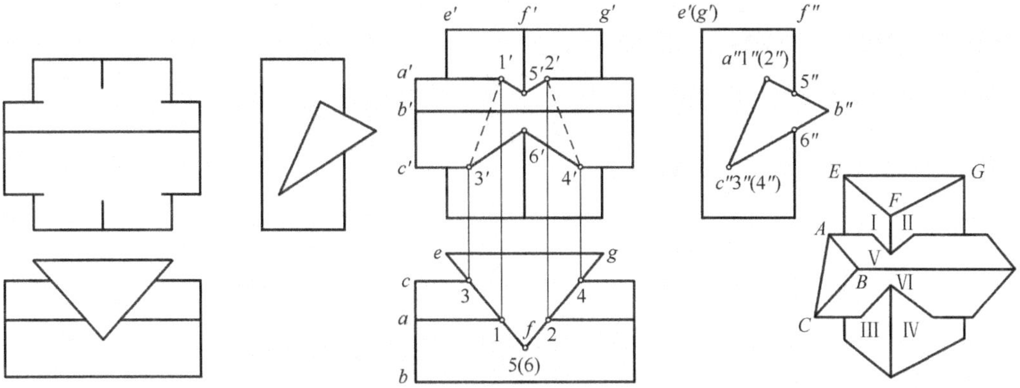

（a）已知条件　　　　　　　　（b）作图过程　　　　　　　　（c）立体图

图4-9　两三棱柱相贯

找到1、2，从而求出1′、2′。

b. 求三棱柱 *ABC* 的棱线 *C* 与三棱柱 *EFG* 的侧面 *EF*、*FG* 的贯穿点Ⅲ、Ⅳ。在 *H* 投影上找到3、4，从而求出3′、4′。

c. 求三棱柱 *EFG* 的棱线 *F* 与三棱柱 *ABC* 的侧面 *AB*、*BC* 的贯穿点Ⅴ、Ⅵ。在 *W* 投影上找到5″、6″，从而求出5′、6′。

d. 判别可见性并连线。根据"同时位于两形体同一侧面上的两点才能相连"的原则，在 *V* 投影上连成1′3′6′4′2′5′1′相贯线。在 *V* 投影上，三棱柱 *ABC* 的 *AB*、*BC* 侧面和三棱柱 *EFG* 的 *EF*、*FG* 侧面均可见，根据"同时位于两形体都可见的侧面上的交线才是可见的"的原则判别：1′5′、2′5′、3′6′、4′6′可见，1′3′、2′4′不可见。

4.4　平面立体与曲面立体相交

平面立体与曲面立体相交，相贯线一般情况下为若干段平面曲线所组成。特殊情况下，如平面体的表面与曲面体的底面或顶面相交或恰巧交于曲面体的直素线时，相贯线有直线部分。

每一段平面曲线或直线均是平面体上各侧面截切曲面体所得的截交线，每一段曲线或直线的转折点，均是平面体上的棱线与曲面体表面的贯穿点。所以求平面立体和曲面立体的相贯线可归结为求平面立体的侧面与曲面体的截交线，或求平面体的棱线与曲面体表面的贯穿点。

求相贯线的投影时，特别要注意一些控制相贯线投影形状的特殊点，如最上点、最下点、最左点、最右点、最前点、最后点及可见与不可见的分界点等，以便较为准确地画出相贯线的投影形状，然后在特殊点之间插入适当数量的一般点，以便于曲线的光滑连接。连接时应注意，只有在平面立体上处于同一侧面，并在曲面立体上又相邻的相贯点，才能相连。

例4-7　如图4-10（a）所示，求四棱柱与圆锥的相贯线。

解：

① 分析。四棱柱与圆锥相贯，其相贯线是四棱柱四个侧面截切圆锥所得的截交线，由于截交线为四段双曲线，四段双曲线的转折点，就是四棱柱的四条棱线与圆锥表面的贯穿

点。由于四棱柱四个侧面垂直于 H 面，所以相贯线的 H 投影与四棱柱的 H 投影重合，只须作图求相贯线的 V、W 投影。从图 4-10 可看出，相贯线前后、左右对称，作图时，只须作出四棱柱的前侧面、左侧面与圆锥的截交线的投影即可，并且 V、W 投影均反映双曲线实形。

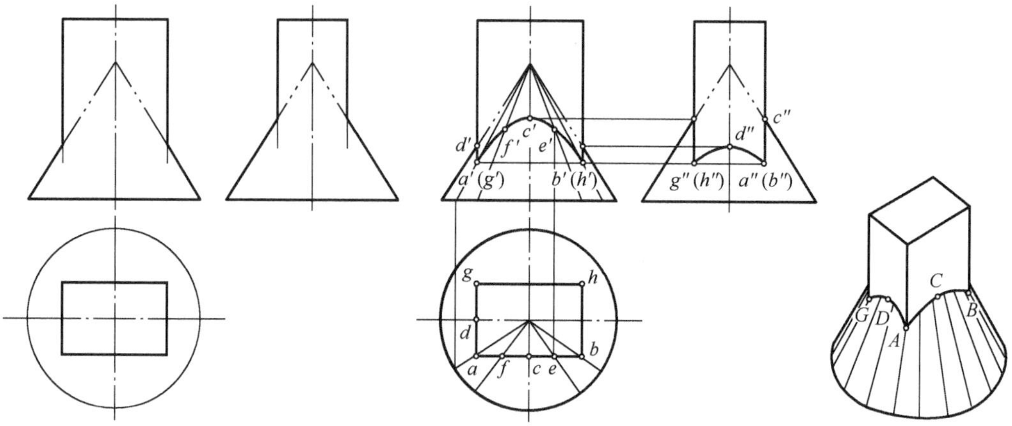

（a）已知条件　　　　　　　（b）作图过程　　　　　　　（c）立体图

图 4-10　四棱柱与圆锥的相贯线

② 作图。

a. 根据三等规律画出四棱柱和圆锥的 W 面投影，由于相贯体是一个实心的整体，在相贯体内部对实际上不存在的圆锥 W 投影轮廓线及未确定长度的四棱柱的棱线的投影，暂时画成用细双点画线表示的假想投影线或细实线。

b. 求特殊点。先求相贯线的转折点，即四条双曲线的连接点 A、B、G、H，也是双曲线的最低点。可根据已知的 H 投影，用素线法求出 V、W 投影，再求前面和左面双曲线的最高点 C、D。

c. 同样用素线法求出两对称的一般点 E、F 的 V 投影 e'、f'。

d. 连点。V 投影连接 $a' \rightarrow f' \rightarrow c' \rightarrow e' \rightarrow b'$，$W$ 投影连接 $a'' \rightarrow d'' \rightarrow g''$。

e. 判别可见性。相贯线的 V、W 投影都可见，相贯线的后面和右面部分的投影，与前面和左面部分重合。

f. 补全相贯体的 V、W 投影。圆锥的最左、最右素线，最前、最后素线均应画到与四棱柱的贯穿点为止。四棱柱四条棱线的 V、W 投影，也均应画到与圆锥面的贯穿点为止。

4.5　两曲面立体相交

4.5.1　两曲面体相贯线的性质

1. 封闭性

两曲面体的相贯线一般是封闭的空间曲线，特殊情况下为平面曲线或直线段（当两同轴回转体相贯时，相贯线是垂直于轴线的平面纬圆；当两个轴线平行的圆柱相贯时，其相贯线为直线（圆柱面上的素线）。

2. 共有性

相贯线是两曲面体表面的共有线，相贯线上每一点都是两相交曲面体表面的共有点。

根据相贯线的性质可知，求相贯线实质上就是求两曲面体表面的共有点（在曲面体表面上取点），将这些点光滑地连接起来即得相贯线。

4.5.2 求相贯线常用的方法

（1）利用积聚性求相贯线（也称表面取点法）。

（2）辅助平面法（三面共点原理）。

至于用哪种方法求相贯线，要看两相贯体的几何性质、相对位置及投影特点而定。但不论采用哪种方法，均应按以下作图步骤求出相贯线。

1. 求相贯线的步骤

（1）分析两曲面体的形状、相对位置及相贯线的空间形状，然后分析相贯线的投影有无积聚性。

（2）作特殊点。求出相贯线上的特殊点，便于确定相贯线的范围和变化趋势。通常有以下特殊点：

① 相贯线上的对称点（相贯线具有对称面时）。

② 曲面体转向轮廓线上的点。

③ 极限位置点，即最高点、最低点、最前点、最后点、最左点及最右点。

（3）作一般点。为比较准确地作图，需要在特殊点之间插入若干个一般点。

（4）判别可见性。相贯线上的点只有同时位于两个曲面体的可见表面上时，其投影才是可见的。

（5）光滑连接。光滑连接时，只有相邻两素线上的点才能相连，连接要光滑，同时注意轮廓线要到位。

（6）补全相贯体的投影。

下面我们通过例题对求相贯线的方法和步骤具体介绍。

4.5.3 举例

（1）利用积聚性求相贯线（表面取点法）。当两个圆柱正交且轴线分别垂直于投影面时，则圆柱面在该投影上的投影积聚为圆，相贯线的投影重合在圆上，由此可利用已知点的两个投影求第三投影的方法求出相贯线的投影。

例 4-8　如图 4-11 所示，求作轴线垂直相交的两圆柱的相贯线。

解：

① 分析。小圆柱与大圆柱的轴线正交，相贯线是前、后、左、右对称的一条封闭的空间曲线。根据两圆柱轴线的位置，大圆柱面的侧面投影及小圆柱面的水平投影具有积聚性。因此相贯线的水平投影和小圆柱面的水平投影重合，是一个圆；相贯线的侧面投影和大圆柱的侧面投影重合，是一段圆弧。通过分析可以知道要求的只是相贯线的正面投影。

② 求特殊点。由于已知相贯线的水平投影和侧面投影，故可直接求出相贯线上的特殊

点。由 W 投影和 H 投影可看出，相贯线的最高点为Ⅰ、Ⅲ，Ⅰ、Ⅲ，同时也是最左点、最右点；最低点为Ⅱ、Ⅳ，Ⅱ、Ⅳ，同时也是最前点、最后点。由 $1''$、$3''$、$2''$、$4''$ 可直接求出 H 投影 1、3、2、4；再求出 V 投影 $1'$、$3'$、$2'$、$4'$。

（3）求一般点。由于相贯线水平投影为已知，所以可直接取 a、b、c、d 四点，求出它们的侧面投影 a''（b''）、c''（d''），再由水平、侧面投影求出正面投影 a'（c'）、b'（d'）。

（4）判别可见性，光滑连接各点。相贯线前后对称，后半部与前半部重合，只画前半部相贯线的投影即可，依次光滑连接 $1'$、a'、$2'$、b'、$3'$ 各点，即为所求。

轴线正交的两圆柱相贯，当它们的直径相差较大、且对相贯线形状的准确度要求不高时，可采用近似画法，即相贯线以大圆柱的半径画的圆弧来代替，如图 4-12 所示。

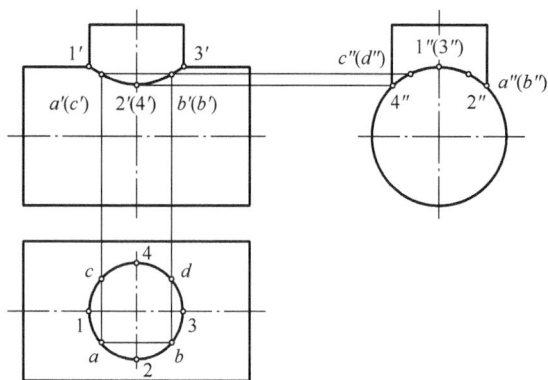

图 4-11　正交两圆柱相贯　　　　　图 4-12　圆柱相贯线的近似画法

（2）用辅助平面法求相贯线。辅助平面法是用辅助平面同时截切相贯的两曲面体，在两曲面体表面得到两条截交线，这两条截交线的交点即为相贯线上的点。这些点既在两形体表面上，又在辅助平面上，所以，辅助平面法就是利用三面共点的原理，用若干个辅助平面求出相贯线上的一系列共有点。

① 为了作图简便，选择辅助平面的原则是：

a. 所选择的辅助平面与两曲面体的截交线投影最简单，如直线或圆。通常选特殊位置平面作为辅助平面。

b. 辅助平面应位于两曲面体相交的区域内，否则得不到共有点。

② 用辅助平面法求相贯线的作图步骤如下：

a. 选择恰当的辅助平面。

b. 求辅助平面与两曲面体表面的截交线。

c. 求两截交线的交点（即为相贯线上的点）。

例4-9　如图 4-13 所示，圆柱与圆锥轴线正交，求作其相贯线。

解：

① 分析。

a. 相贯线的空间形状。圆柱与圆锥轴线正交，并为全贯，因此相贯线为闭合的空间曲线且前后对称。

b. 相贯线的投影。圆柱轴线垂直于侧面，圆柱的侧面投影积聚为圆，相贯线的侧面投影与圆重合，圆锥的三个投影都无积聚性，所以需求相贯线的正面投影及水平投影。

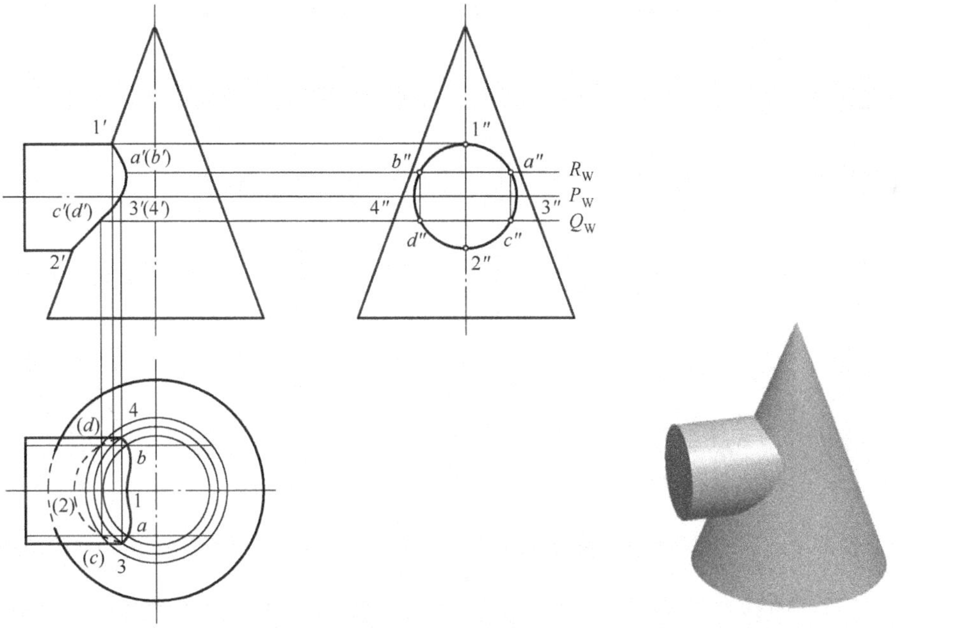

（a）作图过程　　　　　　　　　　（b）立体图

图 4-13　圆柱与圆锥相贯

② 求特殊点。由相贯线的 W 投影可直接找出相贯线上的最高点 Ⅰ、最低点 Ⅱ，同时 Ⅰ、Ⅱ 点也是圆柱正视转向轮廓线上的点，也是圆锥最左轮廓线上的点。Ⅰ、Ⅱ 两点的正面投影 $1'$、$2'$ 也可直接求出，然后求出水平投影 1、2。

由相贯线的 W 投影可直接确定相贯线上的最前点、最后点 Ⅲ、Ⅳ 的 W 投影 $3''$、$4''$，同时 Ⅲ、Ⅳ 点也是圆柱水平转向轮廓线上的点。作辅助水平面 P，它与圆柱交于两水平轮廓线，与圆锥交于一水平纬圆，两者的交点即为 Ⅲ、Ⅳ 两点。3、4 为其水平投影，根据 3、4 及 $3''$、$4''$ 求出 $3'$（$4'$）。

③ 求一般点。在点 Ⅰ 和点 Ⅲ、Ⅳ 之间适当位置，作辅助水平面 R，平面 R 与圆锥面交于一水平纬圆，与圆柱面交于两条素线，这两条截交线的交点为 A、B 两点，即为相贯线上的点。为作图方便，我们再作一辅助平面 Q 为平面 R 的对称面，平面 Q 与圆锥面交于另一水平纬圆，与圆柱面交于两条素线（与平面 R 和圆柱面相交的两条素线完全相同，所以不用另外作图），这两条截交线的交点为 C、D 两点，即为相贯线上的一般点。

④ 判别可见性。光滑连接：圆柱面与圆锥面具有公共对称面，相贯线正面投影前后对称，故前后曲线重合，用实线画出。圆锥面的水平投影可见，圆柱面上半部水平投影可见，按可见性原则可知，属于圆柱面上半部的相贯线可见，线段 3—2—4 不可见，画成虚线。

⑤ 补全相贯体的投影。将圆柱面的水平转向轮廓线延长至 3、4 点，另外圆锥面有部分底圆被圆柱面遮挡，因此其 H 投影也应画成虚线。

4.5.4　相贯线的特殊情况

两曲面体（回转体）相交，其相贯线一般为空间曲线，特殊情况下，也可能是平面曲线或直线。

当两个回转体具有公共轴线时，相贯线为圆，该圆的正面投影为一直线段，水平投影为圆的实形，如图 4-14 所示。

当两圆柱轴线平行时、两圆锥共锥顶时，相贯线为直线，如图 4-15 所示。

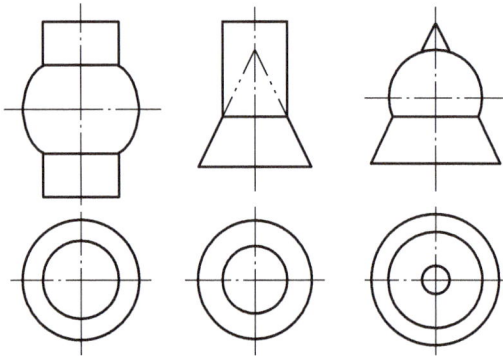

图 4-14　回转体同轴相交的相贯线　　　　图 4-15　轴线平行的圆柱的相贯线

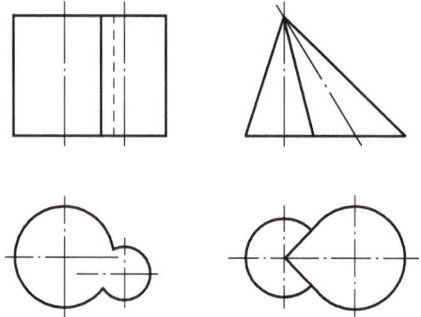

当两圆柱、圆柱与圆锥轴线正交，并公切于一圆球时，相贯线为椭圆，该椭圆的正面投影为一直线段，如图 4-16 所示。

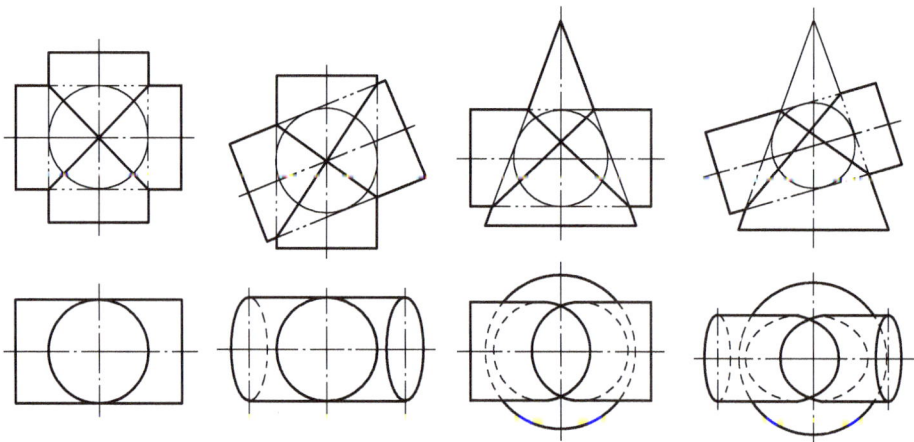

图 4-16　公切于同一球面的圆柱、圆锥的相贯线

4.5.5　圆柱相贯线的变化规律

圆柱、圆锥相贯时，其相贯线空间形状和投影形状的变化，取决于其尺寸大小的变化和相对位置的变化。

下面分别以圆柱与圆柱相贯、圆柱与圆锥相贯为例说明尺寸变化和相对位置变化对相贯线的影响。

1. 尺寸大小变化对相贯线形状的影响

两圆柱轴线正交。见表 4-4 所示，当小圆柱穿过大圆柱时，在非积聚性投影上，其相贯线的弯曲趋势总是向大圆柱里弯曲，表中当 $d_1 < d_2$ 时，相贯线为左、右两条封闭的空间曲线。随着小圆柱直径的不断增大，相贯线的弯曲程度越来越大，当两圆柱直径相等，即 $d_1 = d_2$ 时，则相贯线从两条空间曲线变成两条平面曲线——椭圆，其正面投影为两条相交直线，水平投影和侧面投影均积聚为圆。

表 4-4　两圆柱相交相贯线变化情况

图　形	$d_1 < d_2$	$d_1 = d_2$	$d_1 > d_2$
立体图			
投影图			

2. 相对位置变化对相贯线的影响

两相交圆柱直径不变，改变其轴线的相对位置，则相贯线也随之变化。

图 4-17 所示给出了两相交圆柱，其轴线成交叉垂直，两圆柱轴线的距离变化时，其相贯线的变化情况。图（a）所示为直立圆柱全部贯穿水平圆柱，相贯线为上、下两条空间曲线。图（b）所示为直立圆柱与水平圆柱互贯，相贯线为二条空间曲线。图（c）所示为上述两种情况的极限位置，相贯线由两条变为一条空间曲线，并相交于切点。

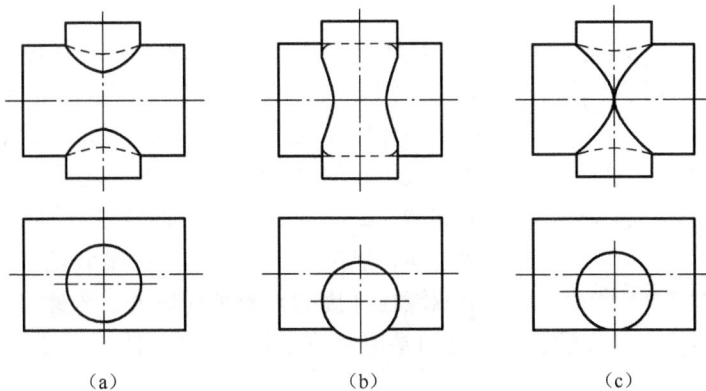

（a）　　　　　　　　（b）　　　　　　　　（c）

图 4-17　两圆柱轴线垂直交叉时相贯线的变化

第5章　组合体视图

组合体是由一些基本体叠加或切割而成的。组合体的画法、尺寸标注和读图是本章的重点内容，也是本课程的重要内容，它对今后的绘制和阅读工程图具有十分重要的意义。

5.1　组合体的形成和投影图画法

5.1.1　组合体的形成

基本体是构成各种形体（包括机件）的"细胞"。由两个或两个以上的基本体组合而成的物体称为组合体。机件一般都是组合体。

组合体的组合方式有两种：叠加式和切割式（包括穿空）。也就是通过叠加或者切割基本体的方式形成组合体，但多数组合体是混合式。图 5-1 所示的形体都是组合体，其中图（c）所示组合体是由三个四棱柱、一个三棱柱、一个半圆柱、两个 1/4 圆柱叠加而成后，再挖去三个圆柱（孔）。

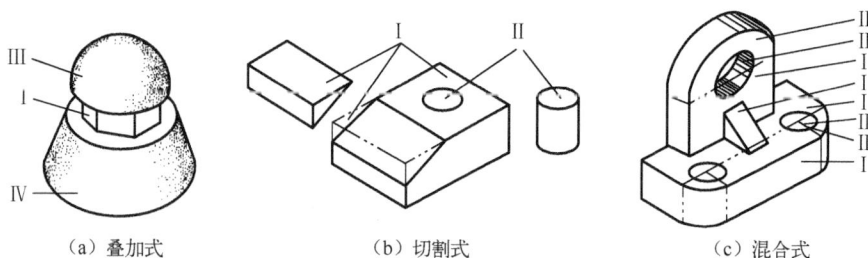

（a）叠加式　　　　　（b）切割式　　　　　（c）混合式

Ⅰ—棱柱；Ⅱ—圆柱（半圆柱）；Ⅲ—半球；Ⅳ—圆台

图 5-1　组合体的形成形式

（a）　　　　　（b）

图 5-2　榫头和榫眼

所谓叠加式和切割式组合体，只是一种粗略的分法，其实它们常常是你中有我，我中有你。例如图 5-2（a）所示形体应该说是一个标准的叠加式组合体。但说它是切割式组合体也未尝不可，因为它可看做是一个四棱柱上部锯掉四个尺寸较小的四棱柱。再如图 5-2（b）所示立体，显然是切割式的，可是其挖空部分可以说是两个四棱柱（虚的）叠加而成的。因此给组合体分类以更严格的定义是没有多大意义的，有意义的是用这种分类囊括我们所要研究的各种组合体。

5.1.2　组合体表面连接关系

形体经过叠加、切割组合后，形体的邻接表面可能产生平齐、相切、相交等三种表面连接关系，下面分别叙述。

1. 平齐

组合体上，相邻两立体的表面共面，即为平齐。当两形体表面平齐时，中间不应有线隔开，如图 5-3 所示。

2. 相切

组合体上，相邻两立体的表面（平面与曲面或曲面与曲面）光滑连接，即相切。当两形体的表面相切时，相切处不存在轮廓线，在视图上一般不画分界线，如图 5-4 示。但也有特殊情况，如图 5-5 所示压铁，当相切两圆柱面的公共切平面垂直于一个投影面时，在该投影面上须画出切线的投影，如图 5-5（b）所示。若切平面平行或倾斜于投影面，则相切处在该投影面上的投影就没有线条，如图 5-5（a）所示。

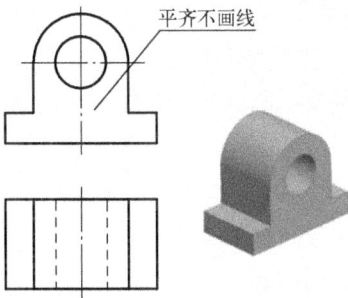

图 5-3　平齐　　　　　　　　　　图 5-4　相切

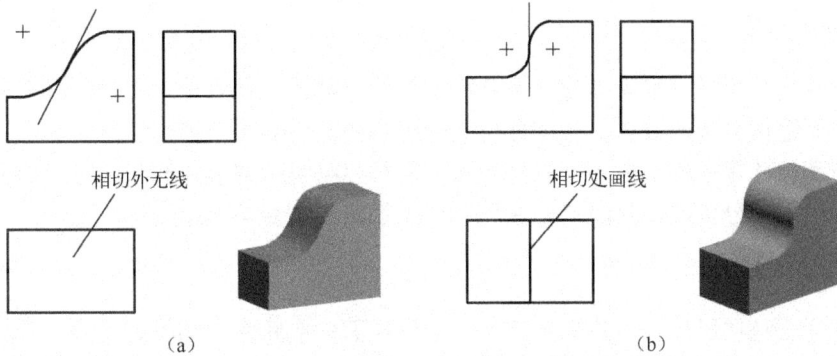

（a）　　　　　　　　　　　　　　（b）

图 5-5　压铁

3. 相交

组合体上，两相邻立体的表面呈相交状态，即有交线。相交有两平面相交、平面与曲面相交、两曲面相交（如相贯）三种情况。在相应视图中，应画出交线的投影，如图 5-6、图 5-7、图 5-8 所示。

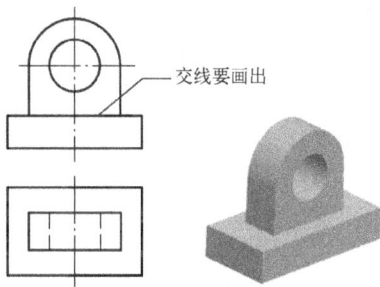

图 5-6 平面和平面相交

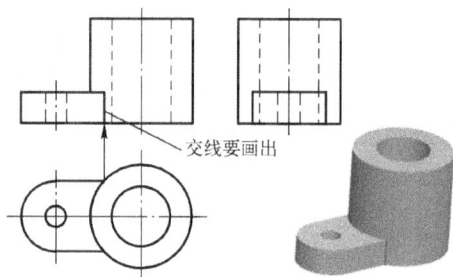

图 5-7 平面和曲面相交

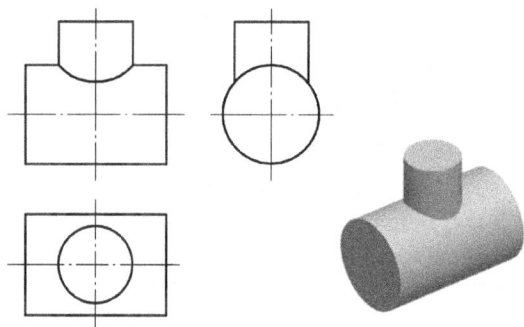

图 5-8 曲面和曲面相交

5.2 组合体三视图的画法

5.2.1 组合体的形体分析法和线面分析法

1. 形体分析法

形体分析法是假想把组合体分解为若干个基本立体或简单立体，并分析其构成方式、相对位置和表面连接关系的方法。形体分析法是组合体分析的主要方法。

在画图和尺寸标注时，运用形体分析法，就可以将复杂的形体简化为若干个基本体。在看图时，运用形体分析法，就能从读懂简单体入手，看懂复杂的组合体。

2. 线面分析法

线面分析法是在形体分析法的基础上，运用线面的空间性质和投影规律，分析形体表面的投影，进行画图、看图的方法。

在画图和读图过程中，形体分析法是首选的方法。当遇到有些形状不规则或局部表面比较复杂的形体，特别是某些切割体时，运用线面分析法更有利于读懂视图。

5.2.2 组合体三视图的画法

画组合体视图的基本方法是形体分析法，对不易表达清楚的局部，还要运用线面分析法，分析组合体的线面投影特性。画组合体视图的一般步骤为：

（1）形体分析。

（2）确定主视图及其投影方向。

（3）确定比例、图幅和布置视图。

（4）画图、描图、检查。

下面结合如图5-9实例，简述组合体视图的画法及作图步骤。

1. 形体分析

如图5-9（a）所示轴承座，我们可以将其分解为如图5-9（b）所示的五个部分：注油用的凸台、支撑轴的圆筒、支撑圆筒的支撑板和肋板、安装用的底板。他们之间的组合形式是叠加。形体之间的表面连接关系是：凸台和圆筒相交；圆筒和支撑板相切；圆筒和肋板相交；肋板和底座相交；支撑板和底座一个面平齐、三个面相交；支撑板和肋板相交。通过以上分析，对轴承座的组合便有了比较清楚的认识。

（a）立体图　　　　　　　　（b）形体分析

图5-9　轴承座

2. 主视图选择

在表达组合体形状的一组视图中，主视图是最主要的视图。主视图的位置和投影方向确定后，其他视图的投射方向及视图之间位置也就确定了。在选择主视图时，主要考虑的是组合体的放置位置和投射方向。

确定主视图时，组合体一般应按自然位置放置。所谓自然放置，就是把组合体大的底面、主要轴线或对称中心线水平或垂直放置，使主要平面尽可能多地与基本投影面平行。

选择主视图的原则：一是所选主视图能较多地反映组合体各形体的形状特征和它们的相对位置关系；二是主视图确定后，使其他视图中出现的虚线尽可能少。

如图5-9（a）所示，将轴承座按自然位置放置，对图中所示的四个方向投射所得的视图如图5-10所示。将这四个视图进行比较：D向视图出现较多虚线，没有B向视图清楚；C向视图与A向视图同等清晰，但如以C向视图作为主视图会造成左视图中虚线过多，所以不如A向视图好；再以A向视图和B向视图进行比较，两者对反映各部分的形状特征和相

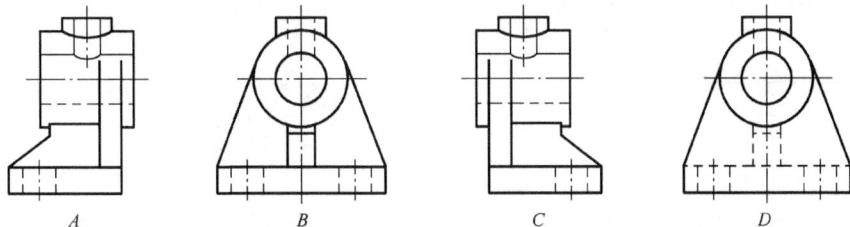

A　　　　　　B　　　　　　C　　　　　　D

图5-10　分析主视图的投影方向

对位置来说，均符合主视图的选择条件，且各有特点，但 B 向视图上轴承座各组成部分的形状特点及其相互位置反映得最清楚，因此选用 B 向视图作为主视图较 A 向视图更好，在此该轴承座就选 B 向视图作为主视图。

3. 确定比例、图幅和布置视图

主视图确定之后，根据组合体形状的复杂程度和尺寸大小，选定画图的比例和图纸幅面，一般采用的比例为1∶1。选定的比例和图幅要符合国家标准的规定。在选择幅面的大小时，不仅要考虑到图形的大小和摆放位置，而且要留出标注尺寸和画标题栏的位置。图形布置要匀称，不要偏向一方。

本例选择1∶1画图，A4 图纸。根据各视图的最大轮廓尺寸，在图纸上均匀布置三视图，先画出各视图中的基线、对称线、以及主要形体的轴线和中心线，如图 5-11（a）所示。

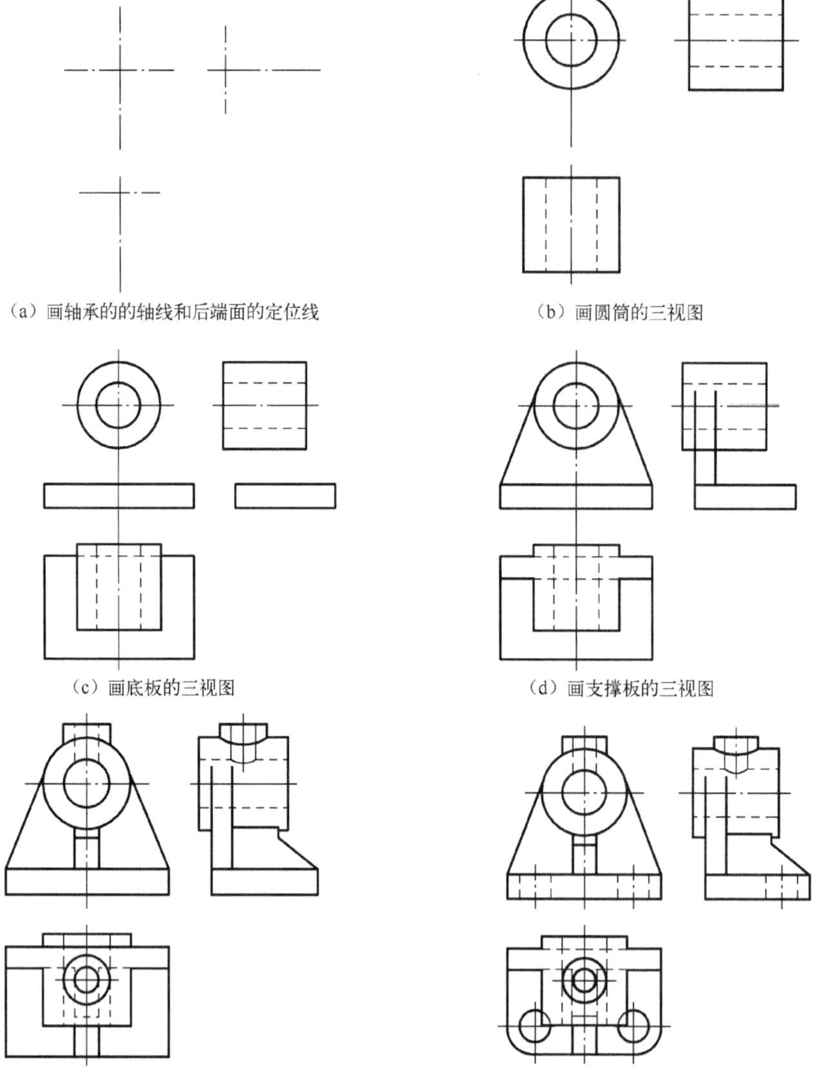

（a）画轴承的轴线和后端面的定位线　　　　　　（b）画圆筒的三视图

（c）画底板的三视图　　　　　　（d）画支撑板的三视图

（e）画凸台和肋板的三视图　　　　　　（f）画底板上的圆角和圆柱孔、校对、加深

图 5-11　叠加组合体的画图步骤

4. 画图

根据形体分析情况，从主要形体入手，按各自之间的相互位置，逐个画出各基本体的视图。画图的一般顺序是：先主后次，先大后小，先整体后细节。画图步骤如图 5-11（b）～（f）所示。完成底稿后，仔细检查，修改错误，擦去多余的图线，按规定线型加粗、描黑。

5.3　组合体的看图

根据已有组合体的视图，经过投影和空间分析，想象出组合体的确切形状的过程叫做看图。

画图是把空间的物体用正投影方法表达在图纸上；而看图则是运用正投影的规律，根据平面图形，想象出空间物体的形状。画图是看图的基础，而看图既能提高空间想象能力，又能提高对投影的分析能力。

5.3.1　看图的基本方法和要点

1. 看图的基本方法

组合体的看图的方法有形体分析法和线面分析法，以形体分析法为主，线面分析法为辅。

（1）形体分析法看图。

① 看视图，分线框。将组合体的视图（一般是主视图）分解为若干个线框（一般为封闭线框），按投影关系找出各个线框的其他投影。

② 对投影，识形体。按照基本几何体的投影特点，确定各个形体的形状。

③ 分析各形体间的组合关系和相互位置关系。

④ 综合想象出组合体的整体形状。

（2）线面分析法看图。形体的投影实际上是形体表面的投影，而表面的投影又是组成该表面的所有棱线和轮廓线的投影。因此在画出的视图中，除相切情况外，每一个封闭框都表示形体某个表面的投影，当这个表面与投影面平行时，该线框必具有实形性，否则就具有类似性。视图中的每一条图线，或表示具有积聚性面的投影，或表示相邻两个表面交线的投影，或表示回转面的转向线的投影，这些面、线的三个视图之间必定符合投影规律。线面分析法看图过程如下：

① 利用形体分析法对已知视图分析，确定组合体被切割以前的几何形体和被切割以后的情况。

② 分析组合体中图线与线框的含义，按照线、面的投影特点，确定截切面的形状和位置关系。

③ 综合想象出组合体的整体形状。

形体分析法适合于叠加式组合体，而线面分析法适合于切割式组合体。由于组合体往往既有叠加又有切割，所以看图时需要综合应用，以形体分析法为主，线面分析法为辅。通常对既有叠加又有切割的复杂组合体主要用形体分析法，对局部难点再用线面分析法进行分析。

2. 看图要点

（1）几个视图联系起来看图。一个组合体常需要两个或两个以上视图才能表达清楚，因而在读图时，从反映形体特征的视图入手，几个视图联系起来看，才能准确识别各形体的形状和形体间的相互位置，切忌看了一个视图就下结论。

例如，图5-12（a）和（b）所示的主视图都是等腰梯形，但它们却分别表示四棱锥台和三棱锥台；

图5-12（c）、（d）和（e）的俯视图都是两个同心圆，但它们却分别表示圆柱与圆柱叠加、圆锥台与圆柱叠加、圆柱被小圆柱穿孔等三种不同的形体。

图5-13（a）和图5-13（b）所示图形，虽然其主、左两个视图完全相同，但俯视图不同，它们表示的是两个完全不同的形体。

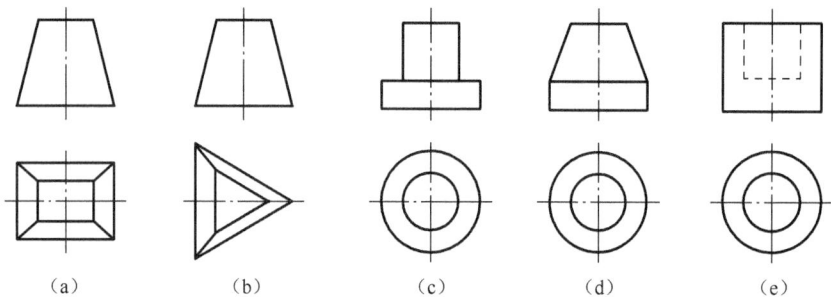

图5-12 一个视图不能唯一确定一个组合体形状（一）

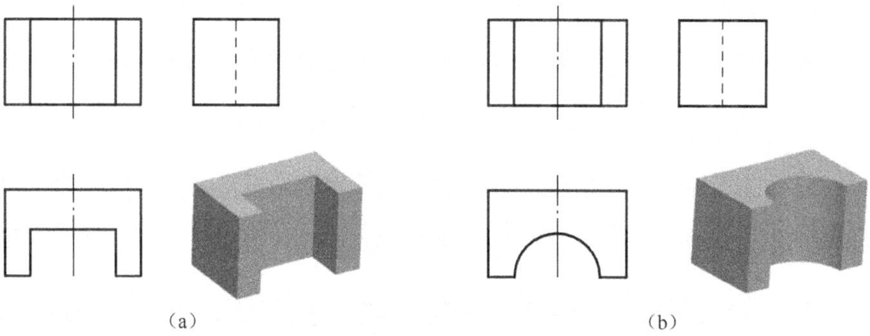

图5-13 一个视图不能唯一确定一个组合体形状（二）

（2）抓住形状特征视图。形状特征视图是指能反映组合体形状特征的视图。如图5-14所示的五个形体，其中双点划线所框的视图为形状特征视图。其中，左边三个形体的主视图和俯视图相同，左视图成为主要反映其形状特征的视图；右边两个形体的主视图和左视图相同，俯视图成为主要反映其形状特征的视图。

从图5-14可以看出，这五个形体其实是以形状特征视图为基面，并垂直形状特征视图拉伸一定长度（高度）而形成的。

（3）抓住位置特征视图。位置特征视图是最能反映各形体之间的位置关系的视图。如图5-15所示的两个形体，其中双点划线所框的视图为形状特征视图。

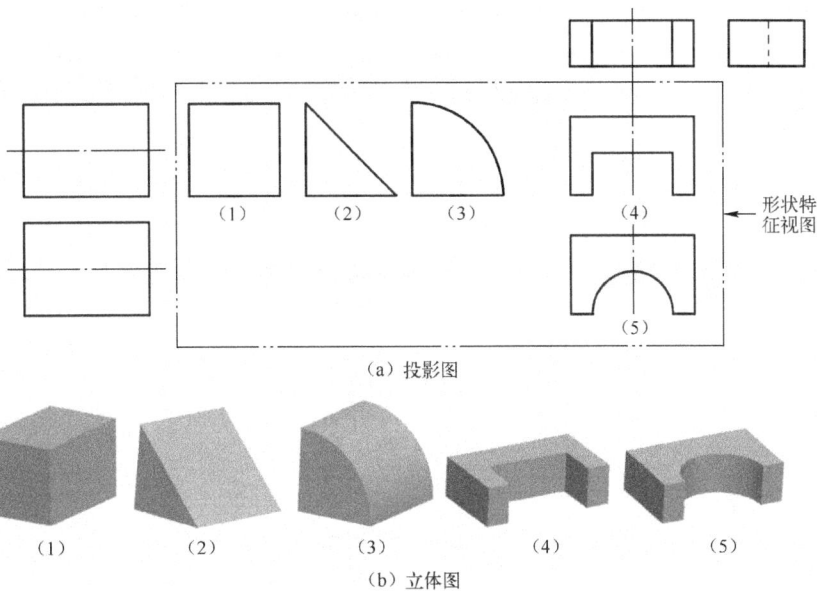

（a）投影图

（b）立体图

图 5-14　形状特征视图

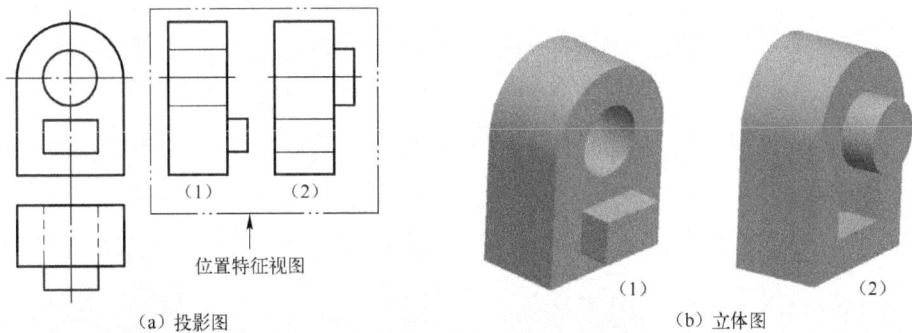

（a）投影图

（b）立体图

图 5-15　位置特征视图

　　（4）认真分析视图中线框，识别形体和形体表面间的相互位置关系。如图 5-16 所示，当组合体某个视图出现几个线框相连，或线框内有线框时，通常对照投影关系，区分它们的前后、上下、左右和相交等位置关系。

　　（5）要把想象中的形体与给定视图反复对照。看图的过程是不断把想象中的组合体与给定视图进行对照的过程。或者说看图的过程是不断修正想象中组合体的思维过程。如在想象图 5-17（a）所示的主、俯视图给定的组合体的形状时，可先根据给定的主、俯视图想象出图 5-17（b）、（c）所示立体，默画出想象中形体的视图，再根据视图的差异来修正想象中的形体。而图 5-17（d）所示形体，才与图 5-17（a）所给定的视图完全相符。

3. 看图步骤

　　（1）形体分析法看图。在读图时，根据组合体各个视图的特点，将视图分成若干部分，按投影特性，逐个找出各个基本体在其他视图的投影，确定各基本体的形状以及各基本体之间的相对位置，最后想象出组合体的整体形状。

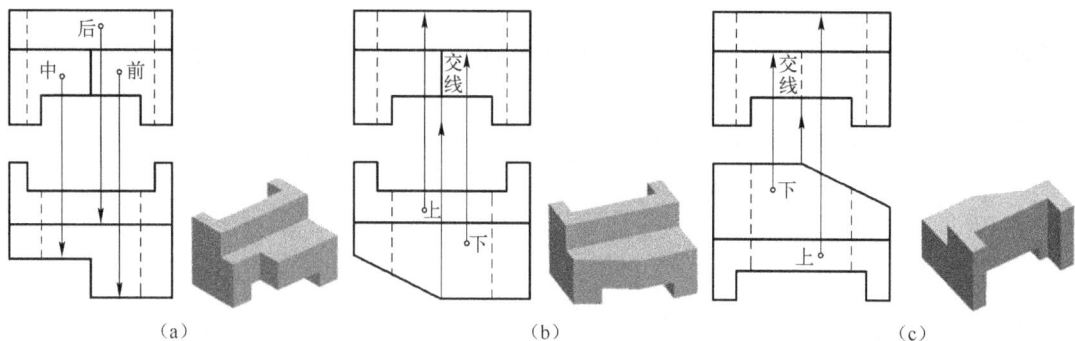

图 5-16 判断表面间相互位置

（a）组合体主、俯视图

（b）与原题主、俯视图都不符

（c）与原题主、俯视图都不符

（d）与原题主、俯视图都符合

图 5-17 反复对照、不断修正，想象出正确的组合体

下面以图 5-18 为例，说明形体分析法看图的方法和步骤：

① 分线框（封闭线框）、对投影。如图 5-18（a）所示，从主视图入手，将组合体分解为Ⅰ、Ⅱ、Ⅲ、Ⅳ四个独立形体，从所给视图来看，Ⅲ和Ⅳ为两个对称形体。按三视图投影规律，联系其他视图进行读图，将Ⅰ～Ⅳ各个封闭线框的其他投影对应出来，如图 5-18（b）～（d）所示。

② 识形体、定位置。根据每一部分的视图想象出形状，并确定它们的相对位置关系。如图 5-18（b）～（d）所示，可以想象形体Ⅰ为带直角边的四方板，上面钻了两个圆柱孔；形体Ⅱ为上半部分挖了一个半圆槽的长方体，叠加在底板Ⅰ的上面；形体Ⅲ、Ⅳ为三角形肋板，叠加在形体Ⅱ的左、右两侧，所有形体的后端面平齐。

③ 综合起来想整体。综合上述分析，最终可以想象出图 5-18（e）、（f）所示的空间形体。

（a）分线框

（b）对线框 I 的投影，确定形体

（c）对线框 II 的投影，确定形体

（b）对线框III、IV的投影，确定形体

（e）确定形体位置

（f）综合想象整体

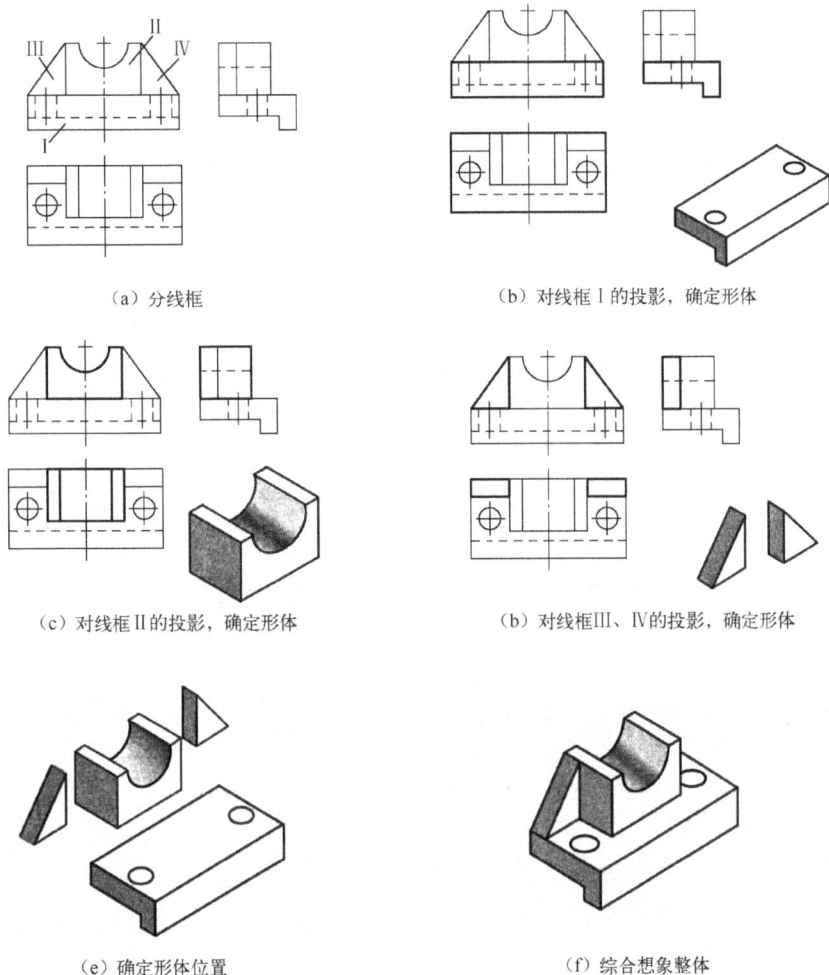

图 5-18　形体分析法看图

（2）线面分析法看图。看图时，在采用形体分析法的基础上，对局部比较难懂的部分，可运用线面分析法来帮助读图，特别是对于一些切割式组合体的交线、切口比较多时，采用这种方法看图，可大大提高看图速度及看图准确率。

① 视图中线段的含义。

a. 线段可能是组合体表面交线的投影。

b. 线段可能是具有积聚性的平面或曲面的投影。

c. 线段可能是曲面外围轮廓线的投影。

② 一个视图中封闭线框的含义。

a. 封闭线框可能是平面的投影。

b. 封闭线框可能是曲面的投影。

c. 封闭线框可能是曲面和它的切平面的投影或是两相切曲面的投影。

下面以图 5-19（a）所示的挡块三视图为例来说明用线面分析法看图的步骤。

① 粗读视图，识别大体形状。按已知视图，大致可以看出组合体是如何由一个基本体

经若干面截切而形成的。如图 5-19（b）所示，在主视图、俯视图缺角补齐后，三个视图的外形框线为矩形，因此可初步判定形成挡块的基本立体为一长方体。主视图上所缺的左上角，可能是由正垂面 P 切割而成；俯视图上所缺的左前角，可能是由正平面 Q 和侧平面 R 截切而成。在视图上还可看出，右前面有一横穿的圆柱孔 S。

② 细读视图，对应线、面。分析线、面，可依照正投影规律，从产生缺角的那些线、面入手。如图 5-19（c）所示，主视图上形成左上缺角的倾斜线 p'，在俯视图和左视图上找出对应的线框 p 和 p'' 均为六边形，是类似形状。由此可知：左上缺角确实是由正垂面 P 截切而形成的。同样，通过对投影，可以判定左前缺角是由正平面 Q 和侧平面 R 所截切而成，

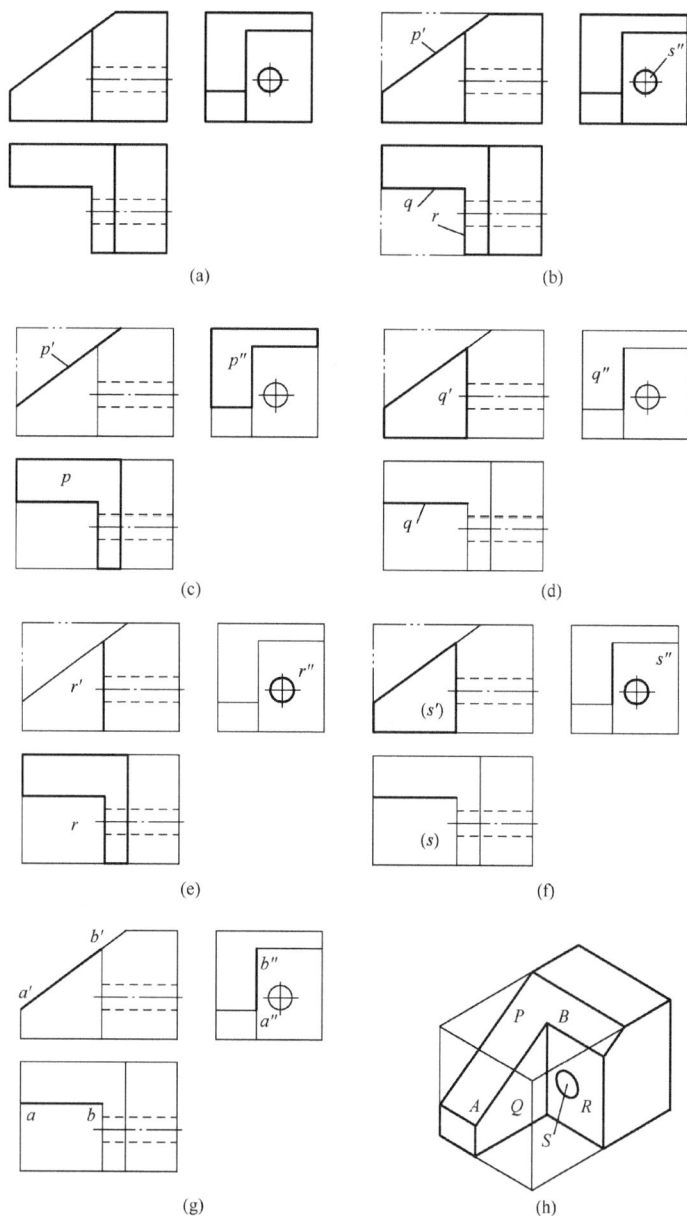

(a)　　　　　　　　　　　　　　(b)

(c)　　　　　　　　　　　　　　(d)

(e)　　　　　　　　　　　　　　(f)

(g)　　　　　　　　　　　　　　(h)

图 5-19　读挡块三视图

如图 5-19（d）、（e）所示。右前面横穿的圆柱孔分析比较简单，如图 5-19（f）所示。其他表面均为平行面，投影较为简单，不再一一赘述。

至于线的分析，如图 5-19（g）所示，主视图上的倾斜线 $a'b'$，在俯视图和左视图上找出其对应投影 ab 和 $a''b''$。线段为一正平线。其他线段读者可自行分析。

③ 定位置，综合想象整体形状。由初读得知组合体的大致形状，再对截切处做细致的线、面分析和确定相互关系，最后想象出挡块的整体形状，如图 5-19（h）所示。

5.3.2　已知组合体两视图补画第三视图

由已知的两个视图补画第三视图，是画图和看图的综合练习。一般的方法和步骤为：按形体分析法和必要的线面分析法分析给定的两个视图，在看懂两视图的基础上，确定出两个视图所表达的组合体中各组成部分的结构形状和相对位置，然后根据投影关系逐个画出第三视图。

在补画第三视图时，应依各组成部分逐步进行。对叠加型组合体，先画局部后画整体。对切割型组合体，先画整体后切割。并按先实后虚，先外后内的顺序进行。

例 5-1　如图 5-20 所示，已知组合体的主视图和俯视图，补画其左视图。

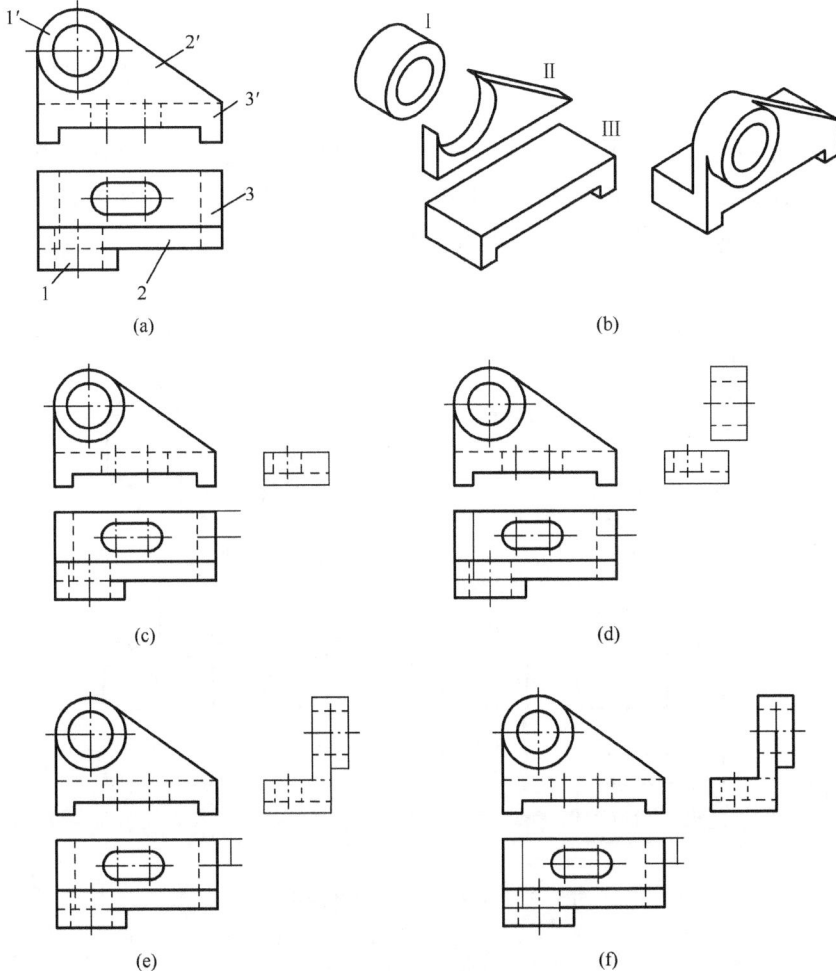

图 5-20　用形体分析法补画视图

解：

（1）分线框。从主视图入手，可将形体分为 3 个线框，如图 5-20（a）所示。

（2）对投影。分别将各线框与俯视图对照，找出相应的投影，并想象出各基本体形状及其相对位置关系；Ⅰ 为圆筒，Ⅱ 为带空心半圆柱的肋板，Ⅲ 为带槽口的底板，如图 5-20（b）所示。

（3）补画形体 Ⅲ 左视图，如图 5-20（c）所示。

（4）补画形体 Ⅰ 左视图，如图 5-20（d）所示。

（5）补画形体 Ⅱ 左视图，如图 5-20（e）所示。

（6）反复对照视图、检查、加深图线，如图 5-20（f）所示。

例 5-2　如图 5-21（a）所示，已知组合体的主视图和俯视图，补画其左视图。

解： 作图步骤如下：

（1）分析。由已知视图可知，该组合体是由四棱柱切割而成的。由主视图左上缺角可知，四棱柱被正垂面 P 截切；由俯视图左端两缺角可知，四棱柱被铅垂面 T 截切；由俯视图的 m 线框对应主视图的积聚线 m' 可知，四棱柱被水平面 M 截切；由主视图 n' 线框对应俯视图的积聚线 n 可知四棱柱被一正平面截切，前上方形成一个切口，如图 5-21（b）所示。

（2）作图。

① 按正投影规律补画四棱柱的侧面投影，并画出 M、N 平面的侧面投影，如图 5-21（c）所示。

② 分析 P 面的投影，由正面投影和水平投影，画出其侧面投影，如图 5-21（d）所示。

③ 分析 T 面的投影，由正面投影和水平投影，画出其侧面投影，如图 5-21（e）所示。

④ 完成组合体的左视图，如图 5-21（f）所示。

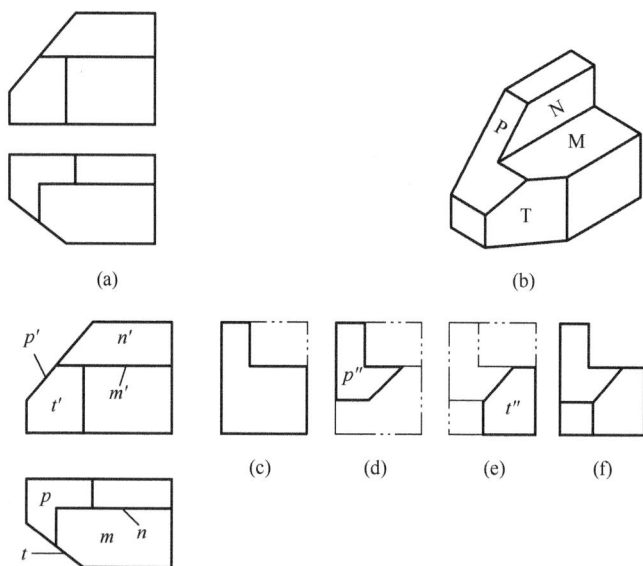

(a)　　　　　　　　　　(b)

(c)　　(d)　　(e)　　(f)

图 5-21　用线面分析法补画视图

第6章 尺寸标注

图样中的图形只能表达机件的形状，而机件的大小则必须通过标注尺寸来表示。标注尺寸是制图中一项极为重要的工作，必须认真细致，一丝不苟，以免给生产带来不必要的困难和损失。标注尺寸时必须按国家标准的规定进行。

6.1 标注尺寸的基本要求与规则

6.1.1 尺寸标注的基本要求

零件中标注尺寸的基本要求是：正确、完整、清晰、合理。

（1）正确：主要指尺寸标注要符合国家标注的有关规定。

（2）完整：要标注制造零件所需的全部尺寸，不遗漏，不重复。

（3）清晰：尺寸布置要整齐、清晰，便于看图。

（4）合理：标注尺寸要符合设计要求和工艺要求。

6.1.2 尺寸标注的基本规则

（1）图样上所标注的尺寸数值为机件的真实大小，与图形的大小和绘图的准确度无关。

（2）图样中的尺寸以毫米为单位时，不需标注计量单位的代号（或名称），如采用其他单位时则必须注明相应的计量单位（或名称）。

（3）图样中标注的尺寸，为该图样所示的机件的最后完工尺寸，否则应另加以说明。

（4）机件的每一尺寸，一般只标注一次，并应标注在表示该结构最清晰的图形上。

（5）尽量避免在不可见轮廓线上标注尺寸。

6.1.3 尺寸的组成

一个完整的尺寸由尺寸界线、尺寸线和尺寸数字三部分组成，如图6-1所示。

1. 尺寸界线

（1）尺寸界线用以表示所标注尺寸的界限，用细实线绘制，并从轮廓线、轴线或对称中心线引出，也可用轮廓线、轴线或对称中心线替代，如图6-1所示。

（2）尺寸界线一般应与尺寸线垂直（见图6-1），必要时才允许倾斜，参看表6-1有关图例。

2. 尺寸线

（1）尺寸线用以表示尺寸的范围，即起点和终

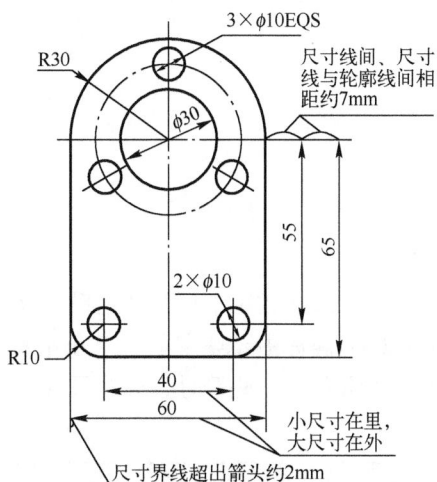

图6-1 尺寸的组成

点。尺寸线用细实线绘制，不能用其他图线代替，一般也不能与其他图线重合或画在其延长线上，如图 6-1 所示。

（2）线性尺寸的尺寸线必须与所标注的线段平行，如图 6-1 所示。

（3）小尺寸在里，大尺寸在外，如图 6-1 所示。

（4）尺寸线与轮廓线的距离，以及相互平行的尺寸线之间的距离，在全图中应尽量一致（约 7mm），如图 6-1 所示。

3. 尺寸线终端

尺寸线终端有两种形式：箭头和斜线。

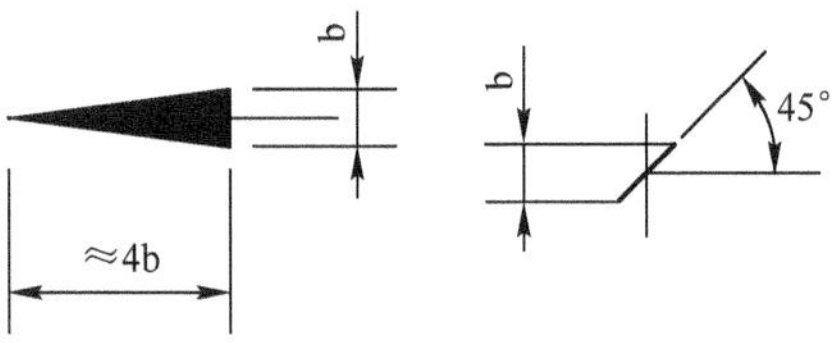

图 6-2　尺寸终端

（1）箭头的形式和画法如图 6-2（a）所示，箭头的尖端与尺寸界线接触。在同一张图样上，箭头大小要一致。箭头的形式适合于各种类型的图样。

（2）斜线用粗实线绘制，其方向和画法如图 6-2（b）所示，当尺寸线终端采用斜线时，尺寸线与尺寸界线必须互相垂直。

一般机械工程制图中多采用箭头形式，而建筑制图中多采用斜线形式。必须注意：同一张图样中，尺寸界线及终端形式一般应采用同一种形式。

4. 尺寸数字和符号

（1）线性尺寸的数字一般应注写在尺寸线的上方中间处，也允许标注在尺寸线的中断处。

（2）线性尺寸数字的方向，一般应按图 6-3（a）所示的方向标注，并尽量避免在图示 30°范围内标注尺寸，当无法避免时可按图 6-3（b）的形式引出标注。

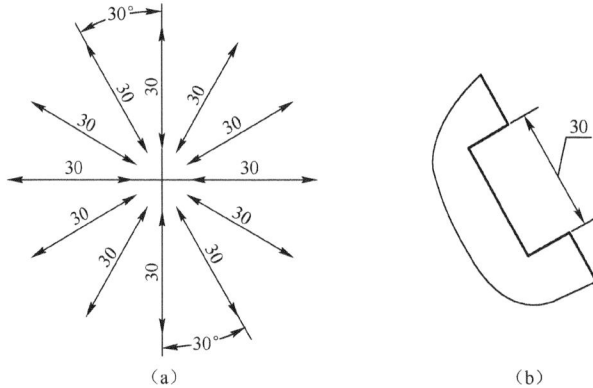

图 6-3　线性尺寸数字的写法

（3）尺寸数字不可被任何图线穿过，否则必须将图线断开，如图 6-4 所示。

（4）国标中还规定了一组表示特定含义的符号，作为对数字标注的补充说明。表 6-1 给出了常用的一些符号，标注尺寸时，应尽可能使用符号和缩写词。

表 6-1　尺寸标注用符号及缩写词

名　　称	直径	半径	球直径	厚度	正方形	45°倒角	深度	埋头孔	均布	沉孔或锪平
符号或缩写词	ϕ	R	$S\phi$	t	□	C	⊥	∨	EQS	⊔

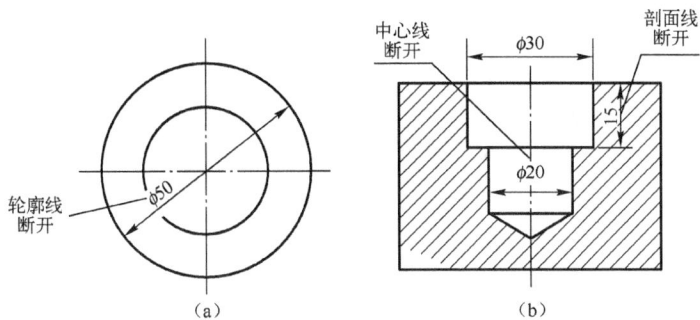

图 6-4　尺寸数字不可被任何图线通过

6.1.4　角度、直径、半径、球面直径或半径及狭小部位尺寸标注

1. 角度尺寸标注

（1）标注角度时，尺寸线应换成圆弧，其圆心是该角的顶点。尺寸界线应沿径向引出，如图 6-5 所示。

（2）角度的数字一律水平书写，一般应标注在尺寸线的中断处，必要时可写在尺寸线上方或外侧，也可引出标注，如图 6-5 所示。

2. 直径、半径及球面直径或半径尺寸的标注

（1）标注直径、半径时，应在尺寸数字前分别加注"ϕ"、"R"。尺寸线过圆心，以圆周为界线（见图 6-6（a））。大于半圆的圆弧要标注直径（见图 6-6（b））。小于（等于）半圆的圆弧要标注半径（见图 6-6（c））。

图 6-5　角度的尺寸标注

图 6-6　直径、半径的标注

（2）标注球面的直径、半径时，应在尺寸数字前分别加注"$S\phi$"、"SR"，如图 6-7（a）所示。

对于螺钉、铆钉的头部，轴（螺杆）的端部以及手柄的端部等，在不引起误解的情况下可省略符号"S"，如图 6-7（b）所示。

（3）当圆弧的半径过大或在图纸范围内无法标出圆心位置时，可按图 6-8（a）或（b）所示的形式标注。

3. 狭小部位尺寸的标注

当没有足够的位置画箭头或注写数字时，其中有一个可布置在图形外面，或者两者都布置在图形外面；在地方不够的情况，尺寸线的终端允许用圆点或斜线代替箭头，其标注形式

如图6-9所示。

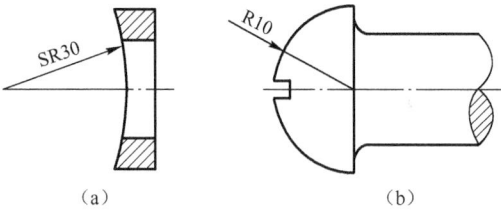

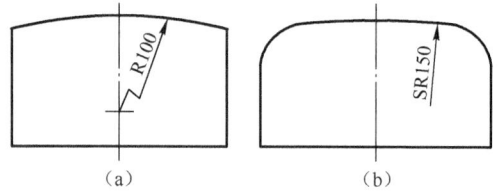

图6-7　球面直径、半径的标注　　　　图6-8　大直径、半径的标注

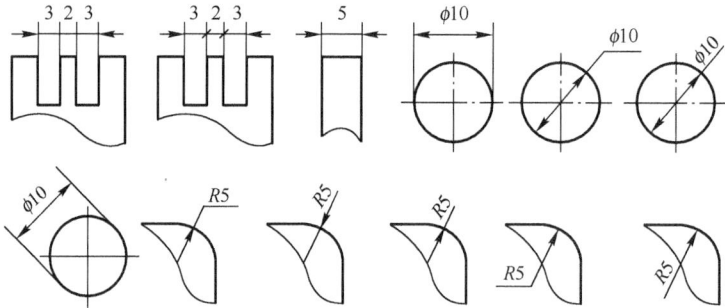

图6-9　狭小部位尺寸的标注

6.1.5　常见尺寸的标注示例

常见尺寸标注见表6-2。

表6-2　尺寸标注示例

标注内容	示　　例	说　　明
对称机件只画出一半或大于一半时		尺寸线应略超过对称中心线或断裂处的边界线，仅在尺寸线的一端画出箭头，但尺寸数字按实际尺寸完整标注
板状零件		标注薄板零件的厚度尺寸可在数字前加"t"
光滑过渡处尺寸		光滑过渡处，必须用细实线将轮廓线延长，并从其交点引出尺寸界线。尺寸界线一般应与尺寸线垂直，必要时尺寸线也可与尺寸界线倾斜
正方形结构		标注断面为正方形的机件尺寸，可在边长尺寸数字前加注符号"□"或注成"14×14"

标注内容	示　例	说　明
斜度和锥度	∠1:50　　　　1:15　　　　30° h　　30°　1.4h　　h为字体高度	斜度符号"∠"　　锥度符号"◁"
均布孔的标注	6×φ10EQS　　8×φ6.5　⊔φ12▽4.5	同一图形中，对于尺寸相同的孔、槽等组成要素，可仅在一个要素上标注其尺寸和数量　　均匀分布的孔，可不标注其角度，在数字后加注"EQS"字样

6.2　组合体的尺寸标注

组合体的视图只能反映它的形状和结构，而它的真实大小及各结构之间的相对位置必须由图上标注的尺寸确定。

6.2.1　基本体的尺寸标注

对于基本几何形体，一般标注长、宽、高三个方向的尺寸，根据形体特点，有时尺寸重合为两个或者一个，而标注尺寸后视图有时也可以减少。

图6-10所示为平面立体尺寸标注示例。图6-11所示为曲面立体尺寸标注示例。

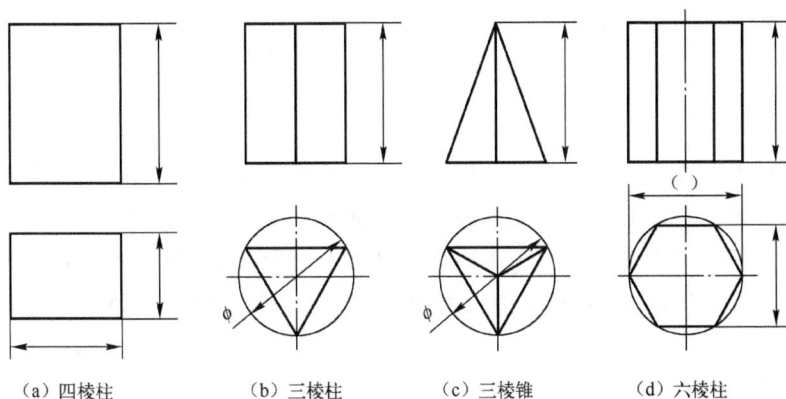

（a）四棱柱　　　　（b）三棱柱　　　　（c）三棱锥　　　　（d）六棱柱

图6-10　平面基本形体尺寸标注

6.2.2　有截交线、相贯线形体的尺寸标注

有截交线的形体的尺寸标注，除标注基本形体的尺寸外，还须标注截平面的位置尺寸；

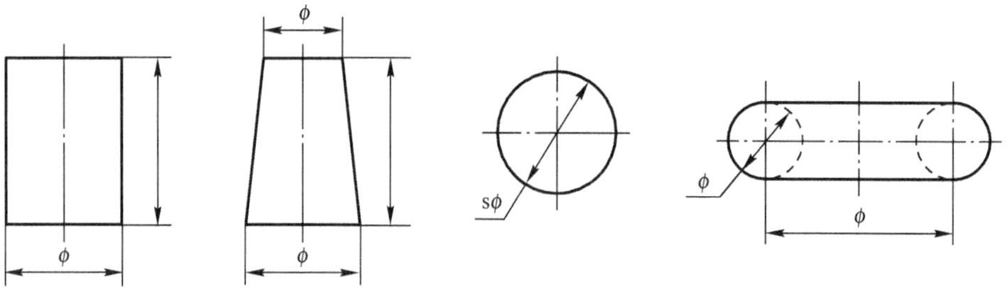

（a）圆柱　　　　（b）圆台　　　　（c）球　　　　（d）圆环

图 6-11　曲面基本形体尺寸标注

有相贯线的形体的尺寸标注，除标注基本形体的尺寸外，还须标注两基本体的位置尺寸。而截交线、相贯线的形状尺寸不须标注，如图 6-12（a）～（f）所示。

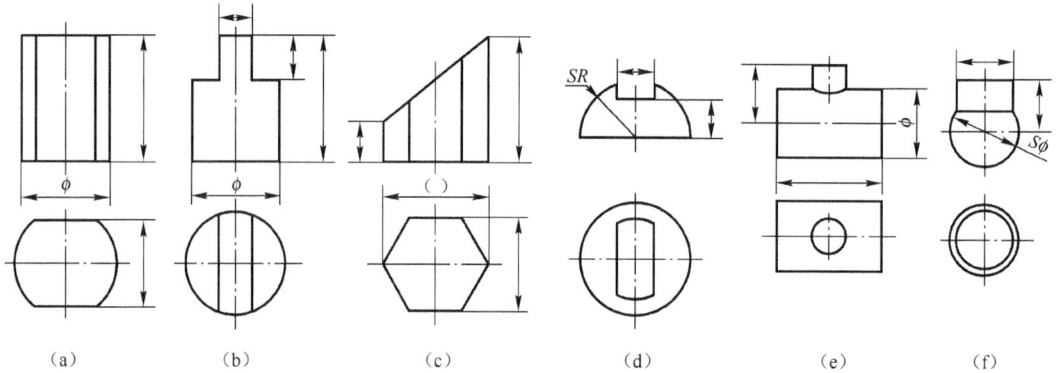

（a）　　　　（b）　　　　（c）　　　　（d）　　　　（e）　　　　（f）

图 6-12　有截交线、相贯线形体的尺寸标注

6.2.3　常见底板尺寸标注

常见底板尺寸标注方法如图 6-13 所示。

6.2.4　组合体的尺寸标注

1. 尺寸基准

标注尺寸的起点是尺寸基准。在三维空间中，应该有长、宽、高三个方向的尺寸基准。一般采用组合体的对称中心线、轴线和较大的平面作为尺寸基准，如图 6-14 所示。

长、宽、高三个方向分别有一个主要尺寸基准，当形体复杂时，允许有一个或几个辅助尺寸基准。如图 6-14 所示，右端面为长度的主要尺寸基准，标注"15"的左端面为长度的辅助尺寸基准。

2. 尺寸分类

图样上一般要标注三类尺寸：定形尺寸、定位尺寸和总体尺寸。

（1）定形尺寸。确定组合体各组成部分形状大小的尺寸称为定形尺寸。

标注组合体尺寸时，仍需按形体分析法将组合体分解为若干个基本体，分别标注各基本体

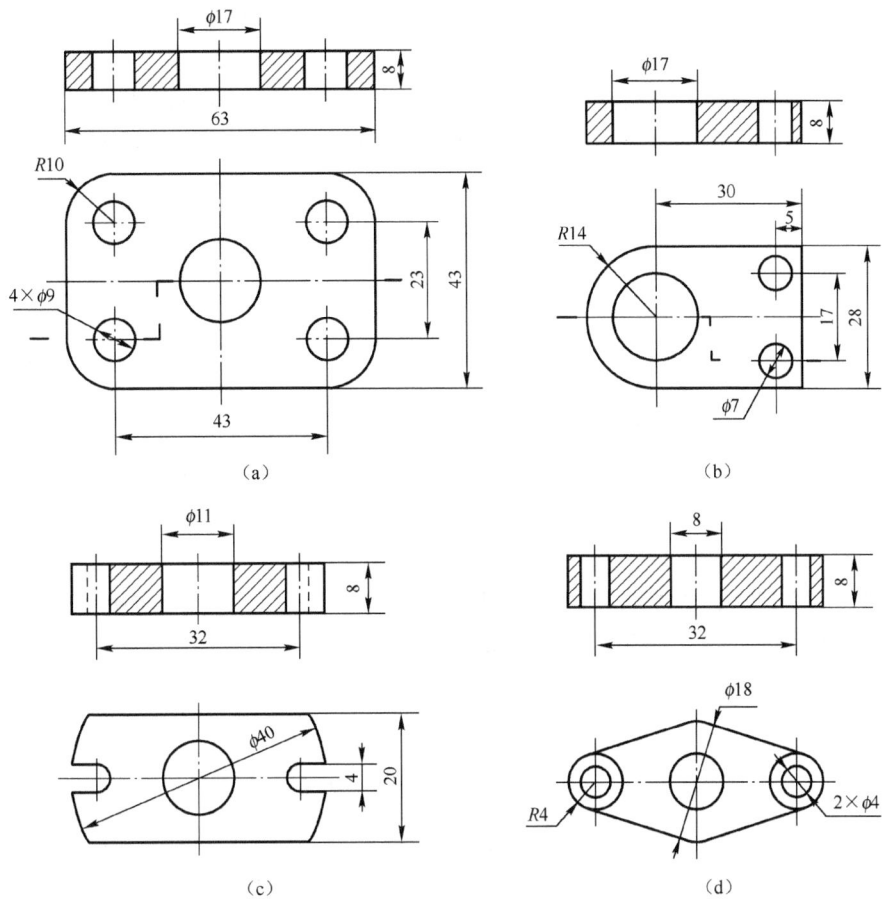

图 6-13　常见底板尺寸标注

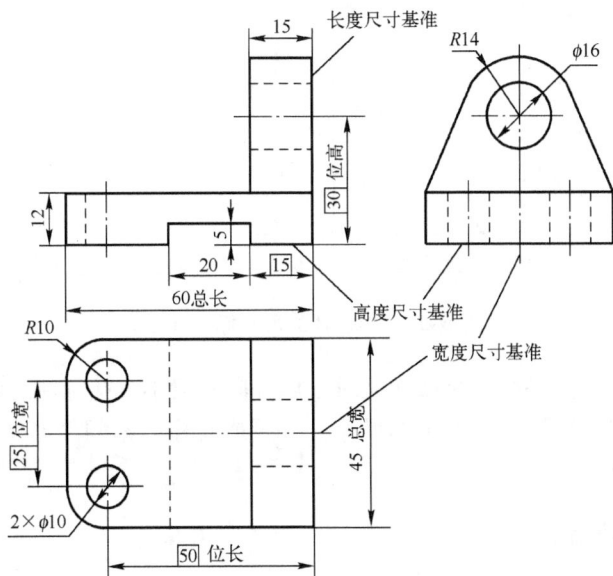

图 6-14　组合体的尺寸标注（一）

的定形尺寸。若有两个以上大小一样、形状相同的基本体，且按规律分布，可用省略方式标注定形尺寸，如图6-13（a）中"$4×\phi9$"，表示底板周边四孔直径均为 $\phi9$，不必一一标注。

（2）定位尺寸。确定组合体各组成部分相对位置的尺寸称为定位尺寸。它是同一方向上的组合体的尺寸基准和各组成部分的尺寸基准间的距离大小。如图6-14中画有矩形框的尺寸，图中将长度方向的定位尺寸、宽度方向的定位尺寸、高度方向的定位尺寸分别用位长、位宽、位高表示。

两形体间应有三个定位尺寸，若基本形体在某方向处于叠加、平齐、对称、同轴之一时，就省略该方向上的一个定位尺寸。如图6-14中，圆柱孔 $\phi16$ 的定位尺寸省去了"位宽"。

综上所述，基本形体的定形尺寸的数量是一定的，两形体间的定位尺寸的数量也是一定的，因此组合体尺寸的数量必然是恒定的。

（3）总体尺寸。为了能够知道组合体所占体积的大小，一般需要标注组合体的总长、总宽和总高，称为总体尺寸。有时，形体尺寸就反映了组合体的总体尺寸（如图6-14中所示底板的长和宽就是该组合体的总长和总宽），不必另外标注，否则需要调整尺寸。因为按形体标注定形尺寸和定位尺寸后，尺寸已完整，若再加注总体尺寸就会出现多余尺寸，必须在同一方向减去一个尺寸，如图6-15中所示加注总高尺寸"44"之后，应去掉一个高度尺寸"32"。为了避免调整尺寸，也可以先标出总体尺寸。

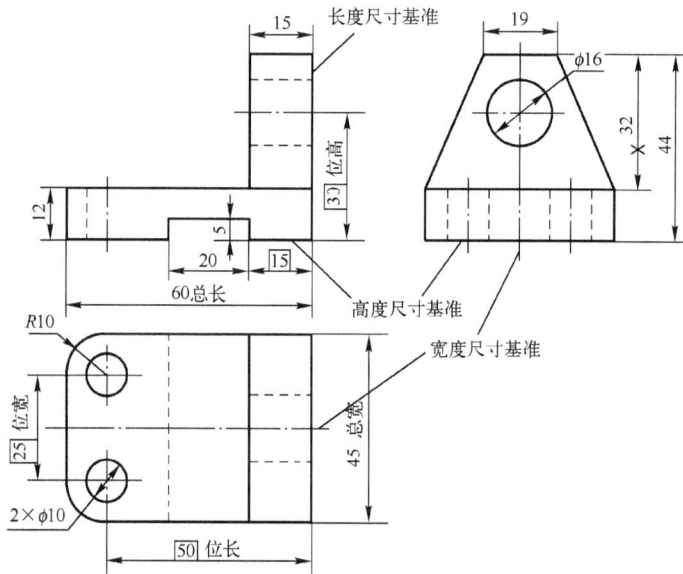

图6-15　组合体的尺寸标注（二）

当组合体的端面不是平面而是回转面时，该方向一般不直接标注总体尺寸，而是由确定回转面轴线的定位尺寸和回转面的定形尺寸（半径或直径）来间接确定，如图6-14中所示的总高就未直接标出。

3. 标注尺寸要清晰

所谓清晰，就是要求尺寸标注既要符合国标的规定，又要求所标注的尺寸排列适当，便于看图。

（1）遵守尺寸标注的标准。排列整齐除了遵守前面介绍的有关标注尺寸的规定外，尺寸标注在两个相关视图之间。同一方向上的大小尺寸，应遵循"内小外大"的原则，呈阶梯状排列，避免尺寸线与尺寸界线相交。若该方向上尺寸连续，应保证尺寸线布置在一条线上，如图 6-16 所示。

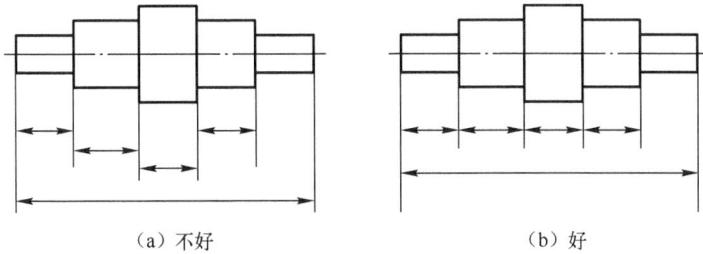

（a）不好 （b）好

图 6-16 同一方向上的连续标注

（2）把尺寸标注在形体明显的视图上。为了看图方便，尽量把尺寸标注在形体明显的视图上。直径 ϕ 一般标注在非圆视图上，而半径 R 一定要标注在反映圆弧的视图上。

（3）把有关联的尺寸尽量集中标注。为了便于看图，应把有关联的尺寸尽量集中标注在同一视图上。

（4）应避免在虚线上标注尺寸。

（5）避免标注封闭尺寸。如图 6-17（a）中所示的阶梯轴，其长度方向的尺寸 a、b、c、d 首尾相连，构成了封闭的尺寸链，这种情况应当避免。按图 6-17（a）的标注方式，尺寸 a 为尺寸 b、c、d 之和，而尺寸 a 有一定的尺寸精度要求，但在加工时，尺寸 a、b、c、d 都会产生误差，这样所有的误差便会累积在尺寸 a 上，不能保证设计上的精度要求；若要保证尺寸 a 的精度要求，就要提高尺寸 b、c、d 每一段的尺寸精度，这将给加工带来困难，增加成本。

所以，当几个尺寸构成封闭的尺寸链时，应当在尺寸链中挑选一个不重要的尺寸空出不标，以便所有的尺寸误差都积累在此处。如图 6-17（b）中所示的凸肩宽的尺寸 c 可以不标。

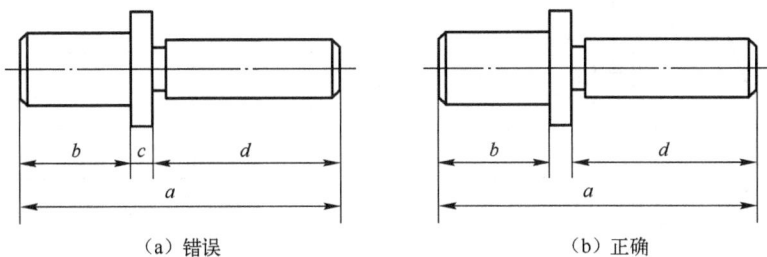

（a）错误 （b）正确

图 6-17 避免标注封闭的尺寸链

6.2.5 组合体尺寸标注的步骤

下面以图 6-18 所示的组合体为例，说明组合体尺寸标注的步骤。

具体步骤如下：

（1）对组合体进行形体分析，确定尺寸基准。如图 6-18（a）所示，轴承长度方向主要基准是组合体的左、右对称面，宽度方向主要基准是底板的后端面，高度方向主要基准是底板的底面。

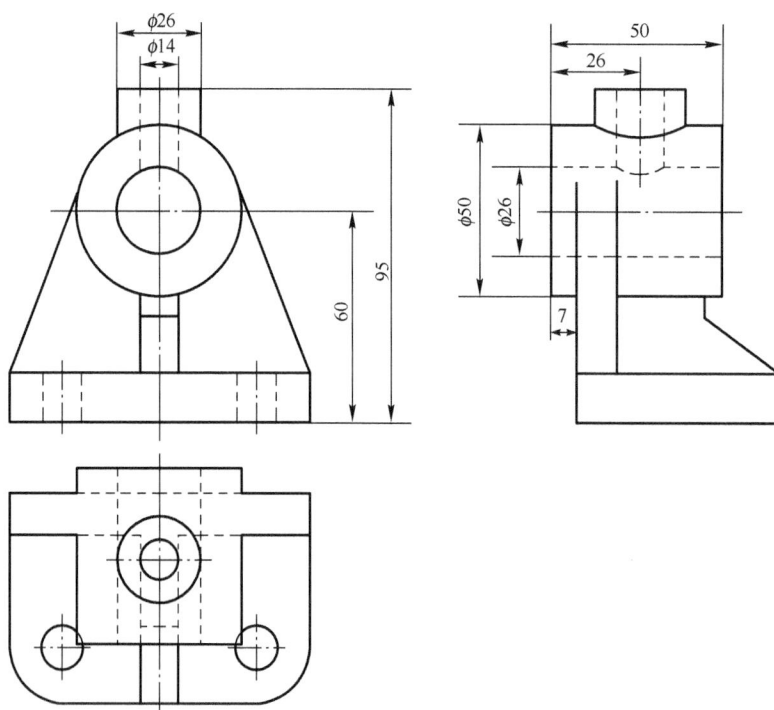

长度方向尺寸基准　　　　高度方向尺寸基准　　　宽度方向尺寸基准

（a）确定尺寸基准

（b）标注轴承筒和凸台的尺寸

图6-18　组合体尺寸标注示例

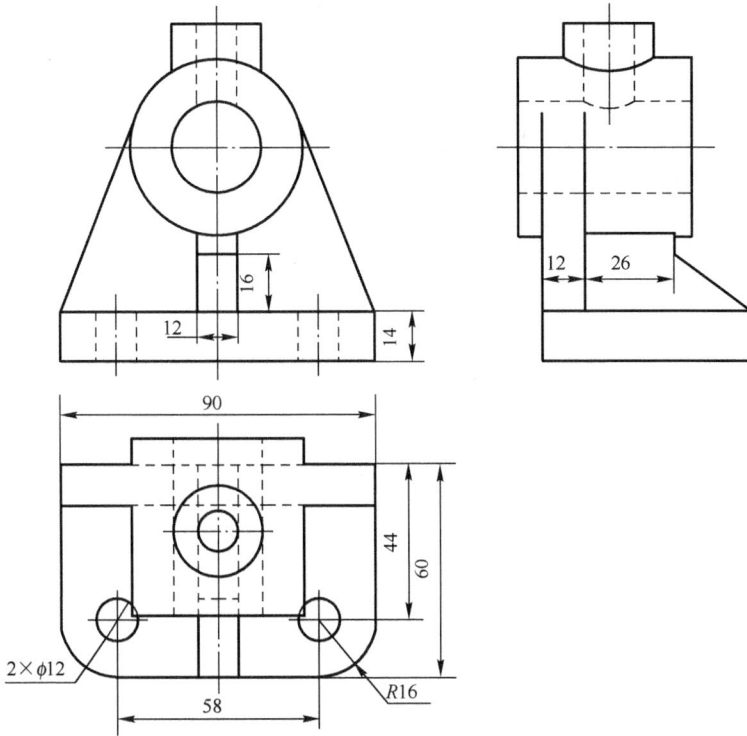

（c）标注底板、支撑板、肋的尺寸

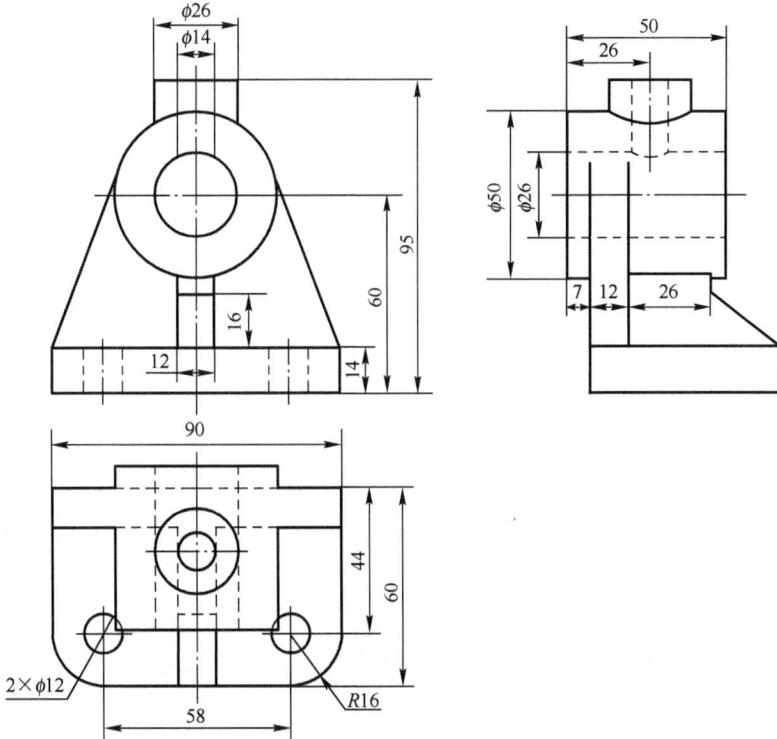

（d）调整标注总体尺寸并校对

图 6-18　组合体尺寸标注示例（续）

（2）标注轴承筒和凸台的定形、定位尺寸，如图6-18（b）所示。

圆筒的定形尺寸为$\phi50$，$\phi26$，50；其位高为60；位宽为7；因为长度方向的尺寸基准与整体的尺寸基准重合，所以位长省略。

凸台的定形尺寸为$\phi26$，$\phi14$和95；位宽为26；位高是95；因为长度方向的尺寸基准与整体的尺寸基准重合，所以位长省略；在此，95既是定形尺寸，也是定位尺寸。

（3）标注底板、支撑板、肋板的定形、定位尺寸，如图6-18（c）所示。

底板的定形尺寸为90，60，14；其位长、位宽和位高均省略；底板上的圆柱孔、圆角的定形为$2\times\phi12$，$R16$；位长为58；位宽为44，位高为14，位高与底板高度定形尺寸重合。

支撑板、肋板的尺寸，读者可根据图6-18（c）中所示的标注自行分析。

（4）根据需要调整标注总体尺寸。轴承座的总长为90，总高都是95，在图中已经标出，总宽尺寸应为67，但该尺寸不宜标注，因为若标注总宽尺寸，则尺寸7或60就是不应标出的重复尺寸，但是标注60和7这两个尺寸，有利于明确表达底板与圆筒之间在宽度方向上的定位。

（5）检查、校核。最终标注如图6-18（d）所示。

第7章 机件的表达方法

在前几章中，介绍了正投影的基本原理及用三视图表达物体的方法。但在生产实际中，有的机件的形状和结构都比较复杂，仅用前面所讲述的三视图，还不能完整、清晰地把它们表达出来。为了准确、完整、清晰地表达它们的内、外结构形状，国家标准《技术制图》（GB/T17451—1998）和《机械制图》（GB/T4458.1—2002、GB/T4458.6—2002）中的"图样画法"规定了视图、剖视图、断面图及简化画法等常用表达方法。根据物体的结构特点，选用适当的表示方法，在完整、清晰地表示物体形状的前提下，力求制图简便。

7.1 视图

视图主要用来表达机件的外部结构和形状，一般只画出机件的可见部分，必要时才用虚线表达其不可见部分。视图分为基本视图、向视图、局部视图和斜视图。

7.1.1 基本视图

当机件的形状比较复杂时，其六个面的形状都可能不同。为了清晰地表达机件的六个面，需要在三个投影面的基础上，再增加三个投影面组成一个正六面体。构成正六面体的六个投影面称为基本投影面。

把机件放在正六面体中，将机件向六个基本投影面投影，得到六个基本视图，这六个基本视图的名称为：从前向后投影得到主视图，从上向下投影得到俯视图，从左向右投影得到左视图，从后向前投影得到后视图，从下向上投影得到仰视图，从右向左投影得到右视图。

如图7-1所示，为六个投影面的展开方法。正投影面保持不动，其他各投影面按箭头所示方向逐步展开到与正投影面在同一平面上。

当六个基本视图按展开的位置（如图7-2）配置时，一律不标注视图的名称。

六个基本视图的对应关系如下：

（1）六个基本视图度量关系，仍然保持"三等"关系，即主视图、后视图、俯视图、仰视图长对正；主视图、后视图、左视图、右视图高平齐；左视图、右视图、俯视图、仰视图宽相等。

（2）六个视图的方位对应关系，除后视图外，其他视图靠近主视图的一侧为机件的后部。

在绘制机件的图样时，应根据机件的复杂程度，选用其中必要的几个基本视图，选择的原则是：

① 选择表示机件信息量最多的那个视图作为主视图，通常是机件的工作位置或加工位置或安放位置。

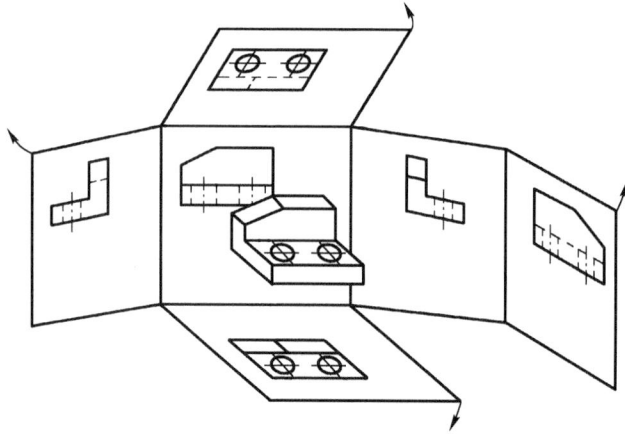

图 7-1　六个基本投影面的展开

图 7-2　六个基本投影面的配置及投影规律

② 在机件表示明确的前提下，使视图的数量为最少。

③ 尽量避免使用虚线表达机件的轮廓。

④ 避免不必要的重复表达。

在表示机件的形状时，一般是优先考虑选用主、俯、左三个基本视图（即前面所述的三视图），然后再考虑选用其他基本视图。

7.1.2　向视图

从某一个方向投影得到的视图称为向视图。向视图是可以自由配置的视图。

若视图不能按图 7-2 所示的位置配置时，可以将视图自由配置，需在向视图上标注大写拉丁字母"X"，在相应视图的附近用箭头指明投影方向，并标注相同的字母，如图 7-3 所示。

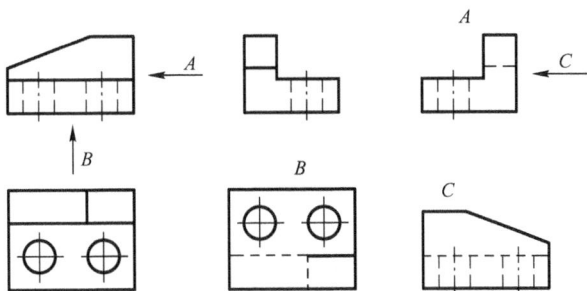

图 7-3　向视图及其标注

7.1.3　斜视图

当机件的某部分与基本投影面倾斜时（如图 7-4（a）中斜板部分），在基本视图上不能反映该部分的真实形状。为了表达出倾斜部分的实形，可设置一个与倾斜部分平行的投影面，再将该部分向新投影面投影得到其实形。这种将机件向不平行于基本投影面的平面投影所得的视图，称为斜视图，如图 7-4（b）所示。

画斜视图时应注意以下几点：

（1）当机件倾斜部分投射后，必须将辅助投影面按基本投影面展开的方法，旋转到与所垂直的基本投影面重合的位置，如图 7-4 所示的 A 视图。

（2）斜视图通常按向视图的配置形式配置并标注，即用大写字母及箭头指明投射方向，并在斜视图上方用相同字母注明视图的名称，如图 7-4 所示的 A 视图。

（3）斜视图只要求表达倾斜部分的局部形状，其余部分不必画出，用波浪线表示其断裂边界。

（4）必要时允许将斜视图旋转配置。这时斜视图应加注旋转符号"⌒"或"⌒"，表示该视图名称的大写拉丁字母应靠近旋转符号的箭头端。

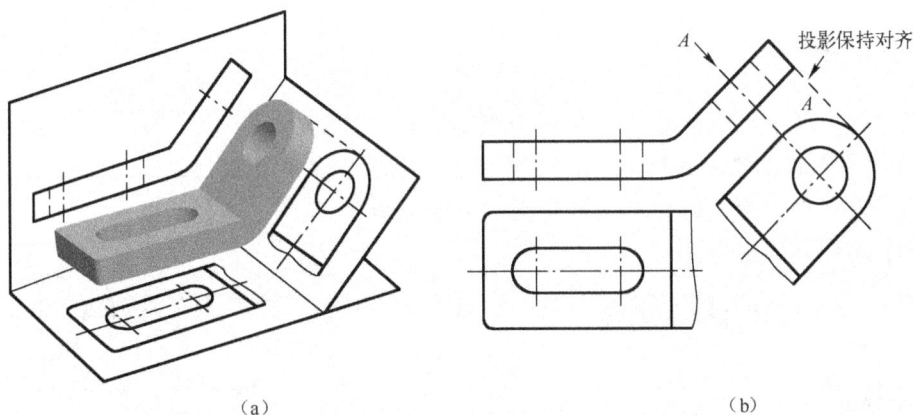

（a）　　　　　　　　　　　　　（b）

图 7-4　斜视图的形成

7.1.4　局部视图

如果机件主要形状已在基本视图上表达清楚，只有某一部分没有表达清楚，这时可将机件的某一部分向基本投影面投影，所得的视图称为局部视图，如图 7-5 所示。

画局部视图时应注意以下几点：

（1）局部视图可以按基本视图的配置形式配置，如图 7-4（b）中的俯视图；也可按向视图的配置形式配置，如图 7-5（b）所示的 A 视图和 B 视图。

（2）标注的方式是用带字母的箭头指明投射方向，并在局部视图上方用相同字母注明视图的名称，如图 7-5（b）所示。

（3）局部视图所表达的只是机件某一部分形状，故需要画出断裂边界，局部视图的断裂边界通常以波浪线（或双折线、中断线）表示，如图 7-5（b）的 A 图。但断裂边界线不能超出机件实体的投影范围，如图 7-5（c）所示。

（4）当局部视图外形轮廓成封闭状态，且所表示的机件的局部结构是完整的，可省略表示断裂边界的波浪线，如图 7-5（b）的 B 图。

图 7-5 局部视图

7.2 剖视图

由于机件内部不可见的结构在视图中以虚线示出，如图 7-6 所示，从而造成层次感差、表达不清晰，画图、读图和标注尺寸也不方便，为此可采用剖视图方法来表达这些不可见的结构形状。

7.2.1 剖视图的基本概念

1. 剖视图

图 7-6 支架的视图

如图 7-7 所示，假想用剖切面（常用平面或柱面）剖开机件，将处在观察者和剖切面之间的部分移去，而将其余部分向投影面投射所得的图形，称为剖视图，简称剖视。如图 7-8 所示，原来不可见的孔、槽都变成可见的了，与没有剖开的视图相比，层次分明，清晰易懂。

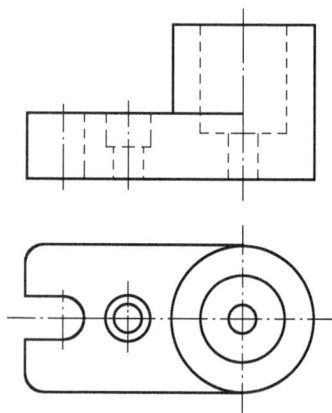

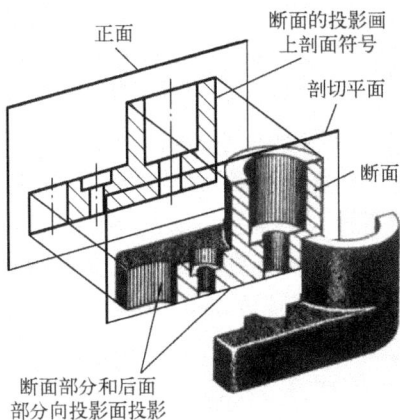

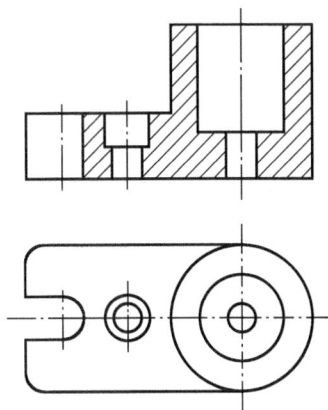

图 7-7　剖视的形成　　　　　　　图 7-8　支架的剖视图

2. 剖视图的画法

下面以图 7-7 所示的支架为例说明画剖视图的方法和步骤：

（1）确定剖切平面的位置。一般用平面剖切机件，应通过内部孔、槽等结构的对称面或轴线，且使其平行或垂直于某一投影面，以便使剖切后的孔、槽的投影反映实形。例如，图 7-7 中所示的剖切平面通过支架的孔和缺口的对称面而平行正平面，这样剖切后，在剖视图上就能清楚地反映出台阶孔的直径和缺口的深度（见图 7-8）。

（2）画剖开的机件部分的投影。应画出剖切平面与机件实体相交的截面轮廓线的投影；还须画出剖切平面后面的机件部分的投影。

（3）剖面区域。假想用剖切面剖开物体，剖切面与物体的接触部分称为剖面区域。国家标准规定应画出剖面符号，以便清楚地表现出哪些是材料的实体部分，哪些是空腔部分。为了区别被剖机件的材料，国家标注中规定了各种材料的剖面符号的画法（见表 7-1）。在同一张图纸中，同一金属机件在所有剖视图中的剖面符号（又称剖面线）应画成间隔相等、方向相同且与水平线成 45°的相互平行的细实线。

表 7-1　剖面符号

材 料 名 称	剖 面 符 号	材 料 名 称		剖 面 符 号
金属材料（已有规定剖面符号者除外）		混凝土		
非金属材料（已有规定剖面符号者除外）		木材	纵剖面	
型沙、填沙、粉末冶金、砂轮、陶瓷刀片等			横剖面	
玻璃及其他透明材料		木质胶合板		
砖		液体		

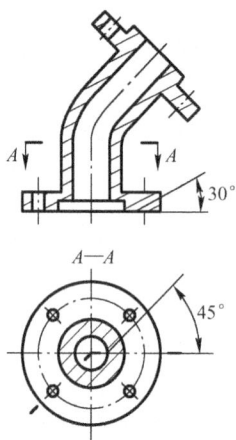

图7-9 特殊情况下剖
面线画成30°或60°

当图形中的主要轮廓线与水平成45°时，该图形的剖面线应画成与水平成30°或60°的平行线，其倾斜方向仍与其他图形的剖切面一致，如图7-9所示。

（4）剖视图的标注。机械制图中剖视图的标注内容及规则如下：

① 在剖视图的上方用大写拉丁字母标出剖视图的名称"×－×"；在相应的视图上用指示剖切面起、止和转折位置的剖切符号（线宽（1～1.5）b，长约5～10mm的粗实线）表示剖切平面的剖切位置；用箭头表示投射方向。应在剖切平面的起、止和转折处注上同样的字母，如图7-9所示。

② 为了清晰起见，各剖切符号的转折处不宜配置在图形的实线或虚线上，如图7-10所示。

③ 当剖视图按投影关系配置，中间又没有其他图形隔开时，可以省略箭头。例如，图7-9主视图中的箭头可省略不画。

④ 当单一剖切平面通过机件的对称平面或基本对称平面，且剖视图按投影关系配置，中间又没有其他图形隔开时，可省略全部标注。

3. 画剖视图应注意的问题

（1）未剖开的视图仍按完整的机件投影画出。剖开是假想将机件剖开，其实机件没有被剖开，所以未剖开的视图仍按完整的机件投影画出，如图7-8中的俯视图。

（2）不要漏画粗实线。在剖视图中应将剖切平面与投影面之间机件部分的可见轮廓线全部画出，不能遗漏。如图7-11中，就漏画了台阶孔后半个台阶面的积聚性投影线。

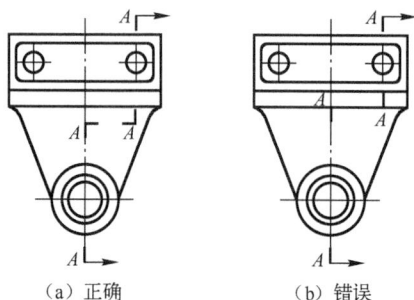

（a）正确　　　（b）错误

图7-10　剖切符号配置

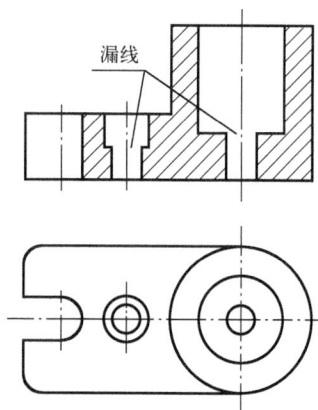

图7-11　剖视图中漏画轮廓线

（3）虚线处理。在剖视图上，对已经在其他视图中表达清楚的结构，其虚线可以省略。当机件的结构没有表示清楚时，在剖视图中仍需画出虚线。

7.2.2　几种常见的剖切面和剖切方法

1. 用平行于某一基本投影面的单一平面剖切

（1）全剖视图。用剖切平面把机件完全地剖开后得到的剖视图，称为全剖视图。全剖视图主要用于表达内部形状复杂的不对称机件，或外形简单的对称机件，如图 7-12 所示。

（a）全剖视图   （b）剖切方式

图 7-12　全剖视图

（2）半剖视图。当物体具有对称平面时，向垂直于对称平面的投影面上投射所得的图形，以对称中心线为界，一半画成视图用以表达结构形状，另一半画成剖视图用以表达内部结构形状，这种剖视图称为半剖视图，如图 7-13 所示。

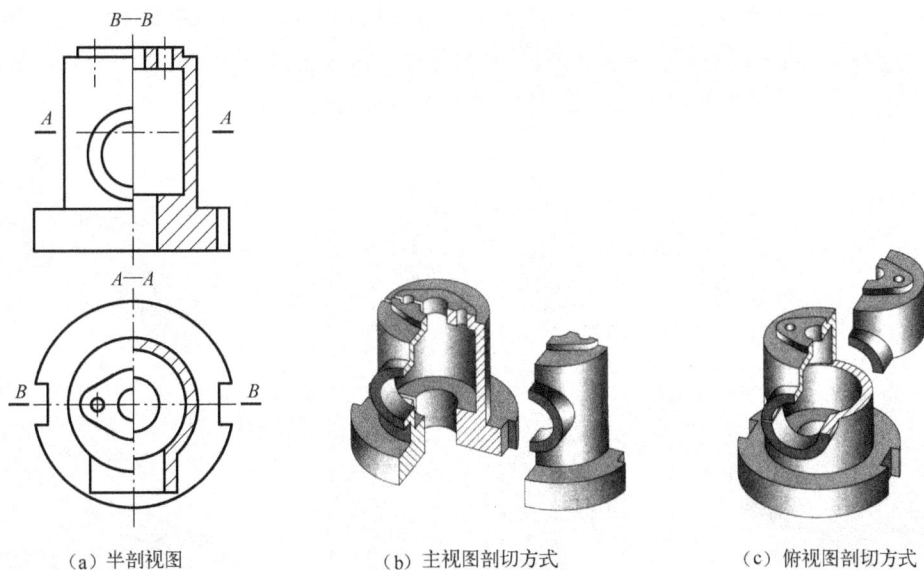

（a）半剖视图   （b）主视图剖切方式   （c）俯视图剖切方式

图 7-13　半剖视图

画半剖视图时应注意以下几点：

① 以点划线为分界线。如图 7-13（a）所示，主、左两视图中间用竖直方向的点划线为分界线；半剖视图中剖视部分的位置通常按以下原则配置：

主视图中位于对称线右侧；俯视图中位于对称线下方；左视图中位于对称线右侧。有时为了表达某些特殊或具体形状，也可按具体情况要求配置。

② 半剖视图中，机件的内部形状已经在半个剖视图中表达清楚，因此在半个外形图中不必画虚线。

③ 当机件的形状接近对称，且不对称部分已另有图形表达清楚时，也可画成半剖视图，如图 7-14 所示。

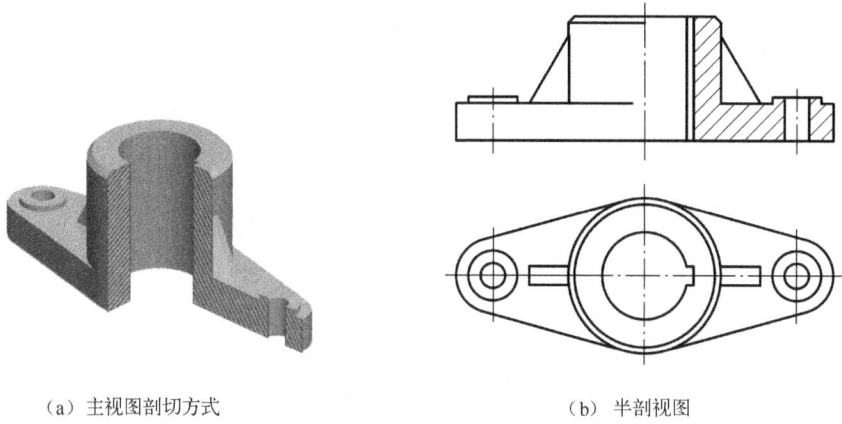

（a）主视图剖切方式　　　　　　　　　　　　（b）半剖视图

图 7-14　用半剖视图画近似对称的机件

（3）局部剖视图。当机件尚有部分的内部结构形状未表达清楚，但又没有必要作全剖视图或不适合作半剖视图时，可用剖切平面局部地剖开机件，所得的剖视图称为局部剖视图，如图 7-15 所示。局部剖切后，机件断裂处的轮廓线用波浪线表示。在一个视图中，选用局部剖的数量不宜过多，否则会显得零乱以至影响图形清晰。

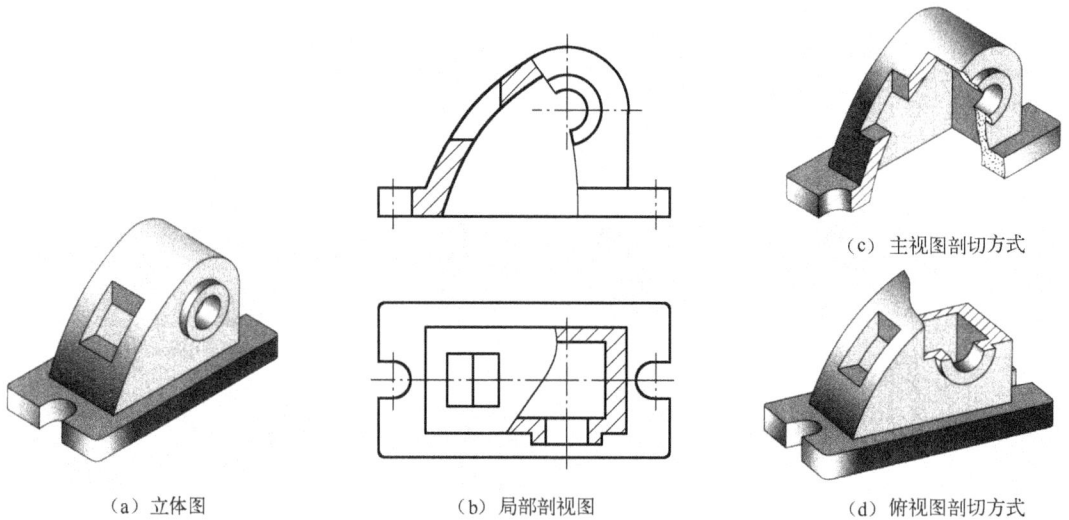

（a）立体图　　　　　　（b）局部剖视图　　　　　　（c）主视图剖切方式
　　　　　　　　　　　　　　　　　　　　　　　　　（d）俯视图剖切方式

图 7-15　局部剖视图

画局部剖视图时，应注意以下几点：

① 局部剖视图存在一个被剖部分与未剖部分的分界线，国家标准规定这个分界线用波浪线或双折线表示，如图 7-15（b）所示。

② 国标规定：单一剖切平面的剖切位置明显时，局部剖视图的标注可省略，如图 7-15、图 7-16 和图 7-17 所示。

图 7-16　局部剖视图示例（一）　　　　　图 7-17　局部剖视图示例（二）

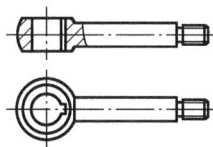

③ 波浪线（或双折线）的画法：波浪线（或双折线）不应和视图上其他图线重合，如图 7-18（a）所示。波浪线可认为是断截面的投影，因此只在机件的实体部分画出，如遇通孔和通槽时则没有波浪线，并且波浪线不能伸出视图轮廓之外，如图 7-19（b）所示的画法是不正确的。

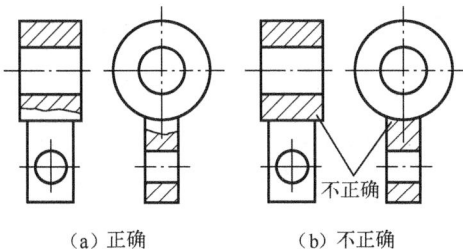

（a）正确　　　　　　　（b）不正确

图 7-18　波浪线不能和其他图线重合

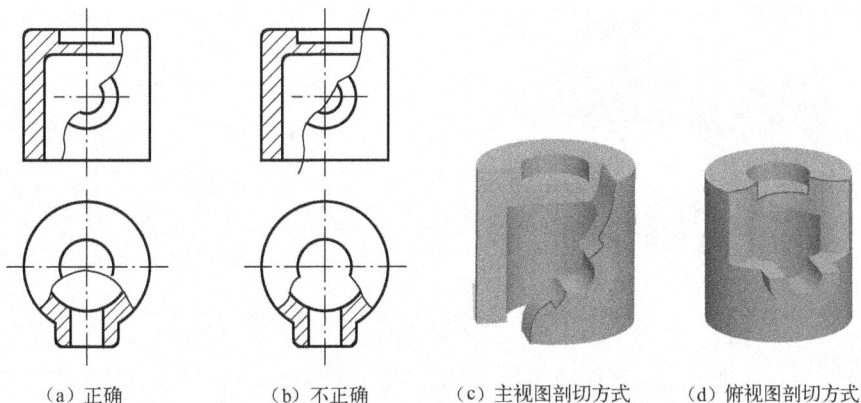

（a）正确　　　　（b）不正确　　　（c）主视图剖切方式　　（d）俯视图剖切方式

图 7-19　波浪线不能和其他图线重合

④ 当被剖的局部结构为回转体时，允许将该结构的中心线作为局部剖视图与视图的分界线，如图 7-20 所示的俯视图。

⑤ 当对称机件在对称中心线处有图线而不便于采用半剖视图时，即可使用局部视图表示，如图 7-21 所示。

2. 用几个剖切平面剖切

除用平行于投影面的单一剖切平面剖切外，还可以用几个剖切面剖切一个机件，这些剖切方法同样可得到全剖视图、半剖视图和局部剖视图。

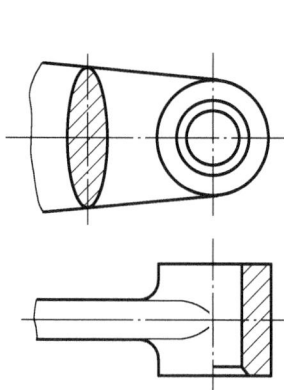

图 7-20　局部为回转体

（a）保留外楞线　　（b）显示内楞线　　（c）兼顾内外楞线

图 7-21　局部剖视图示例

（1）用几个平行的剖切平面剖切（阶梯剖）。当机件上有较多的内部结构形状，而它们的轴线又不在同一平面内，这时可用几个互相平行的剖切平面剖切，这种剖切方法称为阶梯剖。如图 7-22 所示机件采用了三个平行的剖切面剖切后所画出的"A－A"全剖视图。

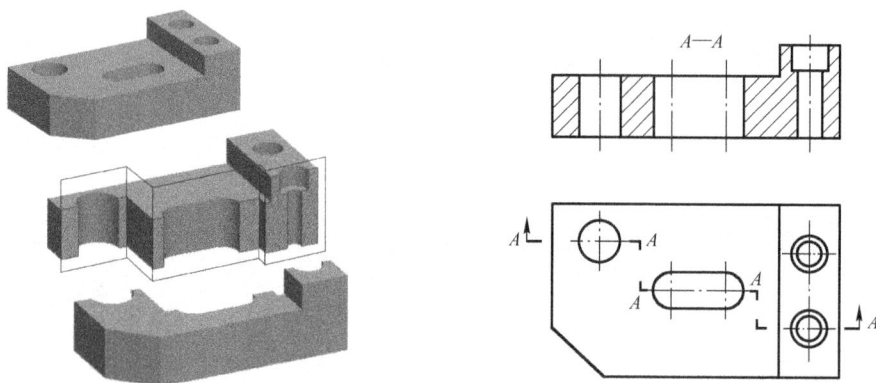

图 7-22　几个平行剖切平面的剖视图

采用几个平行的剖切平面画剖视图时，应注意以下几个问题：

① 采用几个平行的剖切平面剖开机件所绘制的剖视图，剖切面的转折处不应与图中的实线或虚线重合，且不应在剖视图中画出剖切平面转折处的交线，如图 7-23 所示。

② 要正确选择剖切平面的位置，在剖视图内不应出现不完整要素，如图 7-24 所示。

③ 当机件上的两个要素在图形上具有公共对称中心线或轴线时，可以各画一半，此时应以对称中心线或轴线为界，且允许出现不完整要素，如图 7-25 所示。

（2）用两个相交的剖切平面（交线垂直于某一基本投影面）剖切（旋转剖）。当用一个剖切平面不能完全表达机件的内部结构形状，且这个机件在整体上又具有回转轴时，可用两个相交的剖切平面剖开，这种剖切方法称为旋转剖，如图 7-26 的主视图为旋转剖切后所画的全剖视图。

采用旋转剖绘制剖视图时，先把倾斜平面剖开的结构连同其他部分旋转到与选定的基本投影面平行，然后再进行投影，使剖视图即反映实形又便于画图，如图 7-26 所示。

·114·

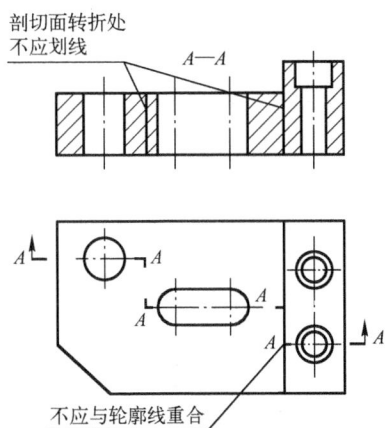

图 7-23 剖切面转折处不应划线

图 7-24 不应出现不完整要素

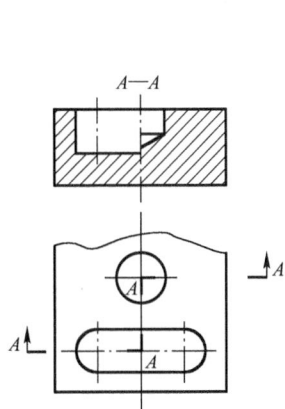

图 7-25 具有公共对称中心线

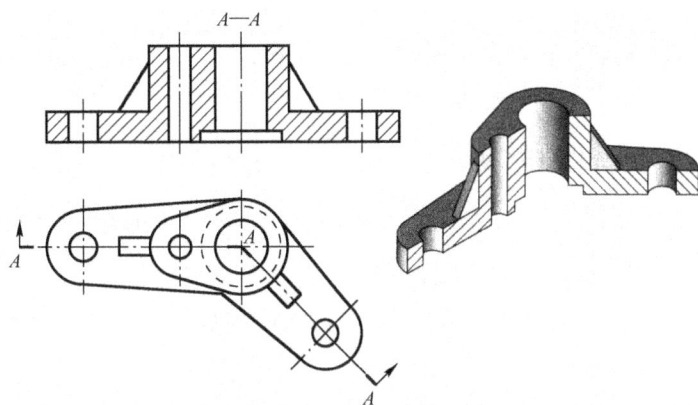

图 7-26 几个相交的剖切面剖切与投影

采用旋转剖画剖视图时，应注意以下几个问题：

① 采用这种"先剖切后旋转"的旋转剖来绘制的剖视图往往有些部分图形会伸长，如图 7-26 所示。

② "有关部分"，是指与所要表达的被剖切结构有直接联系且密切相关的部分，或不一起旋转难以表达的部分，"相关部分"也一起旋转绘制，如图 7-27 中所示的肋板。

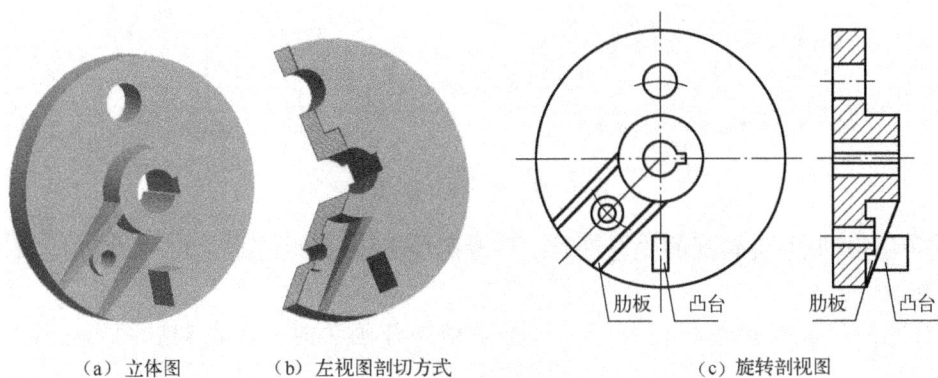

（a）立体图　　　　（b）左视图剖切方式　　　　（c）旋转剖视图

图 7-27 相关部分与其他结构的画法

③ 采用旋转剖的方法绘制剖视图时，在剖切平面后的其他结构一般仍按原来的位置投影。这里提到的"其他结构"，是指处在剖切平面后与所表达的结构关系不甚密切的结构，或一起旋转容易引起误解的结构，如图7-27（c）中所示的矩形凸台。

④ 采用旋转剖的方法绘制剖视图时，往往难以避免出现不完整要素，所以当剖切后产生不完整要素时，应将此部分按不剖绘制，如图7-28中的臂板。

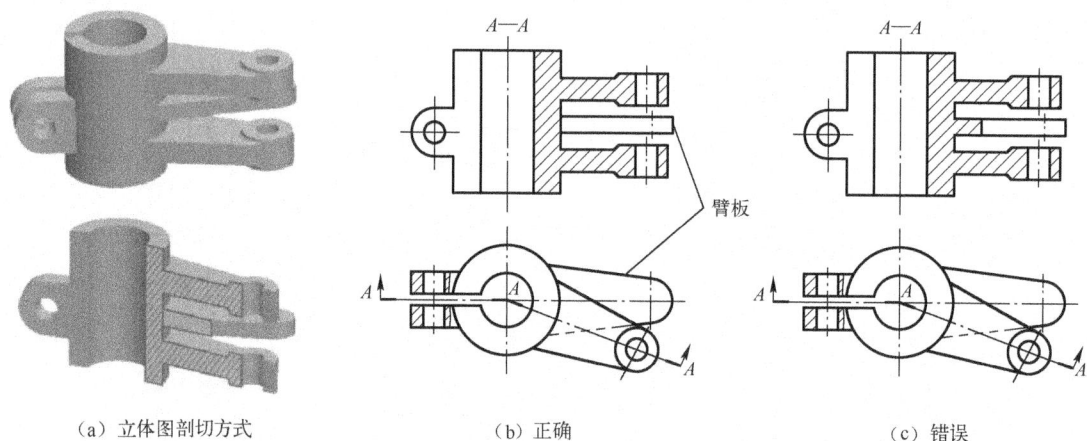

（a）立体图剖切方式　　　　　　　　（b）正确　　　　　　　　　（c）错误

图7-28　旋转剖中不完整要素的画法

（3）用组合的剖切面剖切（复合剖）。当机件的内部结构形状较多，用旋转剖或阶梯剖仍不能表达完全时，可采用组合的剖切面剖切机件，这种方法称为复合剖，如图7-29所示。

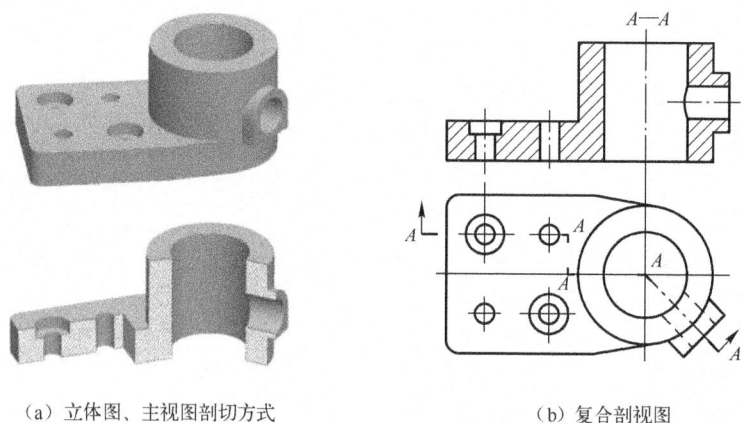

（a）立体图、主视图剖切方式　　　　　　　　　（b）复合剖视图

图7-29　复合剖切的画法

当采用连续几个旋转剖的复合剖时，一般用展开画法，如图7-30中的"$A-A$展开"的全剖视图。

复合剖的标注与上述标注相同，只是采用展开画法时，才在剖视图上方中间标注"$X-X$展开"。

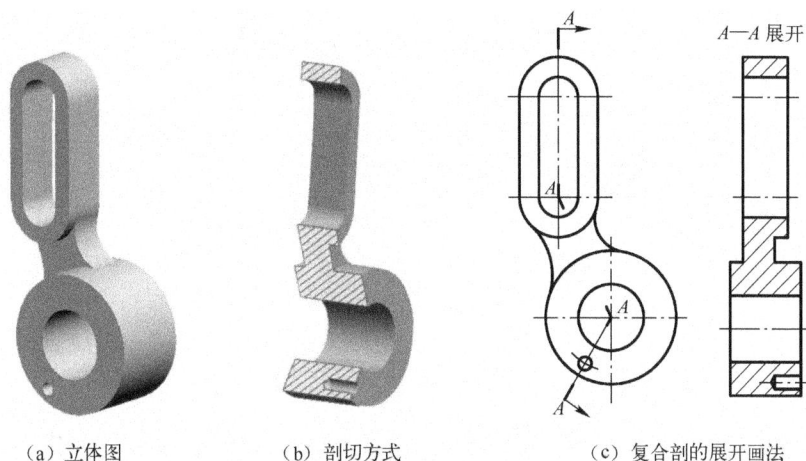

(a) 立体图　　　　　(b) 剖切方式　　　　　(c) 复合剖的展开画法

图 7-30　复合剖的展开画法

3. 用不平行于任何基本投影面的单一剖切面剖切（斜剖）

当机件上倾斜部分的内部结构形状需要表达时，与斜视图一样，可以先选择一个与该倾斜部分平行的辅助投影面，然后用一个平行于该投影面的平面剖切机件，这种剖切方法称为斜剖，如图 7-31 中 $A-A$ 视图就是采用了斜剖所得的全剖视图。

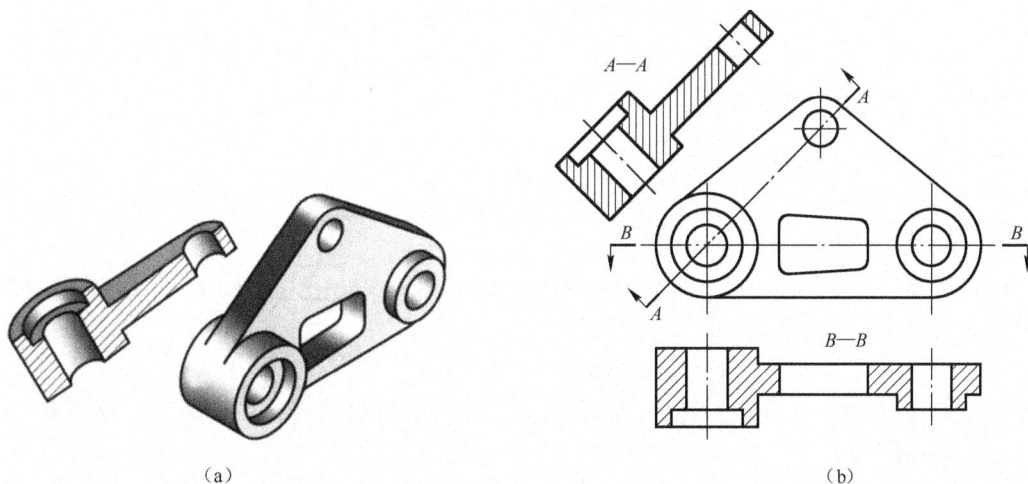

(a)　　　　　　　　　　　　　　　　(b)

图 7-31　斜剖的画法

7.3　断面图

7.3.1　基本概念

假想用剖切面将物体的某处切断，仅画出该剖切面与物体接触部分的图形，称为断面图，简称断面，如图 7-32 所示。断面图常用来表达机件上的肋、轮辐、键槽、小孔、杆料和型材的断面形状。

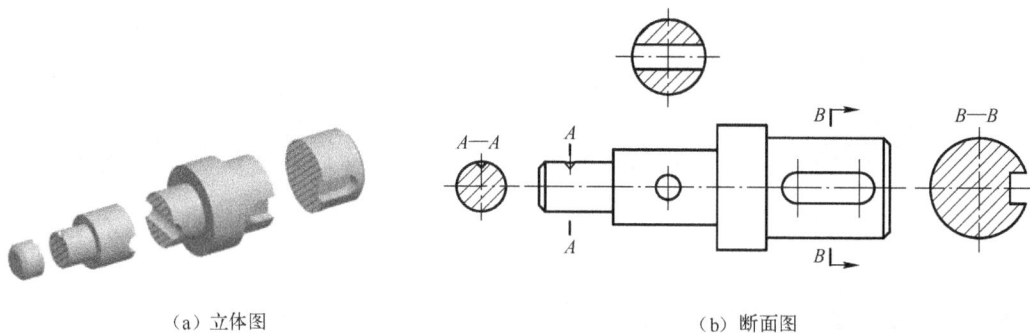

（a）立体图 　　　　　　　　　　　　　　　（b）断面图

图 7-32　断面图

断面图跟剖视图的区别是：断面图只画出机件被剖切的断面形状，而剖视图除了画出机件被剖切的断面形状以外，还要画出机件被剖切后留下部分的投影，如图 7-33 所示。

（a）断面图　　　　　　　（b）剖视图

图 7-33　断面图和剖视图的区别

7.3.2　断面图的种类

断面图可分为移出断面和重合断面两种。

1. 移出断面

配置在视图之外的断面图，称为移出断面图，如图 7-32、图 7-33 所示。移出断面图中轮廓线为粗实线。

（1）图画法移出断面时应注意的问题。

① 当剖切平面通过机件上的孔、凹坑等回转体的轴线剖切时，所得断面图应画成剖视图，如图 7-34 所示。

② 剖切平面通过的孔虽不是回转体，但为了不使断面图形分离成几个图形，该断面图应画成剖视图，如图 7-35 所示。

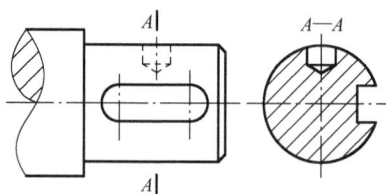

图 7-34　断面图画法

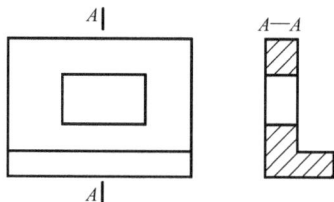

图 7-35　断面图画法

（2）移出断面的配置原则。

① 移出断面图可配置在剖切符号的延长线上，如图7-36（a）、（b）所示。

② 必要时可将移出断面图配置在其他适当位置，如图7-36（c）～（e）所示。在不致引起误解时，允许将图形旋转，其标注形式如图7-36（g）所示。

③ 剖面图形对称时，移出断面图可配置在视图的中断处，如图7-36（f）所示。

④ 当剖切面通过回转面形成的孔或凹坑的轴线时，这些结构应按剖视图绘制，如图7-36（a）、（e）所示。

⑤ 当剖切面通过非圆孔，会导致出现完全分离的两个剖面时，则这些结构应按剖视图绘制，如图7-36（g）所示。

⑥ 由两个或多个相交平面剖切得出的移出断面，中间一段应断开，如图7-36（h）所示。

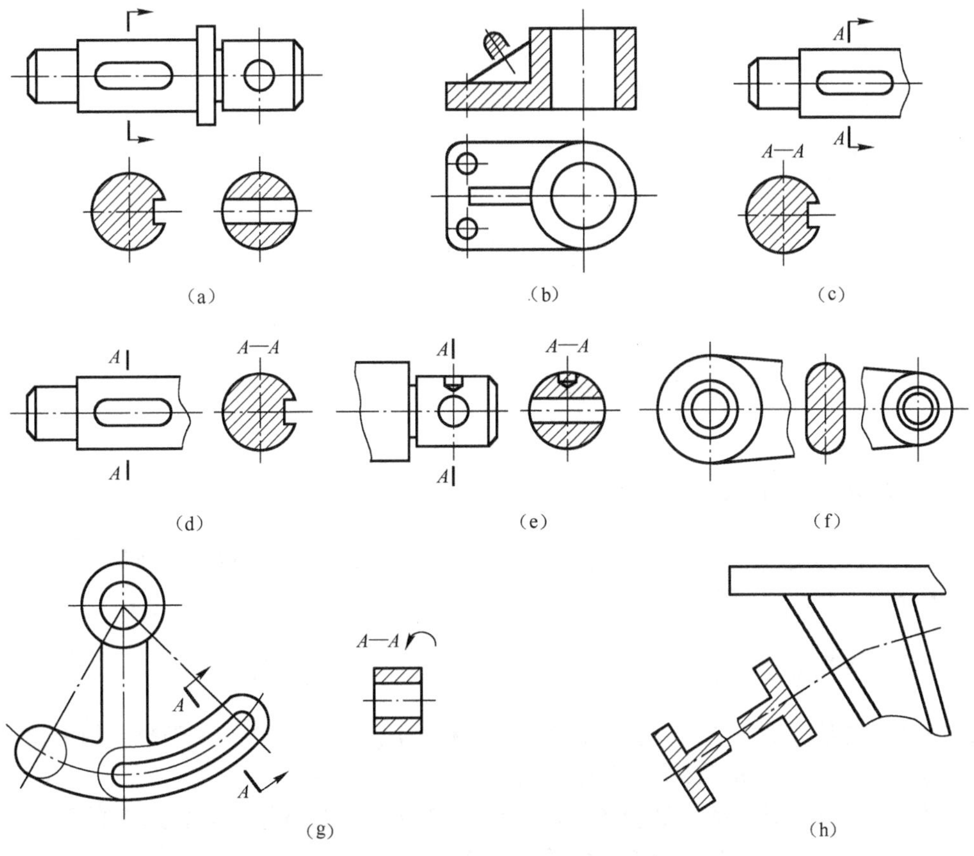

图 7-36　移出断面图的配置与标注

（3）移出断面的标注。

① 移出断面一般用剖切符号表示剖切位置，用箭头表示投射方向，并注上字母。在断面图的上方用同样的字母标出相应的名称"X—X"。经过旋转后的断面图应加注"⌢"或"⌢"符号。

② 配置在剖切符号延长线上的不对称移出断面不必标注字母，如图7-36（a）所示。

③ 配置在剖切符号延长线上的对称移出断面省略标注，如图7-36（a）所示。

④ 按投影关系配置的移出断面，一般不必标注箭头，如图7-36（d）、（e）所示。

2. 重合断面

在不影响图形清晰的前提下，断面图也可按投影关系画在视图内，这种断面图称为重合断面。重合断面可理解为将断面形状绕剖切平面的迹线旋转90°后，再放在视图之内。

（1）重合断面的绘制与配置。重合断面的轮廓线用细实线绘制。当视图中的轮廓线与重合断面的图形重叠时，视图中的轮廓线仍应连续画出，不可间断，如图7-37所示。

（2）重合断面的标注。

① 配置在剖切符号上的不对称重合断面，不必标注字母，但仍要在剖切符号处画上箭头，如图7-37（a）所示。

② 重合断面图形对称时，剖切符号、箭头和字母均可省略，如图7-38所示。

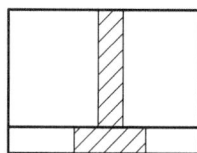

（a）正确　　　　　　　　（b）错误

图7-37　重合断面图的画法

图7-38　重合断面图的画法

7.4　其他表达方法

为了把机件的结构形状表达得更清楚、更简练，除了视图、剖视图和断面图等表达方法之外，再介绍一些常见的表达方法。

7.4.1　局部放大图

当机件上的某一细小结构表达不清楚或难于标注尺寸时，可以将该部分结构用大于原图所采用的比例画出，此图形称为局部放大图。

局部放大图可画成视图、剖视图、断面图，它与被放大部分的原表达方式无关，如图7-39所示。局部放大图应放置在被放大部分的附近。

绘制局部放大图时，应用细实线圈出被放大部位，当同一机件上有几个被放大部分时，必须用罗马数字依次标出被放大的部位，并在局部放大图的上方标注出相应的罗马数字和所采用的比例，用细横线上、下分开标出，如图7-39所示。而机件上只有一处放大时，局部放大图只须注明所作的比例。

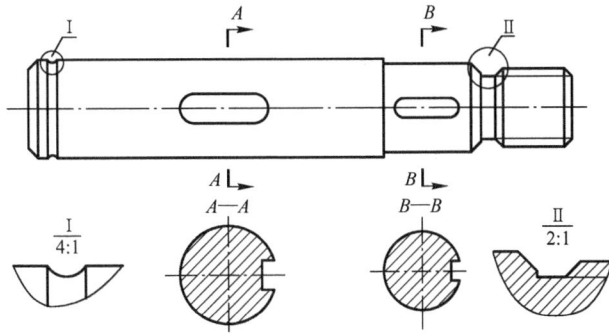

图 7-39　局部放大图

7.4.2　简化画法

为了使制图简便，下面介绍国标所规定的一部分简化画法。

1. 剖视图、断面图中的简化画法

（1）对于机件的肋、轮辐及薄壁等，如按纵向剖切，这些结构都不画剖面符号，而用粗实线将它与其邻接部分分开，如图 7-40 所示。

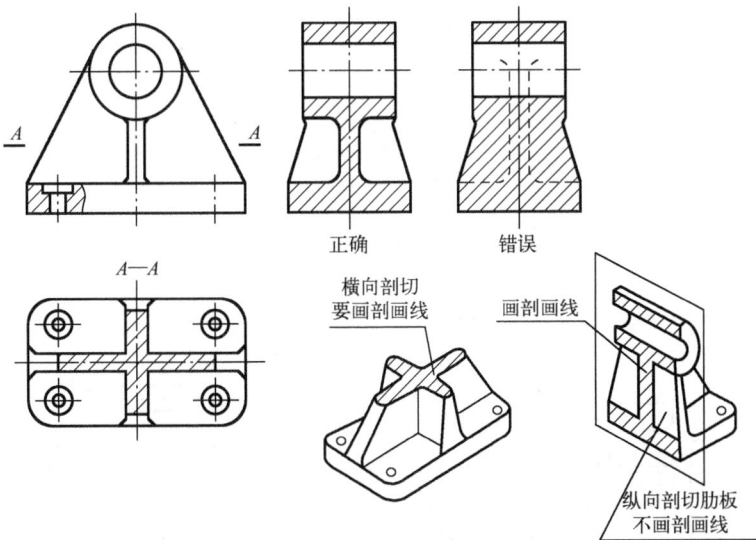

图 7-40　简化画法示例（一）

　（2）当机件回转体上均匀分布的肋、轮辐、孔等结构不处于剖切平面上时，可将这些结构旋转到剖切平面上画出，并且不必标注，如图 7-41 所示。

　（3）在不引起误解的情况下，机件图中的移出断面允许省略剖面符号，但剖切位置和断面图的标注必须按照原来的规定，如图 7-42 所示。

　（4）当机件上较小的结构及斜度等已在一个图形中表达清楚时，在其他图形中应当简化或省略，如图 7-43 所示。

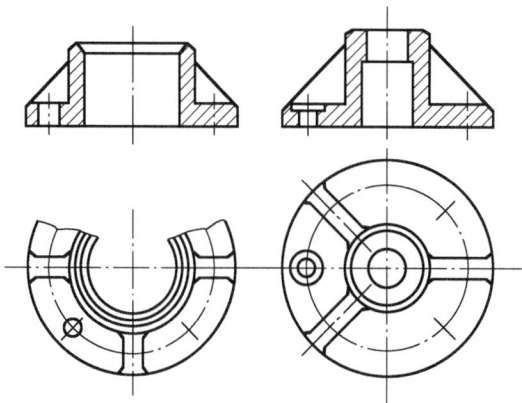

图 7-41　简化画法示例（二）

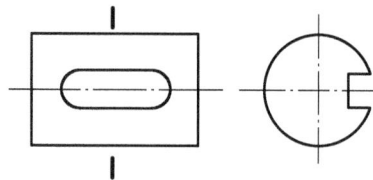

图 7-42　简化画法示例（三）

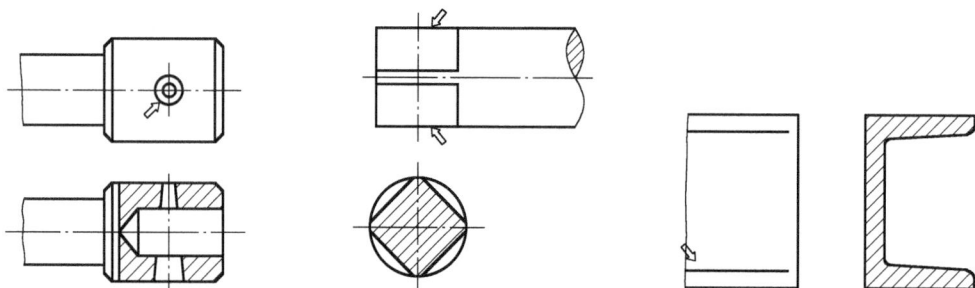

（a）俯视图中已表达清楚的两圆锥孔，在主视图中简化成两个圆

（b）断面图中已表达清楚的上、下两倒角，在主视图中省略，只画一条线

（c）断面图中已表达清楚的拔模斜度，在主视图中省略，只画一条线

图 7-43　简化画法示例（四）

机件上对称结构的局部剖视图，可按图 7-44 简化方法绘制。

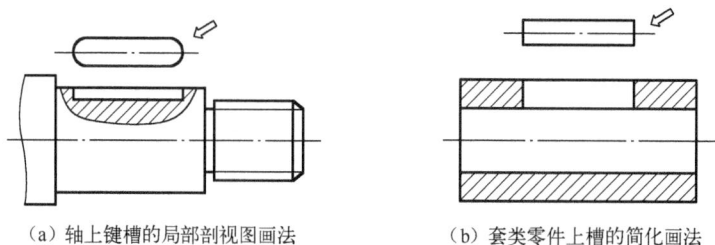

（a）轴上键槽的局部剖视图画法

（b）套类零件上槽的简化画法

图 7-44　简化画法示例（五）

（5）圆柱形法兰和类似零件上均匀分布的孔，可按图 7-45 所示方法绘制。

（6）在不引起误解时，过渡线、相贯线，允许简化，如用圆或直线代替非圆曲线。

（7）当图形不能充分表达平面时，可用两条相交的细实线所画的平面符号表示，如图 7-46 所示。

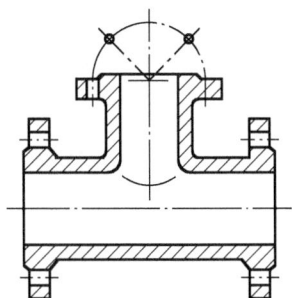

图 7-45　简化画法示例（六）

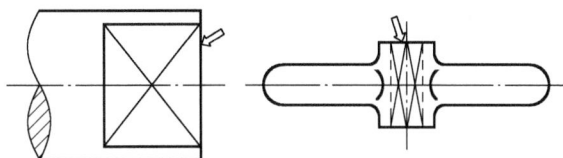

图 7-46　简化画法示例（七）

2. 对相同结构和小结构的简化

（1）当机件具有若干相同结构（如齿槽）并按一定规律分布时，只需画出几个完整的结构，其余用细实线连接，但必须在图中注出该结构的总数，如图 7-47 所示。

（2）直径相同且成规律分布的孔（螺孔、沉孔等），可仅画出一个或几个，其余的只需用细点划线表示其中心位置，且应注明孔的总数，如图 7-47 所示。

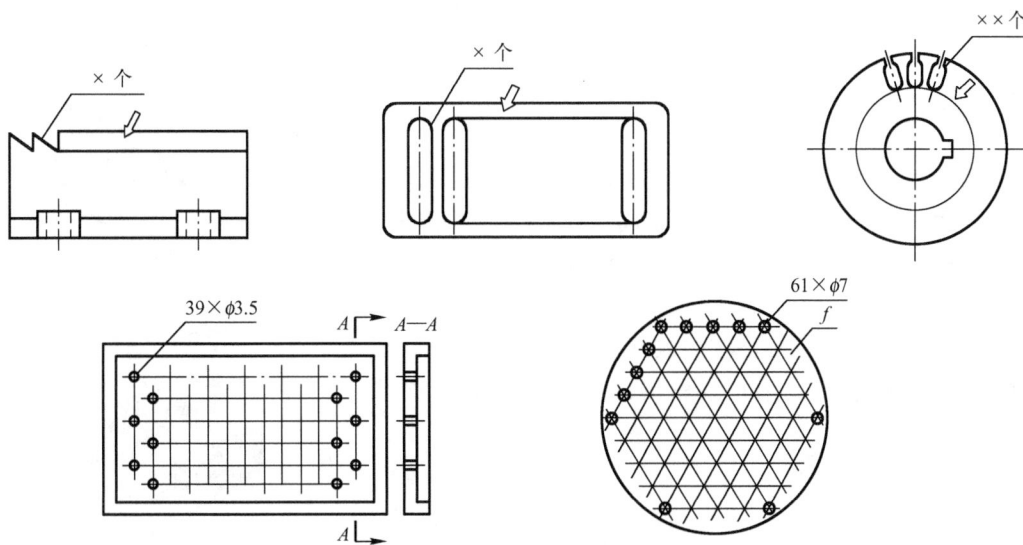

图 7-47　简化画法示例（八）

3. 滚花和网状物的画法

机件上的滚花部分、网状物或编织物，一般在轮廓线附近用细实线局部画出的方法表示，并在零件图上或技术要求中注明这些结构的具体要求，如图 7-48 所示。

4. 其他结构的简化画法

（1）在不致引起误解时，对于对称机件的视图，可只画一半或四分之一，并在对称中心线的两端画出对称符号，即与对称中心线垂直的两条短的平行细实线，如图 7-49 所示。

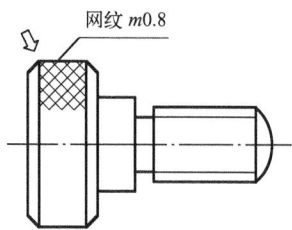

图 7-48　简化画法示例（九）　　　　图 7-49　简化画法示例（十）

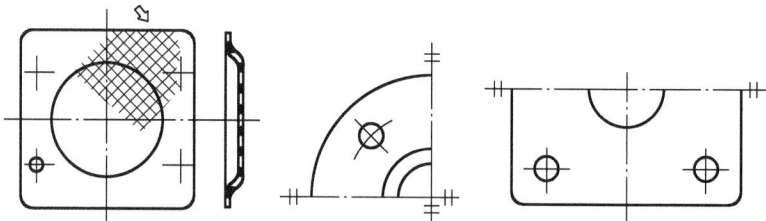

（2）在较长的机件（轴、杆、型材、连杆等）沿长度方向的形状一致或按一定规律变化时，可断开后缩短绘制，但要标注实际的长度尺寸，如图 7-50 所示。

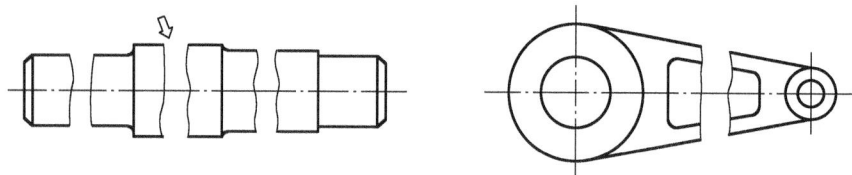

图 7-50　简化画法示例（十一）

7.5　表达方法综合应用

　　一个机件一般可先制定出几个表达方案，通过认真分析、比较后再确定一个最佳方案。确定表达方案的原则是：在正确、完整、清晰地表达机件各部分结构形状的前提下，力求视图数量恰当、绘图简单、看图方便；选择的每个视图有一定的表达重点，又要注意彼此间的联系和分工。现对如图 7-51 所示的支架，采用的两种表达方案作简要叙述。

1. 形体分析

　　通过形体分析，了解机件的组成及结构特点。支架是由两个圆筒、十字肋板、长圆形凸台组成，凸台与上边圆筒叠加后，又开了两个小孔，下面圆筒前边有两个沉孔。

2. 选择主视图

　　支架上两个圆筒的轴线交叉垂直，且上边圆筒上的凸台不平行于任何基本投影面，因此为反映机件的形状特征，将支架下边圆筒的轴线水平放置，并以图 7-51 中所示的 S 作为主视图的投影方向。图 7-52（a）方案，其中主视图是采用单一剖切面的局部剖视图，既表达了肋板、上下圆筒、凸台和下边圆筒前面两个沉孔的外部结构形状以及位置关系，又表达了下边圆筒内阶梯孔的形状。图 7-52（b）方案其中主视图是外形图。

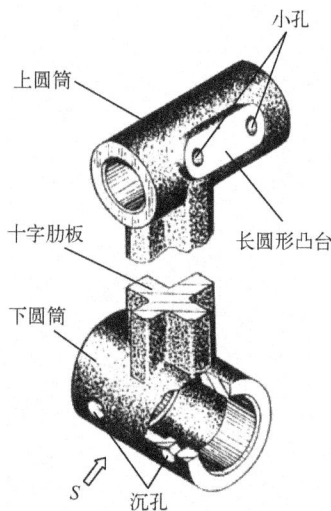

图 7-51　支架

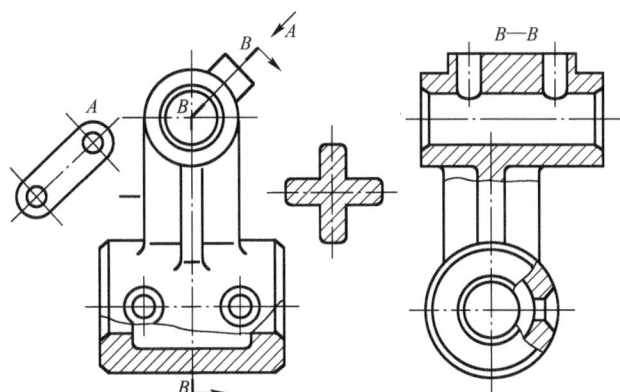

（a）方案一

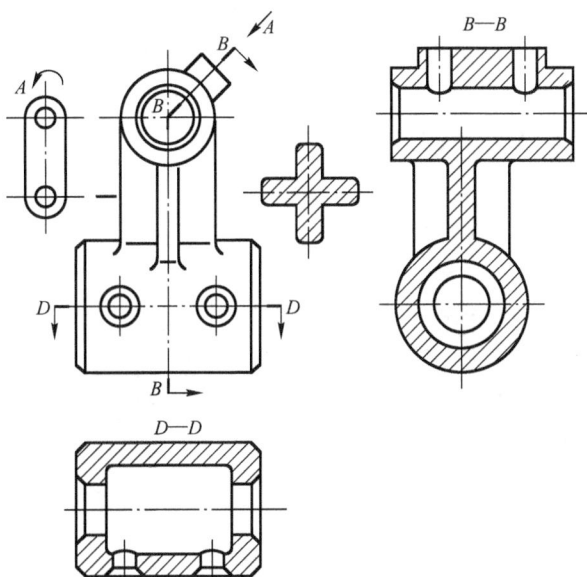

（b）方案二

图 7-52　表达方案分析

3. 选择其他视图

　　由于上边圆筒上的凸台倾斜，俯视图和左视图不能反映凸台的实形，而且内部结构也需要表达，根据机件的结构特点，方案一（见图 7-52（a））左视图上部采用几个相交的剖切面剖切获得的局部剖视图，下边圆筒上的沉孔采用单一剖切面的局部剖。这样既表达了上、下两圆筒与十字肋板的前、后关系，又表达了上圆筒上的孔、凸台上的两个小孔和下圆筒前边的两个沉孔的形状。为表达凸台的实形，采用了 A 向斜视图。为表达十字肋板的断面形状，采用了移出断面。

　　方案二（见图 7-52（b））左视图是采用几个相交的剖切面剖切获得的全剖视图，在此视图上肋板与下圆筒剖开无意义。由于下圆筒上的阶梯孔及圆筒前边的两个沉孔没有表达清楚，又增加了 D—D 全剖视图。两种方案比较而言，方案一（图（a））更佳。

第8章 轴 测 图

形体的正投影图能够完整、准确地表示形体的形状和大小，作图也比较简便，如图 8-1（a）所示。但这种图样的缺点是：缺乏立体感，人们不能仅凭某一面投影图就判别出物体的长、宽、高三个方向的尺度和形状，必须对照几面投影图并运用正投影原理进行阅读，才能想象出物体的形状，且要具有一定看图能力的人才能看懂。因此工程上常采用一种富有立体感的轴测投影图（简称轴测图）来表达形体，弥补正投影图的不足。

将物体和确定物体空间位置的直角坐标系，按平行投影法一起投影到某一投影面上，使物体的长、宽、高三个不同方向的形状都表示出来，所得的具有立体感的图形叫轴测图，如图 8-1（b）所示。轴测投影图的缺点是：度量性不够理想，有遮挡，作图也较麻烦，故工程制图中常将轴测投影图作为辅助图样，如机器安装、使用、维护方法等常用轴测图来说明。

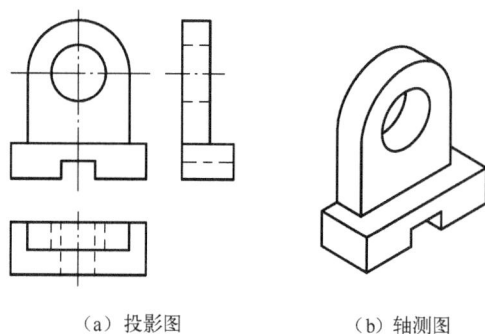

（a）投影图　　　　　　　（b）轴测图

图 8-1　多面投影图与轴测图

8.1　轴测图的基本知识

1. 轴测投影的形成

根据平行投影的原理，把形体连同确定其空间位置的三条坐标轴 OX、OY、OZ 一起，沿着不平行于这三条坐标轴和由这三条坐标轴组成的坐标面的方向 S，投影到新投影面 P 上，所得到的投影称为轴测投影，如图 8-2 所示。

2. 轴测投影的有关术语

在轴测投影中，投影面 P 称为轴测投影面；三条坐标轴 OX、OY、OZ 的轴测投影 O_1X_1、O_1Y_1、O_1Z_1 称为轴测轴。画图时，规定把 O_1Z_1 轴画成竖直方向，

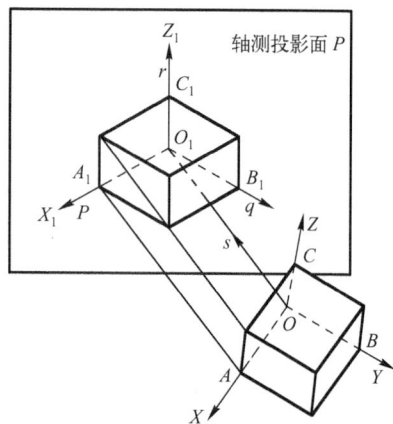

图 8-2　轴测投影的形成

如图8-2所示；轴测轴之间的夹角，即$\angle X_1O_1Z_1$、$\angle X_1O_1Y_1$、$\angle Y_1O_1Z_1$称为轴间角；轴测轴上单位长度与相应空间直角坐标轴上的单位长度之比称为轴向变形系数，X、Y、Z轴的轴向变形系数分别用p、q、r表示。在图8-2中：

$$p = O_1A_1/OA, \qquad q = O_1B_1/OB, \qquad r = O_1C_1/OC$$

3. 轴测投影的特点

由于轴测投影是根据平行投影的原理作出的，所以必然具有平行投影的以下特点：

（1）直线的轴测投影一般为直线，特殊时为点。

（2）空间互相平行的直线，它们的轴测投影仍然互相平行。所以，形体上平行于三个坐标轴的线段，在轴测投影上，都分别平行于相应的轴测轴。

（3）空间互相平行两线段的长度之比，等于其轴测投影的长度之比。所以，形体上平行于坐标轴的线段的轴测投影与线段实长之比，等于相应的轴向变形系数。

（4）曲线的轴测投影一般是曲线；曲线切线的投影仍是该曲线的轴测投影的切线。

在画轴测投影之前，必须先确定轴间角以及轴向变形系数，才能确定和量出形体上平行于三条坐标轴的线段在轴测投影上的方向和长度。所以，画轴测投影时，只能沿着平行于轴测轴的方向和按轴向变形系数的大小来确定形体的长、宽、高三个方向的线段；而形体上不平行于坐标轴的线段的轴测投影长度有变化，不能直接量取，只能先定出该线段两端点的轴测投影位置后再连线得到该线段的轴测投影。

4. 轴测图的分类

轴测图按照投影方向与轴测投影面的相对位置可分为以下两类：

（1）正轴测图。正轴测图的投影方向垂直于轴测投影面（画面），物体与投影面（画面）倾斜，如图8-3（a）所示。根据轴向变形系数的不同，具体又分为正等测（$p = q = r$），正二测（$p = q \neq r$ 或 $p = r \neq q$ 或 $p \neq q = r$）和正三测（$p \neq q \neq r$）。

（2）斜轴测图。斜轴测图的投影方向倾斜于轴测投影面（画面），物体相对轴测投影面（画面）摆正，如图8-3（b）所示。根据轴向变形系数的不同，具体又分为斜等测（$p = q =$

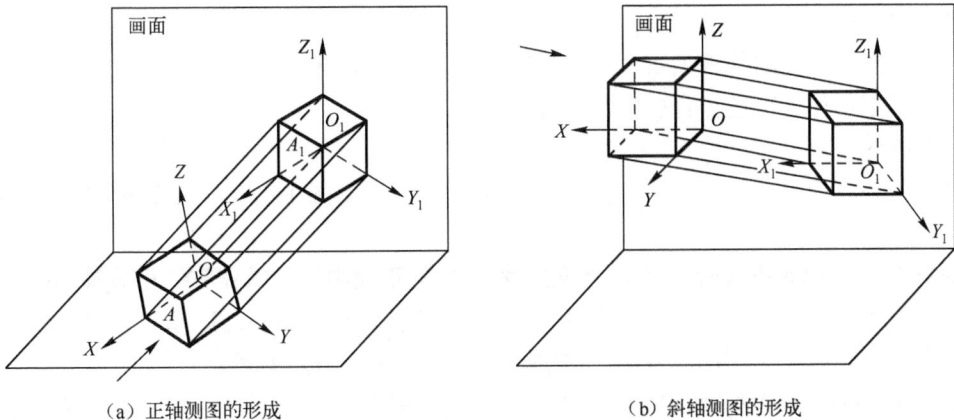

（a）正轴测图的形成 　　　　　　　　（b）斜轴测图的形成

图8-3　轴测投影的分类

r），斜二测（$p = q \neq r$ 或 $p = r \neq q$ 或 $p \neq q = r$）和斜三测（$p \neq q \neq r$）。

上述类型中，由于三测投影作图比较烦琐，所以很少采用，只有在等测和二测投影无法更好表达形体时才选用。工程上用得较多的是正等轴测图和斜二轴测图，故本章只介绍这两种轴测图的画法。

8.2 正等轴测图

1. 轴间角和轴向变形系数

前面已经知道，根据 $p = q = r$ 所作出的正轴测投影，称为正等轴测投影。正等轴测图的轴间角 $\angle X_1 O_1 Z_1 = \angle X_1 O_1 Y_1 = \angle Y_1 O_1 Z_1 = 120°$，轴向变形系数 $p = q = r = 0.82$，习惯上简化为1，即 $p = q = r = 1$，在作图时可以直接按形体的实际尺寸截取，但画出来的图形比实际的轴测投影放大了1.22倍，如图8-4所示。

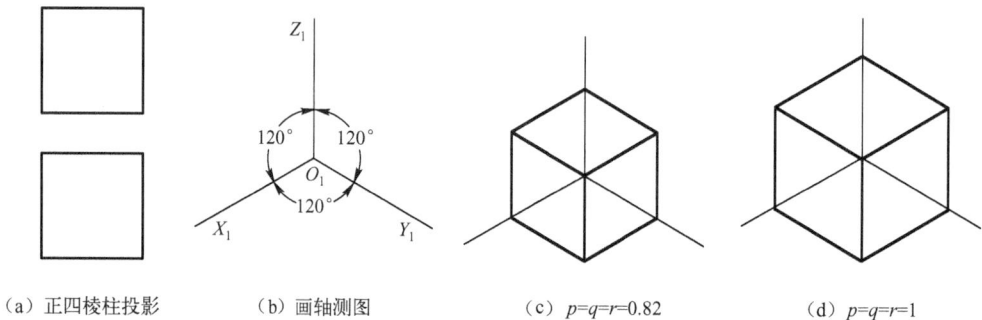

（a）正四棱柱投影　　（b）画轴测图　　　　（c）$p=q=r=0.82$　　　　（d）$p=q=r=1$

图 8-4　正等轴测图的轴间角和轴向变形系数

2. 平面立体的正等轴测图画法

绘制轴测图最基本的方法是坐标法。根据物体的具体情况，还可采用切割法和组合法。

根据形体的正投影图画其轴测图时，一般采用下面的基本作图步骤：

（1）阅读正投影图，进行形体分析并确定形体上的直角坐标轴的位置。坐标原点一般设在形体的角点或对称中心上。

（2）选择正轴测图的种类与合适的投影方向，确定轴测轴及轴向变形系数。

（3）根据形体特征选择合适的作图方法。

（4）画底稿。

（5）检查底稿后，加深图线。为保持图形清晰，轴测图中的不可见轮廓线（虚线）均不画。

例 8-1　如图8-5（a）所示，已知正六棱柱的正投影图，求作它的正等轴测图。

解：① 在两视图上确定直角坐标系，坐标原点取顶面的中心，1、2、3、4、5、6 为顶面6个顶点，m 为65的中点，n 为23的中点，如图8-5（a）所示。

② 画轴测图，在 $O_1 X_1$ 轴上得点 1_1 和 4_1，在 $O_1 Y_1$ 轴上得点 m_1 和 n_1，如图8-5（b）所示。

③ 过点 m_1 和 n_1 作 $O_1 X_1$ 的平行线，得点 2_1、3_1、5_1 和 6_1，作出顶面的轴测投影，如

图 8-5（c）所示。

④ 根据 H 作出底面各点的轴测投影，如图 8-5（d）所示。

⑤ 连接对应点，擦去作图辅助线，完成正六棱柱的正等轴测图，如图 8-5（e）所示。

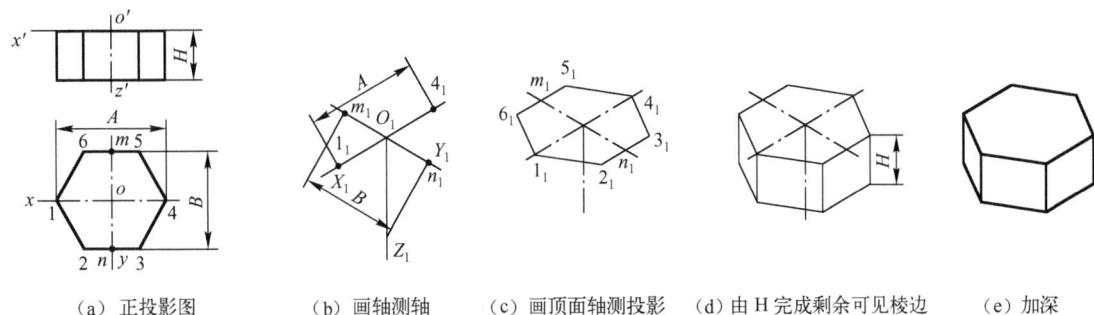

(a) 正投影图　　(b) 画轴测轴　　(c) 画顶面轴测投影　(d) 由 H 完成剩余可见棱边　(e) 加深

图 8-5　作六棱柱的正等轴测图

例 8-2　如图 8-6（a）所示，已知垫块的三视图，求作垫块的正等轴测图。

解：根据形体的特点，采用切割法作图比较方便。先画长方体，然后根据形体的切割情况逐步画出各组成部分，即可得到垫块的正等轴侧图。

作图过程见图 8-6（b）、（c）、（d）、（e）所示。

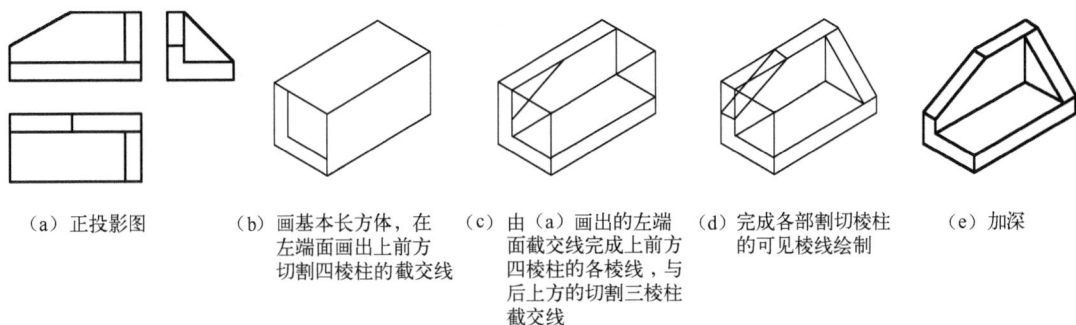

(a) 正投影图　(b) 画基本长方体，在　(c) 由（a）画出的左端　(d) 完成各部割切棱柱　(e) 加深
　　　　　　　左端面画出上前方　　　面截交线完成上前方　　的可见棱线绘制
　　　　　　　切割四棱柱的截交线　　四棱柱的各棱线，与
　　　　　　　　　　　　　　　　　后上方的切割三棱柱
　　　　　　　　　　　　　　　　　截交线

图 8-6　作垫块的正等轴侧图

3. 回转体的正等轴测图

（1）平行于坐标面的圆的正轴测投影。作回转体的正等轴测图，关键在于画出立体表面上圆的轴测投影。圆的正等轴测投影为椭圆，该椭圆常采用菱形法近似画法：即用四段圆弧近似代替椭圆，不论圆平行于哪个投影面，其轴测投影的画法均相同，图 8-7 表示直径为 d 的水平圆的正等轴测投影的画法。作图步骤如下：

① 在水平投影上作圆的外切正方形，切点为 a、b、c、d，如图 8-7（a）所示。

② 作轴测轴和切点 a_1、b_1、c_1、d_1，并过切点作正方形的轴测投影，即得菱形，如图 8-7（b）所示。

③ 作菱形的对角线，同时过切点 a_1、b_1、c_1、d_1 作各边的垂直线，得圆心 O_1、O_2、O_3、O_4，如图 8-7（c）所示。

④ 以 O_1、O_2 为圆心，$O_2 b_1$ 为半径作圆弧 $a_1 d_1$ 和 $b_1 c_1$；以 O_3、O_4 为圆心，$O_3 b_1$ 为半径作圆弧 $a_1 b V_1$ 和 $c_1 d_1$，连成近似椭圆，如图 8-7（d）所示。

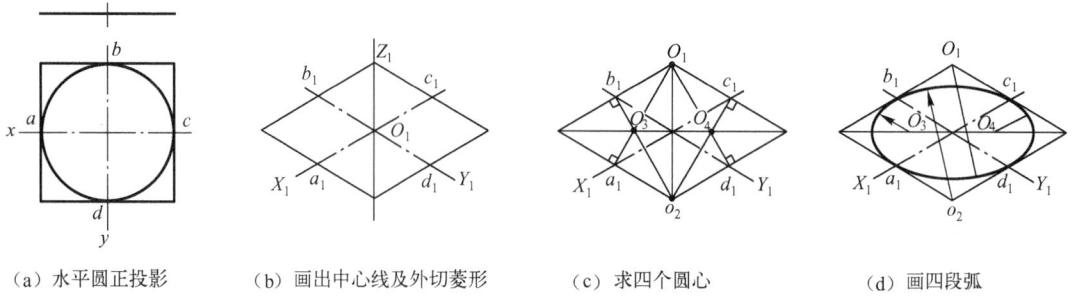

（a）水平圆正投影　　（b）画出中心线及外切菱形　　（c）求四个圆心　　（d）画四段弧

图 8-7　水平圆的正等测图近似画法

水平圆的正等轴测投影的规律：由以上作图可知水平圆的正等轴测投影所得椭圆的短轴与 $O_1 Z_1$ 轴重合，长轴垂直于短轴。

图 8-7 介绍了水平圆的正等测图的近似画法，可用同样的方法作出正平圆和侧平圆的正等测图，如图 8-8 所示。

（a）正平圆　　　　　　　　　　（b）侧平圆

图 8-8　正平圆和侧平圆的正等测图

平行于坐标面的正等轴测投影规律：投影所得椭圆的短轴与所平行的坐标面不包括的那条轴测轴重合，长轴垂直于短轴。

圆的轴测投影还可用八点法绘出，这种方法适用于任一类型的轴测投影作图。下面介绍其作图原理：图 8-9（a）所示的圆，作出该圆的外切正方形 $lmnp$ 的轴测投影 $l_1 m_1 n_1 p_1$；圆 O 的一对相互垂直的直径 ab 和 cd，在轴测投影中不再相互垂直，如图 8-9（b）所示，这一

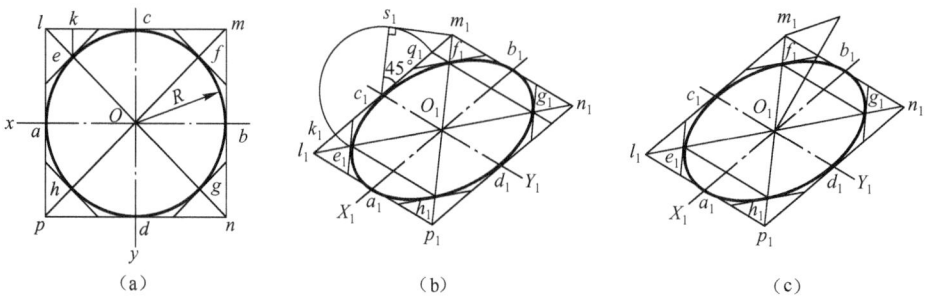

（a）　　　　　　　　（b）　　　　　　　　（c）

图 8-9　用八点法画水平圆的正轴测图

对直径称为椭圆的共轭直径。e、f、g、h 是位于外切正方形 $lmnp$ 对角线上的点，只要在平行四边形 $l_1m_1n_1p_1$ 对角线上确定 e_1、f_1、g_1、h_1，则可通过连接 a_1、b_1、c_1、d_1、e_1、f_1、g_1、h_1 八个点，准确地画出椭圆。

图 8-9（a）中，$\triangle Ocl$ 是一等腰直角三角形，$Oe = Oc = cl$，而 $Ol = \sqrt{2}R$，作 $ek // cd$，则 $ck : cl = Oe : Ol = 1 : \sqrt{2}$。根据平行投影的定比性，轴测投影中的 $c_1k_1 : c_1l_1 = O_1e_1 : O_1l_1 = 1 : \sqrt{2}$，所以只要按比例求出点 e_1、f_1、g_1、h_1 即可。图 6-10（b）、（c）所示是求 e_1、f_1、g_1、h_1 四点的一般作图方法。

2. 曲面立体的正轴测图画法

例 8-3　如图 8-10（a）所示，已知圆柱的正投影图，求作其正等轴测图。

解： ① 选坐标系，坐标原点选定为顶圆的圆心，如图 8-10（a）所示。

② 用菱形法画出顶圆的轴测投影——椭圆，将该椭圆沿 Z 轴向下平移 H，即得底圆的轴测投影，如图 8-10（b）、（c）所示。

③ 作两椭圆的公切线，擦去不可见线，加深图线即完成作图。如图 8-10（d）所示。

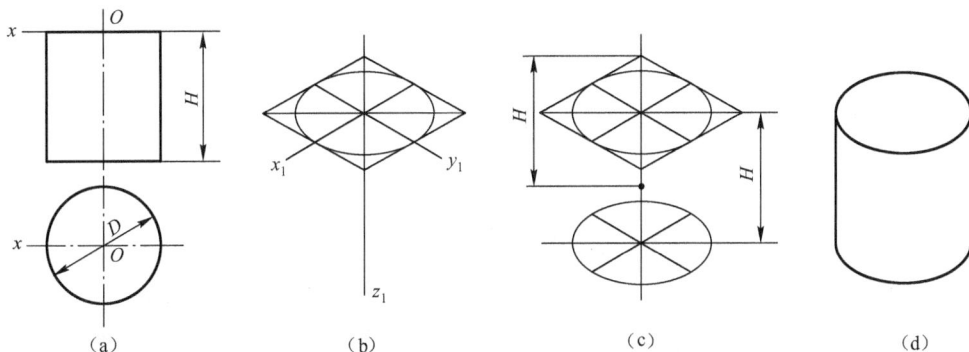

图 8-10　圆柱的正等轴测图画法

例 8-4　如图 8-11（a）所示，已知带斜截面圆柱的正投影图，求作它的正等测图。

解： 分析：该圆柱带斜截面，作图时应先画出未截之前的圆柱，然后再画斜截面。由于斜截面的轮廓线是非圆曲线，所以应用坐标法求出截面轮廓上一系列的点，用圆滑曲线依次连接各点即可。作图步骤如图 8-11 所示，具体如下：

① 利用四心法画出圆柱左端面的正等测图，如图 8-11（b）所示。

② 沿 O_1X_1 方向向右后量 x，画右端面，作平行于 O_1X_1 轴的直线与两端面相切，得圆柱的正等测图，如图 8-11（c）所示。

③ 用坐标法作出斜截面轮廓上的 1、2、3、4、5 点，如图 8-11（d）所示。在左端面上沿 O_1Z_1 轴自 O_1 向下量取 z_1，作平行于 O_1Y_1 轴的直线交椭圆于 1_1、2_1。分别过左端面的中心线与椭圆的交点作平行于 O_1X_1 轴的直线，并在直线上截取 x_1 和 x_2，得 3_1、4_1、5_1。

④ 用坐标法作出斜截面轮廓上的 6、7 点，如图 8-11（e）所示。在左端面上沿 O_1Z_1 轴自 O_1 向上量取 z_2，作平行于 O_1Y_1 轴的直线与椭圆相交，过交点分别作平行于 O_1X_1 轴的直线，并在直线上截取 x_1，得 6_1、7_1。

⑤ 用直线连接 1_1、2_1，用圆滑曲线依次连接 2_1、3_1、6_1、5_1、7_1、4_1、1_1，即为所求，

如图 8-11 （f） 所示。

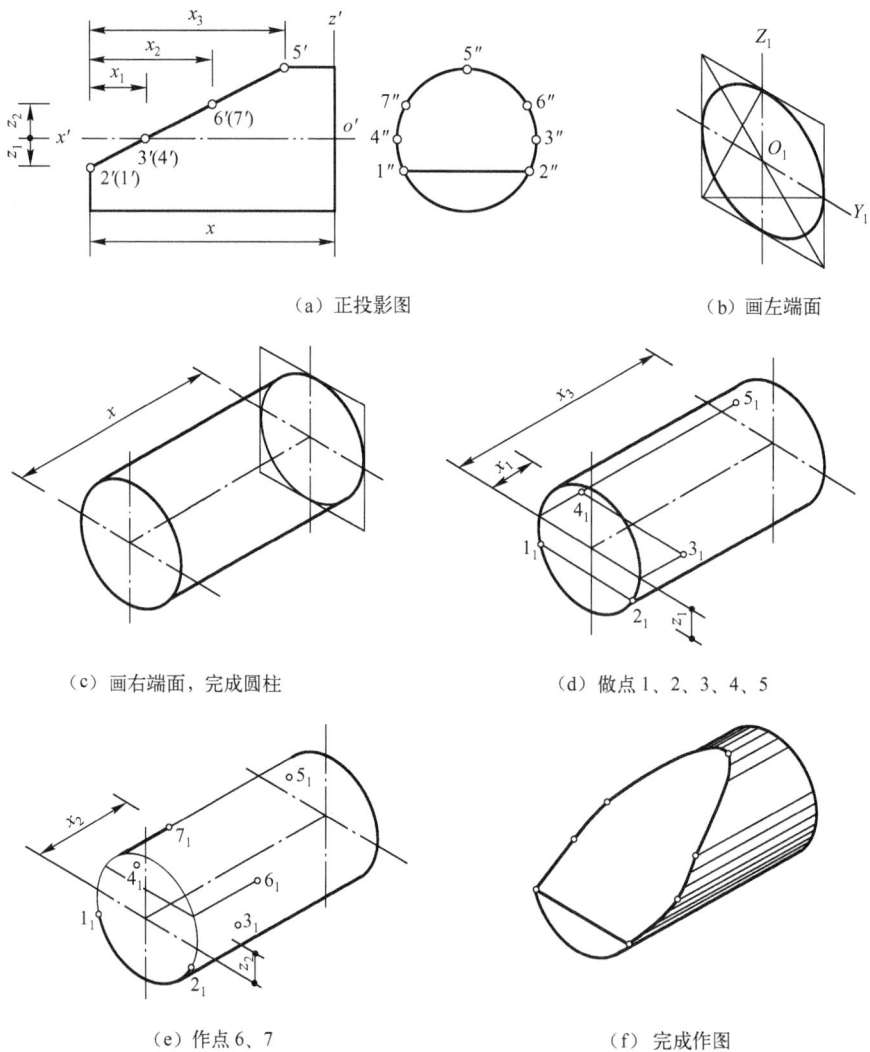

（a）正投影图　　　　　　　　　　　（b）画左端面

（c）画右端面，完成圆柱　　　　　　　（d）做点 1、2、3、4、5

（e）作点 6、7　　　　　　　　　　　（f）完成作图

图 8-11　带斜截面圆柱的正等测图

3. 圆角的正等轴测图的画法

立体上 1/4 圆角的正等轴测圆是 1/4 椭圆弧，其作图方法如图 8-12 所示。作图时根据已知圆角半径 R，找出切点 A、B、C、D，过切点分别作圆角边线的垂线，两垂线的交点即为圆心，以此圆心到切点的距离为半径画圆弧，即得圆角的正等轴测圆。底面圆角可将顶面圆弧下移 H 即得。如图 8-12 （b）、（c）所示。

例 8-5　画出图 8-13 （a）所示支架的正等轴测图。

解：①　画底板和侧板的正等轴测图，如图 8-13 （b）所示。

②　画底板圆角、侧板上圆孔及上半圆柱面的正等轴测图，如图 8-13 （c）所示。

③　画底板圆孔和中间肋板的正等轴测图，如图 8-13 （d）所示。

④　整理图形，加深可见轮廓线，完成作图。如图 8-13 （e）所示。

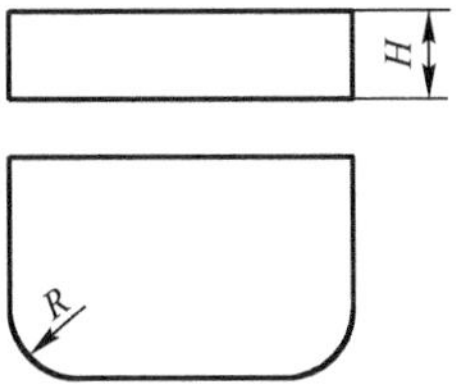

（a）正投影 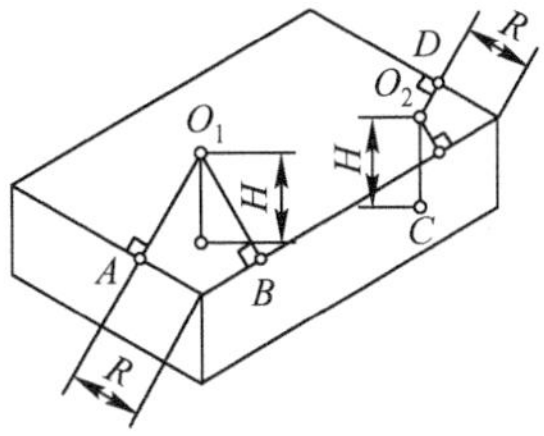　（b）过顶点量取半径 R，得切点 A、B、　（c）过圆心，以 R 为半径画圆弧
C、D，过 A、B、C、D 分别作相
应边的垂线，垂线交点为圆心

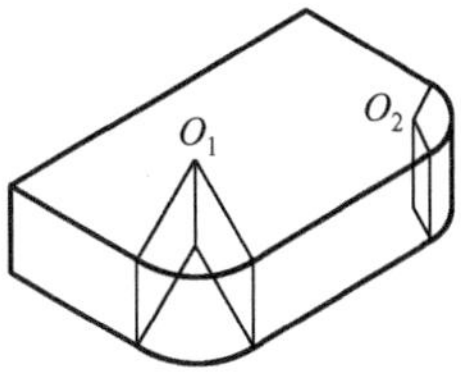

图 8-12　1/4 圆角的正等轴测图

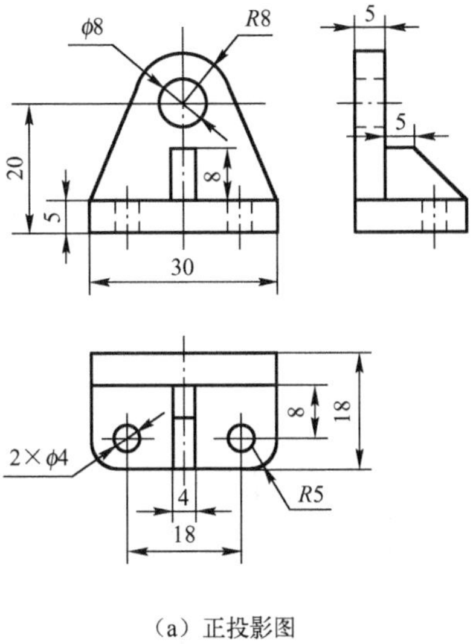

（a）正投影图 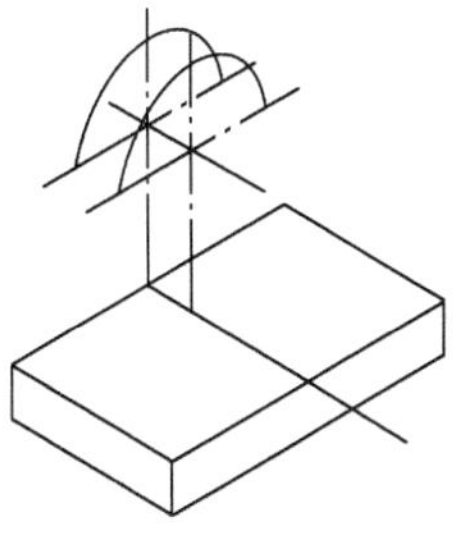　（b）画底板和侧板 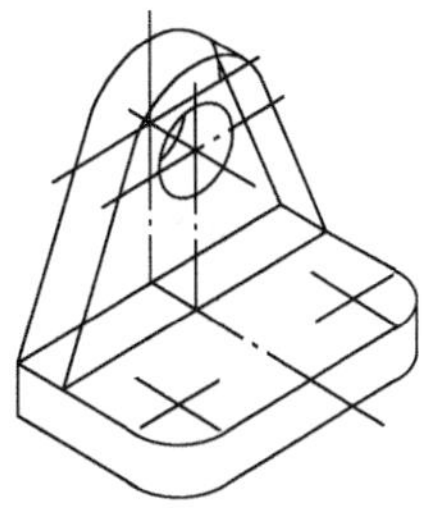　（c）画底板圆角，侧板圆孔

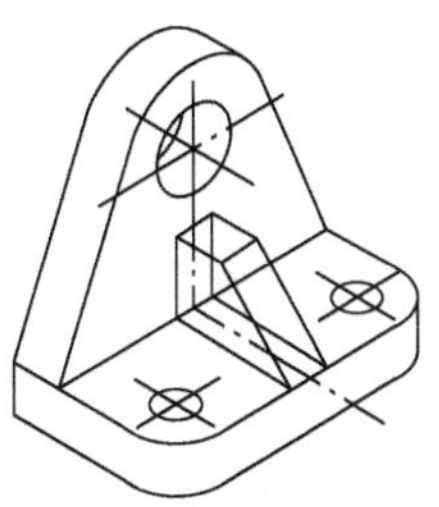

（d）画底板圆孔和中间肋板 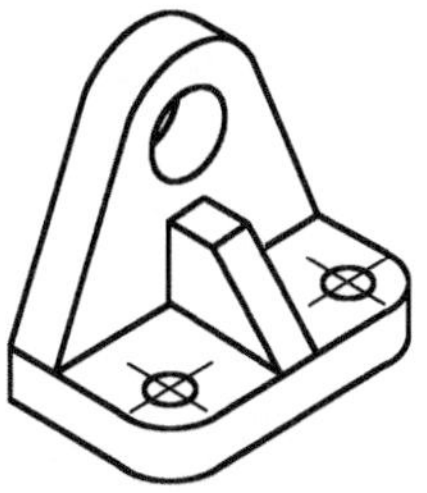　（e）加深

图 8-13　支架的正等轴测图

4. 组合体的正等轴测图的画法

例 8-6　如图 8-14（a）为已知形体的正投影图，求作它的正等测图。

解：（1）分析：这是一个圆柱与圆锥相贯组合而成的形体，作图的关键是相贯线轴测投影的求作，要采用辅助平面法逐个作出相贯线上的特殊点和若干一般点，然后依次光滑连接。

（2）作图步骤如下：

① 先画出圆锥的正等轴测投影，如图 8-14（b）所示。

② 画出圆柱的正等轴测投影，如图 8-14（c）所示。

③ 依次作相贯线的各点，如图 8-14（d）所示。

④ 光滑连接相贯线。将可见轮廓线加粗，不可见的擦去，即完成作图，如图 8-14（e）所示。

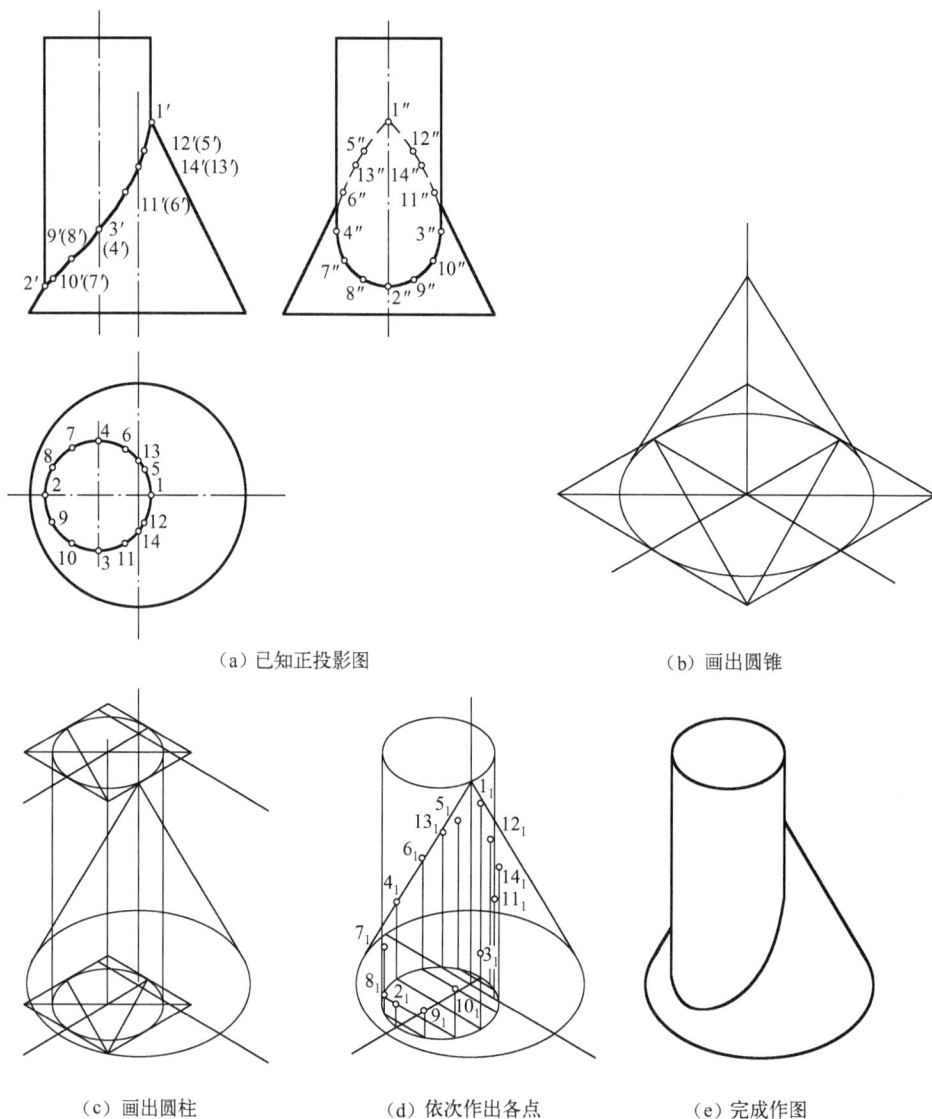

（a）已知正投影图

（b）画出圆锥

（c）画出圆柱

（d）依次作出各点

（e）完成作图

图 8-14 组合体的正等测图

8.3 斜二轴测图

1. 轴间角和轴向变形系数

斜二轴测图就是轴测投影面平行于一个坐标平面，且平行于坐标平面的那两个轴的轴向变形系数相等的斜轴测投影。如图 8-15（a）所示，一般我们选正面 XOZ 坐标平面平行于轴测投影面，因此有：$p=r=1$，$\angle X_1O_1Z_1=90°$，只有 Y 轴的变形系数和轴间角随着投射方向的不同而变化。

为了使图形更接近视觉效果且作图简便，国家标准"投影法"（GB/T14692—1993）中规定，斜二轴测图中，取 $q = 0.5$，轴间角 $\angle X_1 O_1 Y_1 = \angle Y_1 O_1 Z_1 = 135°$，如图 8-15（b）所示。

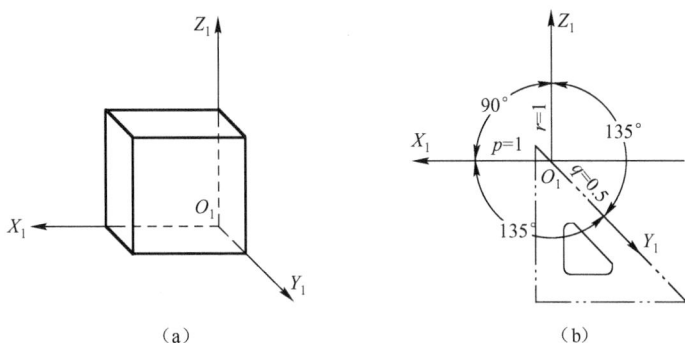

（a）

（b）

图 8-15　斜二测轴间角

无论投影方向如何选择，平行于轴测投影面的平面图形，其正面斜二测图反映实形，一般适用于正面形状较为复杂的形体，特别适合用来绘制只有一个方向有圆或曲线的形体。常用的斜测投影轴测轴及轴向变形系数如图 8-16 所示。

图 8-16　斜二轴测投影常用轴测轴及轴向变形系数

2. 斜二轴测图的画法

例 8-7　画出如图 8-17（a）所示端盖的斜二轴测图。

解：由正投影可知，端盖的形状特点是在一个方向有相互平行的圆，故选择圆平面平行于坐标面 $X_1 O_1 Z_1$，作图过程如图 8-17（b）、（c）、（d）、（e）所示。

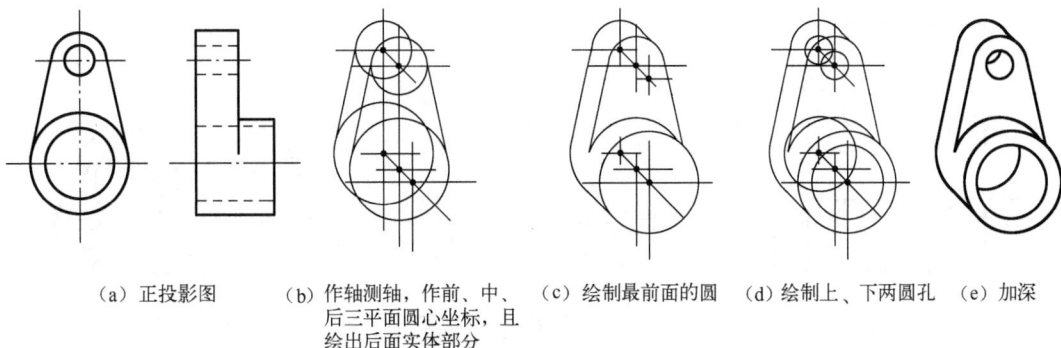

（a）正投影图　（b）作轴测轴，作前、中、　（c）绘制最前面的圆　（d）绘制上、下两圆孔　（e）加深
　　　　　　　后三平面圆心坐标，且
　　　　　　　绘出后面实体部分

图 8-17　端盖的斜二轴测图画法

例 8-8 如图 8-18（a）为已知组合体的正投影图，求作它的斜二轴测图。

分析：该组合体的正面为主要特征面，选择这个正面平行于轴测投影面，使该面的投影反映实形。

作图步骤如下：

① 确定轴测轴，确定前立面的轴测投影图，如图 8-18（b）所示。

② 沿 O_1Y_1 方向量取正投影图宽度的 1/2，画出另一端面，如图 8-18（c）所示。

③ 完成作图，如图 8-18（d）所示。

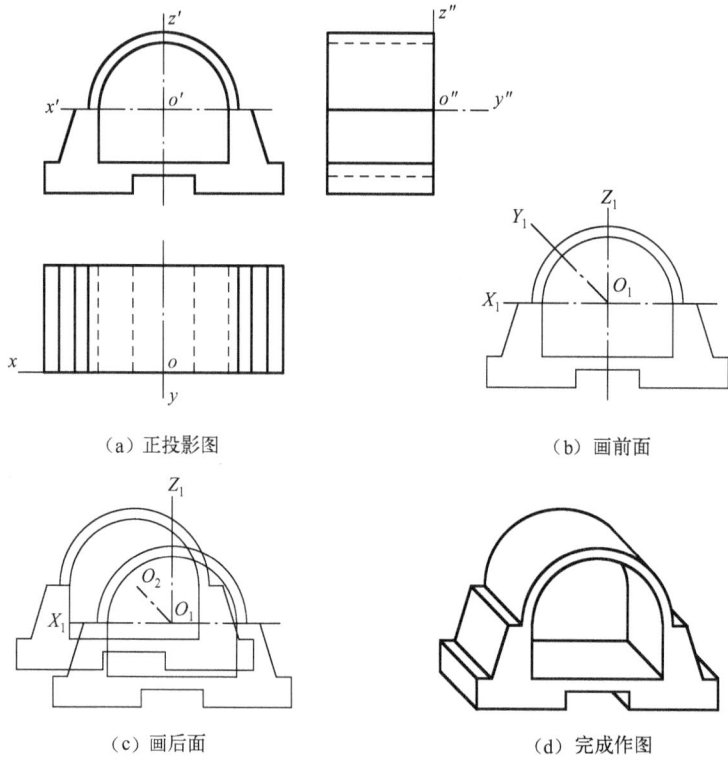

（a）正投影图　　　　　　　　　　（b）画前面

（c）画后面　　　　　　　　　　（d）完成作图

图 8-18　组合体的斜二轴测图 1

例 8-9 如图 8-19（a）为已知组合体的正投影图，求作它的斜二轴测图。

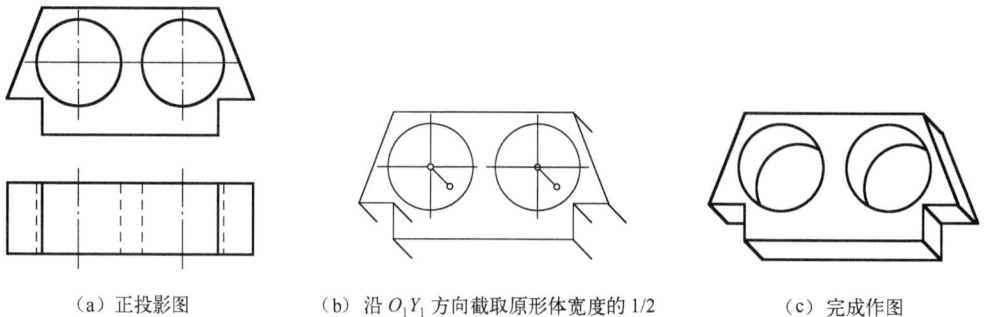

（a）正投影图　　　（b）沿 O_1Y_1 方向截取原形体宽度的 1/2　　　（c）完成作图

图 8-19　组合体斜二轴测图 2

解：分析：这是一个正面形状有圆孔的形体，故选择正面平行于轴测投影面，使其轴测投影反映实形。

作图步骤如图 8-19 所示，具体如下：

① 将正面的轴测投影画出（与正投影主视图完全相同），然后沿着 O_1Y_1 方向（形体的宽度方向）截取宽度的 1/2，如图 8-19（b）所示

② 连接可见轮廓线，修整图线，完成作图，如图 8-19（c）所示。

8.4 轴测剖视图

在轴测图中，为了表达物体内部结构形状，可假想用剖切平面沿坐标面方向将物体剖开，画成轴测剖视图。

8.4.1 画轴测剖视图的规定

1. 剖切平面的选择

为了清楚表达物体的内、外形状，通常采用两个平行于坐标面的垂直相交平面剖切物体的 1/4，如图 8-20（a）所示。一般不采用单一剖切平面全剖，如图 8-20（b）所示。

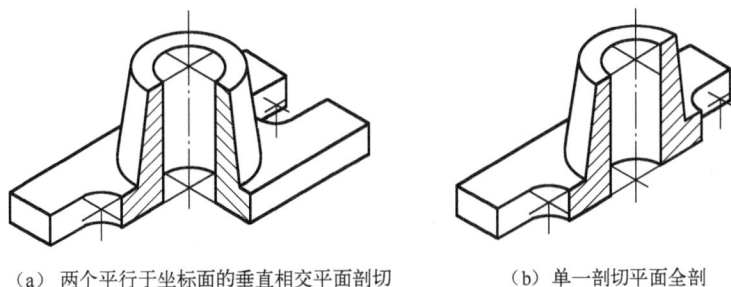

（a）两个平行于坐标面的垂直相交平面剖切　　　　　（b）单一剖切平面全剖

图 8-20　轴测剖视图的剖切方法

2. 剖面线的画法

剖切平面剖切物体时，断面上应画上剖面线，剖面线画成等距、平行的细实线，其方向如图 8-21 所示。图 8-21（a）所示是正等轴测图的剖面线画法，图 8-21（b）所示是斜二轴测图的剖面线画法。

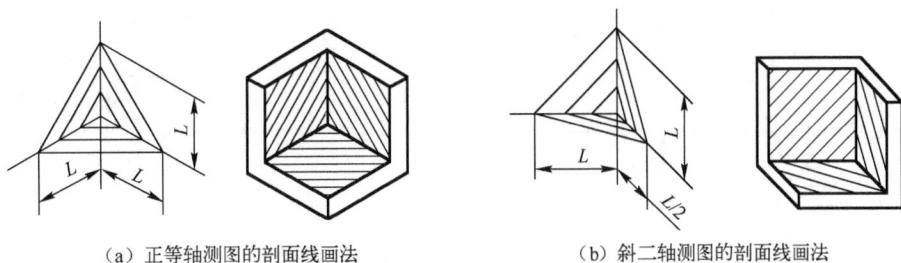

（a）正等轴测图的剖面线画法　　　　　（b）斜二轴测图的剖面线画法

图 8-21　轴测图中的剖面线画法

当剖切平面通过机件的肋或薄壁等结构的纵向对称平面时，这些结构不画剖面线，而用粗实线将它与相邻部分分开，如图8-22所示。

在轴测装配图中，剖面部分应将相邻零件的剖面线方向或间隙区别开，如图8-23所示。

（a）肋板的剖切画法　　　　　　（b）薄壁的剖切画法

图8-22　轴测剖视中，肋板和薄壁的剖切画法　　　　图8-23　轴测装配图画法

8.4.2　轴测剖视图的画法

画轴测剖视图的方法有以下两种：

（1）先画外形，后画剖面和内形，作图过程如图8-24所示。

（2）先画剖面，再画内、外形状，作图过程如图8-25所示。

（a）正投影图　　　　（b）剖切方式　　　　（c）画外形和剖切线　　　　（d）整理、加深

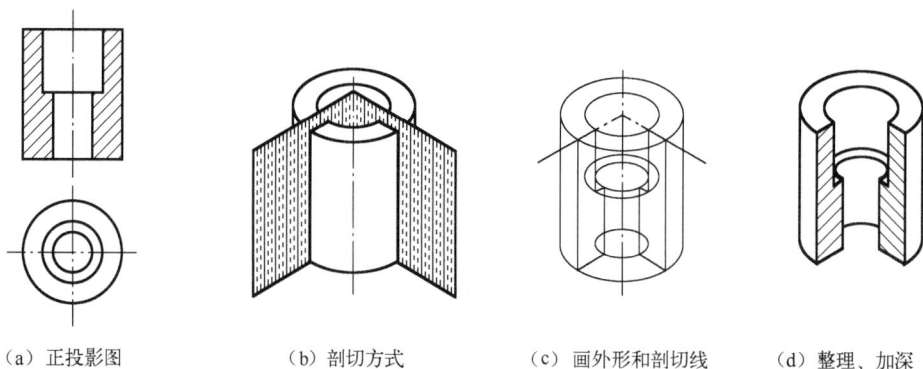

图8-24　轴测剖视图的画法1

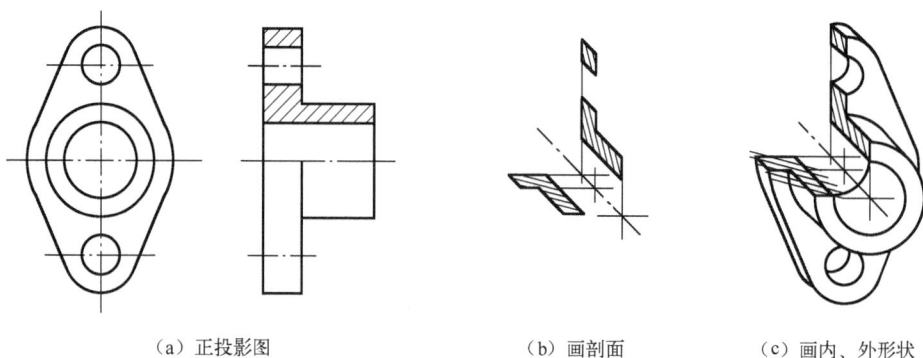

（a）正投影图　　　　　　（b）画剖面　　　　　　（c）画内、外形状

图8-25　轴测剖视图的画法2

例8-10 如图8-26（a）所示，已知组合体的正投影图，求作其轴测剖视图。

解： 分析：该组合体是由平面立体组合而成，且前后、左右对称，为表达内部台阶方孔的结构形状，采用两个平行于坐标面的垂直相交平面剖切物体的1/4。作图步骤如下：

① 先画形体的外形轴测图，如图8-26（b）所示。

② 画内部构造，如图8-26（c）所示。

③ 切去形体的1/4，画出剖切面的形状，如图8-26（d）所示。

④ 画剖面线，加深可见轮廓线，完成作图，如图8-26（e）所示。

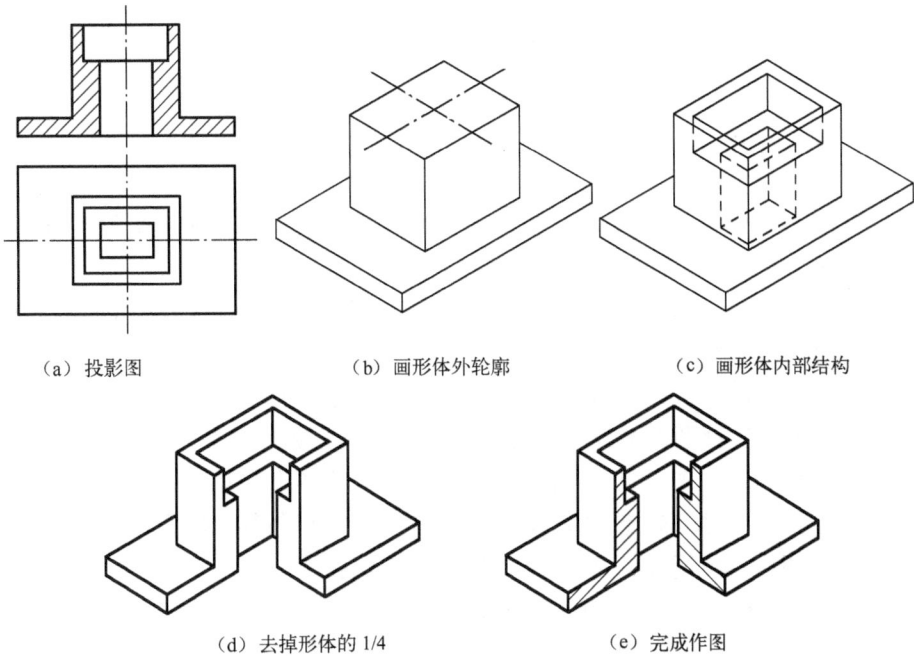

（a）投影图　　　　　　（b）画形体外轮廓　　　　　　（c）画形体内部结构

（d）去掉形体的1/4　　　　　　（e）完成作图

图8-26　机件的轴测剖视图

第9章 计算机绘图

计算机绘图具有绘图速度快，精度高；便于产品信息的保存和修改；设计过程直观，便于人机对话；缩短设计周期，减轻劳动强度等优点。此外，更重要的是把工程设计人员从繁琐的手工绘图中解放出来，把精力用于创造性的工作。应用和发展计算机绘图具有十分重要的意义。本章将简要介绍计算机辅助绘图软件——AutoCAD 2008 的基本工具及使用技巧。

9.1 AutoCAD 2008 绘图基础

AutoCAD 2008 可以绘制二维和三维图形，在航天、造船、建筑、机械、电子、化工、轻纺等多项领域得到了广泛的应用。它具有如下主要功能：

（1）基本绘图功能：包括点、直线、折线、圆、圆弧、椭圆、正多边形、文本、三维直线、三维平面、三维面等。

（2）图形编辑功能：包括移动、旋转、比例、复制、镜像、阵列、打断、修剪等。

（3）显示控制：包括图面缩放、视窗平移、三维视图控制、多视图控制。

（4）三维造型：可生成三维实体，进行实体的布尔运算和渲染。

（5）数据交换：通过 DXF 或 IGES 的图形数据转换接口与其他应用软件进行数据交换。

（6）开发功能：Autolisp 语言编程及 ADS 开发应用。

本章主要介绍 AutoCAD 2008 用于绘制二维图形的基本方法。

9.1.1 用户界面

启动 AutoCAD 2008，即进入用户界面，如图 9-1 所示。AutoCAD 2008 的用户界面主要包括：标题区、下拉菜单、绘图工具栏、编辑工具栏、对象特性工具栏、标准工具栏、绘图窗口、坐标系图标、命令行、状态行、十字光标等。

1. 标题区

标题区位于应用程序主窗口顶部，显示当前应用程序的名称以及当前装入的文件名。

2. 下拉菜单

AutoCAD 2008 标准菜单条包括十一个主菜单组。AutoCAD 2008 提供了三种使用下拉菜单的方式：

（1）直接点取。将鼠标光标移到菜单上，单击鼠标左键，打开下拉菜单，在打开的下拉菜单中选择所需的菜单项。

（2）利用热键。AutoCAD 2008 为菜单栏中的菜单和下拉菜单中的选项均设置了相应的热键，这些热键用下画线标出，如"视图（V）"。要打开某一下拉菜单，可以先按住 Alt 键，然后按下热键字母即可。

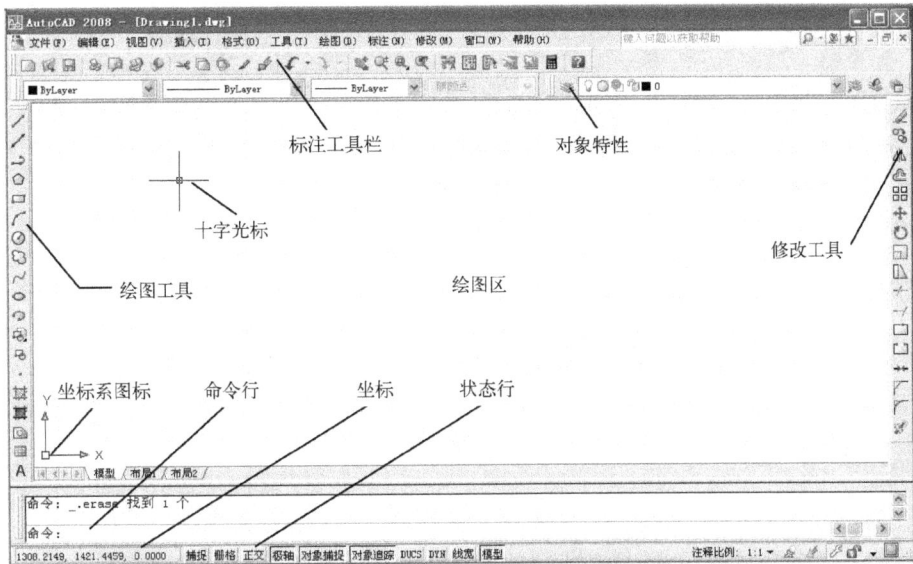

图 9-1　AutoCAD 2008 用户界面

（3）用快捷键。有些菜单组提供了快捷键方式，这些快捷方式标在菜单组的右侧，如 Ctrl + 2 对应于菜单"工具（T）"中的 AutoCAD 设计中心。

3. 常用工具栏

经常使用的工具条一般放在下拉菜单的下方、绘图区的左、右两侧。AutoCAD 2008 将一些常用的命令以工具条的形式提供给用户，以方便操作，它是一种代替命令或下拉菜单的简便工具。在 AutoCAD 2008 中，有 29 个已命名的工具条，分别包含 3 个到 23 个不等的工具。用户可以通过选择菜单"视图/工具栏"开关任何工具栏，此时系统将打开如图 9-2 所示的对话框。也可以将光标移到工具条上，单击鼠标右键弹出"工具栏"下拉菜单，如图 9-3 所示。

图 9-2　AutoCAD 2008 工具栏对话框

4. 标准工具栏

AutoCAD 2008 的标准工具条如图 9-4 所示，其主要功能有图样的打开、存储、打印、图形的剪切、粘贴、复制、撤销和恢复、平移、修改对象特性、发布、设计中心的操作等。

5. 布局按钮

布局按钮如图 9-4 所示，布局是用来组织或布置在模型空间中绘图时的出图布局。

6. 状态条

状态条位于窗口底部，如图 9-5 所示，它反映了用户的工作状态。左边显示当前光标的坐标，右边有 8 个按钮用于显示和控制捕捉、栅格、正交、极轴、对象捕捉、对象追踪、线宽、模型。用鼠标单击任一个按钮均可切换当前的工作状态（凹下为打开状态）。

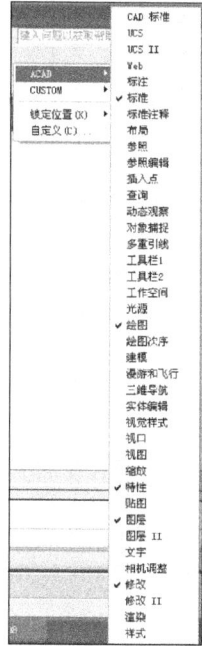

图 9-3　AutoCAD 2008 工具栏下拉菜单

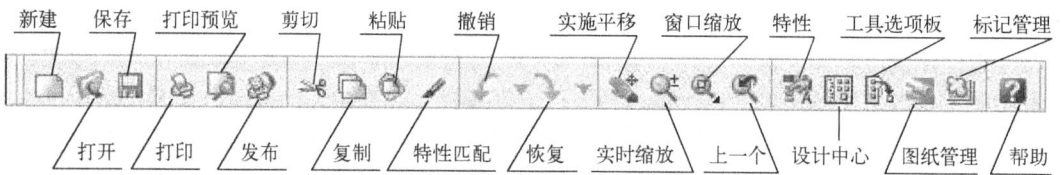

图 9-4　AutoCAD 2008 标准工具条

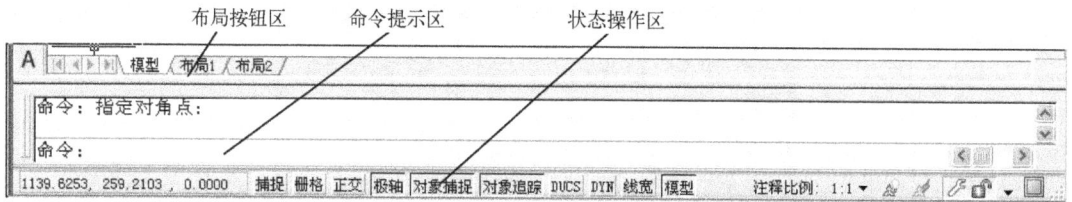

图 9-5　AutoCAD 2008 界面底部

7. 命令行和文本窗口

命令行在如图 9-5 所示的命令提示区，它是用户与 AutoCAD 2008 进行交互式对话的地方，用于显示系统的信息以及用户输入的信息。命令行上部的文本窗口是记录 AutoCAD 2008 命令的窗口，也可以说是放大的命令行窗口。可通过菜单"视图/显示/文本窗口"打开它，也可按 F2 或执行 TEXTSCR 命令打开，如图 9-6 所示。

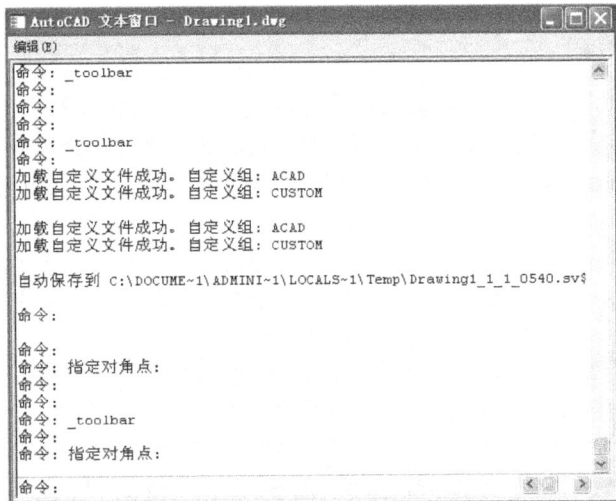

图 9-6　AutoCAD 2008 文本窗口

8. 绘图窗口与十字光标

绘图窗口是用户进行绘图的区域。十字光标用于绘图时点的定位和对象的选择。

9.1.2　建立绘图环境

在开始绘制图样之前，应首先建立绘图环境，包括绘图单位、绘图范围、图层设置等，还可以创建绘图样板文件，以确保图样绘制的规范性。

1. 设置绘图界限

绘图界限是一个假想的绘图区域，相当于选择图纸图幅的大小，给图形设置合理的边界，使绘制的图形比边界不至于大或小得太多，这样做可以节省存储空间或重写时间。

若要将绘图范围设置为 A2 图纸图幅，即：420×594，方法如下：

（1）在命令行输入：LIMITS ∠或选择"格式/图形界限（Ⅰ）"命令。

（2）指定绘图区左下角坐标：　（0.0000，0.0000）∠。

（3）指定绘图区右上角坐标：420，594 ∠。

2. 设置绘图单位

AutoCAD 2008 提供了适合任何专业绘图的各种绘图单位（英寸、英尺、毫米等），且精度范围选择很大。

（1）在"格式"菜单中选择"单位（Units）"或输入命令：_Units ∠。

（2）在弹出的对话框中进行设置，如图 9-7 所示。

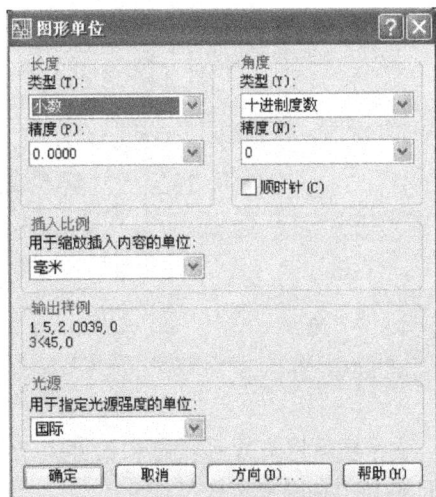

图 9-7　图形单位设置

3. 图层设置

图层是用户用来组织自己的图形最为有效的工具之一。一个图层就像一张透明的图纸，不同的图元对象设置在不同的图层，共同组成图形，即相当于将这些透明的纸叠加起来，从而得到最终的复杂的图形。这样的图形可通过控制图层的状态及特性的显示和编辑而变得易于组织。

（1）图层的创建。在"格式"菜单中选择"图层"或输入命令：_Layer✓，打开"图层特性管理器"对话框，如图9-8所示，进行图层的颜色、线型及线宽等设置。一般机械制图至少要建立以下图层：粗实线层、细实线层、尺寸标注层、中心线（点划线）层、虚线层。

图9-8 "图层管理器"对话框

（2）图层状态的控制。图层的状态意义如图9-9所示。单击某个层即可将该层设置为当前图层。

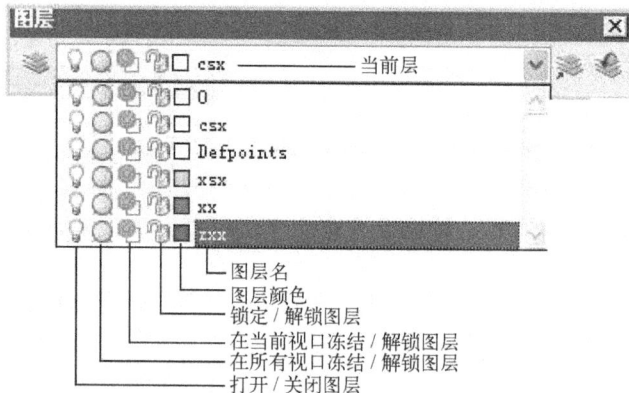

图9-9 图层状态的控制

一个层可以有6种状态和条件表示其特征，即开/关、加锁/解锁、冻结/解冻。它们按下面的方式对层发生作用。

关：对象既不可见，也不可选择，但需要刷新图形。

解冻：将冻结的图层解冻，使图层上的图形重新显示出来。

冻结：对象既不可见，也不可选择，不需要刷新图形。

开：将已关闭的图层恢复，使图层上的图形重新显示出来。

锁定：对象可见，可选取，可绘图但不能编辑，已有的图形仍然可以用对象捕捉命令捕捉该层的对象。

解锁：将加锁定的图层解除锁定，使图形可再编辑。

当正在编辑图形比较密集的区域时，可以关闭层来控制对象的显示。

（3）图层的颜色、线型和线宽。每个图层都有颜色、线型和线宽三项特性，AutoCAD 2008 支持 255 种颜色和 45 种预定义线型以及 24 种预定义线宽。不同颜色和线型不但使得区分屏幕上的对话变得容易，而且还携带并传递着重要的绘图输出信息。

图层的线型设置方法是单击图层特性管理器中线型名称，打开选择线型对话框进行选择，如图 9-10 所示。如果它的线型不够用，可单击"加载"按钮，在"加载线型"对话框中选择，如图 9-11 所示。

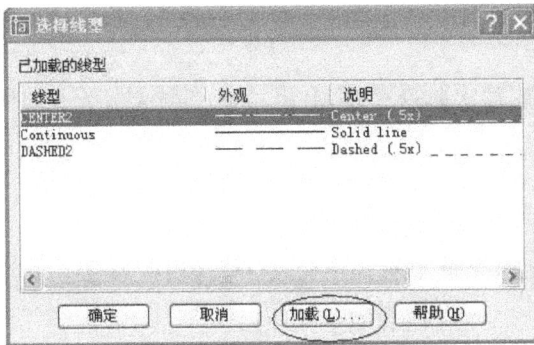

图 9-10　"选择线型"对话框　　　　图 9-11　"加载线型"对话框

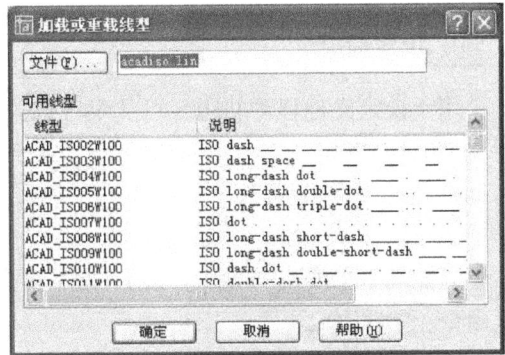

4. 保存样板文件

设置完所有的参数后，使用"另存为……"命令将其保存为 AutoCAD 2008 样板文件。注意文件格式应选择扩展名为"＊.dwt"，并保存在 AutoCAD 2008 中的模版文件夹（Template）目录下，以后可以随时调用。

9.1.3　数据的输入方式

图形最基本的元素是点。绘制图样，点的输入是绘图的关键。一般有五种方式输入点：

（1）用光标在屏幕上拾取一点。

（2）通过键盘输入点的坐标。

（3）用正交、栅格、捕捉在屏幕上拾取一点。

（4）用对象捕捉方式捕捉到特殊点。

（5）通过追踪拾取点。

1. 坐标系的概念

（1）世界坐标系（WCS）：坐标原点在绘图区左下角，X 轴正方向是水平向右，Y 轴正方向是垂直向上，Z 轴正方向是垂直屏幕向外指向用户。

（2）用户坐标系（UCS）：可从菜单"工具/新建 UCS/原点"或在命令行输入：UCS ✓ 创建。建立用户坐标系，可以很方便确定点的位置。

2. 用坐标选取点

为了方便绘图，经常要用到坐标精确定位点。

（1）绝对坐标：从世界坐标系原点出发的角度和距离。直角坐标输入：（x，y），例如，（5，6）；极坐标输入：（1 < α），例如，（5 < 90）。

（2）相对坐标：一个点相对于另一个点的坐标。输入方法：在绝对坐标前加一个"@"符号。例如，（@15,20）。

3. 显示和设置栅格

双击状态条"栅格（GRID）"按钮；或输入命令：GRID ✓；或从菜单中选择相应的命令项。

4. 设置捕捉

用于设定光标移动间距，可从菜单选择；或输入命令：SNAP ✓；或单击状态条上的捕捉（SNAP）按钮。

5. 正交模式

只能画水平线或垂直线。按 F8 键，或单击状态条上的"正交（ORTHO）"按钮，或输入命令：ORTHO ✓。

6. 设置极轴追踪

按 F10 键，或单击状态条上的"极轴"按钮，或输入命令：POLAR ✓。

9.2 AutoCAD 2008 基本绘图及编辑命令

9.2.1 基本绘图命令

任何一幅二维图形，都是由点、线、圆、椭圆、矩形、多边形等基本对象组成，因此了解这些基本图形元素的画法是整个绘图的基础。

1. 启动绘图命令

AutoCAD 2008 的绘图命令一般可按下列三种分方法启动：

（1）用工具条绘图。图 9-12 所示是常用工具栏所列的绘图工具，在菜单"绘图"中有相应的命令一一对应，该菜单中还有其他命令未在工具栏中列出，可以直接选用。常用工具栏所列的工具可以完成 AutoCAD 2008 的主要绘图功能。

（2）用下拉菜单绘图。选择"绘图"菜单，单击绘图命令。

（3）用命令绘图。用键盘输入命令：在命令行提示符下，输入英文命令（可输入简令：

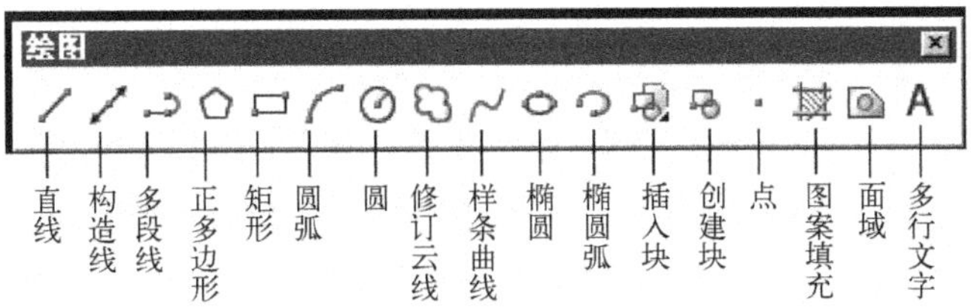

图 9-12　绘图工具栏

一个或两个字母）并回车。

2. 绘制直线、射线

绘制直线只需给定起点和终点即可。如果直线只有起点没有终点，这类直线称为射线；如果直线既没有起点又没有终点，这类直线被称为构造线。

（1）绘制直线（LINE）。使用"line"命令绘制直线时，既可以绘制单条直线，也可以绘制一系列的连续直线。在连续画两条以上直线时，可在"指定下一点："提示符下输入 C（闭合）形成闭合折线。

例 9-1　绘制如图 9-13 所示的图形。

解：绘图步骤如下：

① 单击工具条中的直线工具图标。

② 在屏幕上单击，指定第一点 A。

③ 打开"正交"模式（将状态栏中的"正交"按钮设为"开"）。

④ 将光标指向 A 点右方，输入100↙，得点 B。

⑤ 将光标指向 B 点下方，输入100↙，得点 C。

⑥ 输入：C↙。

完成作图。

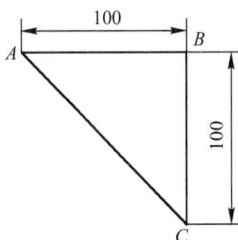

图 9-13　绘制直线示例

（2）绘制射线（RAY）。射线可以通过 RAY 命令绘制，也可以通过选择下拉菜单"绘图/射线"操作。

（3）绘制多段线（Pline）。多段线是由各种线段组成的统一的实体对象。多段线可以由不同的宽度、不同的线型的直线段或圆弧段连续构成，是一个整体的对象，可以当成一个实体进行各种处理。

3. 绘制圆和圆弧

（1）绘制圆（Circle）。AutoCAD 2008 提供了六种绘制圆的方法，即：圆心和半径方式画圆（CR），圆心和直径方式画圆（CD），三点画圆（3P），二点画圆（2P）、相切、相切、半径方式画圆（TTR），相切、切点、切点方式画圆（TTT）。

例 9-2　作一个与三个已知圆（或三条已知直线、或两条直线和一个圆）相切的圆。

提示：选择"绘图/圆/相切.相切.相切"命令，如图 9-14 所示

（2）绘制圆弧（Arc）。AutoCAD 2008 提供了 11 种绘制圆弧的方法，这些方式是根据起点、方向、中点、包角、终点、弦长等控制点来确定的。如图 9-15 所示。

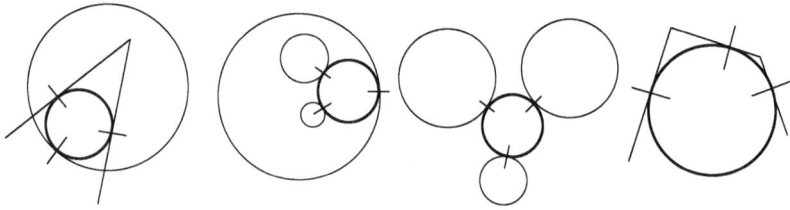

图 9-14 TTT 方式画圆

4. 绘制矩形（Rectanble）

绘制矩形时只需提供其两个对角坐标即可，在 AutoCAD 2008 中，还可以设置一些其他选项，如：

（1）倒角（C）：设置矩形各个角的修饰。

（2）标高（E）：设置绘制矩形时的 Z 平面（平面视图中无法看出）。

（3）圆角（F）：设定矩形四角为圆角及半径大小。

（4）厚度（T）：设置矩形厚度，即 Z 方向的高度。

（5）宽度（W）：设置线条的宽度。

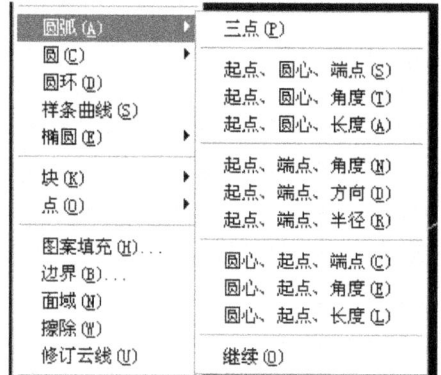

图 9-15 圆弧的下级菜单

5. 绘制正多边形

AutoCAD 中绘制正多边形有三种方式：即边长、外切于圆和内接于圆。

例 9-3 绘制如图 9-16 所示的正多边形。

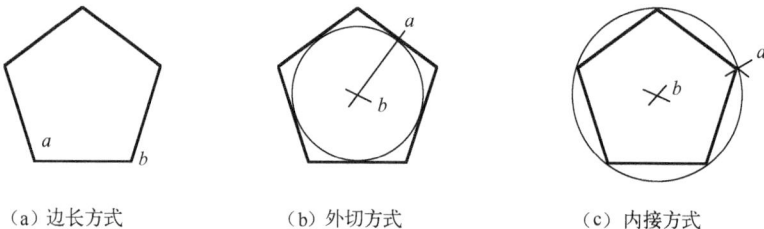

（a）边长方式　　　　　（b）外切方式　　　　　（c）内接方式

图 9-16 绘制正多边形

解： 绘图步骤如下：

① 边长方式。

a. 选择"多边形"工具按钮。

b. 按提示输入边数 5，回车。

c. 选择边长方式（输入 e），回车。

d. 指定边的第一个端点，回车。

e. 指定边的第二个端点，回车。

结果如图 9-16（a）所示。

② 外切于圆方式。回车，继续执行绘制多边形命令。

a. 按提示输入边数 5，回车。

b. 指定多边形中心点，回车。

c. 选择外切于圆方式：输入 c，回车。

d. 指定圆的半径：输入半径值，回车。

结果如图 9-16（b）所示。

③ 内接于圆方式。图 9-16（c）所示为内接于圆方式，请读者自己完成。

6. 绘制椭圆及椭圆弧（Elliipse）

在 AutoCAD 2008 中，椭圆主要由中心、长轴和短轴来描述。椭圆弧绘制方法是：先绘制椭圆，然后确定椭圆弧的起始角和终止角即可，如图 9-17 所示。

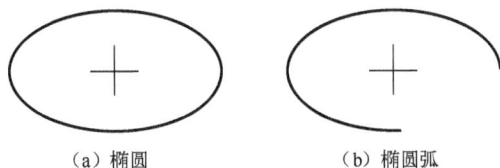

（a）椭圆　　　　　　　　（b）椭圆弧

图 9-17　绘制椭圆（椭圆弧）

7. 徒手画线（Sketch）

在绘图中，有时需要绘制一些无规则的线条，因此 AutoCAD 2008 提供了 Sketch 命令，通过该命令，在屏幕上移动光标可以画出任意形状的线条。

输入命令 Sketch，出现如下提示：

记录增量 <1.0000>：

徒手画。画笔（P）/退出（X）/结束（Q）/记录（R）/删除（E）/连接（C）。

命令各选项的含义如下：

画笔（P）：控制抬笔或落笔，是一个切换开关。

退出（X）：结束该命令，并记录刚才所绘的图线。

结束（Q）：退出该命令，不记录刚才所绘的图线。

记录（R）：记录所绘的图线，不退出该命令。

删除（E）：删除未记录的线段。

连接（C）：先使笔落下，然后从上一项所绘图线的终点开始继续画线。

9.2.2　基本编辑命令

在绘图过程中，一般需要通过编辑修改已有的图形，最后才得到所需要的图样。Auto-CAD 2008 提供了丰富的图形编辑功能，利用这些功能可以实现快速、准确的绘图，熟练掌握编辑命令是提高绘图效率的重要手段。

编辑命令一般可以用下列三种方式启动：

（1）用下拉菜单"修改"中的选项。

（2）用修改工具条中相应的按钮，如图 9-18 所示。

（3）用键盘输入相应的命令。

1. 选择编辑对象

编辑对象前要先选取对象，选中对象后，Auto-CAD 2008 用虚线显示。选取对象的方式有：

（1）用鼠标左键单击选择一个或多个对象。

（2）命令行输入：ALL 选取全部对象。

（3）从左向右拖动一个窗口选取围住的对象。

（4）从右向左拖动一个矩形窗口选取与窗口边界相交的所有对象，等等。

2. 删除对象（Erase）

用"删除（Erase）"工具将选中的对象删除，或选择对象后按键盘"Delete"键删除。

命令功能	命令简写
删除（Erase）	E
复制（Copy）	CO
镜像（Mirror）	MI
偏移（Offset）	O
阵列（Array）	AR
移动（Move）	M
旋转（Rotate）	RO
比例缩放（Scale）	————
拉伸移动（Stretch）	S
修剪（Trim）	TR
延伸（Extend）	EX
打断于点（Break）	BR
删除或打断实体（Break）	BR
倒直角（Chamfer）	CHA
倒圆角（Fillet）	F
分解实体（Extend）	EX

图 9-18　常用编辑命令工具按钮

3. 复制对象（Copy）

该命令可以把选中的图形一次或多次复制。如图 9-19（a）所示，将左边已画好的键槽孔复制到右边，复制结果如图 9-19（b）所示。

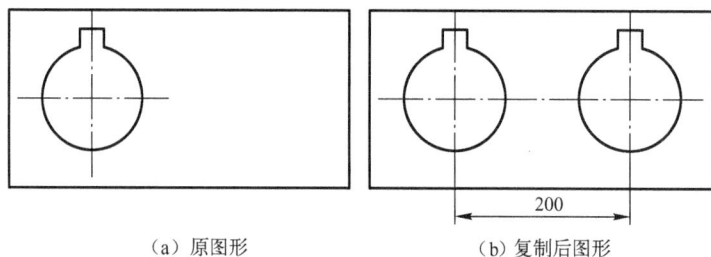

（a）原图形　　　　　　　　（b）复制后图形

图 9-19　复制对象

4. 镜像复制对象（Mirror）

Mirror 命令用于生成所选对象与一临时镜像线的对称图形，原对象可以保留也可删除。

如图 9-20（a）所示，选中对象（虚线框部分）镜像复制到左边，结果如图 9-20（b）所示。

5. 偏移复制对象（Offset）

Offset 命令用于绘制在任何方向均与原对象平行的对象，若偏移的对象为封闭图形，则偏移后的图形被放大或缩小。

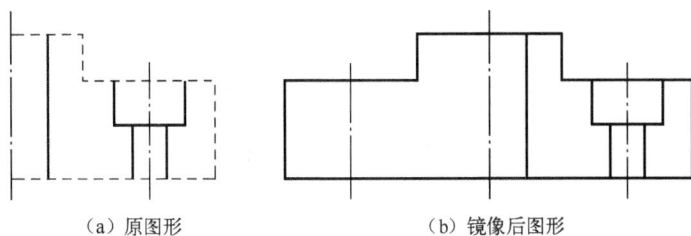

（a）原图形   （b）镜像后图形

图9-20　镜像复制对象

将图9-21（a）中所示的直线 A 向一边偏移10mm，结果如图9-21（b）所示；将图9-21（c）中所示的封闭图形 B 向内偏移10，结果如9-21（d）。

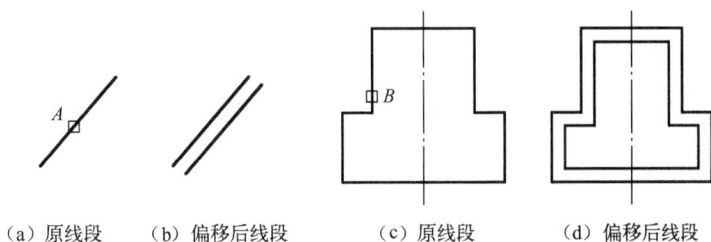

（a）原线段　（b）偏移后线段　　　（c）原线段　　　（d）偏移后线段

图9-21　偏移复制对象

6. 阵列复制对象（Array）

Array 命令用于对所选对象按一定的矩形形式或环形形式做多重复制。打开"阵列"对话框，选择相应的参数，见图9-22所示。

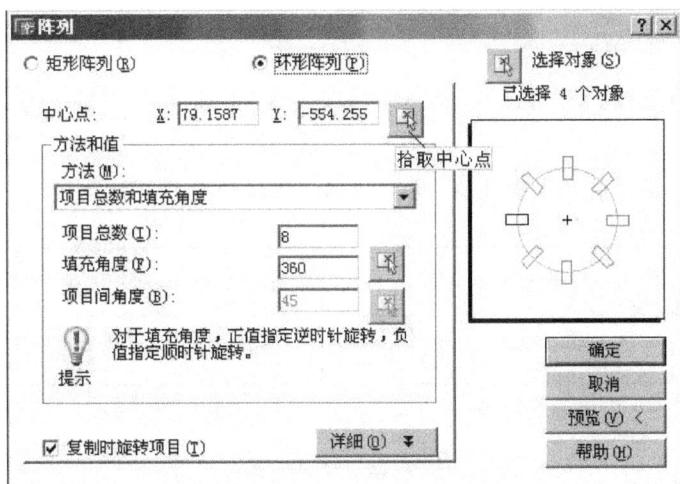

图9-22　"阵列"对话框

如将图9-23（a）中选中的对象 A，环形阵列复制8个，结果如图9-23（b）所示。

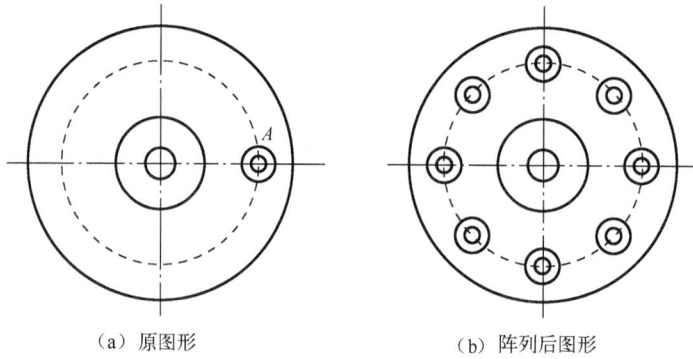

（a）原图形　　　　　　　　　　　　（b）阵列后图形

图 9-23　环形阵列复制对象

7. 旋转对象（Rotate）

Rotate 命令可以使图形对象绕某一基准点旋转，改变其方向。如图 9-24（a）将图形以 a 为基点反时针转 30°，结果如图 9-24（b）所示。

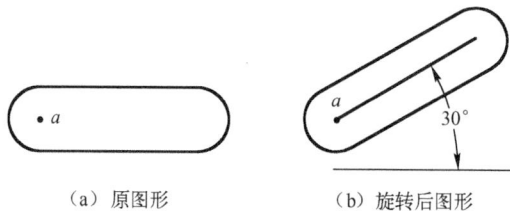

（a）原图形　　　　　　　　（b）旋转后图形

图 9-24　旋转对象

8. 修剪对象（Trim）

该命令用于以指定的剪刀边为界修剪选定的图形对象，如将图 9-25（a）修剪成图 9-25（b）所示。

选择 Trim 命令后，先拾取对象 A、B，回车；然后拾取 C、D 即得。

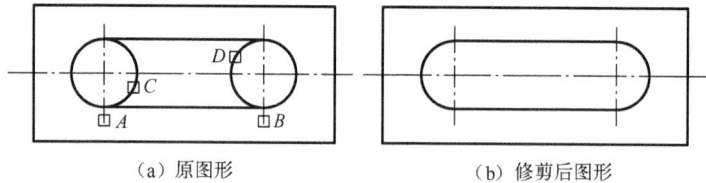

（a）原图形　　　　　　　　　　　（b）修剪后图形

图 9-25　修剪对象

9. 延伸对象（Extend）

Extend 命令用于将选定的对象延伸到指定的边界。操作过程如图 9-26 所示。

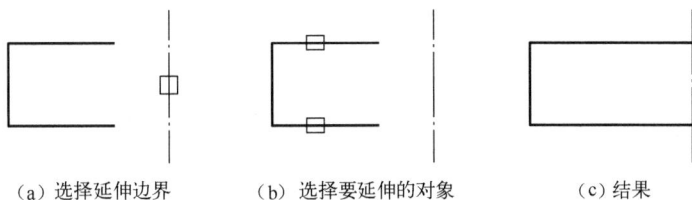

(a) 选择延伸边界　　　　(b) 选择要延伸的对象　　　　(c) 结果

图 9-26　延伸对象

10. 切断对象 (Break)

Break 命令用于删除对象的一部分或将所选对象分解成两部分。

选择命令后，先拾取要打断的对象，根据提示指定第 2 个打断点或输入其他选项，有三种响应方式：

（1）输入新的一点作为第 2 点。

（2）键入"F"，表示原有的第一点作废。

（3）输入"@"，表示原有的第一点和第二点为同一点。

11. 倒角和倒圆角

（1）倒角（Chamfer）。该命令用于对两直线或多义线作出有斜度的倒角。

（2）倒圆角（Fillet）。该命令用于在直线、圆弧或圆之间按指定的半径作圆角，也可以对多段线倒圆角。如图 9-27 所示，将图（a）编辑成图（b）。

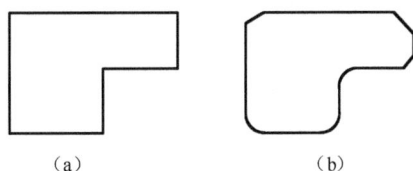

（a）　　　　　　　　（b）

图 9-27　倒角和倒圆角

12. 拉伸

"拉伸"命令能按照指定的方向矢量，拉长或缩短选择的图形对象。可以被拉伸的对象有：直线、圆弧、椭圆弧、多段线、射线和样条曲线等，而点、圆、椭圆、文本和图块不能被拉伸。如图 9-28 所示，运用拉伸工具将图（a）修改为图（b）。

13. 分解命令 (Explode)

Explode 命令用于将组合的对象，如块、多段线等分解为其下级对象。

14. 修改现有对象特性命令 (Properties)

该命令用于修改当前对象的某些特性。如对象的图层、颜色、线型、线宽、打印样式等等。该图标放在标准工具条上。

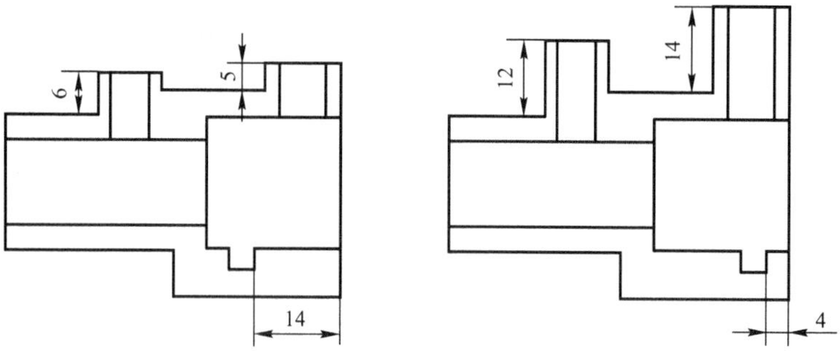

（a）原图形 （b）拉伸后图形

图 9-28 拉伸

9.2.3 图案填充

在 AutoCAD 2008 中，可通过单击工具栏中的填充图标、或选择菜单"绘图/填充"、或输入命令：Bhatch，打开"图案填充和渐变色"对话框，见图 9-29 所示。

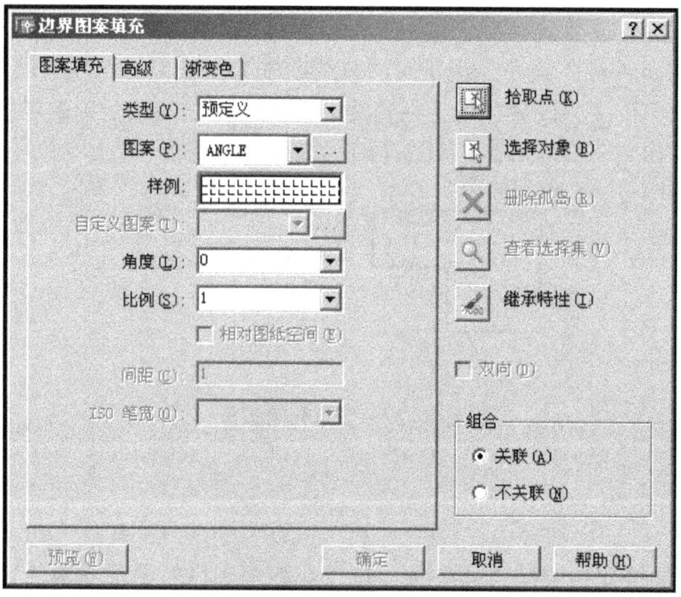

图 9-29 "图案填充和渐变色"对话框

可以在该对话框中确定要填充的图案、区域以及填充方式等内容。

1. 选择图案类型

单击"图案"右边的按钮——，打开填充图案选项板，有各种预定义的图案可选用，参见图 9-30 和图 9-31 所示。

2. 设置剖面线参数

角度和比例文本框可以设定图案的比例、角度等特性。

3. 选择图案填充方式

在"孤岛"选项卡中，如图 9-32 所示，可以设置图案填充方式。有如下三种方式：

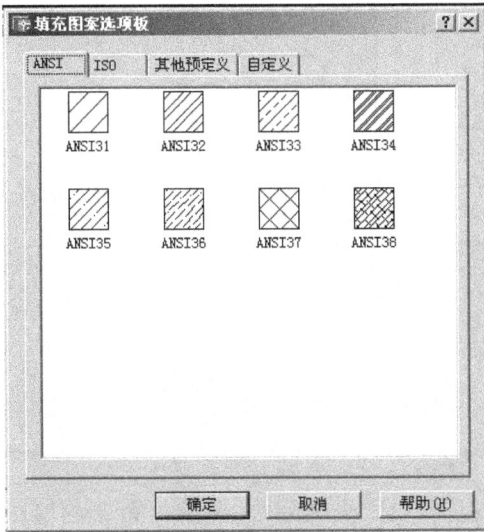

图 9-30 ANSI 图案

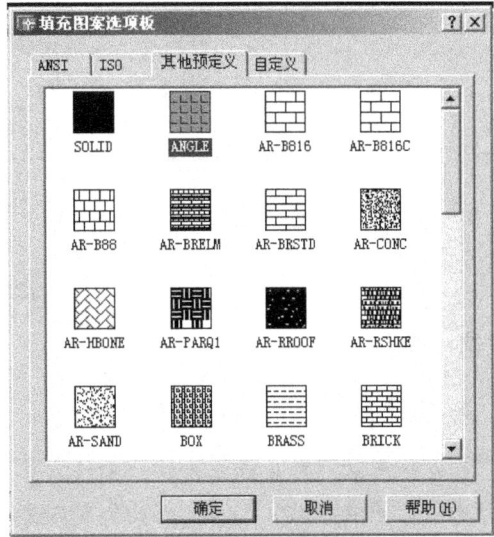

图 9-31 其他图案

图 9-32 剖面图案填充方式

（1）普通方式（Normal）：是系统默认方式，此方式下剖面线图案的每一条线从两端开始向区域内画，遇到内部实体时就断开，直到遇到下一个实体时再画线，填充效果如图 9-33（b）所示。

（2）外部方式（Outmost）：该方式从边界向里面画，在边界内部遇到实体就断开，不再画线，填充效果见图 9-33（a）所示。

（3）忽略内部方式（Ignore）：该方式忽略边界内的实体，填充效果见图 9-32（c）所示。

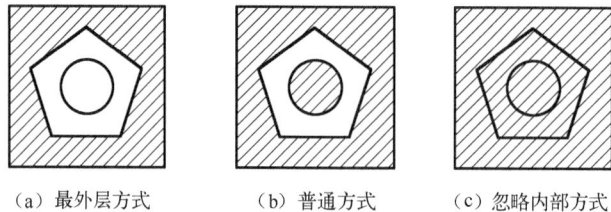

（a）最外层方式　　　（b）普通方式　　　（c）忽略内部方式

图 9-33　剖面图案的填充方式

已填充的图案，可通过菜单"修改/填充图案"命令对图案、比例和旋转角度进行修改（先选择后修改）。

4. 选择填充边界

定义边界的对象只能是直线、射线、多义线、样条曲线、圆弧、圆、椭圆、面域等，并且要构成封闭的区域，同时最外边界的对象在当前屏幕上要全部可见，这样才能正确填充。

单击"拾取点"按钮后回到绘图窗口，在希望填充的区域内点取选择。也可以通过"选择物体"以选取对象的方式确定填充区域的边界。

9.2.4　文本标注

由于绘图时需要为图形添加多种文字说明，因此首先要进行文本类型的设置，保存起来以备调用。

1. 文字样式设置

输入命令：style↙ 或选择"格式/文本类型"命令，打开"文字样式"对话框，在对话框中选择已有的类型或新建新的类型。对话框如图 9-34 所示。

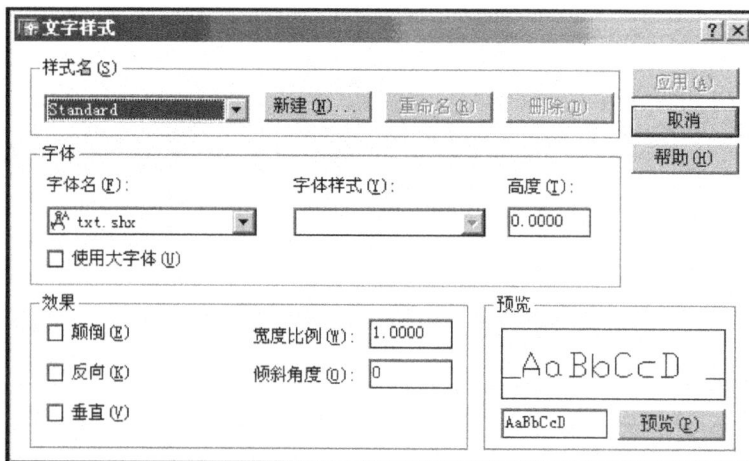

图 9-34　"文字样式"对话框

（1）样式名（Style Name）：显示已有的文本类型（下拉文本框），可选择调用；单击"新建"按钮，可建立新的类型；单击"重命名"按钮，可为已有的式样更名；单击"删除"按钮，可删除选择式样。

（2）字体（Font）：用于选定字体类型，指定字体样式及设置字体高度。

（3）效果（Effects）：确定字体特征：有颠倒（Backwards）、反向（Upside Down）、垂直（Vertical）、文字宽度比例（Width Factor）、文字的倾斜角度（Oblique Angle）等。

（4）应用（Apply）按钮：单击该按钮确定字体样式的设置。

2. 文本输入：Dtext（单行文本）、Mtext（多行文本）

（1）输入单行文本（Dtext）。

操作：选择菜单"绘图/文字/单行文字"或在命令行输入：DTEXT↙，按提示选择文本样式、字高等设置后输入相应的文本内容。

（2）输入多行文本。

操作：选择菜单"绘图/文字/多行文字"或在命令行输入：MTEXT↙、或单击工具按钮 A。

选择多行文本命令即可打开一个小型文本编辑窗口，可在该窗口进行输入文字、选择字体、字号操作等。

（3）控制码及特殊字符。绘图时需要输入一些键盘上没有的特殊字符，AutoCAD 2008提供了以控制码来实现这一功能。常用控制码及其含义如表9-1所示。

表9-1　控制码及其含义

控　制　码	含　　义
%%O	打开或关闭文本上方画横线的方式
%%U	打开或关闭文本下方画横线的方式
%%C	圆的直径符号"ϕ"，如%%C50，即为ϕ50
%%D	度符号"°"，如45%%D，即为45°
%%P	公差符号"±"，如%%P3，即为±3
%%nnn	专用符号，nnn为ASCII码

9.2.5　图块操作

在AutoCAD 2008中绘图，可以把许多标准结构、标准零件和使用频率较高的图形定义成图块存储起来，需要时，只要给出位置、方向和比例（确定大小），即可调出该图形，以提高作图速度。

AutoCAD 2008将图块当做一个实体看待，图块可以在图形文件中使用，也可以单独存为一个文件，供其他图形文件引用。

1. 创建块

直接输入图块定义命令：Block或Wblock；或者选择菜单"绘图/块/创建"命令项，或者单击工具条上"创建块"图标，可打开图块定义对话框，按提示操作即可。

命令 Block 和 Wblock 的区别是：

（1）Block 定义的块只能在当前文件中使用。

（2）Wblock 定义的块被存为一个独立的文件，可以用于其他文件的图块插入操作。

（3）Wblock 在定义块的时候还可以定义块的属性。

2. 插入块

直接输入插入图块命令：Insert 或 DDInsert；或者选择菜单"插入/块"命令项，或者单击工具条上"插入块"图标，然后按提示操作。

3. 块操作举例

例9-4 螺栓的块创建及使用。

解：① 建块。按比例画法画出螺栓的三个部分，如图9-35 所示，定义为三个独立的块：

螺栓头（基点在右中心）。

螺栓中（基点在左中心）。

螺栓尾（基点在左中心）。

② 插入块。调入上述图块画出直径为 12，有效长度为 50，螺栓插入角度为 45 度。

a. 调入螺栓头，比例因子：X 12；Y 12；旋转角度 45。

b. 调入螺栓中，比例因子：X 26；Y 12；旋转角度 45。

c. 调入螺栓尾，比例因子：X 12；Y 12；旋转角度 45。结果如图9-36 所示。

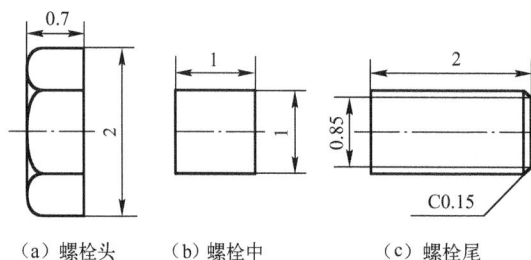

（a）螺栓头　（b）螺栓中　　　（c）螺栓尾

图9-35 块定义

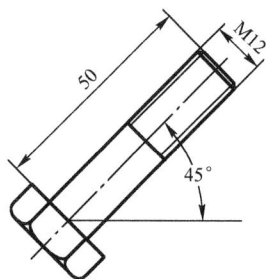

图9-36 插入块

9.3 AutoCAD 2008 尺寸标注

9.3.1 标注样式

可利用"标注样式管理器"对话框创建或修改尺寸标注样式，保存起来以备需要时选用。

操作：选择菜单"格式/标注样式"命令或在命令行输入：dimstyle 可打开"标注样式管理器"。单击"新建（N）…"按钮，弹出"创建新标注样式"对话框，如图9-37 所示。

单击"继续"或选择已有样式后，单击"修改"，弹出"新建（修改）样式"对话框，如图9-38所示。

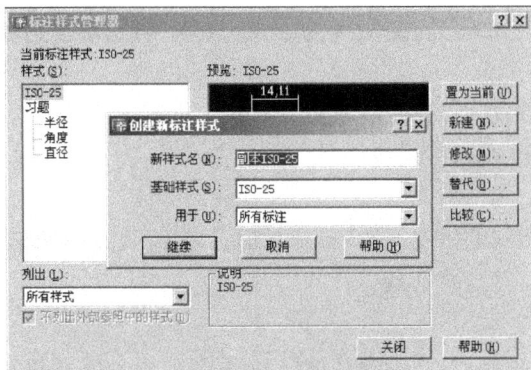

图9-37 "标注样式管理器"对话框

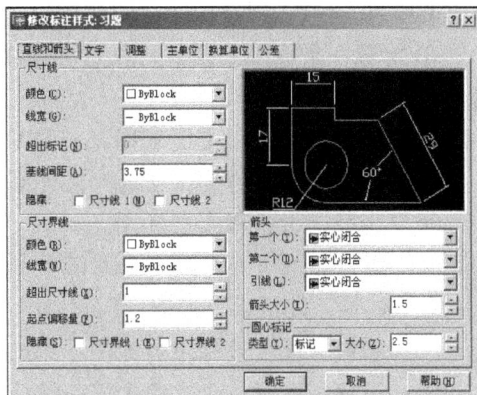

图9-38 "新建标注样式"对话框

该对话框有六个选项卡，说明如下：

直线和箭头：设置尺寸线、尺寸界线、箭头和中心标记的格式与属性。

文字：设置文字的外观、位置及对齐方式。

调整：控制尺寸文字、尺寸线、尺寸箭头等位置。

主单位：设置主单位的格式与精度、尺寸文字的前、后缀。

换算单位：确定换算单位的格式。

公差：确定是否标注公差，若标注用何种方式标注。

9.3.2 尺寸标注命令工具栏（见图9-39）

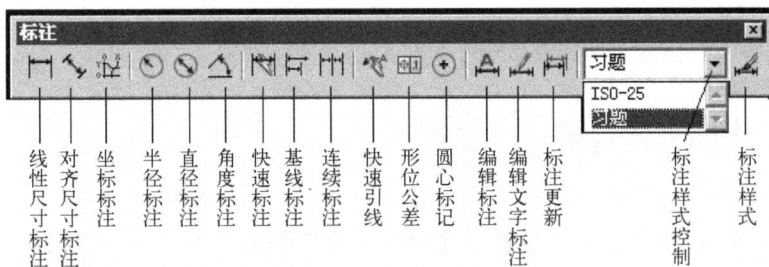

图9-39 尺寸标注工具栏

常用命令简介如下：

（1）线性尺寸标注：拾取标注对象后，系统自动将该对象的两端点作为尺寸界线的起始点，自动测量出相应的距离，并标出尺寸。若两条尺寸界线的起始点不位于同一水平线或垂直线上时，上下拖动鼠标可引出水平尺寸线，左右拖动鼠标可引出垂直尺寸线。

（2）对齐尺寸标注：尺寸线与两边的尺寸界线的起点线平行，或与要标注尺寸的对象平行。

（3）角度尺寸标注：选择命令后，系统提示：选择圆弧、圆、直线或（指定顶点）。简要说明如下：

① 拾取圆：则标注圆上某段圆弧的包含角。圆心为所标注角度的顶点，尺寸界线通过选取的两个点。

② 拾取圆弧：则直接标注圆弧的包含角。

③ 拾取一条线段：提示拾取第二条线段，并以它们的交点为顶点，标注两条不平行直线之间的夹角。

（4）基线标注：相关尺寸均以一个基准线为起始点标注尺寸。

（5）连续标注：方便快速地标注连续的线性或角度尺寸。

（6）半径、直径和圆心标注。

注：圆心标注与否，取决于系统变量 DimCen 的值。DimCen = 0 时，不显示圆心标记，DimCen > 0 时，显示圆心标记；DimCen < 0 时，画出中心线。

（7）引线标注：该标注可为图形添加注释文本。

（8）快速引线标注：快速生成引线标注，并通过"引线设置"对话框对命令提示进行设置，为图形添加注释文本。

（9）形位公差标注：标注形状和位置公差。其公差符号及含义如表 9-2 所示。

表 9-2 形位公差符号及名称

符　号	对应的名称
⊕ ◎ ≐ // ⊥	位置度、同轴度、对称度、平行度、垂直度
∠ ⌀ ▱ ○ —	倾斜度、圆柱度、平面度、圆度、直线度
⌒ ⌒ ↗ ↗	面轮廓度、线轮廓度、圆跳动、全跳动

9.4 AutoCAD 2008 轴测图绘制

9.4.1 二维等轴测视图简介

AutoCAD 2008 的"等轴测捕捉"模式可以帮助用户创建表现三维对象的二维等轴测图像。通过设置"等轴测捕捉"，可以很容易地沿三个等轴测平面之一对齐对象。尽管等轴测图形看似三维图形，但它实际上是二维表示，因此不能从视图提取三维距离和面积，也不能从不同视口显示对象或自动删除消隐线。

通过沿三个主轴对齐，等轴测图形从特定的视点模拟三维对象。如果捕捉角度是 0，那么等轴测平面的三根轴分别是 30°、90° 和 150°，如图 9-40 所示。

将捕捉样式设置为"等轴测"后，可以在三个平面中的任一个平面上工作，每个平面都有一对关联轴：

左视图，捕捉和栅格沿 90° 和 150° 轴对齐（YOZ 平面、称左平面）。

俯视图，捕捉和栅格沿 30° 和 150° 轴对齐（XOY 平面、称顶平面）。

右视图，捕捉和栅格沿 30° 和 90° 轴对齐（XOZ 平面、称右平面）。

在 AutoCAD 2008 中，每次只能在一个轴测面上作图，如要在某一轴测面作图时，首先必须使其成为当前轴测面。（注意，当切换轴测面时，AutoCAD 2008 会自动改变十字线和网格，使它们看起来像是位于当前的轴测面上。）

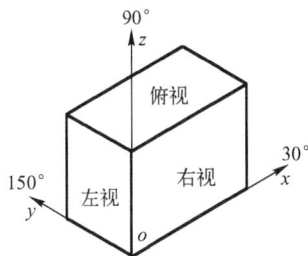

图 9-40　等轴测图三个主轴方向　　　　图 9-41　等轴测圆的绘制

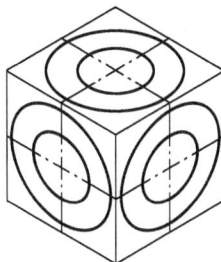

9.4.2　打开等轴测平面

打开等轴测平面方法如下：

（1）从"工具"菜单中选择"草图设置"。

（2）在"草图设置"对话框的"捕捉和栅格"选项卡的"捕捉类型和样式"下，选择"等轴测捕捉"选框。

（3）选择"确定"。

打开"等轴测捕捉"模式时，若选择"正交"方式，则十字光标将会在各轴测面上与相应的等轴测轴对齐，这样可以方便绘制该平面上的图样。

在绘制等轴测图时，可以先绘制顶平面、然后切换到左平面绘制另一侧，接着再切换到右平面绘制……直至完成图形。按下F5 键可实现三个等轴测平面间的循环切换。

9.4.3　绘制等轴测圆的步骤

圆的轴测投影即变为椭圆，因此回转体的轴测图需要在各平面中绘制椭圆。在等轴测平面上绘图时，要用椭圆表示从某一倾斜角度查看的圆，所以绘制形状正确的椭圆是比较重要的工作之一。AutoCAD 2008 给我们提供了绘制形状正确的椭圆的方法：选择"椭圆（EL-LIPSE）"命令中的"等轴测圆"选项。

例如，要绘制如图 9-41 所示的轴测椭圆，绘图步骤如下：

（1）从"工具"菜单中选择"草图设置"。

（2）在"草图设置"对话框的"捕捉和栅格"选项卡上，选择"等轴测捕捉"。

（3）选择"确定"。

（4）从菜单中选择"绘图/椭圆/轴、端点"命令、或单击"椭圆"工具图标。

（5）输入I（等轴测圆）选项。

（6）指定圆的圆心。

（7）指定圆的半径或直径。

注意：为确保椭圆绘制的正确性，要明确所画椭圆所属的等轴测平面。可按 F5 键选择相应的等轴测平面后再画图。

9.4.4 轴测模式下画圆弧

圆的轴测投影即变为椭圆，圆弧在轴测投影图中以椭圆弧的形式出现，可以先画一个整的椭圆后，用裁剪或打断命令进行编辑。

例如，绘制如图9-42（d）所示底板的圆角，作图步骤如下：

（1）先画出长方形底板，见图9-44（a）所示。

（2）绘制椭圆A和B，见图9-44（b）所示。可用自动追踪方法确定两个椭圆的中心，例如，若要找椭圆A的中心点，可先使用"TT"选项在1点处建立一个临时参考点，然后从该点沿150°方向追踪找到2点。

（3）将椭圆A、B复制到所需位置，见图9-44（c）所示。

（4）画公切线C，修剪多余的线条，结果见图9-44（d）所示。

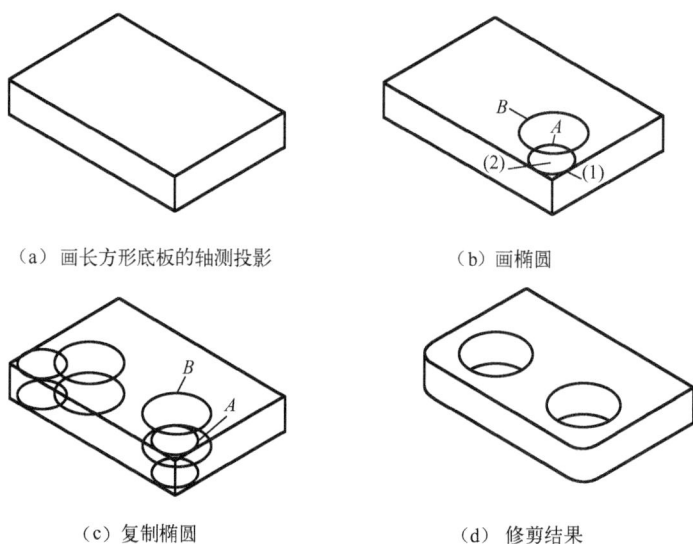

（a）画长方形底板的轴测投影 （b）画椭圆

（c）复制椭圆 （d）修剪结果

图9-42 底板圆角等轴测图绘制

9.4.5 轴测模式添加文本

要在轴测面中添加如图9-43所示的文本，通常必须使文本倾斜角与基线旋转角度成30°或−30°。一般规律如下：

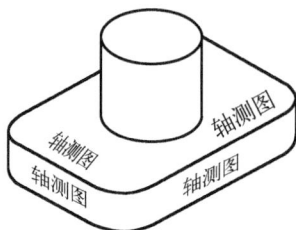

图9-43 轴测图标注文本

（1）在XOZ平面（右平面）中，使文本看起来是直立的，应选用30°的倾斜角与30°的旋转角。

（2）在YOZ平面（左平面）中，使文本看起来是直立的，用−30°的倾斜角与−30°的旋转角。

（3）在XOY平面（顶平面）中，使文本看起来是放在该平面上，且平行于Y轴，应采用30°的倾斜角与−30°的旋转角。

（4）在XOY平面（顶平面）中，使文本看起来是放在该平面上，且平行于 X 轴，应采用 30°的倾斜角与 –30°的旋转角。

操作提示：

（1）使用 STYLE 命令，打开"文字样式"对话框。

（2）在倾斜角度框中输入倾斜角，关闭对话框。

（3）使用 TEXT 或 DTEXT 命令设置旋转角并键入文本。

9.5 AutoCAD 2008 图形输出

图形绘制完成后，通常要输出到图纸上形成工程使用的图纸文件。AutoCAD 2008 支持的图形输出设备可以是绘图机或打印机。进行图形输出前须设置有关打印的一些参数，如打印设备配置、打印样式、打印范围等。

1. 设置视口

一般在模型空间绘图，而在图纸空间布局和打印。单击"布局"标签或在命令行输入"Paper"进入图纸空间，在图纸空间中可创建多个规则的视口、单个规则和不规则的视口、裁剪视口和将对象转化为视口，还可以设置各视口比例及锁定比例。视口在图纸空间生成时将在当前图层产生视口边界。

2. 创建布局

每个布局代表一个打印页面，使用这些"布局"可帮助可视化的操作单个或多个图纸空间。

新布局可以从菜单"工具/向导/创建布局"打开对话框进行设置，图纸布局设置对话框如图 9–44 所示。

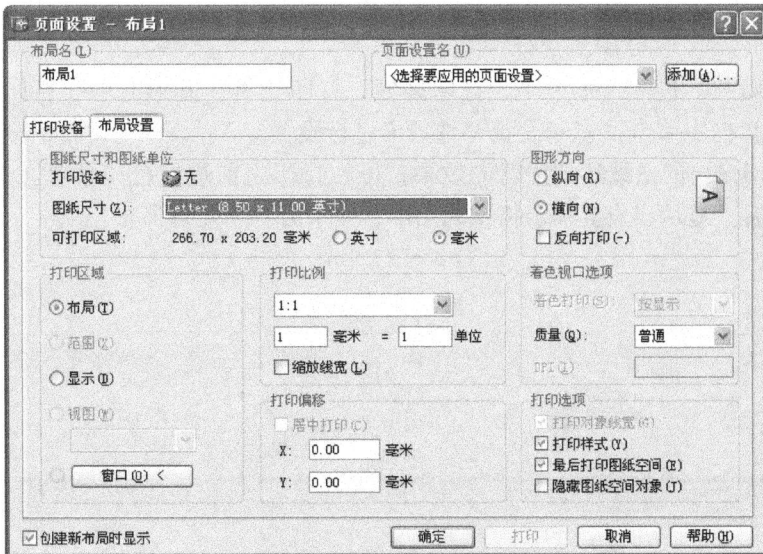

图 9–44 布局设置对话框

3. 打印

（1）打印设备参数设置。选择菜单"文件/打印"，打开"打印"对话框，如图9-45所示，系统默认打开"打印设备"选项卡；在打印机配置"名称"下拉列表中选择合适的设备后，单击"特性"按钮，打开打印机配置编辑器对话框，选择"自定义特性"选项后，打开属性对话框设置打印机的有关属性。

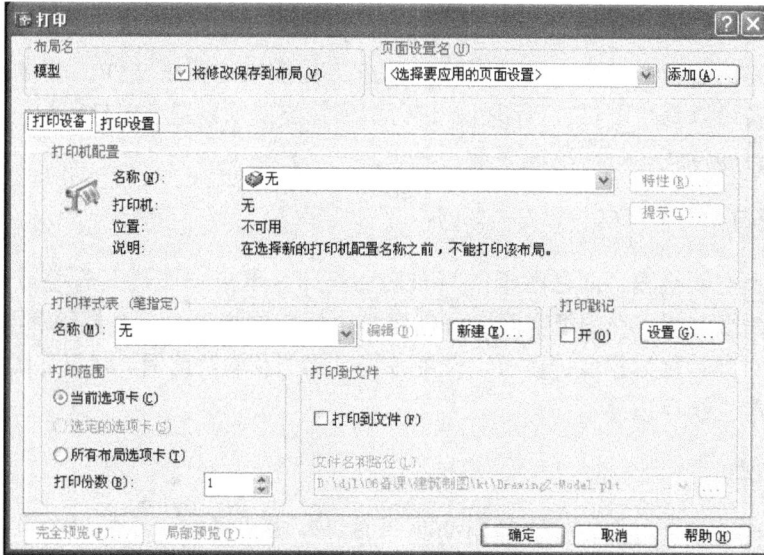

图9-45 "打印设备"选项卡

（2）打印样式设置。打印样式决定图形输出时图线的线宽、颜色、图线清晰度等。在打印设备选项卡中的"打印样式表"中，可选择已配置的打印样式，也可以"新建"打印样式。

（3）打印参数。包括纸张大小、打印区域、打印比例、图形方向、打印偏移等选项。在"打印"对话框中单击"打印设置"选项卡进行设置。

为保证打印输出的图纸达到预期的效果，可在打印之前进行打印预览。选择"完全预览"按钮，屏幕上显示出设置输出格式的图形，效果为"所见即所得"。

第 10 章　标准件和常用件

标准化、系列化、通用化是现代工业化生产的重要标志之一。在机械制造业，标准化涉及材料、尺寸、表面粗糙度、公差，以及零件结构要素、标准零件和标准部件。图 10-1 是一齿轮油泵的零件分解图，其中的螺栓、垫圈、键、销等都是标准零件，泵体上的螺纹是标准结构要素。通常在机器中所用的滚动轴承则是标准部件。

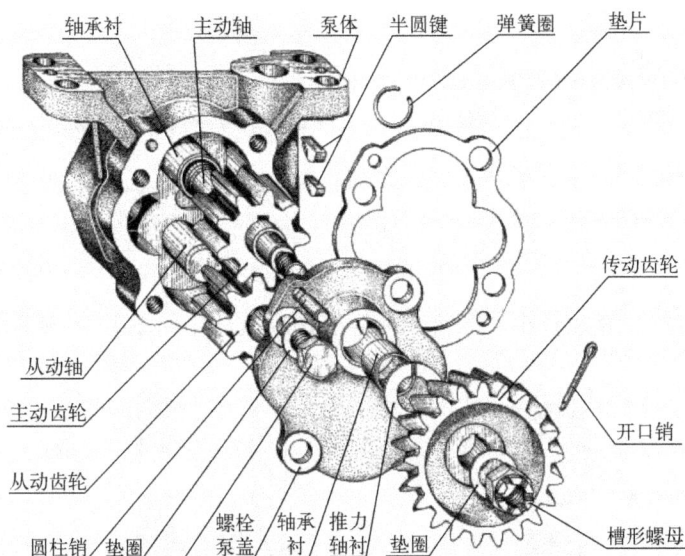

图 10-1　齿轮油泵的零件分解图

国家标准对标准结构要素、标准零件和标准部件都有统一的规定画法、符号和代号，减少了制图的工作量，提高了设计的速度和质量。

本章着重介绍螺纹及螺纹连接件的基本知识、画法和标记方法，并介绍一些其他常用的标准结构要素、标准零件和标准部件的有关标准。

10.1　螺纹和螺纹紧固件

10.1.1　螺纹

1. 螺纹的形成

螺纹是在圆柱（锥）表面上，沿着螺旋线所形成的、具有相同剖面的连续凸起和沟槽。实际上可认为是由平面图形绕着和它共平面的回转轴线做螺旋运动时的轨迹。在圆柱（锥）外表面上所形成的螺纹称外螺纹；在圆柱（锥）内表面上所形成的螺纹称内螺纹，如图 10-2 所示。

（a）外螺纹　　　　　　　　（b）内螺纹

图 10-2　外（内）螺纹

实际生产中螺纹通常是在车床上加工的，工件等速旋转，同时车刀沿轴向等速移动，即可加工出螺纹，如图 10-3 所示。

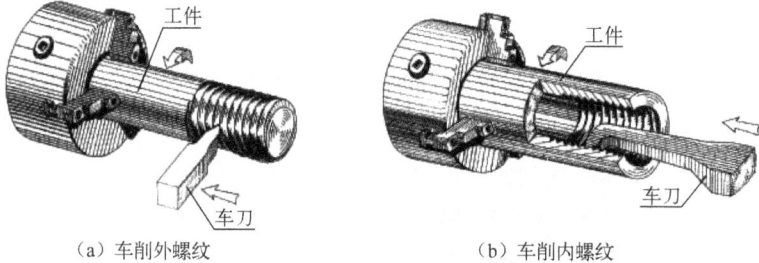

（a）车削外螺纹　　　　　　　　（b）车削内螺纹

图 10-3　车削螺纹

用板牙或丝锥加工直径较小的螺纹，俗称套扣或攻丝，如图 10-4 所示。

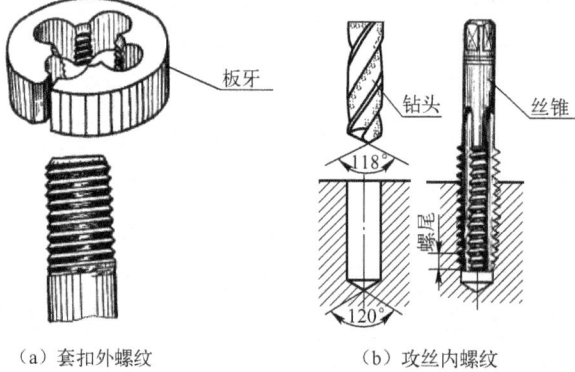

（a）套扣外螺纹　　　　　　　　（b）攻丝内螺纹

图 10-4　套扣和攻丝

2. 螺纹的基本要素

（1）螺纹牙型。在通过螺纹轴线的断面上，螺纹的轮廓形状称为螺纹牙型。常见牙型有三角形、梯形、锯齿形和矩形等，如图 10-5 所示。不同的螺纹牙型有不同的用途。

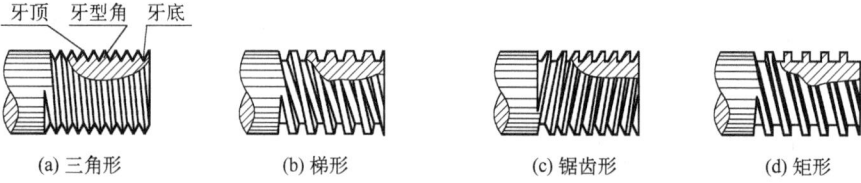

(a) 三角形　　　　(b) 梯形　　　　(c) 锯齿形　　　　(d) 矩形

图 10-5　常见螺纹的牙型

（2）螺纹直径（如图 10-6 所示）。

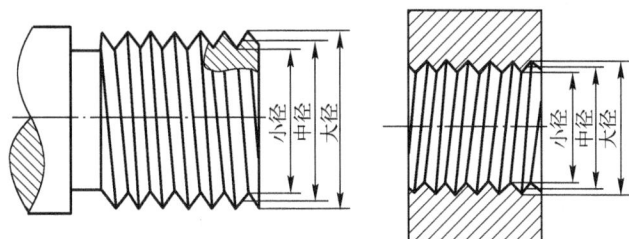

图 10-6　螺纹的直径

① 大径（公称直径）。是螺纹的最大直径，即与外螺纹牙顶或内螺纹牙底相重合的假想圆柱面的直径，用 d（外螺纹）或 D（内螺纹）表示。

② 小径。是螺纹的最小直径，即与外螺纹牙底或内螺纹牙顶相重合的假想圆柱面的直径，用 d_1（外螺纹）或 D_1（内螺纹）表示。

③ 中径。在大径与小径圆柱面之间有一假想圆柱，在母线上牙型的沟槽和凸起宽度相等。此假想圆柱称为中径圆柱，其直径称为中径，中径是控制螺纹精度的主要参数之一。

（3）螺纹线数（n）。螺纹有单线（常用）和多线之分，沿一条螺旋线形成的螺纹称为单线螺纹；沿轴向等距分布的两条或两条以上的螺旋线所形成的螺纹称为多线螺纹，如图 10-7 所示。

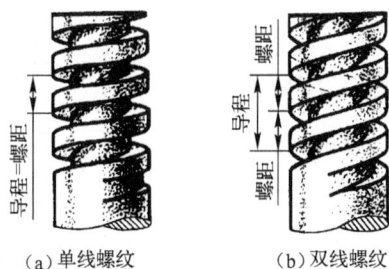

（a）单线螺纹　　（b）双线螺纹

图 10-7　螺纹的线数

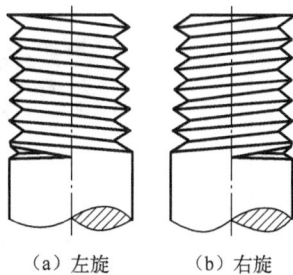

（a）左旋　　（b）右旋

图 10-8　螺纹的旋向

（4）螺距（P）和导程（S）。螺纹相邻两牙在中径线上对应两点间的轴向距离，称为螺距（P）。同一条螺纹线上相邻两牙在中径线上对应两点间的轴向距离，称为导程（S），由图 10-7 可知，螺距和导程有如下关系：

单线螺纹：$P = S$

多线螺纹：$S = n \times P$

（5）旋向。螺纹分右旋和左旋两种，如图 10-8 所示。顺时针旋转时旋入的螺纹，称为右旋螺纹；逆时针旋转时旋入的螺纹，称为左旋螺纹。工程上常用右旋螺纹。

只有牙型、直径、螺距、线数和旋向完全相同的内、外螺纹，才能相互旋合。

3. 螺纹的代号及分类

螺纹牙型、直径和螺距是决定螺纹的最基本要素，称为螺纹三要素。国家标准对这三要素规定了标准值，见附表1-1~1-4；凡是三要素符合标准的称为标准螺纹；凡螺纹牙型符合标准，而大径、螺距不符合标准的称为特殊螺纹。若螺纹牙型不符合标准，则称为非标准螺纹。螺纹按其用途可分为连接螺纹和传动螺纹两类，不同螺纹有不同的代号，见表10-1所示。

表10-1　常用螺纹的分类

螺纹分类	螺纹种类	特征代号	外　形　图	牙　型	国　标　号	用途及说明
连接螺纹	普通螺纹	M	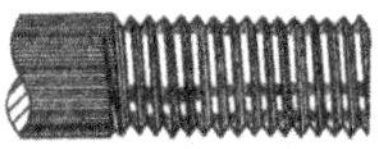	 60°	GB/T192—2003	粗牙螺纹用于一般机件的联接，细牙螺纹用于薄壁零件的防松与密封
	55°非密封管螺纹	G	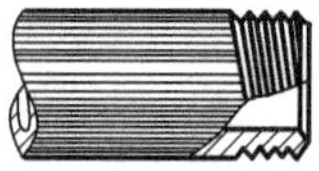	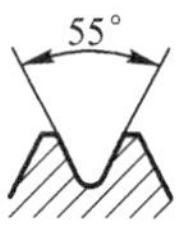 55°	GB/T7307—2001	用于管路零件的连接
	55°密封管螺纹	Rc R_1 R_2 R_P			GB/T7306—2000	用于机器上燃料管、油管、水管、气管的连接；也用于各种堵塞
传动螺纹	梯形螺纹	Tr		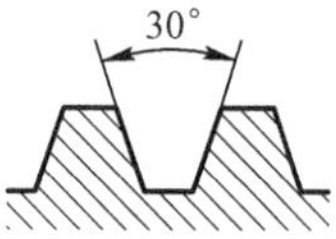 30°	GB/T5796—2005	用于传递双向运动和动力（轴向力）的场合，如机床的丝杠等
	锯齿形螺纹	B	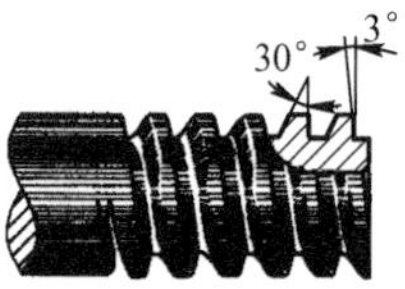	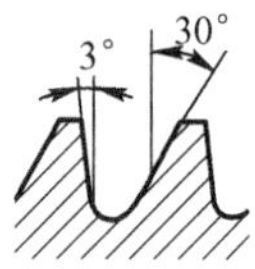 30° 3°	GB/T13576—1992	用于传递单向动力（轴向力）的场合，如虎钳、千斤顶的丝杠等
	矩形螺纹		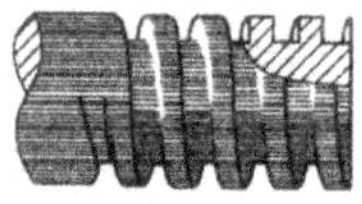	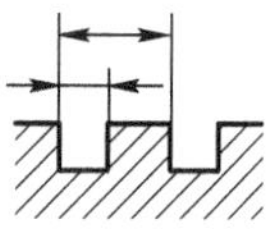		多用于虎钳、千斤顶、螺旋压力机等

10.1.2　螺纹的规定画法

机械制图国家标准（GB/T4459.1—1995）对螺纹画法做了详细的规定。

1. 单个内、外螺纹的画法

（1）外螺纹的画法。在平行于螺纹轴线投影面上的视图中，螺纹的大径（牙顶）及螺纹终止线螺杆的倒角用粗实线表示；小径（牙底）用细实线表示。画图时小径尺寸近似地

取 $d_1 \approx 0.85d$。在垂直于螺纹轴线投影面上的视图中，表示牙底的细实线圆只画 3/4 圈，此时倒角圆省略不画，如图 10-9 所示。画剖视图时螺纹终止线只画一小段粗实线到小径处，剖面线应画到粗实线，如图 10-12（b）所示。

（2）内螺纹的画法。在平行轴线的方向画剖视，小径用粗实线表示，大径用细实线表示，螺纹的终止线用粗实线表示，剖面线画到粗实线处；在投影为圆的视图上，表示大径圆用细实线只画约 3/4 圈，倒角圆省略不画，如图 10-10 所示。

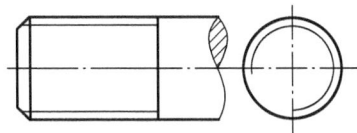

图 10-9　外螺纹的规定画法　　　图 10-10　内螺纹的规定画法

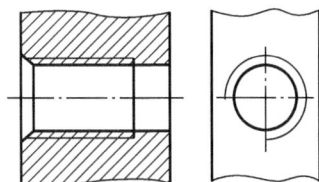

（3）不穿通的螺孔的画法。绘制不穿通的螺纹时应将螺纹孔和钻孔深度分别画出，一般钻孔应比螺纹孔深约 $0.5d$，钻孔底部的锥角应画成 120°，表示不可见螺纹所有图线均画成虚线，如图 10-11 所示。

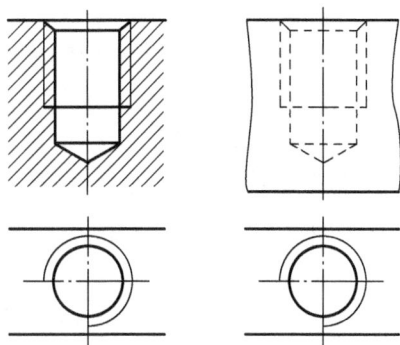

2. 内、外螺纹连接的画法

以剖视图表示内、外螺纹连接时，其旋合部分按外螺纹的画法表示，其余部分仍按各自的规定画法表示。要注意的是要使内、外螺纹的大、小径对齐。在剖视图中，剖面线应画到粗实线；当两零件相连接时，在同一剖视图中，其剖面线的倾斜方向相反或方向一致但间隔距离不同，如图 10-12 所示。

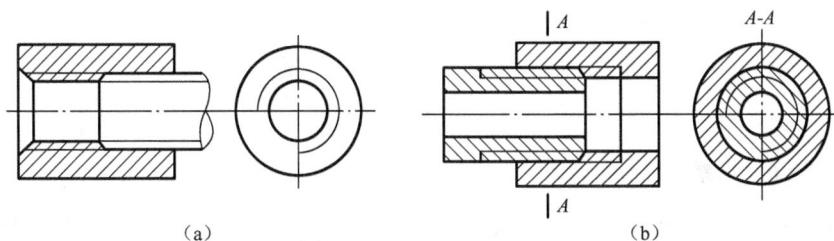

图 10-11　不穿通的内螺纹的规定画法

（a）　　　　　　　　　　　　　（b）

图 10-12　内、外螺纹连接的画法

3. 非标准螺纹画法

绘制非标准螺纹牙型的螺纹时，应画出螺纹牙型，并注出所需的尺寸及要求，如图 10-13 所示。

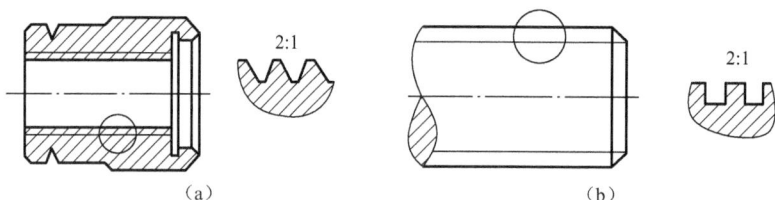

图 10-13　非标准螺纹画法

10.1.3　常用螺纹的分类和标注

螺纹按国标的规定画法画出后，图上反映不出牙型、公称直径、螺距、线数和旋向等要素，因此需要用标注代号或标记的方式来说明。

1. 普通螺纹

普通螺纹的牙型角为 60°，有粗牙和细牙之分，即在相同的大径下，有几种不同规格的螺距，螺距最大的一种为粗牙普通螺纹，其余为细牙普通螺纹。

螺纹代号：粗牙普通螺纹代号用牙型符号"M"及"公称直径"表示；细牙普通螺纹的代号用牙型符号"M"及"公称直径×螺距"表示。当螺纹为左旋时，用代号 LH 表示。右旋省略标注。螺纹标记如下：

| 特征代号 | 公称直径 | × | 螺距 | 旋向 | － | 中径公差带代号 | 顶径公差带代号 | － | 旋合长度代号 |

粗牙螺纹允许不标注螺距。

旋合长度是指内、外螺纹旋合在一起的有效长度，分为短、中、长三种，分别用代号 S、N、L 表示，相应的长度可根据螺纹公称直径及螺距从标准中查出。当旋合长度为中等时，"N"可省略。

例如，已知细牙普通螺纹，公称直径为 20mm，螺距为 2mm，中径公差带代号为 5g，顶径公差带代号为 6g，短旋合长度。其标注形式为：

M　20 × 2　LH—5g 6g—S

普通螺纹代号

公称直径为 20

螺距为 2（细牙）

左旋

旋合长度代号

顶径公差带代号

中径公差带代号

2. 梯形和锯齿形螺纹

梯形螺纹用来传递双向动力，其牙型角为 30°，不按粗、细牙分类；锯齿形螺纹用来传递单向动力。梯形螺纹、锯齿形螺纹只标注中径公差带代号；旋合长度只分为 N、L 两组，当旋合长度为 N 时不标注。

梯形螺纹的标记形式为：

单线格式：

| 特征代号 | 公称直径 | × | 螺距 | 旋向 | 中径公差带代号 | 旋合长度代号 |

多线格式：

$$\boxed{\text{特征代号}}\ \boxed{\text{公称直径}}\times\boxed{\text{导程（P 螺距）}}\ \boxed{\text{旋向}}\ \boxed{\text{中径公差带代号}}\ \boxed{\text{旋合长度代号}}$$

例如，Tr40×7–6H "Tr" 表示梯形螺纹，"40" 为公称直径，"7" 为螺距，"6H" 为中径公差带代号，中旋合长度。

3. 管螺纹

在水管、油管、煤气管的管道连接中常用管螺纹，管螺纹分为非螺纹密封的内、外管螺纹和用螺纹密封的管螺纹。管螺纹应标注螺纹特征代号和尺寸代号；非螺纹密封的外管螺纹还应标注公差等级。

标记形式如下：

$$\boxed{\text{特征代号}}\quad\boxed{\text{尺寸代号}}\quad\boxed{\text{公差等级代号}}\quad\boxed{\text{旋向}}$$

管螺纹标注中的尺寸代号不是管子的外径，也不是螺纹的大径，而是指管螺纹所在管子孔径英寸的近似值；公差等级代号对外螺纹分 A、B 两级标注，内螺纹不标记；右旋螺纹的旋向不标注，左旋螺纹标注 "LH"。管螺纹在图样上一律标注在引出线上，引出线应由大径或由对称中心处引出。

例如，G 1/2 A，"G" 表示非螺纹密封的管螺纹，"1/2" 为尺寸代号，"A" 为 A 级外螺纹。常见标准螺纹的规定标注见表10–2。

表10–2　常见标准螺纹的规定标注

螺纹种类	标注形式和方式	图　例	说　明
粗牙普通螺纹（单线）	粗牙普通螺纹标注示例： M10-5g6g-S　旋合长度代号 顶径公差带代号 中径公差带代号 M10LH-7H-L　旋合长度代号 中径和顶径公差带代号 左旋 M10 – 5g6g	M10–5g6g–S M10LH–7H–L M10–5g6g	1. 不标注螺距 2. 右旋省略不标，左旋要标注 3. 中径和顶径公差带代号相同时，只标注一个代号 4. 若为中等旋合长度，可省略不标
细牙普通螺纹（单线）	细牙普通螺纹标注示例： M10 × 1.5 – 5g6g	M10×1.5–5g6g	1. 要标注螺距 2. 其他规定同上
非螺纹密封的管螺纹（单线）	管螺纹标注： 非螺纹密封的内管螺纹标注示例：G 1/2 非螺纹密封的外管螺纹标注示例： 公差等级为 A 级 G 1/2A 公差等级为 B 级 G 1/2B	G1/2 G1/2A	1. 管螺纹均从大径处指引线标注 2. G 右边数字为管螺纹名称，据此查出螺纹大径

螺纹种类	标注形式和方式	图 例	说 明
用螺纹密封的管螺纹（单线）	用螺纹密封的圆柱内管螺纹示例：R$_P$1/2 用螺纹密封的圆锥内管螺纹示例：R$_c$1/2 用螺纹密封的圆锥外管螺纹示例：R1/2	*Rp*1/2 *Rc*1/2	
梯形螺纹（单线、多线）	单线梯形螺纹标注示例：Tr40×7 -7e 单线梯形螺纹标注示例：Tr40×14（P7）LH -7e	*Tr*40×7–7*e* *Tr*40×14(P7)*LH*–7*e*	1. 要标注螺距 2. 多线的要标注导程
锯齿形螺纹（单线、多线）	单线锯齿形螺纹标注示例：B40×7 多线锯齿形螺纹标注示例：B40× ×14（P7） -7e	*B*40×14(P7)–7*e*	1. 要标注螺距 2. 多线的要标注导程

10.1.4 螺纹紧固件及其连接

1. 螺纹紧固件

螺纹紧固件就是运用内、外螺纹的连接作用来实现连接紧固的一些零部件。常用的螺纹紧固件有螺钉、螺栓、螺柱（亦称双头螺柱）、螺母和垫圈等。根据螺纹紧固件的规定标记，就能在相应的标准中查出有关尺寸，所以在图样中只需画出螺纹连接件的简单视图、标注主要尺寸，加上规定标记即可。如表 10-3 所示，标记可用完整标记如 GB/T5780—2000 M 12×50 或用简化标记如 GB/T5780 M 12×50。

表 10-3　螺纹紧固件的标注

名　称	规定标记示例	名　称	规定标记示例
六角头螺栓 M12　50	螺栓 GB/T5780—2000 M12×50	内六角圆柱头螺钉 M12　50	螺钉 GB/T70.1 M12×50

名　　　称	规定标记示例	名　　　称	规定标记示例
双头螺柱 A 型 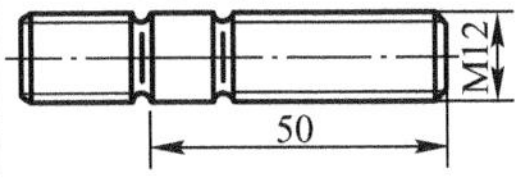	螺柱 GB/T897—1988 AM12×50	1 型六角螺母 C 级 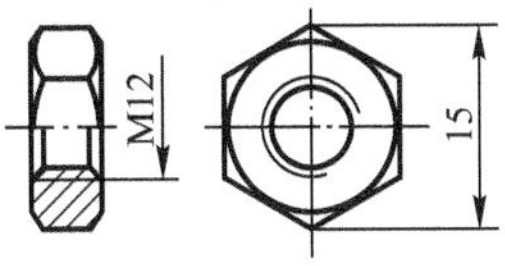	螺母 GB/T41 M12
开槽圆柱头螺钉 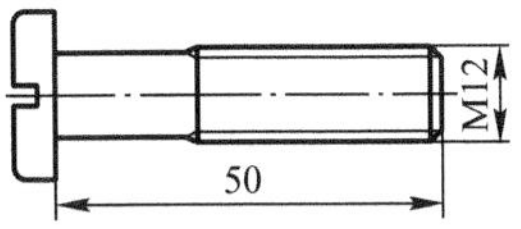	螺钉 GB/T65—1985 M12×50	1 型六角开槽螺母 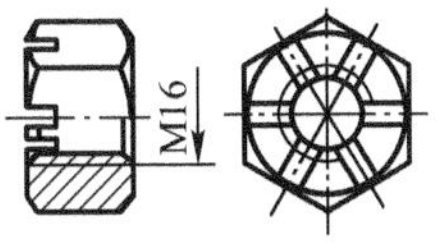	螺母 GB/T6178 M16
开槽沉头螺钉 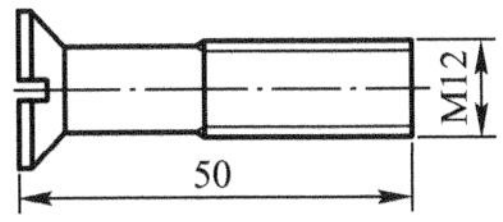	螺钉 GB/T68—2000 M12×50	垫圈 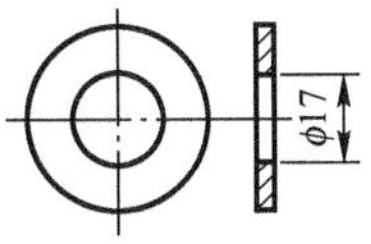	垫圈 GB/T97. 1 16
开槽锥头紧定螺钉 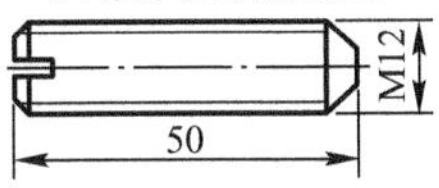	螺钉 GB/T71—1985 M12×50－14H	标准型弹簧垫圈 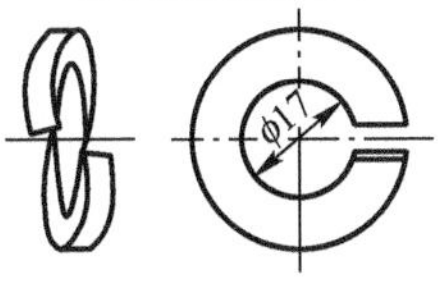	垫圈 GB/T93 16

紧固件的完整标记由名称、标准编号、型式与尺寸、性能等级或材料热处理等组成，排列顺序如下：

| 名称 | 标准编号 | 型式 | 规格、精度 | 型式与尺寸的其他要求 | 材料 | 热处理 | 表面处理 |

标记的简化原则：

（1）名称和标准年代号允许省略。

（2）当产品标准中只有一种型式、精度、性能等级或材料及热处理、表面处理时，允许省略。

（3）精度、性能等级或材料及热处理、表面处理时，可规定省略其中的一种。

螺纹紧固件连接是一种可拆卸的连接，常用的连接形式有：螺钉连接、螺栓连接、螺柱连接等。

2. 常用螺纹紧固件的比例画法

（1）螺栓。螺栓由带有螺纹的圆柱杆和棱形头部组成。按头部形状可分为六角头螺栓、方头螺栓等，六角头螺栓应用最广。根据加工质量，螺栓的产品等级分为 A、B、C 三级。六角头螺栓的比例画法如图 10-14 所示。

（2）双头螺柱（见图 10-15（b）所示）。双头螺柱两端都制有螺纹，bm 端旋入被连接件中的较厚零件的螺孔中，称为旋入端；b 端与螺母旋合，成为紧固端。根据国标规定，旋入端的 bm 螺纹长度由被旋入的零件的材料强度来定，有四种长度。零件材料是钢或青铜时，$bm=1d$；零件材料是铸铁时，$bm=1.25d$；零件材料强度在铸铁与铝之间时，$bm=1.5d$；零件材料是纯铝时，$bm=2d$。

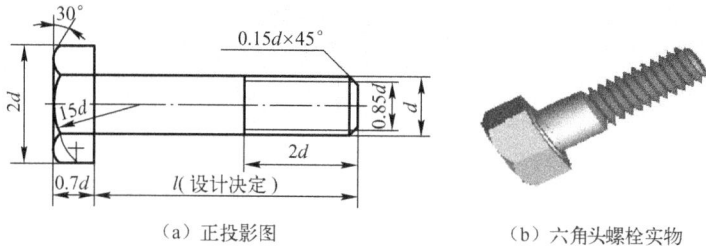

（a）正投影图　　　　　　　　　（b）六角头螺栓实物

图 10-14　六角头螺栓的比例画法

双头螺柱的比例画法如图 10-15 所示。

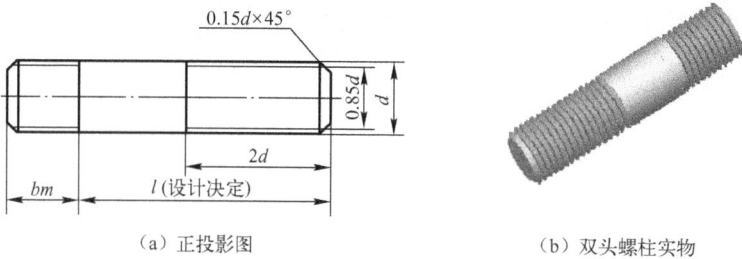

（a）正投影图　　　　　　　　　（b）双头螺柱实物

图 10-15　双头螺柱的比例画法

（3）螺母。常用的螺母按其形状分为六角螺母、六角开槽螺母、方螺母和圆螺母等。圆螺母上制有内螺纹，用以与螺栓、螺柱旋合，其中六角螺母应用最广。螺母产品等级分 A、B、C 三级，分别与相对应精度的螺栓、螺钉及垫圈相配。根据螺母高度 m 的不同，又分为薄型、1 型、2 型和厚型。

六角螺母的比例画法如图 10-16 所示。

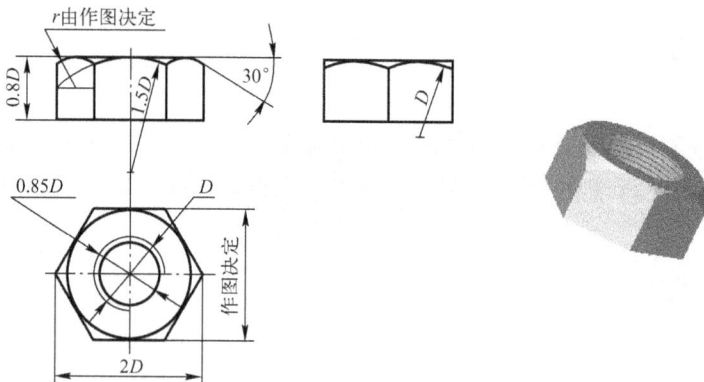

图 10-16　六角螺母的比例画法

（4）螺钉。螺钉按用途可分为连接螺钉和紧定螺钉两类。

① 连接螺钉。连接螺钉用来连接零件。连接螺钉的一端制有螺纹，另一端为头部。按

头部形状不同可分为许多种类，如有内六角螺钉、开槽沉头螺钉、开槽圆柱头螺钉、开槽盘头螺钉等。

本书后面附录中的附表2-3、附表2-4、附表2-5和附表2-6分别对应以上四种螺钉的尺寸、画法和规定标记。

② 紧定螺钉。紧定螺钉多用来固定零件。紧定螺钉有开槽锥端紧定螺钉、开槽平端紧定螺钉、开槽长圆柱紧定螺钉等多种。

本书后面附录中的附表2-7给出了以上三种紧定螺钉的尺寸、画法和规定标记。

常见螺钉头部的比例画法如图10-17所示。

（5）垫圈。垫圈有平垫圈、弹簧垫圈等。垫圈可增加支承面积和防止旋紧螺母时损伤零件表面，弹簧垫圈还具有防松作用。平垫圈的产品有A、C两级，A级垫圈主要用于A与B级六角头螺栓、螺钉和螺母；C级垫圈用于C级螺栓、螺钉和螺母。

本书后面附录中的附表2-9为常用的平垫圈—A级、倒角型平垫圈—A级的有关尺寸、画法、规定标记及比例画法，附表2-10为标准型弹簧垫圈的有关尺寸、画法和规定标记。

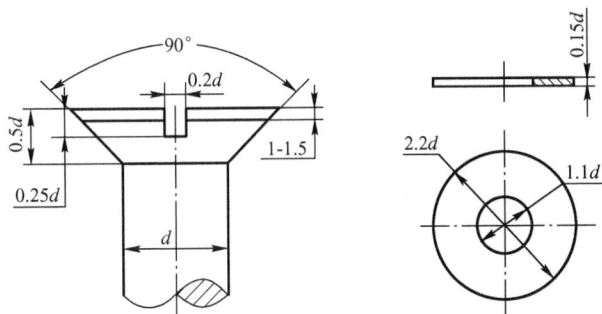

如图10-18所示为平垫圈的比例画法。

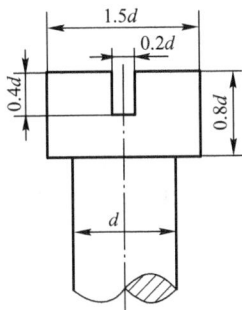

图 10-17　两种常见的螺钉头部比例画法　　　图 10-18　平垫圈的比例画法

10.1.5　螺纹紧固件的装配画法

螺纹紧固件的装配画法必须遵守以下规定：

（1）两零件的接触面只画一条线，不接触面必须画两条线。

（2）在剖视图中，当剖切平面通过螺纹紧固件的轴线时，这些件都按不剖处理，即只画外形，不画剖面线。

（3）相邻两被连接件的剖面线方向应相反，必要时可以相同，但必须相互错开或间隔不一致；在同一张图上，同一零件的剖面线在各个视图上，其方向和间隔必须一致。

1. 螺栓连接的画法

螺栓用来连接两个都不太厚、而且又允许钻成通孔的零件。在被连接的零件上先加工出通孔，通孔略大于螺栓直径，一般为$1.1d$。将螺栓插入孔中垫上垫圈，旋紧螺母，螺栓连接的画法如图10-19所示。

（a）空间示意图 （b）投影图

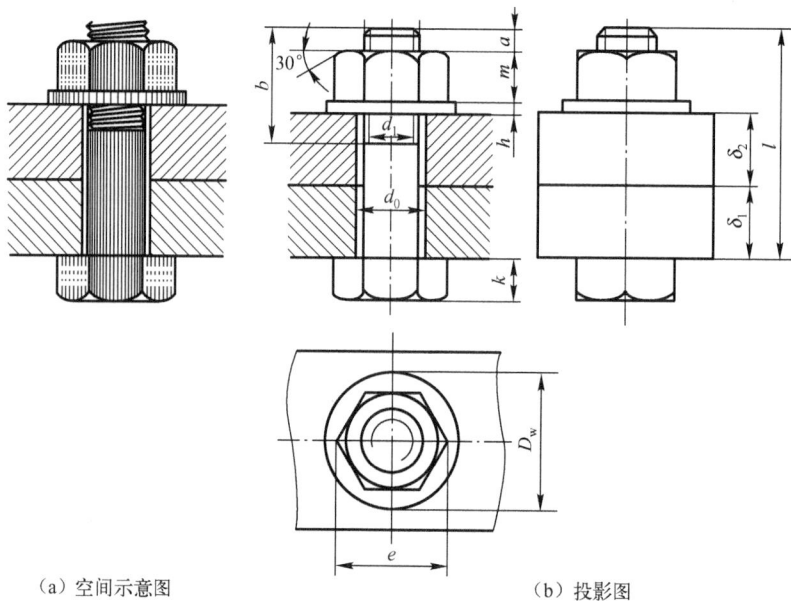

图 10-19　螺栓连接的画法

画螺栓连接图的已知条件是螺栓的形式规格、螺母、垫圈的标记，被连接件的厚度等。

螺栓的公称长度：

$$l = \delta_1 + \delta_2 + h + m + a$$

式中 a 是螺栓伸出螺母的长度，一般可取 $a = 0.3d$（d 是螺栓上螺纹的公称直径），计算后选取最接近于附表标准中的 l 系列值；孔径 d_0 为 $1.1d$，小径 $d_1 = 0.85d$，螺栓头部厚为 $0.7d$，六边形外接圆直径 $D = 2d$。

装配图中有些螺母、螺栓头部的曲线可省略不画，如图 10-20 所示。

图 10-20　螺栓连接的简化画法

2. 螺柱连接的画法

当两个连接件中有一个较厚，加工通孔困难或因频繁拆卸，又不宜采用螺钉连接时，一般用螺柱连接。如图 10-21 所示，在薄件上钻出稍大的光孔，厚件上加工出螺纹孔，螺柱的一端（旋入端）全部旋入该螺纹孔，一般不再旋出。螺柱的公称长度为：

$$l = \delta + h + m + a$$

式中，δ = 薄件厚度；

　　　h = 垫圈厚度；

　　　m = 螺母厚度；

　　　a = 伸出长度。

旋入端 b_m 的长度根据螺孔材料选用：当材料为钢和青铜时，$b_m = d$；为铸铁时，$b_m = (1.25 \sim 1.5)d$；为铝时，$b_m = 2d$。

采用螺柱连接时，螺柱的拧入端必须全部旋入螺孔内，因此螺孔的深度应大于拧入端长度，螺孔深一般取拧入深度（b_m）加螺纹大径的 0.5 倍，即 $b_m + 0.5d$（如图 10-21 所示）。

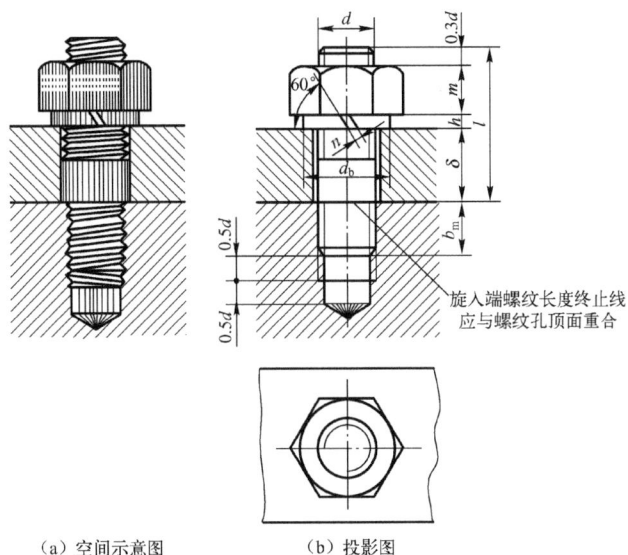

（a）空间示意图　　　（b）投影图

图 10-21　螺柱连接的画法

3. 螺钉连接

螺钉连接用于不经常拆卸，并且受力不大的零件。将两个被连接零件中较厚的零件加工出螺孔，较薄的零件加工出通孔，不用螺母，直接将螺钉穿过通孔拧入螺孔中。图 10-22所示为螺钉连接的画法。

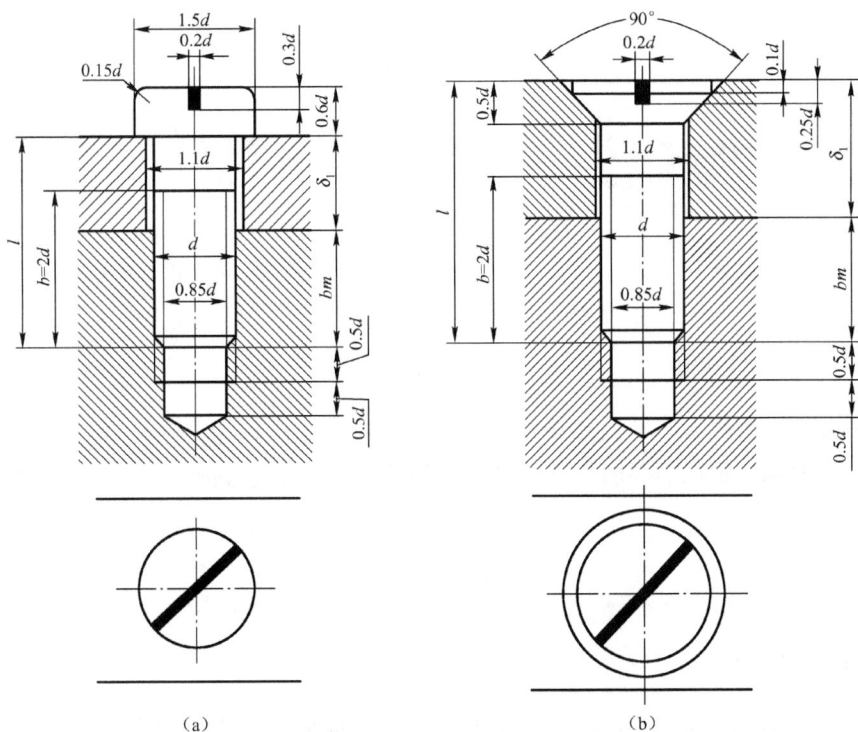

（a）　　　　　　　　（b）

图 10-22　螺钉连接的画法

（1）螺钉的有效长度 l 可按下式估算：

$$l = \delta + b_{\mathrm{m}}(b_{\mathrm{m}} \text{根据被旋入零件的材料而定})$$

然后根据估算出的数值书后附录中附表 2-3 ~ 附表 2-6，选取相近的标注值。

（2）取螺纹长度 $b = 2d$，使螺纹终止线伸出螺纹孔端面，以保证螺纹连接时能使螺钉旋入，压紧。

（3）螺钉头的改锥槽主视图上涂黑，俯视图上涂黑并画成与中心线成 45° 的倾斜角。

10.2 键、销连接

10.2.1 键

1. 键的功用

用键将轴与轴上的传动件（如齿轮、皮带轮等）连接在一起，以传递扭矩，如图 10-23 所示。

2. 键的种类

键是标准件，种类很多，常用的键有平键、半圆键、钩头楔键和花键等多种。常用的键如图 10-24 所示，其尺寸和键槽的断面尺寸可按轴径查书后附录中附表 3-1 ~ 表 3-2。

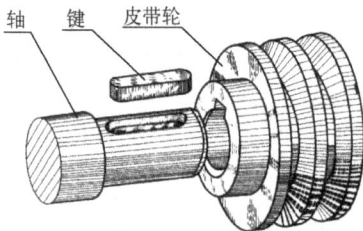

图 10-23 键连接

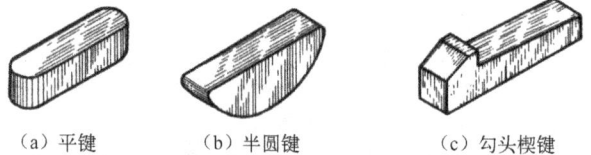

（a）平键　　　　（b）半圆键　　　　（c）勾头楔键

图 10-24 常用的键

3. 键的标记和连接画法

每一种类型的键都有一个标准号和规定标记，见表 10-4。选用时，根据传动情况确定键的型式，根据轴径查标准手册，选定键宽 b 和键高 h，再根据轮毂长度选定键的长度 L 的标准值。

10.2.2 销

1. 销的功用、类型

销主要用于零件之间的定位，也可用于零件之间的连接，但销只能传递不大的扭矩。销也是标准件，类型很多，常用的有普通圆柱销和圆锥销。

表 10-4　键的标注和连接画法

名　称	图　例	标记示例	连接画法
普通平键 A 型		若设计查表得： $b=10$，$L=36$ 则标注为： 键 10×36GB/T1096—1979	 键和轮毂上的键槽两侧是工作面，没有间隙。顶部应有间隙。键的倒角不画
普通平键 B 型		若设计查表得： $b=10$，$L=36$ 则标注为： 键 B10×36GB/T1096—1979	
普通平键 C 型		若设计查表得： $b=10$，$L=36$ 则标注为： 键 C10×36GB/T1096—1979	
半圆键		若设计查表得： $b=6$，$d_1=25$ 则标注为： 键 6×25GB/T1099.1—2003	 键和轮毂上的键槽两侧是工作面，没有间隙。顶部应有间隙。键的倒角不画
钩头楔键		若设计查表得： $b=8$，$L=40$ 则标注为： 键 8×40GB/T1565—2003	 键的顶面有斜度，它和键槽的顶面是工作面，没有间隙。侧面应有间隙，键的倒角不画

2. 销的标记和连接画法

每一种销的结构型式、规定标记和连接画法国家标准都有规定，如表 10-5 所示。

用销连接和定位的两个零件上的销孔，是一起加工的。在零件图上应当标明，如图 10-25 所示。圆锥销的公称尺寸是指小端直径。

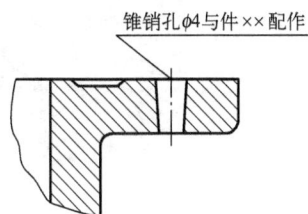

锥销孔 $\phi4$ 与件×× 配作

图 10-25　销孔的尺寸标注

表 10-5　常用销的形式、规定标记和连接画法示例

名称	型　式	规定标记与示例	连接画法示例
圆柱销	A 型　　　　　　　B 型　　其余 6.3 d 公差：m6　　　d 公差：h8 ≈15°　0.8　R≈d　　1.6 c　l　a　≈15°　c　l　c C 型　　　　　　　D 型 d 公差：h11　　　d 公差：u8 3.2　　　　　　　0.8　≈20° l　　　　　　　c　l　c	公称直径 10 毫米、长 50 毫米的 A 型圆柱销： 　销 GB 119A10 ×50	轴和套之间用圆柱销连接
圆锥销	A 型　　　　其余 6.3 0.8　◁1:50 R₁　R₂ a　l　a	公称直径 10 毫米、长 60 毫米的 A 型圆锥销： 　销 GB 117A10 ×60	减速机的箱体和箱盖用圆锥销定位

10.3　齿轮

　　齿轮是机械传动中应用非常广泛的传动件，它可用于传递动力，并具有改变转速和转向的作用。齿轮属于常用件，其参数中只有模数和压力角标准化了。齿轮的种类很多，常见的齿轮传动形式有如图 10-26 所示的三种：

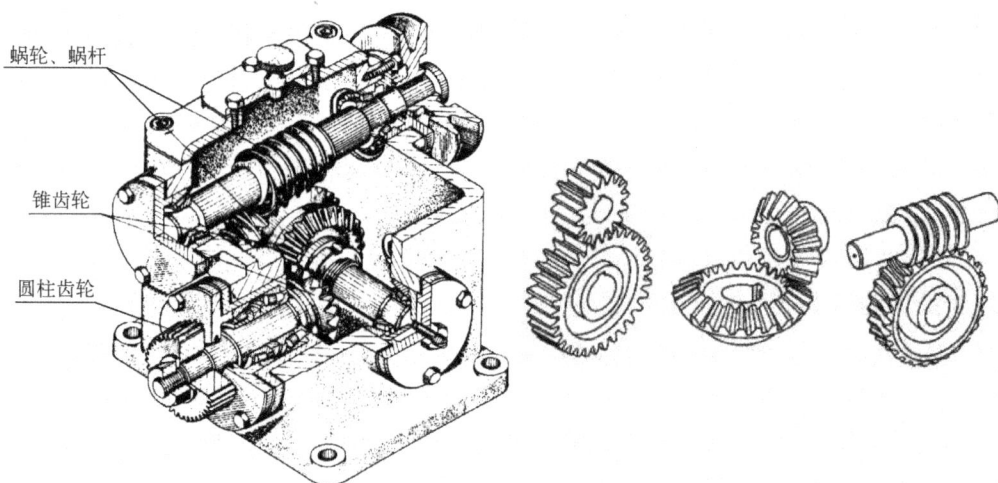

图 10-26　常见的齿轮传动

（1）圆柱齿轮传动——用于两平行轴之间的传动。

（2）圆锥齿轮传动——用于两相交轴之间的传动。

（3）蜗轮蜗杆传动——用于两交叉轴之间的传动。

国家标准对齿轮的画法做了统一规定，画齿轮视图时要特别注意齿顶圆、分度圆和齿根圆的不同画法。

10.3.1 圆柱齿轮

圆柱齿轮按其齿线方向可分为：直齿圆柱齿轮、斜齿圆柱齿轮和人字齿轮。本节主要介绍具有渐开线齿形的标准齿轮有关知识与规定画法。

1. 圆柱齿轮各部分名称和尺寸关系

现以标准直齿圆柱齿轮为例说明齿轮各部分的名称和尺寸关系，如图 10-27 所示。

（1）齿顶圆：通过轮齿顶部的圆称为齿顶圆，其直径以 d_a 表示。

（2）齿根圆：通过轮齿根部的圆称为齿根圆，其直径以 d_f 表示。

（3）分度圆：当标准齿轮的齿厚与齿间相等时所在位置的圆称为分度圆，其直径以 d 表示。

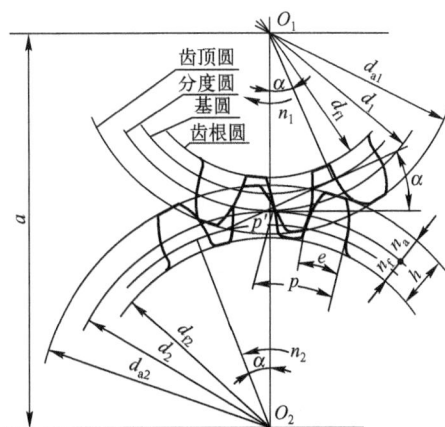

图 10-27　两啮合标准圆柱齿轮各部分名称

（4）齿高：齿顶圆与齿根圆之间的径向距离称为齿高，以 h 表示。分度圆将轮齿的高度分为两个不等的部分。齿顶圆与分度圆之间的径向距离称为齿顶高，以 h_a 表示；分度圆与齿根圆之间的径向距离称为齿根高，以 h_f 表示。齿高是齿顶高和齿根高之和，即 $h = h_a + h_f$。

（5）齿距：分度圆上相邻两齿对应点之间的弧长称为齿距，以 p 表示。

（6）分度圆齿厚：轮齿在分度圆上的弧长称为分度圆齿厚，以 e 表示。对标准齿轮来说，分度圆齿厚为齿距的一半，即 $e = p/2$。

（7）模数：如果齿轮的齿数为 z，则分度圆周长 $= zp$，而分度圆周长 $= \pi d$，所以，

$$\pi d = zp ; d = \frac{p}{\pi} z ; \frac{p}{\pi} = m ; d = mz$$

式中，m 称为齿轮的模数，它是齿距和 π 的比值。

模数有什么实际意义呢？由于模数是齿距和 π 的比值，因此若齿轮的模数大，其齿距就大，齿厚也就大，即齿轮的轮齿大。若齿数一定，模数大的齿轮，其分度圆直径就大，轮齿也大，齿轮能承受的力量也就大。

模数是设计和制造齿轮的基本参数。为设计和制造方便，已将模数标准化。模数的标准数值见表 10-6。

表 10-6　齿轮模数系列（GB1357—87）　　　　　　　　　　单位：mm

第一系列	1，1.25，1.5，2，2.5，3，4，5，6，8，10，12，16，20，25，32，40，50
第二系列	1.75，2.25，2.75，（3.25），3.5，（3.75），4.5，5.5，（6.5），7，9，（11），14，18，22，28，36，45

注：选用模数时应优先选用第一系列，其次选用第二系列。括号内的模数尽可能不用。

（8）压力角：两相啮合的轮齿齿廓在接触 p 处的公法线（力的传递方向）与两分度圆的公切线的夹角，称为压力角，用 α 表示，见图 10-27 所示。我国标准齿轮的压力角为 20°。

只有模数和压力角都相同的齿轮，才能互相啮合。

设计齿轮时，先要确定模数和齿数，其他各部分尺寸都可由模数和齿数计算出来，计算公式见表 10-7。

表 10-7　标准直齿圆柱齿轮的计算公式

各部分名称	代　号	公　式
分度圆直径	d	$d = mz$
齿顶高	h_a	$h_a = m$
齿根高	h_f	$h_f = 1.25m$
齿顶圆直径	d_a	$d_a = m(z+2)$
齿根圆直径	d_f	$d_f = m(z-2.5)$
齿距	p	$P = \pi m$
分度圆齿厚	e	$e = \pi m/2$
中心距	a	$a = (d_1 + d_2)/2 = m(z_1 + z_2)/2$

10.3.2　圆柱齿轮的规定画法

1. 单个齿轮的画法

国家标准只对齿轮的轮齿部分的画法做了规定，其余结构按齿轮轮廓的真实投影绘制。GB4459.2—2003 规定齿轮画法如图 10-28 所示，具体为：

（1）齿顶圆和齿顶线用粗实线绘制；分度圆和分度线用点划线绘制；齿根圆和齿根线用细实线绘制，也可省略不画。

（2）在剖视图中，齿根线用粗实线绘制；当剖切平面通过齿轮轴线时，轮齿一律按不剖处理。

（3）若是斜齿轮或是人字齿轮，需要表示齿轮的特征时，可用三条与齿轮方向一致的细实线表示。

2. 两齿轮啮合的画法

如图 10-29 所示，一对齿轮啮合时，两齿轮的分度圆相切，其中心距 $a = m(Z_1 + Z_2)/2$。啮合区的画法规定如下：

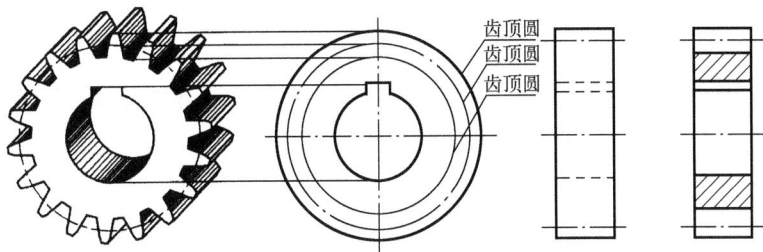

（a）直齿圆柱齿轮画法

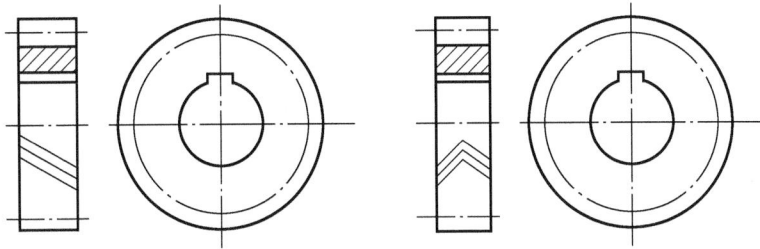

（b）斜齿圆柱齿轮画法　　　　　（c）人字齿圆柱齿轮画法

图 10-28　单个齿轮的画法

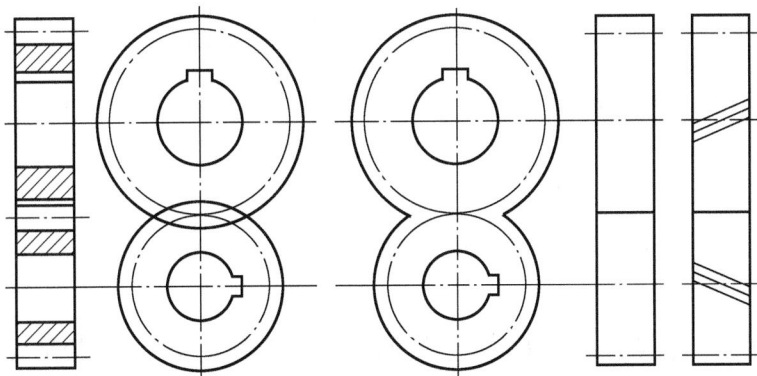

图 10-29　啮合齿轮的画法

（1）在投影为圆的视图上，两分度圆画成相切；啮合区的齿顶圆用粗实线绘制或不画。

（2）在非圆视图上，啮合区内的齿顶线不画；分度圆画成粗实线。

（3）当剖切平面通过两啮合齿轮的轴线时，两啮合齿轮的分度圆重合，用点划线绘制；其中一个齿轮的齿顶线用粗实线绘制，另外一个齿轮的齿顶线用虚线绘制，也可省略不画。

10.3.3　圆锥齿轮

圆锥齿轮通常用于垂直相交的两轴间的传动。由于轮齿位于圆锥面上，所以圆锥齿轮的轮齿一端大、另一端小，齿厚是逐渐变化的，直径和模数也随着齿厚的变化而变化。规定以大端的模数为准，用它决定齿轮的有关尺寸。一对圆锥齿轮啮合，也必须有相同的模数。圆锥齿轮各部分几何要素的名称如图 10-30 所示。

圆锥齿轮各部分几何要素的尺寸，也都与模数 m、齿数 z 及分度圆锥角 δ 有关。其计算公式为：齿顶高 $h_a = m$，齿根高 $h_f = 1.2m$，齿高 $h = 2m$，分度圆直径 $d = mz$，齿顶圆直径 $d_a = m(z + \cos\delta)$，齿根圆直径 $d_f(z - 2.4\cos\delta)$。

圆锥齿轮的规定画法与圆柱齿轮基本相同。单个圆锥齿轮的画法如图 10-24 所示。一般用主、左两视图表示，主视图画成全剖视图，左视图中，用粗实线表示齿轮大端和小端的齿顶圆，用点划线索表示大端的分度圆，齿根圆省略不画。

圆锥齿轮的啮合画法如图 10-31 所示。主视图画成剖视图，由于两齿轮的节圆锥面相切，因此其节线重合，画成点划线。在啮合区内应将其中一个齿轮的齿顶线画成粗实线，而另一个齿轮的齿顶线画成虚线或者省略不画。左视图画成外形视图。

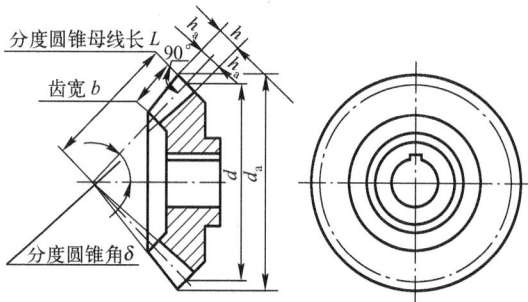

图 10-30　圆锥齿轮的画法　　　　　　　图 10-31　圆锥齿轮啮合的画法

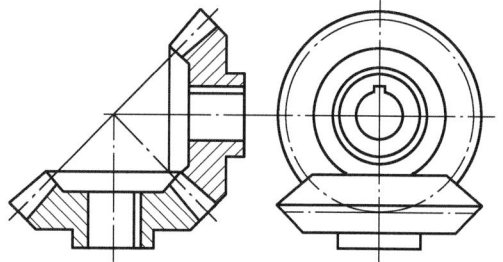

10.3.4　蜗杆、蜗轮简介

1. 蜗杆、蜗轮的结构特点

蜗杆、蜗轮用于垂直交错两轴之间的传动，一般蜗杆是主动件，蜗轮是从动件。蜗杆的齿数称为头数，常用的有单头和双头。蜗轮可以看做是一个斜齿轮，为了增加与蜗杆的接触面积，蜗轮的齿顶常加工成凹弧形。蜗杆、蜗轮传动可以得到很大的传动比，传递也较平稳，但效率低。

一对蜗杆、蜗轮啮合，其模数必须相同，蜗杆的导程角与蜗轮的螺旋角大小相等，方向相同。

2. 蜗杆、蜗轮的画法

蜗杆一般选用一个视图，其齿顶线、齿根线和分度线的画法与圆柱齿轮相同，齿形可用局部剖视图或局部放大图表示，涡轮的画法与圆柱齿轮相似，如图 10-32 所示。

蜗杆、蜗轮啮合的画法有两种，画成剖视图和外形图。在蜗轮投影为圆的视图中，蜗轮的节圆与蜗杆的节线相切，如图 10-33 所示。

（a）蜗轮

（b）蜗杆

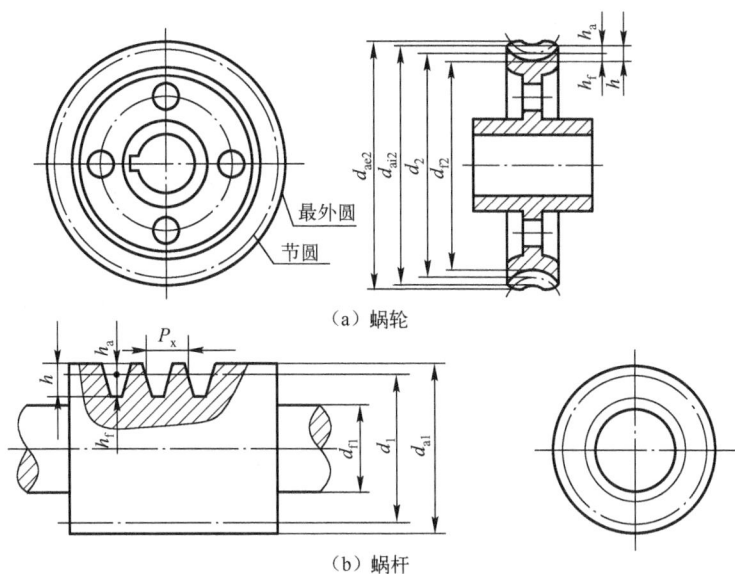

图 10-32　蜗轮、蜗杆的画法

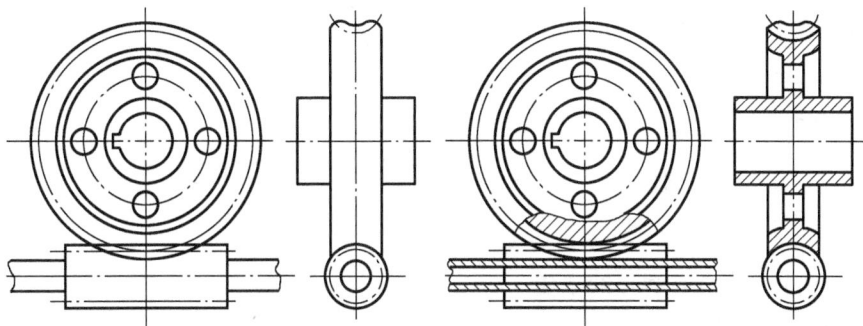

图 10-33　蜗轮、蜗杆啮合的画法

10.4　弹簧

弹簧是机器、车辆、仪表、电气中的常用件，它可以起减震、夹紧、储能和测力等作用。弹簧的特点是：除去外力后，可立即恢复原状。

弹簧的种类和形式很多（如图 10-34 所示），最常用的有螺旋弹簧和蜗卷弹簧。根据受

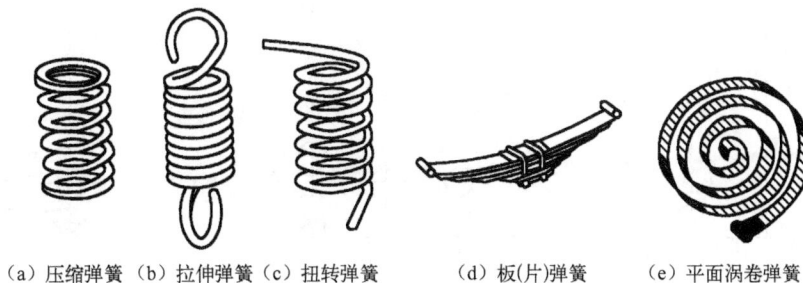

（a）压缩弹簧　（b）拉伸弹簧（c）扭转弹簧　　　（d）板(片)弹簧　　（e）平面涡卷弹簧

图 10-34　常用弹簧的种类

力不同，螺旋弹簧又可分为压缩弹簧、拉伸弹簧和扭转弹簧三种。这里只介绍圆柱螺旋压缩弹簧的画法，其他种类弹簧的画法请查阅相关国家标准。

1. 圆柱螺旋压缩弹簧各部分名称和尺寸关系

螺旋弹簧分为左旋和右旋两类。图 10-35 所示为圆柱螺旋压缩弹簧各部分尺寸及画法，图中，

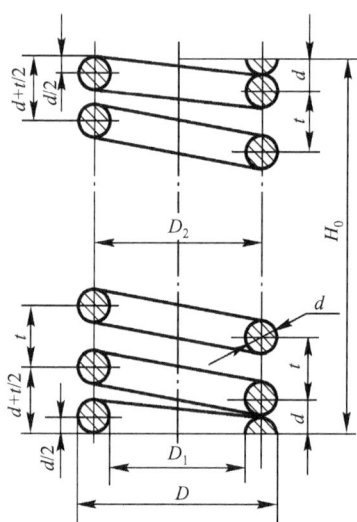

图 10-35　圆柱螺旋压缩
弹簧尺寸及画法

d——簧丝直径；

D——弹簧外径，弹簧的最大直径；

D_1——弹簧内径，弹簧的最小直径；

D_2——弹簧中径，弹簧的平均直径，$D_2 = (D + D_1)/2$；

t——节距，指除弹簧支承圈外，相邻两圈的轴向距离；

n_0——支承圈数，弹簧两端起支承作用，不起弹力作用的圈数，一般为 1.5、2、2.5 圈三种，常用 2.5 圈；

n——有效圈数，除支承圈外，保持节距相等的圈数；

n_1——总圈数，支承圈与有效圈之和，$n_2 = n_0 + n$；

H_0——自由高度，弹簧在没有负荷时的高度，$H_0 = n_t + (n_0 - 0.5)d$；

L——簧丝长度，弹簧钢丝展直后的长度，$L = n_1 \sqrt{(\pi D_2)^2 + t^2}$。

2. 圆柱螺旋压缩弹簧的画图步骤

下面以圆柱螺旋压缩弹簧采用剖视图画法为例来说明弹簧的画图步骤。已知圆柱螺旋压缩弹簧的簧丝直径 $d = 6$mm，弹簧中径 $D = 35$mm，节距 $t = 11$mm，有效圈数 $n = 8$，右旋，作图步骤如图 10-36 所示。

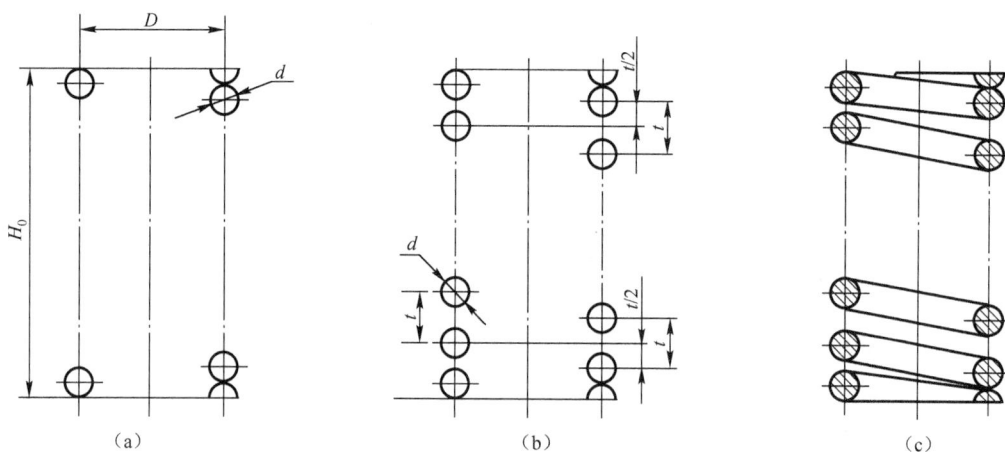

（a）　　　　　　　　（b）　　　　　　　　（c）

图 10-36　弹簧的作图步骤

（1）算出弹簧自由高度 H_0，根据弹簧中径 D、自由高度 H_0 和簧丝直径 d 等参数，画出两端支承圈的小圆，见图 10-36（a）所示。

（2）根据节距 t 作有效圈部分的簧丝剖面，见图 10-36（b）所示。

（3）最后按右旋作相应小圆的外公切线，画出簧丝的剖面线，即完成弹簧的剖视图，如图 10-36（c）所示。

3. 在装配图中螺旋弹簧的画法

弹簧各圈取省略画法后，其后面结构按不可见处理。可见轮廓线只画到弹簧钢丝的断面轮廓或中心线上，如图 10-37（a）所示。

在装配图中，簧丝直径 ≤2mm 的断面可用涂黑表示，如图 10-37（b）所示，且中间的轮廓线不画。簧丝直径 <1mm 时，可采用示意画法，如图 10-37（c）所示。

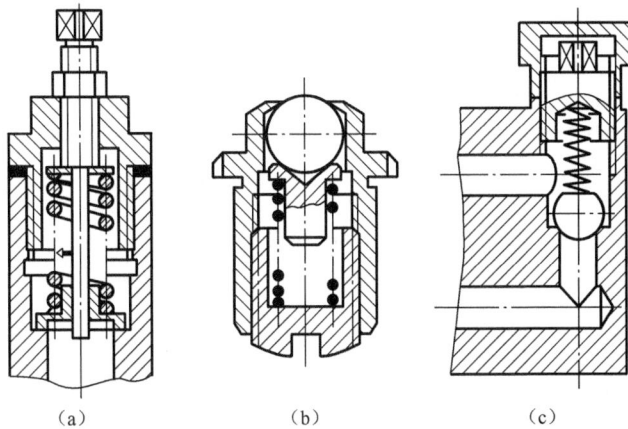

（a）　　　　　　　　（b）　　　　　　　　（c）

图 10-37　装配图中弹簧的画法

10.5　滚动轴承

滚动轴承是支承轴旋转的组件，是一种标准部件，它具有摩擦力小、结构紧凑等优点，被广泛应用于机械、仪表和设备中。

1. 滚动轴承的结构、分类和代号

滚动轴承的种类很多，但结构大体相同，一般由外圈、内圈、滚动体和保持架组成，如图 10-38 所示。

滚珠轴承按其承受载荷方向的不同，可分为：

径向接触轴承——主要承受径向载荷，如图 10-38（a）所示。

轴向接触轴承——主要承受轴向载荷，如图 10-38（b）所示

角接触向心轴承——同时承受径向和轴向载荷，如图 10-38（c）所示

轴承代号由基本代号、前置代号和后置代号构成，其排列如图 10-39 所示。基本代号表示轴承的基本类型、结构和尺寸，是轴承的基础；前置、后置代号是轴承在结构形状、尺寸、公差、技术要求等有改变时，在其基本代号左、右添加的补充代号，一般情

况下，可不必标注。

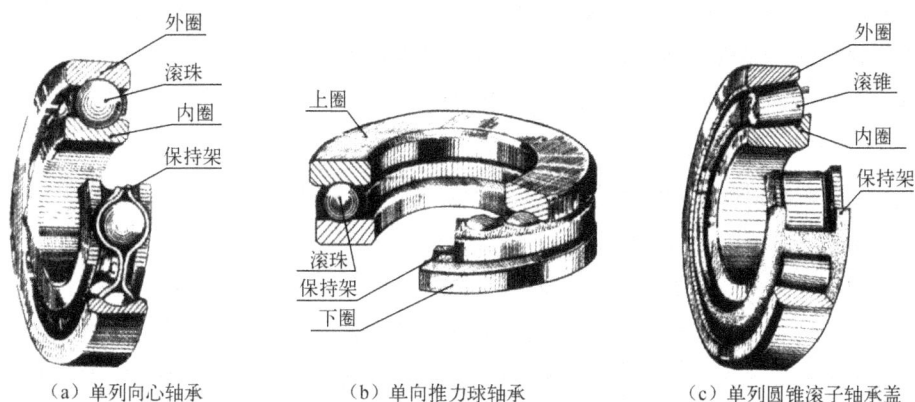

（a）单列向心轴承　　　　　（b）单向推力球轴承　　　　　（c）单列圆锥滚子轴承盖

图 10-38　滚动轴承

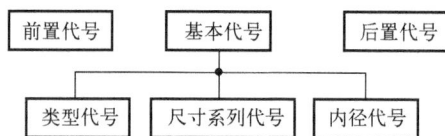

图 10-39　轴承代号

2. 滚动轴承标记

滚动轴承标记示例如下：

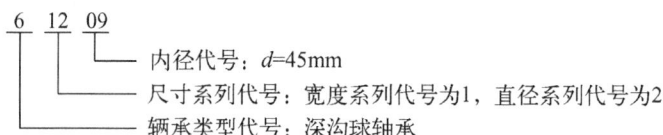

内径代号：$d=45\text{mm}$
尺寸系列代号：宽度系列代号为1，直径系列代号为2
辆承类型代号：深沟球轴承

规定标记为：轴承 61209 GB/T 276—1994

在轴承标记中，表示内径的两位数字从"04"开始，用这个数字乘以5，即为轴承的内径尺寸；表示内径的两位数字在"04"以下时，标准规定：

00 表示 $d=10\text{mm}$；01 表示 $d=12\text{mm}$；02 表示 $d=15\text{mm}$；03 表示 $d=17\text{mm}$。

3. 滚动轴承的画法

为了清晰、简便地表示滚动轴承，国家标准《GB/T4459.7—1998》规定了滚动轴承的通用画法、特征画法和规定画法。基本规定如下：

（1）图线。通用画法、特征画法和规定画法中的各种符号、矩形线框和轮廓线均用粗实线绘制。

（2）尺寸和比例。绘制滚珠轴承时，其矩形线框或外形轮廓的大小应与滚珠轴承的外形尺寸一致，并与所属图样采用同一比例。

（3）剖面符号。在剖视图中，用简化画法绘制轴承时，一律不画剖面符号；采用规定画法绘制滚动轴承时，滚动体不画剖面线，其各套圈等可画成方向和间隔相同的剖面线，在不至于引起误解时，也允许不画；若轴承带有其他零件或附件时，其剖面线应与套圈的剖面线呈不同的方向或不同的间隔，在不至于引起误解时，也允许不画。

具体画法读者可查阅相关的标准手册。

表 10-8 列出了常用滚动轴承的类型、规定画法及特征画法。

表 10-8　常用滚动轴承的类型、规定画法及特征画法

名称、标注号、代号	结构形式	主要尺寸	规定画法	特征画法
深沟球轴承 GB/276—1994 6000		B		
圆锥滚子轴承 GB/T297—1994 30000		D、d、T、B、C		
推力球轴承 GB/T301—1995 51000		D、d、T		

第11章 零 件 图

11.1 零件图的内容和要求

零件是组成产品的最小单元。任何一件产品都是由零件组成的。零件图是表示零件结构、大小及技术要求的图样，它是零件加工、制造和检验的依据，是生产中的重要技术文件。

一张完整的零件图一般应包括以下四个方面的内容。

1. 一组视图

用一组恰当的视图、剖视图、断面图和局部放大图等表达方法，完整清晰地表达出零件的结构和形状。

2. 完整尺寸

正确、完整、清晰、合理地标注出零件各形体的大小及其相对位置的尺寸，即提供制造和检验零件所需的全部尺寸。

3. 技术要求

用规定的代号、数字和文字简明地表示出制造和检验时在技术上应达到的要求，比如表面粗糙度、尺寸公差、形位公差、材料及热处理等。

4. 标题栏

在零件图右下角，用标题栏写明零件的名称、数量、材料、比例、图号以及设计、制图、校核人员签名和绘图日期等。

图11-1是一张过渡盘的零件图。

11.2 零件图的视图选择及尺寸标注

11.2.1 零件图的视图选择

零件图视图选择的基本要求是选择适当的表达方法，完整、正确、清晰地表达零件的内、外结构，并力求绘图简单，便于读图。

（1）完整：是指零件各部分的形状、结构要表达完整。

（2）正确：是指视图间的投影关系及表达方法等正确。

（3）清晰：是指所画的图形要清晰易懂。

1. 分析零件形状结构

在零件视图选择之前，应首先对零件进行形体分析和结构分析，要分清主要形体和次要形体，并了解其功用及加工方法，以便确切地表达零件的形状结构，反映零件的设计和工艺要求。

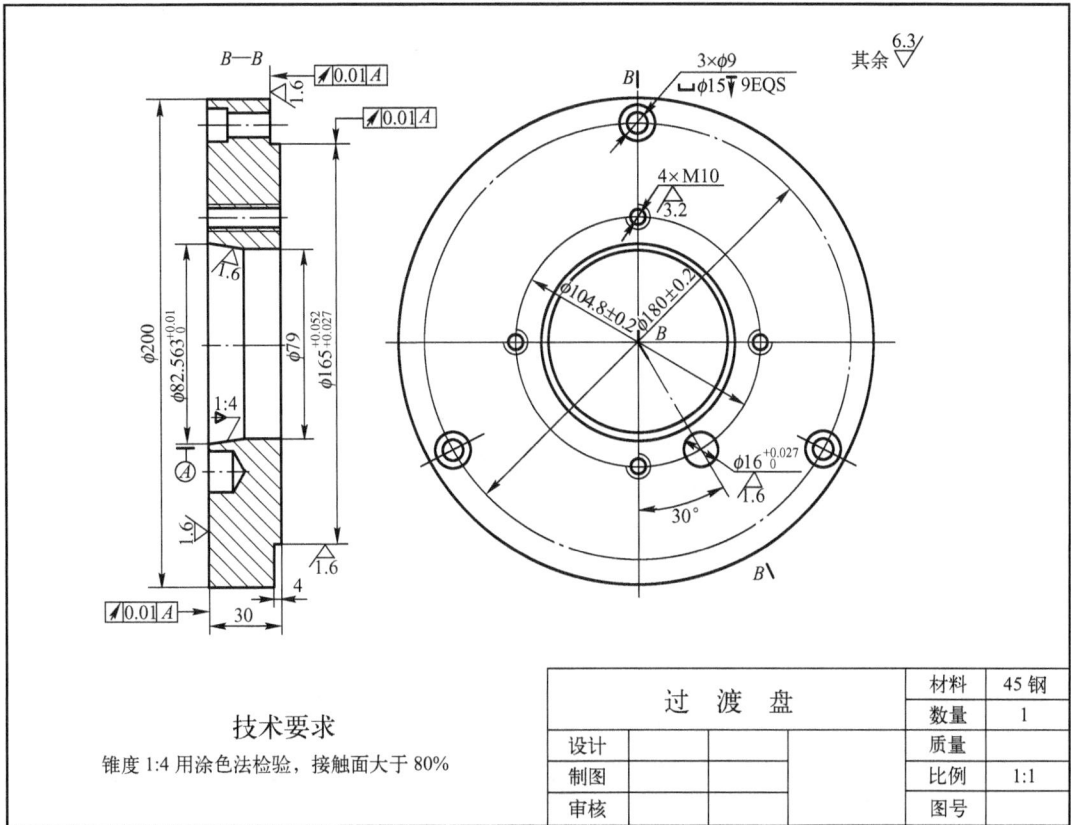

图 11-1　过渡盘的零件图

2. 主视图的选择

主视图是零件图中最重要的图形，主视图选择的合理与否直接影响到整个表达方案的合理性。因此画零件图时，必须选择好主视图。主视图的选择包括零件的安放位置和主视图的投影方向两个方面。

（1）零件的安放位置。零件的安放位置应符合加工位置或工作位置原则，即零件的安放位置应选择零件在机床上加工时所处的位置或零件在机器中的工作位置。加工位置是指零件加工时在机床上的装夹位置，主视图与加工位置一致，可以图、物对照，便于加工和测量。零件的工作位置是指零件在机器或部件中工作时所处的位置，主视图与工作位置一致，便于将零件和机器或部件联系起来，了解零件的结构形状特征，便于画图和读图。

（2）主视图的投射方向。选择主视图的投射方向应遵循形状特征原则，即主视图的投射方向应最能反映零件各组成部分的形状和相对位置。如图 11-2 所示的轴，按 A 向投射所得视图比按 B 向投射所得视图要更能反映该轴的形状特征，因此选择箭头 A 所指的方向作为主视图的投射方向。

3. 选择其他视图。对于结构复杂的零件，主视图中没有表达清楚的部分，必须选择其他视图，包括剖视图、断面图、局部放大图和简化画法等。

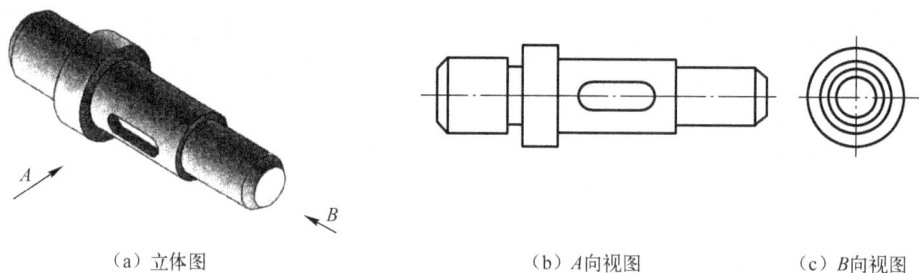

（a）立体图　　　　　　　　（b）A向视图　　　　　（c）B向视图

图 11-2　轴的表达

选择其他视图时要注意以下几点：

（1）所选择的表达方法要恰当，每个视图都有明确的表达目的。对零件的内部形状与外部形状、主体形状与局部形状的表达，每个视图都应有所侧重。

（2）所选视图的数量要恰当。在完整、清晰地表达零件内、外结构形状的前提下，尽量减少图形个数，以便于画图和看图。

（3）对于表达同一内容的视图，应拟出几种表达方法进行比较，以确定一种较好的表达方案。

11.2.2　零件图中的尺寸标注

零件图除了用一组图形表达机件的结构形状外，还必须标出尺寸，来确定零件上各个组成部分的大小及相互位置。零件图中标注的尺寸是加工和检验零件的重要依据。尺寸缺漏不全，零件就无法加工生产；尺寸不清晰、矛盾或错误，就可能出现废品；尺寸标注不合理，也会给生产加工及测量带来困难。所以零件图上的尺寸标注是一项重要的内容。

1. 尺寸基准

（1）按零件的制造过程分类有设计基准和工艺基准。

① 设计基准：在设计时，根据零件在机器中的位置、作用，为保证其使用性能而确定的基准。如图 11-1 所示过渡盘高度和宽度方向（即径向）的设计基准是轴线，长度方向（即轴向）的设计基准是左端面。

② 工艺基准：在制造加工中，根据零件的加工工艺过程，为方便其装夹定位和测量而确定的基准。如图 11-1 所示过渡盘长度方向的工艺基准是右端面。

（2）按基准的重要性分类有主要基准和辅助基准。

① 主要基准：决定零件主要尺寸的基准，一般主要基准即设计基准。如图 11-1 所示过渡盘长度方向的主要基准是左端面。

② 辅助基准：为了方便加工和测量而附加的基准。如图 11-1 所示过渡盘长度方向的辅助基准是右端面。因此在零件的长、宽、高三个方向上，各个方向可能不止一个尺寸基准。

（3）按基准的几何元素分类有面基准、线基准和点基准。

① 面基准：基准为零件的某个平面，如底面、端面、对称中心平面等。如图 11-1 中的左端面，图 11-3（a）中的底面和对称中心平面。

② 线基准：基准为零件上的一条直线，如圆柱体的轴线。如图 11-1 中的圆锥孔轴线，

图 11-3 （b）中的轴线。

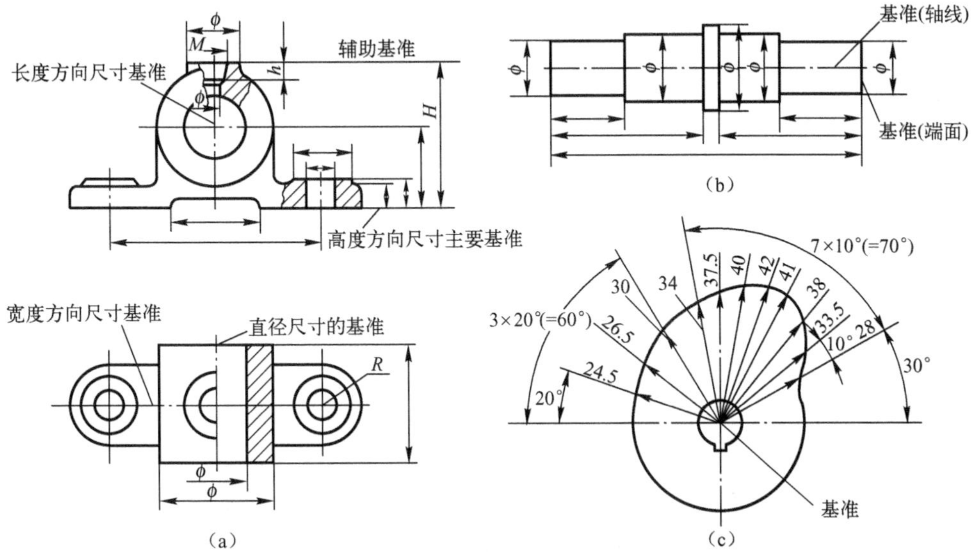

图 11-3　尺寸基准示例

③ 点基准：基准为零件上的某个点，如球心、锥体的顶点等。如图 11-3（c）中的圆心。

2. 尺寸基准的确定

零件图尺寸标注中，确定尺寸基准时，往往兼顾到设计基准和工艺基准。例如，图 11-4 中所示齿轮轴尺寸都是从设计基准出发，而表 11-1 中齿轮轴的所有尺寸都是从工艺基准出发的。只有图 11-5 中的尺寸标注才兼顾了两种基准，既充分考虑了零件的加工过程，又使重要尺寸（例如 $25f7$）从设计基准直接标出。

表 11-1　从工艺尺寸出发标注尺寸

标 注 形 式	工 件 简 图	工 艺 说 明
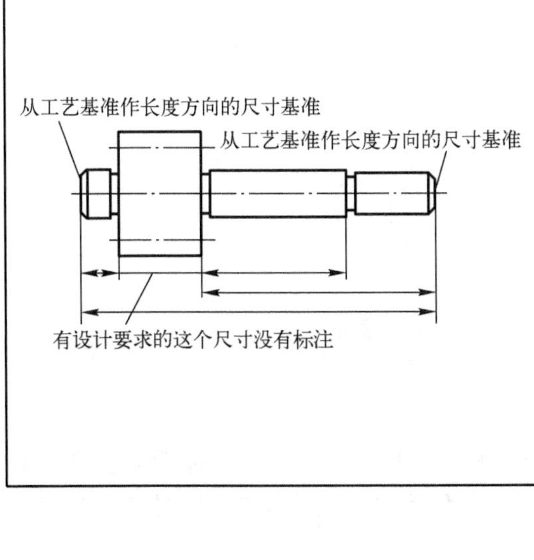	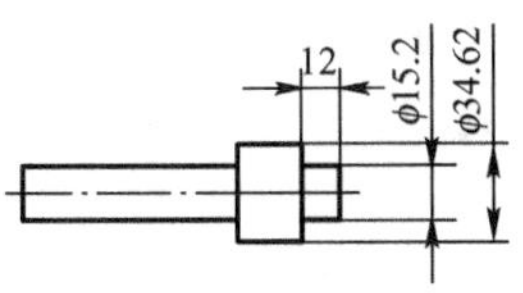	精车齿轮外圆到 $\phi34.62$，轴颈外圆到 $\phi15.2$ 及齿轮端面（齿轮坯外圆和轴颈外圆均有留磨量 0.2mm）
	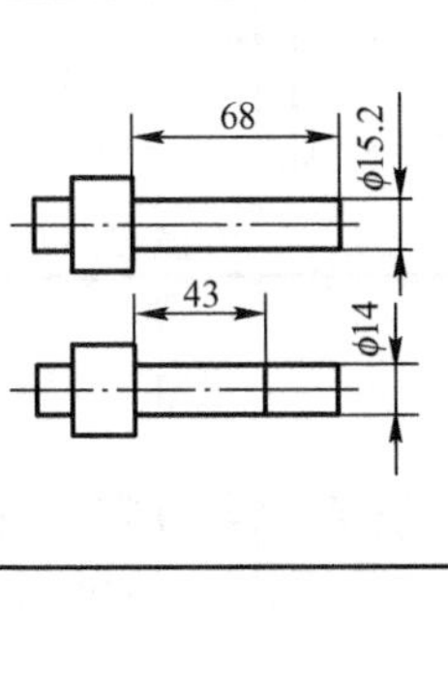	调头，精车外圆到 $\phi15.2$（留磨量 0.2mm）和齿轮坯端面 精车外圆 $\phi14h7$ 和 $\phi15.2$ 的端面

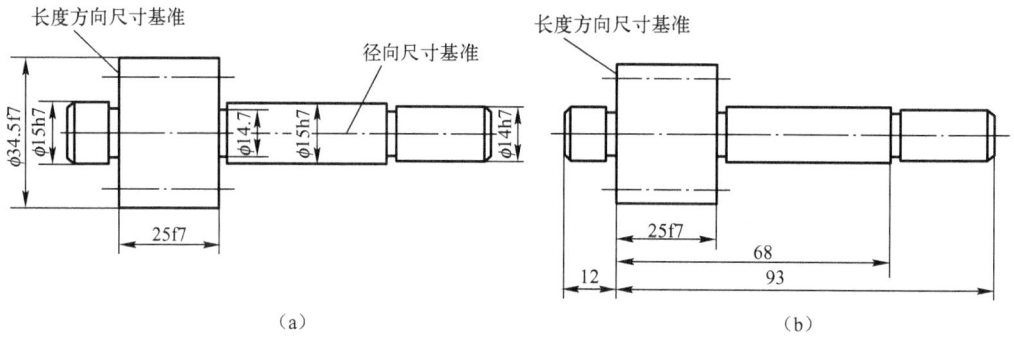

图 11-4　从设计基准标注尺寸

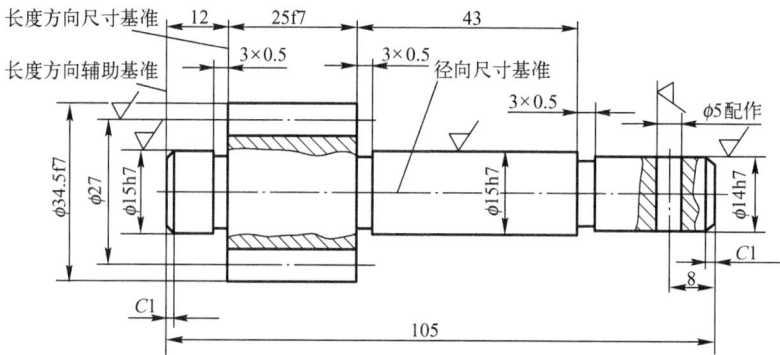

图 11-5　设计基准、工艺基准综合的标注尺寸

3. 尺寸标注的形式

根据尺寸的排列不同可分为以下形式。

（1）链式尺寸标注。如图 11-6 所示主轴的轴向尺寸标注，依次分段注写，后一个尺寸分别以前一个尺寸为起点，无统一基准。这样的标注形式虽每段尺寸精度由本段加工误差决定，不受相邻段的影响，但由于各段的起点要受前段尺寸精度的影响，所以各端面的尺寸误差，为各端面所包含各段尺寸误差之和。如图 11-6 中的 A、B、C 三个端面，A 对 B 端面的尺寸误差为二段尺寸误差之和，A 对 C 端面的误差则为四段尺寸误差之和。

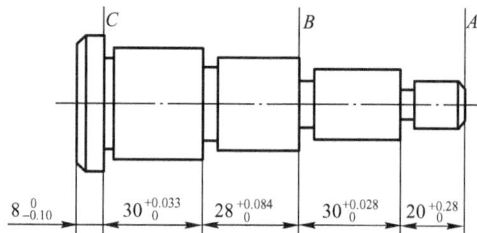

图 11-6　链式尺寸标注

（2）坐标式尺寸标注。如图 11-7 所示主轴的所有轴向尺寸，统一以左端面为基准，分层次标注。这样的标注，使每个端面相对基准的尺寸精度不受其他端面的尺寸精度的影响，

但两相邻端面之间的尺寸精度（如图 11-8 中的 e 段长度），则取决于与这两端面有关的两个尺寸的误差。

（3）综合式尺寸标注。如图 11-8 所示，这时主轴的轴向尺寸，采用链式和坐标式两种方法综合起来标注尺寸，这是最常见的尺寸标注形式。图 11-1 中也是采用综合式的尺寸标注。

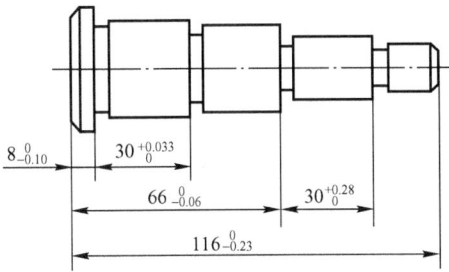

图 11-7　坐标式尺寸标注　　　　　图 11-8　综合式尺寸标注

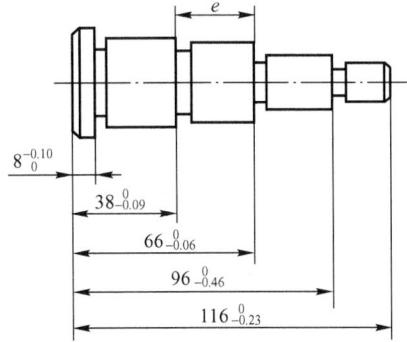

4. 尺寸标注

标注零件图中的尺寸，应先对零件各组成部分的结构形状、作用等进行分析，了解哪些是影响零件精度和产品性能的重要尺寸，如配合尺寸等，哪些是对产品性能影响不大的一般尺寸，然后确定尺寸基准，从尺寸基准出发标准定形和定位尺寸。在标注尺寸时应注意以下问题。

（1）重要尺寸应从主要基准直接注出，以保证设计要求。零件的重要尺寸是指影响产品性能、工作精度、装配精度及互换性的尺寸（如零件的配合尺寸、安装尺寸、特性尺寸等）。为了使零件的重要尺寸不受其他尺寸误差的影响，应在零件图中把重要尺寸直接注出。图 11-9 所示的轴承架，其中心高 A 和安装孔中心距 B 均为设计给定的重要尺寸，必定要像图 11-9（a）那样直接标出，不能像图 11-9（b）那样，将 A 注成 $C+D$，将 B 注成 $L-2E$。

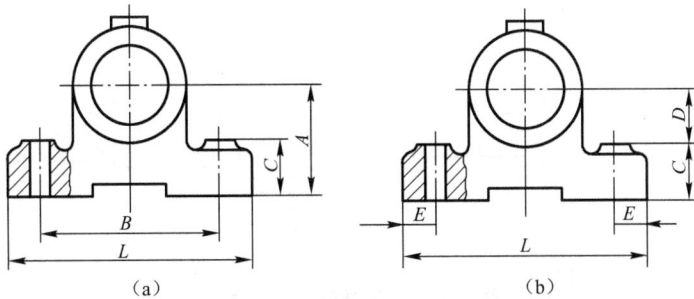

图 11-9　重要尺寸直接标注

（2）当零件某个方向的尺寸出现多个基准时，在辅助基准和主要基准之间必定有联系尺寸。如图 11-3 所示，中主视图上的尺寸 H 就是高度方向辅助基准与主要基准之间的联系尺寸。

（3）零件图中标注尺寸，不能出现封闭的尺寸链。所谓封闭尺寸链，就是尺寸按顺序依次排列，首尾相连，绕成一个圈的一组尺寸。如图 11-10（a）所示，组成尺寸链的每个尺寸均称为组成环。当尺寸标注成封闭的尺寸链时，其中任何一环的尺寸精度都受到其他环尺寸精度的影响，因此尺寸的精度反而难以得到保证，不能满足尺寸的设计要求。

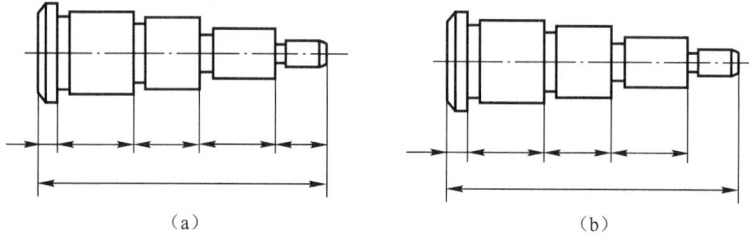

图 11-10　尺寸链的封闭与开口

为了避免出现封闭尺寸链，往往选择尺寸链中的一个不重要的组成环不予以标注尺寸，使尺寸链留有开口，该环称为开口环，如图 11-10（b）所示，这时开口环的尺寸误差是在加工中自然形成的。但因该尺寸不重要，故不影响零件使用性能。

（4）标注尺寸要符合加工顺序。如图 11-11 中所示的阶梯轴，其加工顺序一般是：

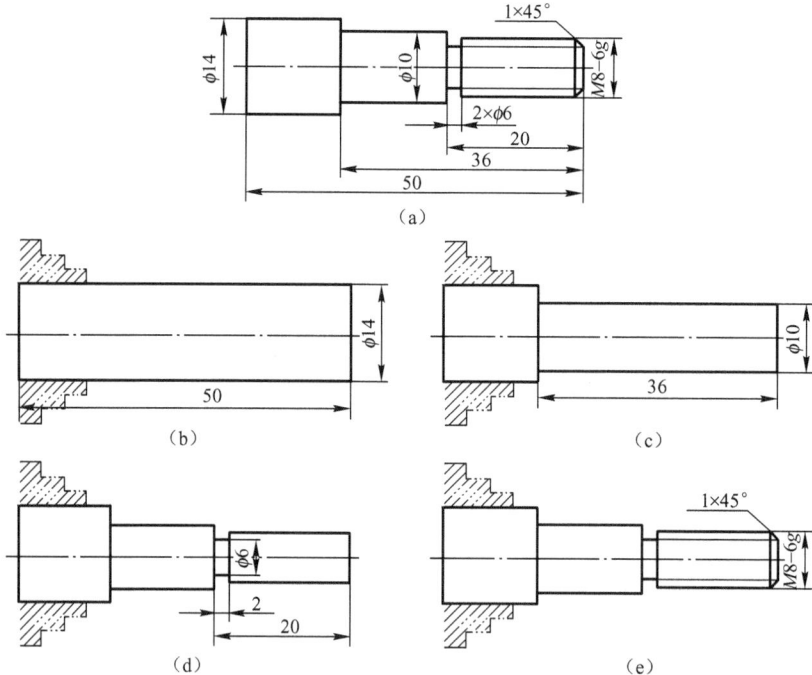

图 11-11　阶梯轴的加工顺序

① 先车外圆 $\phi14$，长 50。

② 次车 $\phi10$，长 36 一段。

③ 再车距右端面 20，宽 2，直径 $\phi6$ 的退刀槽。

④ 最后车螺纹和倒角，如图 11-11 中（b）、（c）、（d）、（e）所示。所以它的尺寸应按图 11-11（a）标注。

（5）标注尺寸要便于测量。在没有结构上或其他特殊要求时，标注尺寸应考虑测量的方便，如图 11-12（a）不便于测量，而图（b）便于测量。

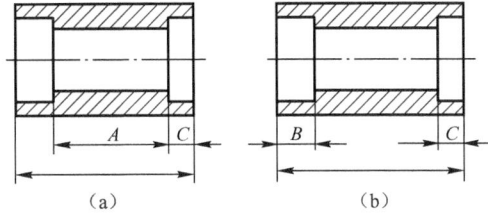

图 11-12　标注尺寸应便于测量

（6）毛坯面之间的尺寸一般应单独标注。这类尺寸是靠制造毛坯时保证的，如图 11-13 所示。

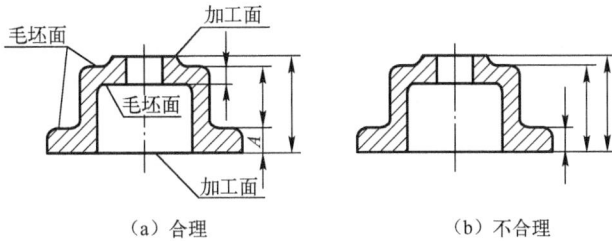

图 11-13　毛坯面之间的尺寸标注

11.3　典型零件示例

根据零件的形状和结构特征，通常将零件分为四大类：轴套类、盘盖类、叉架类和箱体类。

11.3.1　轴套类零件

轴套类零件的基本形状是同轴回转体，沿轴线方向通常有轴肩、倒角、螺纹、退刀槽、键槽等结构要素。此类零件主要是在车床或磨床上加工。

1．视图选择

如图 11-14 所示，零件的安放位置按加工位置原则，轴线水平放置，垂直轴线的方向作为主视图的投射方向，反映轴向结构形状。键槽、退刀槽、螺纹、倒角等结构，可采用移出断面图、局部放大图等方法表达。

2．尺寸标注

该类零件一般以轴线作为径向尺寸基准（高度和宽度方向的尺寸基准）。如图 11-14 中

的 φ28、φ34、φ35、φ44 和 φ25 等。

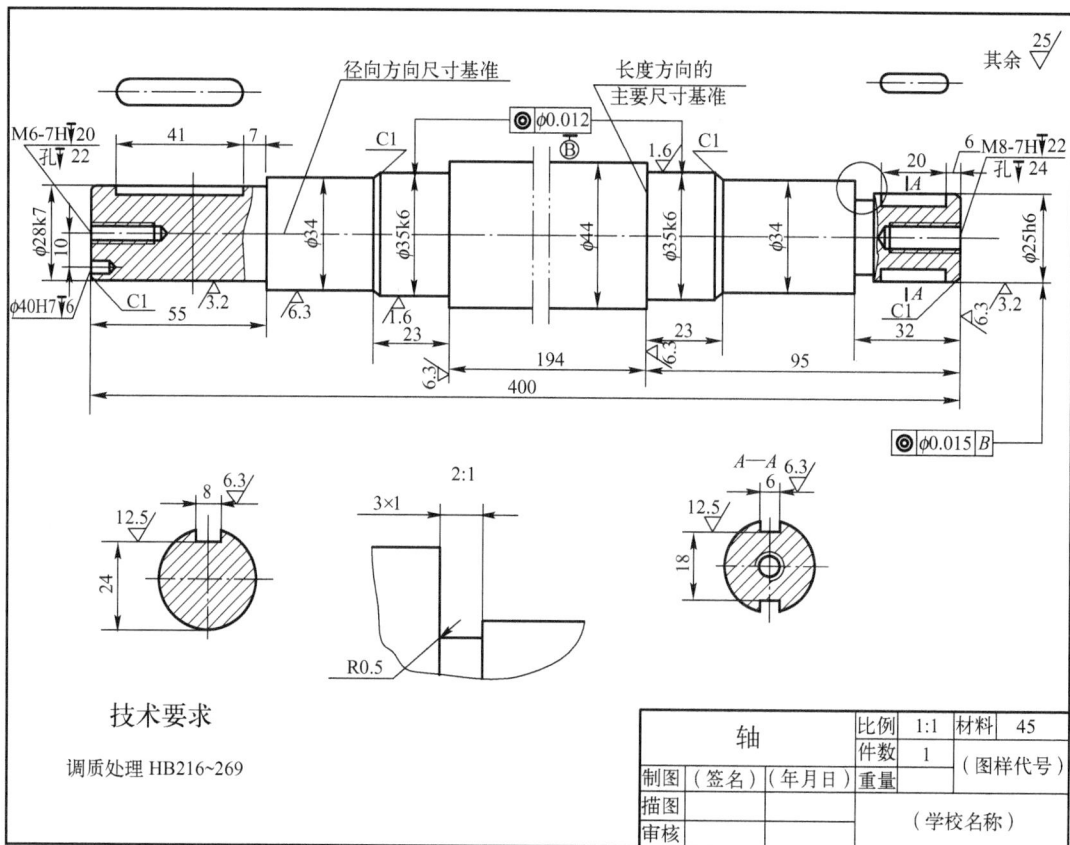

图 11-14 轴套类零件分析

长度方向的主要基准一般选重要端面、接触面等，如图 11-14 中，以 φ44 柱体右端面作为长度方向的基准，标注 6、32、95 等尺寸。

11.3.2 轮盘类零件

轮盘类零件主要有手轮、带轮、端盖等，其结构特点是轴向尺寸小而径向尺寸大，零件的主体多数由共轴回转体构成（也有主体形状是矩形的），并在径向分布有螺孔或光孔、销孔等。这类零件主要是在车床上加工。

1. 视图选择

如图 11-15 所示，零件的安放按加工位置原则选择轴线水平放置，主视图一般采取适当的剖视图。这类零件较轴套类零件复杂，只用一个主视图不能完整表达其结构形状，因此需要增加其他视图，如左视图或右视图。

2. 尺寸标注

轮盘类零件在标注尺寸时，通常选用通过轴孔的轴线作为径向主要尺寸基准，如

图 11-15 所示标出 φ180、φ126、φ80 和 φ60 等尺寸。长度方向的主要尺寸基准常选用重要的端面，如端盖选用与其他零件接触的凸缘作为长度方向的主要尺寸基准，标注出 12、16 和 30 等尺寸。

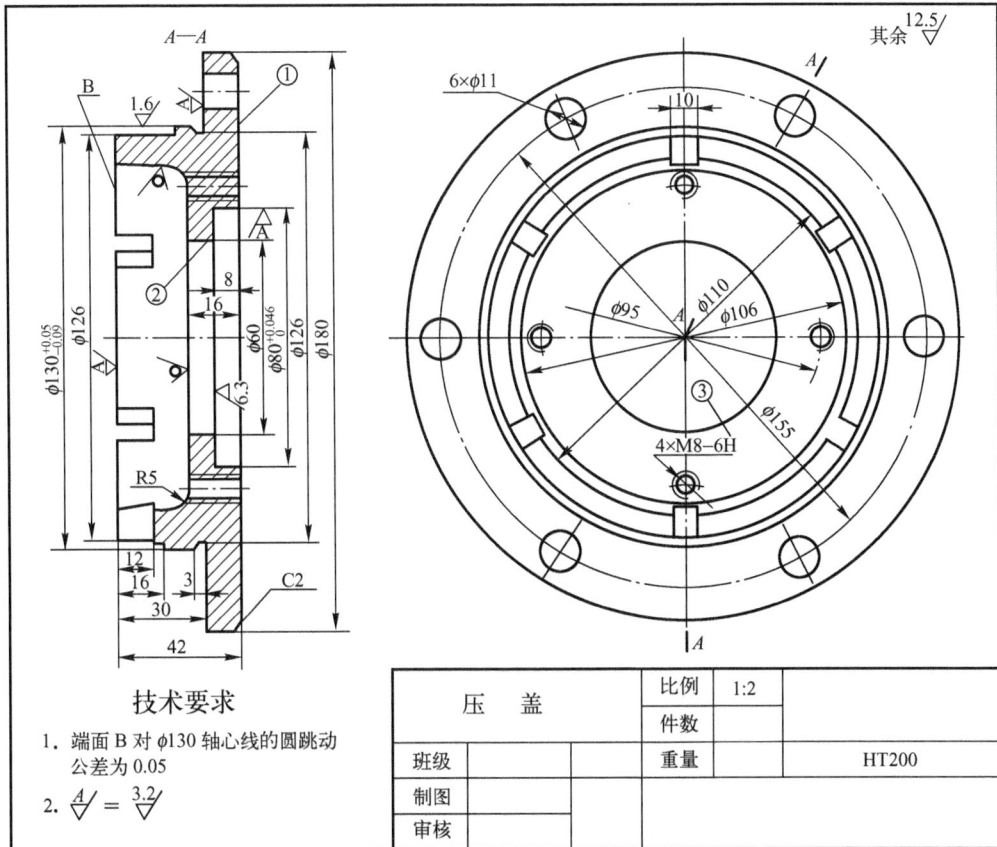

图 11-15　轮盘类零件分析

11.3.3　叉架类零件

叉架类零件主要起支撑和连接作用，其结构形状比较复杂，一般有倾斜、弯曲的结构。常用铸造和锻压的方法制成毛坯，然后进行车削加工。

1. 视图选择

这类零件由于加工位置多变，在选择主视图时，主要考虑工作位置和形状特征，主视图投射方向选择最能反映其形状特征的方向，如图 11-16 所示。

由于叉架类零件形状一般不规则，倾斜结构较多，除需要必要的基本视图以外，还需要采用斜视图、局部视图、断面图等表达方法表达零件的细部结构，如图 11-16 中，除采用了主视图和左视图外，还采用了斜视图、断面图、局部剖视图等表达方法。

2. 尺寸标注分析

叉架类零件的尺寸标注时，通常用安装基准面或零件的对称面作为尺寸基准。如图 11-16

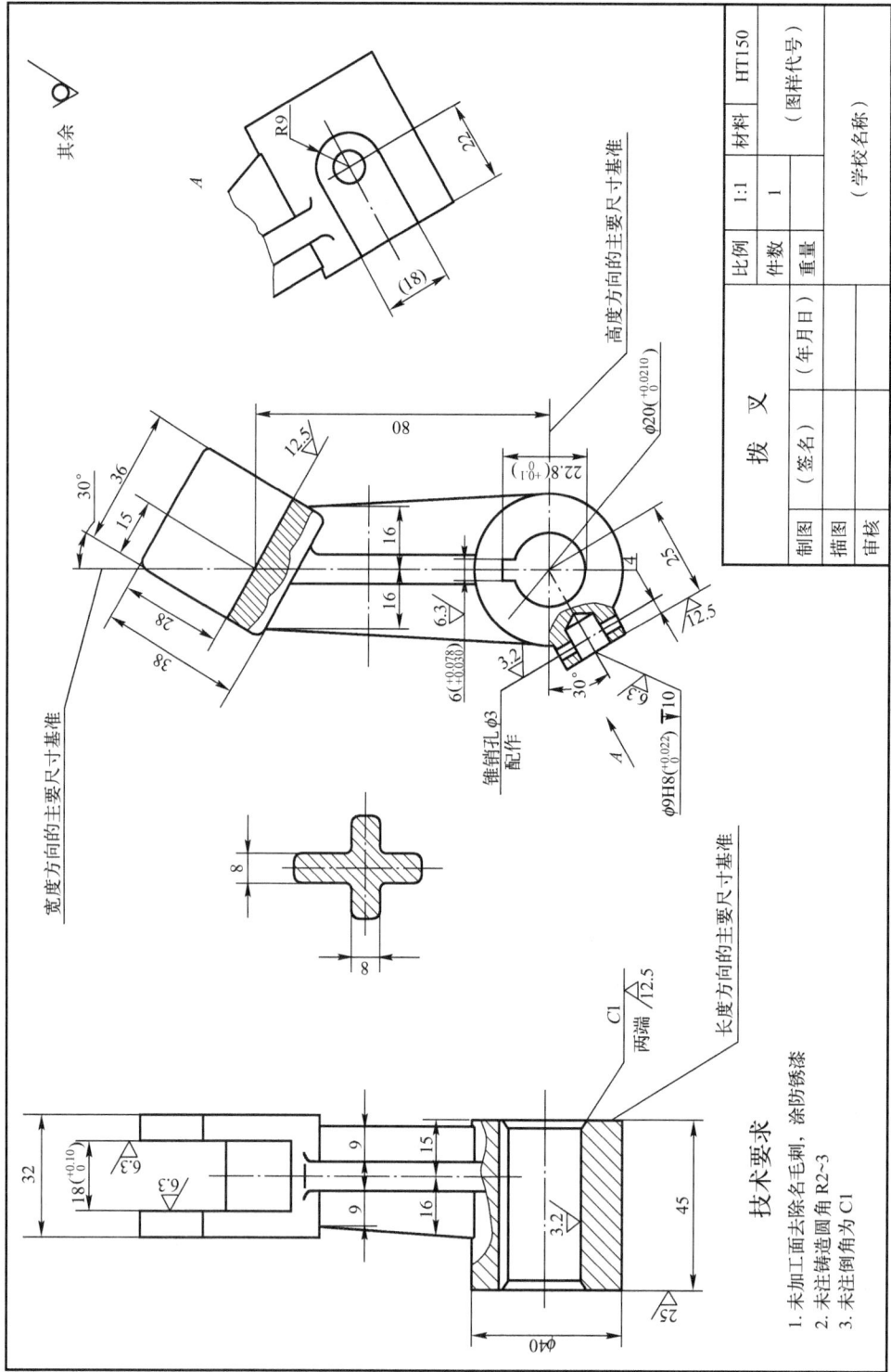

图 11-16 叉架类零件分析

技术要求

1. 未加工面去除各毛刺, 涂防锈漆
2. 未注铸造圆角 R2~3
3. 未注倒角为 C1

		拨 叉			比例	1:1	材料	HT150
					件数	1	(图样代号)	
	(签名)	(年月日)			重量			
制图							(学校名称)	
描图								
审核								

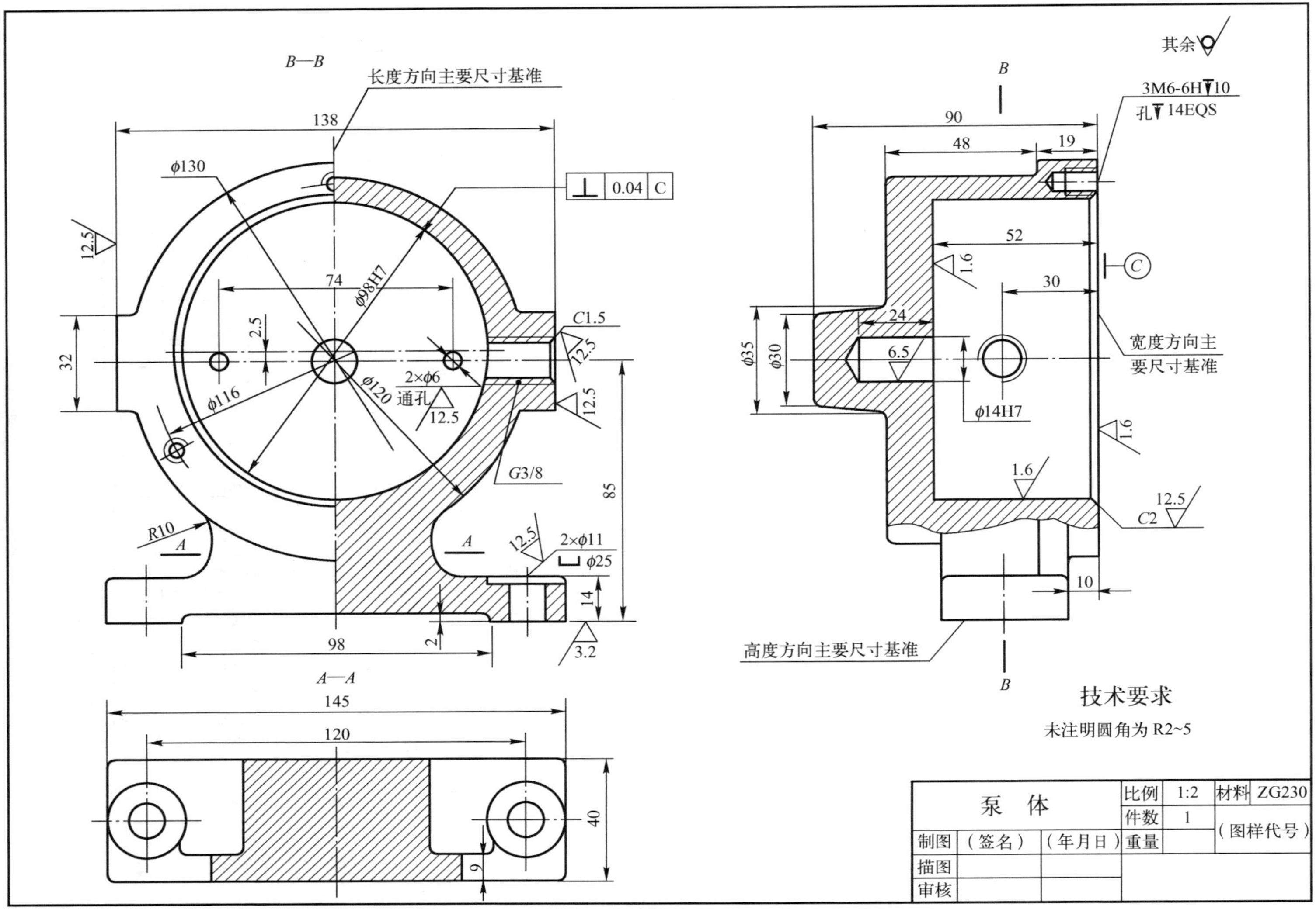

图 11-17 箱体类零件分析

技术要求

未注明圆角为 R2~5

泵 体		比例	1:2	材料	ZG230
		件数	1		（图样代号）
	（签名）	（年月日）	重量		
制图					
描图					
审核					

所示，长度方向的主要尺寸基准选择右端面，标注 45、15 等尺寸，高度方向的主要尺寸基准选择 φ20 的轴线，标注 80 等尺寸，宽度方向的主要尺寸基准选择中心线，标注 6、16 等尺寸。

11.3.4 箱体类零件

箱体类零件是机器或部件的主体部分，用来支撑、包容、保护运动零件或其他零件。这类零件的形状、结构较复杂，加工工序较多，一般均按工作位置和形状特征原则选择主视图，其他视图至少两个或两个以上，应根据实际情况适当采取剖视图、断面图、局部视图和斜视图等多种形式，以清晰地表达零件内、外形状。

1. 视图选择分析

箱体类零件的安放位置主要考虑零件的工作位置，其主视图投射方向选择最能反映其形状特征的方向。根据表达需要再选用其他基本视图，结合剖视、断面、局部视图等多种表达方法表达零件的内部结构。如图 11-17 所示，采用了三个基本视图及相应剖视图来表达泵体的结构。

2. 尺寸标注分析

箱体类零件分析常选用设计轴线、对称面、重要端面和重要安装面作为尺寸基准。对于箱体上需加工的部分，应尽可能按便于加工和检验的要求标注尺寸，如图 11-17 所示。

11.4 零件上常见工艺结构及尺寸标注

11.4.1 铸造零件的工艺结构

零件的毛坯大都要由砂型铸造而成，如图 11-18 所示的零件毛坯铸造过程，是在上砂箱和下砂箱中进行的。木模放在下砂箱位置，砂型造好后，开启上砂箱取出木模，重新盖上上砂箱，将熔化的金属液进行浇铸，最后将浇铸好的毛坯取出。由此铸造工艺对零件结构提出了下列一些要求。

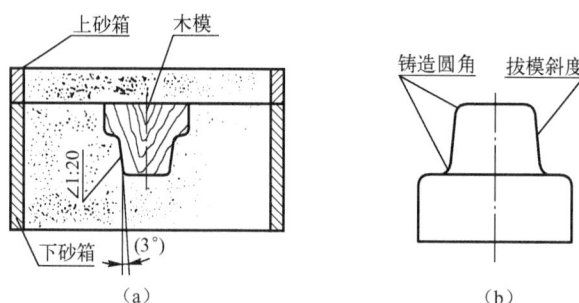

图 11-18 砂箱造型

1. 拔模斜度

用铸造的方法制造零件毛坯时，为了便于在砂型中取出木模，一般沿木模拔模方向做成约1：20的斜度，叫做拔模斜度。铸造零件的拔模斜度较小时，在图中可不画、不注，必要时可在技术要求中说明。斜度较大时，则要画出和标注出斜度，如图11-19所示。

2. 铸造圆角

为了便于铸件造型时拔模，防止铁水冲坏转角处、冷却时产生缩孔和裂缝，将铸件的转角处制成圆角，这种圆角称为铸造圆角，如图11-20所示。

图 11-19　拔模斜度　　　　　　　　图 11-20　铸造圆角

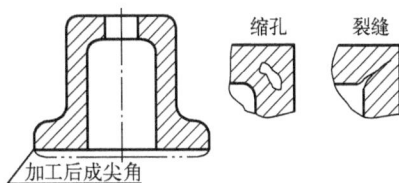

3. 铸件壁厚

用铸造方法制造零件的毛坯时，为了避免浇注后零件各部分因冷却速度不同而产生缩孔或裂纹，铸件的壁厚应保持均匀或逐渐过渡，如图11-21所示。

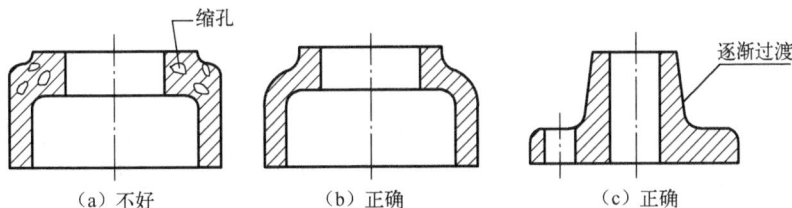

（a）不好　　　　　　（b）正确　　　　　　（c）正确

图 11-21　铸件壁厚

11.4.2　零件机械加工的工艺结构

毛坯制成后，一般要经过机械加工做成零件，常见的机械加工工艺对零件结构的要求有下列几种。

1. 倒角和倒圆

为了去除零件加工表面的毛刺、锐边和便于装配，在轴或孔的端部一般加工与水平方向成45°、30°、60°倒角。倒角为45°时，用代号C表示，与轴向尺寸n连注成Cn。其他角度的倒角应分别注出倒角宽度n和角度，如图11-22所示。

为了避免阶梯轴轴肩的根部因应力集中而产生的裂纹，在轴肩处加工成圆角过渡，称为倒圆，如图11-22所示。倒角尺寸系列及孔、轴直径与倒角值的大小关系可查阅GB6403.4—86；圆角可查阅 GB6403.4—86。

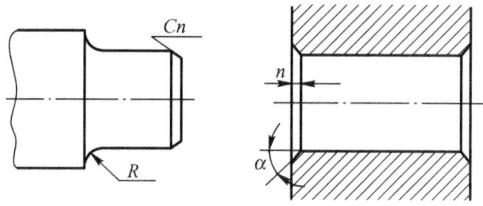

图 11-22　倒角和倒圆

2. 退刀槽和砂轮越程槽

零件在切削加工中（特别是在车螺纹和磨削中），为了便于退出刀具或使被加工表面完全加工，常常在零件的待加工面的末端，加工出退刀槽或砂轮越程槽，如图 11-23 所示。图中 b 表示退刀槽的宽度；ϕ 表示退刀槽的直径。退刀槽可查阅 GB/T3—1997，砂轮越程槽可查阅 GB6403.5—86。

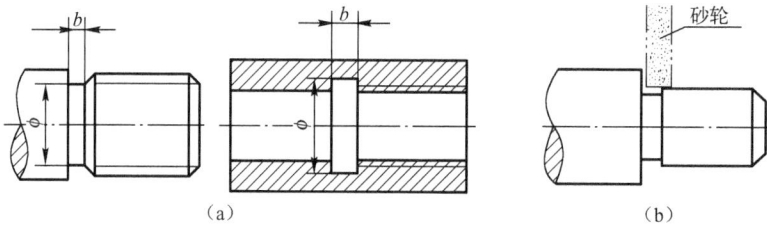

（a）　　　　　　　　　　　　　　　　　　　（b）

图 11-23　退刀槽和砂轮越程槽

3. 钻孔端面

用钻头钻盲孔时，在底部有一个 120° 的锥角。钻孔深度指的是圆柱部分的深度，不包括锥角。在阶梯形钻孔的过渡处，也存在锥角 120° 的圆台。对于斜孔、曲面上的孔，为使钻头与钻孔端面垂直，应制成与钻头垂直的凸台或凹坑，如图 11-24 所示。

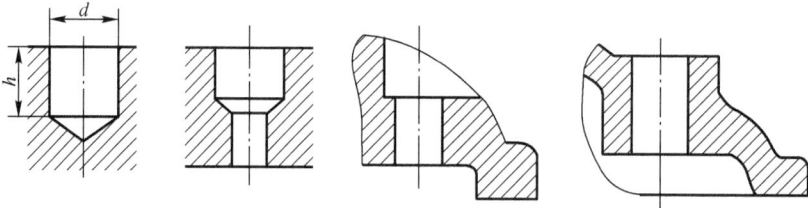

图 11-24　钻孔端面

4. 凸台、凹坑和凹槽

零件中凡与其他零件接触的表面一般都要加工。为了减少机械加工量及保证两表面接触良好，应尽量减少加工面积和接触面积，常用的方法是在零件接触表面做成凸台、凹坑或凹槽，如图 11-25 所示。

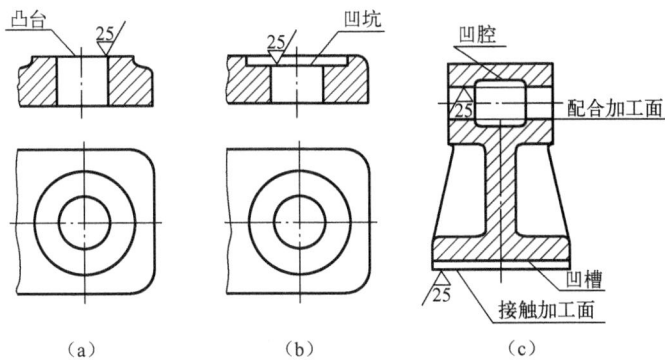

图 11-25　凸台、凹坑和凹槽

11.4.3　过渡线

铸件及锻件两表面相交时，表面交线因圆角而使其模糊不清，为了方便读图，画图时两表面交线仍按原位置画出，但交线的两端空出不与轮廓线的圆角相交，此交线称为过渡线。过渡线画法与相贯线基本相同，只是在表示线两端时有些细小的差别。

（1）当两曲面相交时，过渡线与圆角处不接触，应留有少量间隙，过渡线两端应画得稍尖，如图 11-26 所示。

（2）当两曲面的轮廓线相切时，过渡线在切点附近应该断开，如图 11-27 所示。

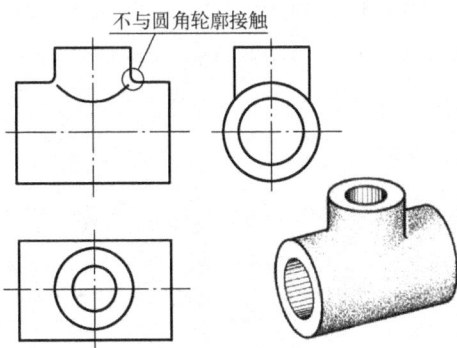

图 11-26　过渡线画法

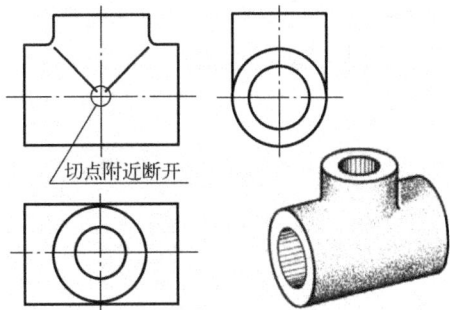

图 11-27　过渡线画法图

（3）当三体相交，三条过渡线汇交于一点时，该点附近应该断开不画，如图 11-28 所示。

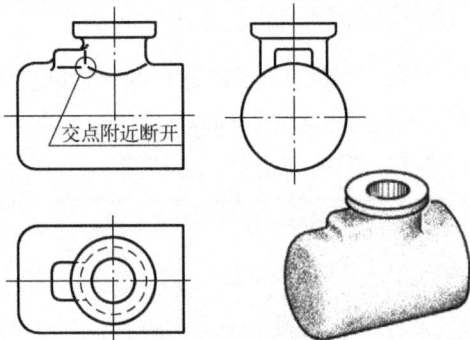

图 11-28　过渡线画法

（4）在画平面与平面或平面与曲面的过渡线时，应该在转角处断开，并加画过渡圆弧，其弯向与铸造圆角的弯向一致，如图 11-29 所示。

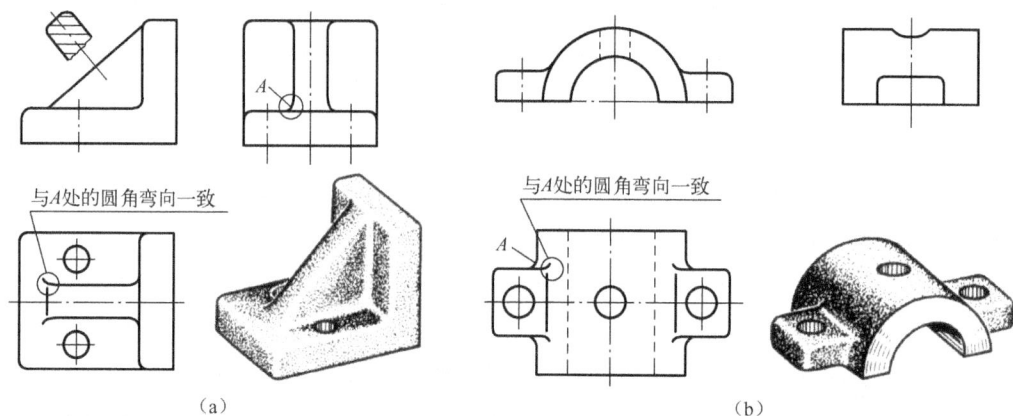

图 11-29 过渡线画法

（5）零件上圆柱面与板块组合时，该处过渡线的形状和画法取决于板块的断面形状及与圆柱相切或相交的情况，如图 11-30 所示。

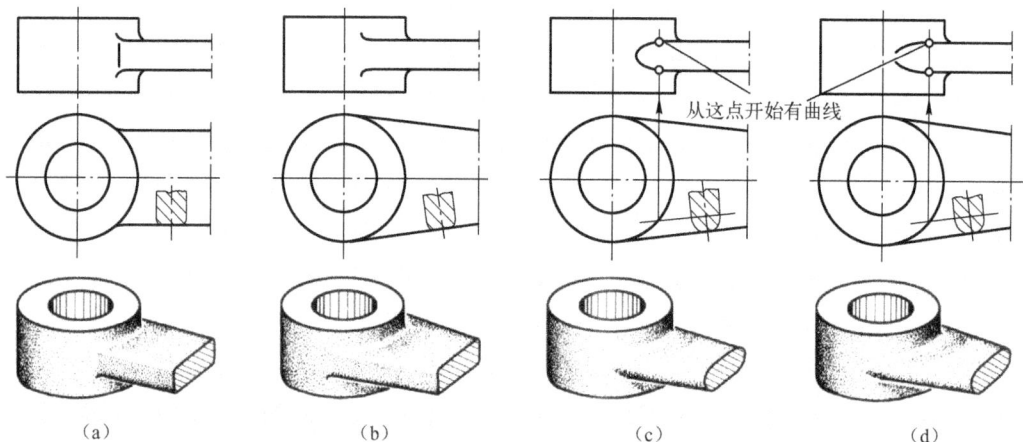

图 11-30 过渡线画法

11.4.4 零件图上常见孔的尺寸标注方法

零件上常用的孔（光孔、锥孔、螺孔、沉孔等）的尺寸标注方法见表 11-2。

表 11-2 常见孔的尺寸标注

零件结构类型		标 注 方 法	说 明
光孔	一般孔		$4×\phi4$ 表示直径为 4 的四个孔可用普通注法，也可用旁注法"⊥"为深度符号

零件结构类型		标 注 方 法	说　明
光孔	精加工孔	$4\times\phi4H7$　　$4\times\phi4H7$ ▼10　　$4\times\phi4H7$ ▼10 孔 ▼12　　孔 ▼12	光孔深为12，钻孔后需精加工至44m，深度为10
	锥销孔	锥销孔$\phi4$　　锥销孔$\phi4$ 配作　　配作	无普通注法；$\phi4$为与锥销孔相配的圆锥销小头直径；"配作"指相邻零件装在一起时加工锥销孔。
沉孔	锥形沉孔	$90°$ $\phi13$　　$6\times\phi6.6$　　$6\times\phi6.6$ $\phi13\times90°$　　V $\phi13\times90°$ $6\times\phi6.6$	"V"为锥形沉孔符号，此孔为90°锥形孔，大端直径为$\phi13$，它用于安装沉头螺钉
	柱形沉孔	$\phi11$　6.8　$4\times\phi6.6$　$4\times\phi6.6$ $\phi11$ ▼6.8　⌴$\phi11$ ▼6.8 $4\times\phi6.6$	"⌴"为柱形沉孔符号，此孔直径$\phi11$、深度6.8，它用于安装圆柱头螺钉
	锪平面	$\phi13$　$4\times\phi6.6$　$4\times\phi6.6$ ⌴$\phi13$　⌴$\phi13$ $4\times\phi6.6$	"⌴"为锪平符号，锪平$\phi13$，一般锪平到不出现毛面为止，深度一般不需标注
螺孔	通孔	$3\times M6{-}6H$　$3\times M6{-}6H$　$3\times M6{-}6H$ EQS　EQS　EQS	表示公称直径为6、公差带代号为6H的螺孔，"EQS"表示均匀分布。
	不通孔	$3\times M6{-}6H$　$3\times M6{-}6H$ ▼10　$3\times M6{-}6H$ ▼10 EQS　孔 ▼12EQS　孔 ▼12EQS 10　12	钻孔深度12，螺纹深度10

11.5 零件图上的技术要求

在零件图上除了用一组视图表示零件的结构形状，用尺寸表示零件的大小外，还必须注有制造和检验时在技术指标上应达到的要求，即零件的技术要求。零件的技术要求主要有表面粗糙度、尺寸公差、形位公差、热处理及镀涂等。

零件图的技术要求一般采用规定的代（符）号、数字、字母等标注在视图上，当不能用代（符）号标注时，允许在"技术要求"的标题下，用简要的文字进行说明。

11.5.1 表面粗糙度

1. 表面粗糙度的基本概念

零件的表面，即使经过精细加工，也不可能绝对平整。在显微镜下观察，可以看到高低不平的情况（见图 11-31）。表面粗糙度就是指零件的加工表面上具有的较小间距和峰谷所组成的微观几何形状误差，它是由于加工方法、机床的振动和其他因素所造成的。

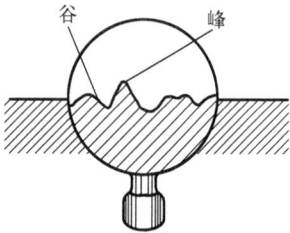

表面粗糙度是评定零件表面质量的重要指标之一。它对零件的耐磨性、耐腐蚀性、抗疲劳强度、零件之间的配合和外观质量等都有影响。一般说来，凡零件上有配合要求或有相对运动的表面，必须具备一定的表面粗糙度要求。

图 11-31　零件表面微观情况

2. 评定表面粗糙度的参数

评定表面粗糙度的参数有轮廓算术平均偏差、微观不平度十点高度和轮廓最大高度。

（1）轮廓算术平均偏差。在取样长度 l 内，测量方向（Y 方向）轮廓线上的点与基准线之间距离绝对值的算术平均值，称为轮廓算术平均偏差，用 R_a 表示，如图 11-32 所示。

$$R_a = \frac{1}{l} \int_0^l |Y(x)| \, dx$$

或者近似为：

$$R_a = \frac{1}{n} \sum_{i=1}^n |y_i|$$

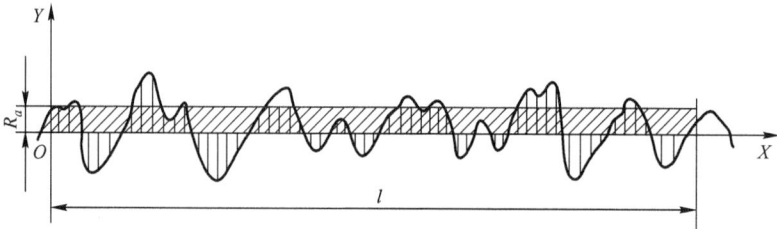

图 11-32 轮廓算术平均偏差 R_a

轮廓算术平均偏差 R_a 的数值见表 11-3。

表 11-3　轮廓算术平均偏差 R_a 的数值　　　　　　　　　　　　　（mm）

第1系列	第2系列	第1系列	第2系列	第1系列	第2系列	第1系列	第2系列
	0.008						
	0.010						
0.012			0.125		1.25	12.5	
	0.016		0.160	1.60			
	0.020	0.20			2.0		16.0
0.025			0.25		2.5	25	
	0.032		0.32	3.2			32
	0.040	0.40			4.0		40
0.050			0.50		5.0	50	
	0.063		0.63	6.3			63
	0.080	0.8			8.0		80
0.100			1.00		10.0	100	

注：应优先选用第1系列。

（2）微观不平度+点高度。在取样长度（l）内，五个最大的轮廓峰高的平均值与五个最大的轮廓谷深的平均值之和，称为微观不平度+点高度，用 R_z 表示，如图 11-33 所示。

$$R_z = \frac{\sum\limits_{i=1}^{5} y_{pi} + \sum\limits_{i=1}^{5} y_{vi}}{5}$$

式中，y_{pi}——最大轮廓峰高；

y_{vi}——最大轮廓谷深。

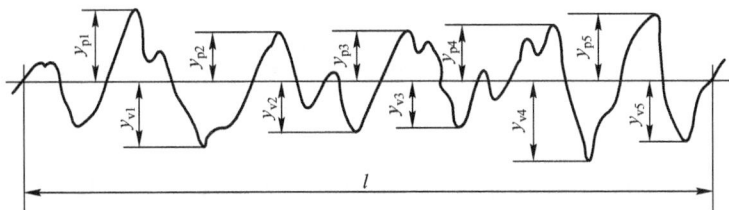

图 11-33　微观不平度高度

（3）轮廓最大高度。在取样长度（l）内，轮廓顶峰线和轮廓谷底线之间的距离，称为轮廓最大高度，用 R_y 表示：$R_y = R_p + R_m$，如图 11-34 所示。

式中，R_p——轮廓顶峰高；

R_m——轮廓谷低深。

零件表面粗糙度参数值的选用，既要满足零件表面功能的要求，又要考虑经济的合理性。零件表面越光洁，参数值越小；反之，参数值越大。所以在满足零件表面功能要求的前提下，应尽量选用较大的表面粗糙度参数值，以便降低成本。

在确定表面粗糙度参数值时，应注意下列问题：

（1）零件上工作表面的粗糙度参数值应小于非工作表面的粗糙度参数值。

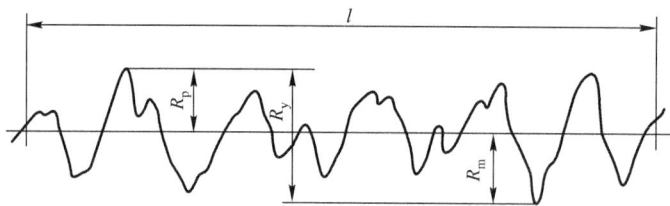

图 11-34 轮廓最大高度

（2）配合表面的粗糙度参数值应小于非配合表面的粗糙度参数值。

（3）运动速度高、单位压力大的摩擦表面的粗糙度参数值应小于运动速度低、单位压力小的摩擦表面的粗糙度参数值。

（4）一般地说，尺寸和表面形状要求精确度高的表面粗糙度参数值应小于尺寸和表面形状要求精确度较低的表面粗糙度参数值。

为了便于选用，表 11-4 给出了 R_a 数值的应用举例。

表 11-4　R_a 数值的应用举例

R_a 数值（μm）	取样长度 l（mm）	获得粗糙度的加工方法	应 用 举 例
50	8	粗车、粗刨、粗铣、钻孔等	一般很少应用
25			
12.5			钻孔表面、机座底面、不与其他零件配合的自由表面；如倒角、螺钉孔等
6.3	2.5	精车、精刨、精铣、精镗、铰孔、刮研、粗磨、铣齿等	支架、箱体、箱盖等的接触表面，螺栓头的要求紧贴的接合面、键和键槽的工作面，精度不高的齿轮工作面等
3.2			要求紧贴的接合面、键和键槽的工作面，精度不高的齿轮工作面等
1.6	0.8	金刚石车刀精车、精镗、精磨、研磨、抛光等	低速转动的轴颈、支撑孔、套筒、三角皮带轮等的表面
0.8			要求保证定心及配合特性的表面，如轴承配合面、锥孔、定位销孔等的表面
0.4			要求保证规定的配合特性的表面，如导轨面、滑动轴承轴瓦工作面等
0.2			工作时承受反复应力的重要零件表面，如机床主轴、活塞销孔等的表面
0.1	0.25	细磨、抛光、研磨	保证精确定位的锥面、高精度滑动表面
0.05			精密仪器的摩擦面、量具工作面、量规的测量面、保证高度气密的接合面等
0.025			
0.012	0.08		
0.006			

3. 表面粗糙度的代（符）号及其标注

表 11-5 中列出了表面粗糙度的主要符号。

表 11-5　表面粗糙度主要符号及意义

符　　号	意义及说明
$\bigvee$	基本符号。表示表面可用任何方法获得。当不加注粗糙度参数值或有关说明（例如，表面处理、局部热处理状况等）时，仅适用于简化代号标注
$\bigvee$	基本符号加一短划。表示表面是用去除材料的方法获得的。例如，车、铣、钻、磨等
$\bigvee$	基本符号加一小圆。表示表面是用不去除材料的方法获得的。例如，铸、锻、冲压变形等。或者是用于保持原供应状况的表面（包括保持上道工序的状况）
$\bigvee$ $\bigvee$ $\bigvee$	在上述三个符号的长边上均可加一横线。用于标注有关参数和说明
$\bigvee$ $\bigvee$ $\bigvee$	在上述三个符号上均可加一小圆。表示所有表面具有相同的表面粗糙度要求

表面粗糙度符号的画法，如图 11-35 所示，图中参数的大小若以图样轮廓线宽度 b 为参数，则：符号线宽 $d' = b/2$，高度 $H_1 = 10b$，高度 $H_2 = 2H_1 + (1 \sim 2) = 20b + (1 \sim 2)$。

表面粗糙度数值及其相关的规定在符号中标写的位置如图 11-35 所示。

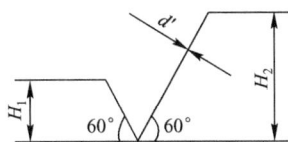

4. 表面粗糙度代号的标注

在 GB/T131—1993 中规定，表面粗糙度符号是由规定的符号和相关参数值组成的。

（1）表面粗糙度参数 R_a 值、R_y 值与 R_z 值的注法见表 11-6。

图 11-35　表明粗糙度符号的画法

表 11-6　表明粗糙度参数及其他相关规定的标注示例

代号示例	意义说明	代号示例	意义说明
$3.2 \bigvee$	用任何方法获得的表面，R_a 的最大允许值为 3.2μm R_a 为最常用参数符号，可省略不注	$R_y 12.5 \overset{3.2}{\bigvee}$	用去除材料方法获得的表面，R_a 的最大允许值为 3.2μm R_y 的最大允许值为 12.5μm R_y 和 R_z 参数符号必须标注
$3.2 \bigvee$	用不去除材料方法获得的表面，R_a 的最大允许值为 3.2μm	铣 $a \bigvee$	加工方法规定为铣制
$3.2 \bigvee$	用去除材料方法获得的表面，R_a 的最大允许值为 3.2μm	$a \overset{2.5}{\bigvee}$	取样长度为 2.5mm
$\overset{3.2}{\underset{1.6}{\bigvee}}$	用去除材料方法获得的表面，R_a 的最大允许值为 3.2μm，最小允许值为 1.6μm	$\underset{5}{a} \bigvee$	加工余量为 5mm

（2）表面粗糙度代（符）号在图样上的标注方法。如图 11-36 所示，在图样上标注表面粗糙度的基本原则是：

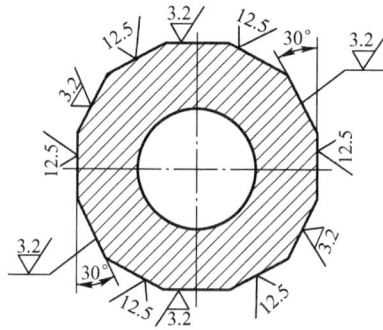

图 11-36 表明粗糙度的数字及符号方向的标注

① 在同一图样上，每一个表面只注一次粗糙度代号，且应注在可见轮廓线、尺寸界线、引出线或它们的延长线上，并尽可能靠近有关尺寸线。

② 符号的尖端必须从材料外指向表面。

③ 在图样上表面粗糙度代号中，数字的大小和方向必须与图中尺寸数字的大小和方向一致。

5. 表面粗糙度的标注示例

表面粗糙度在图样中的标注示例如表 11-7 所示。

表 11-7 表面粗糙度标注示例

图　　例	说　　明
	1. 表面粗糙度代号及代号中数字和符号方向的注写按图所示 2. 其中使用最多的一种代号可以统一注在图样的右上角，并加注"其余"两字，其代号和文字说明均应是图形上其他表面所注代号和文字的 1.4 倍
	当零件所有表面具有相同的表面粗糙度要求时，其代号可在图样右上角统一标注

图　例	说　明
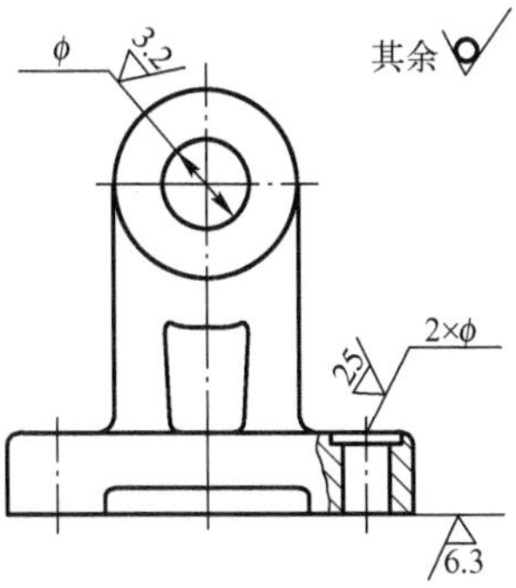	1. 对不连续的同一表面，可用细实线连接，其表面粗糙度代号只标注一次 2. 当地方狭小或不便标注时，代号可以引出标注
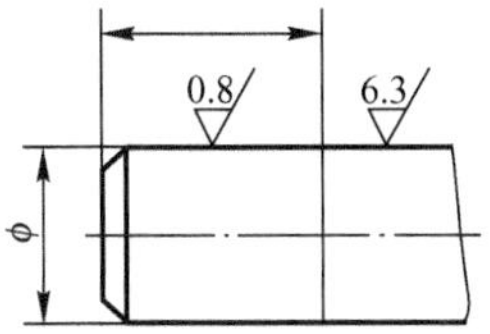	同一表面上有不同的粗糙度要求时，需用细实线画出其分界线，并注出相应的表面粗糙度代号和尺寸
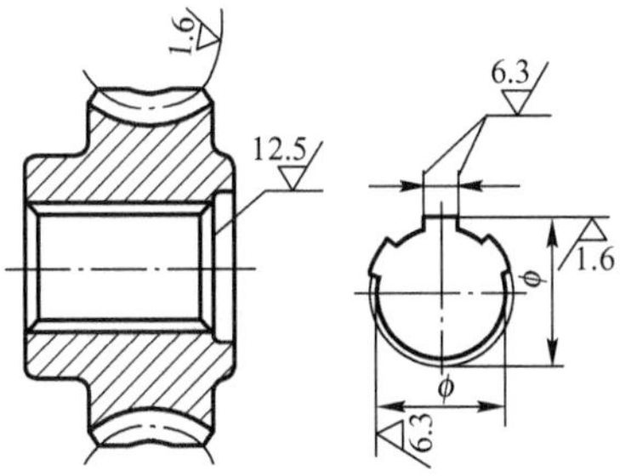 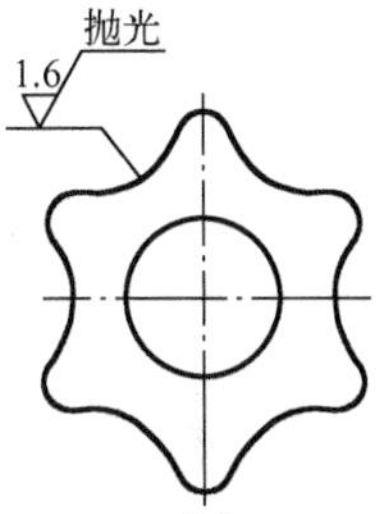	1. 零件上连续表面及重复要素（孔、槽、齿、……等）的表面粗糙度代号，只标注一次 2. 当零件表面需要抛光时，可在表面粗糙度符号上画一横线，并注出"抛光"两字，如图（b）所示
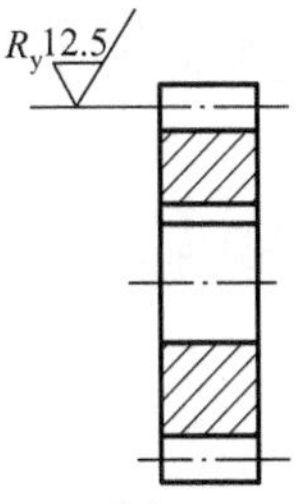 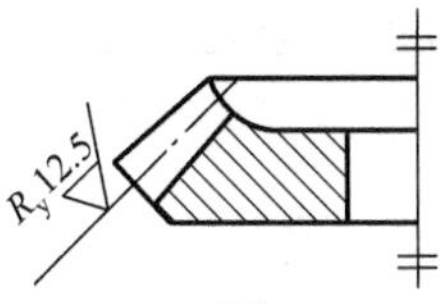	齿轮工作表面，在没有画出齿形时，其表面粗糙度代号的标注方法

图　例	说　明
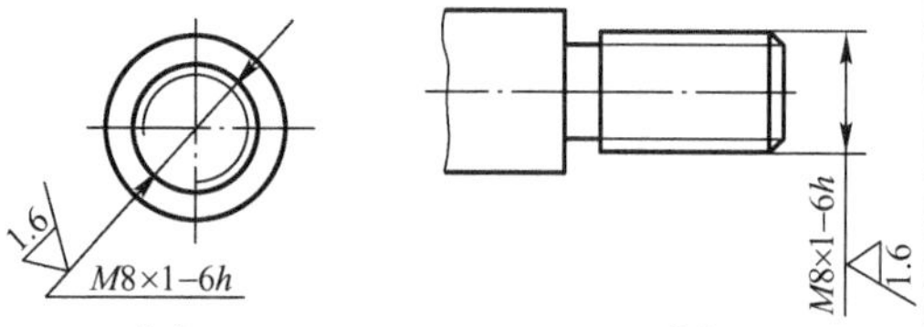 （a）　　　　　（b）	螺纹工作表面，在没有画出牙型时，其表面粗糙度代号的标注方法
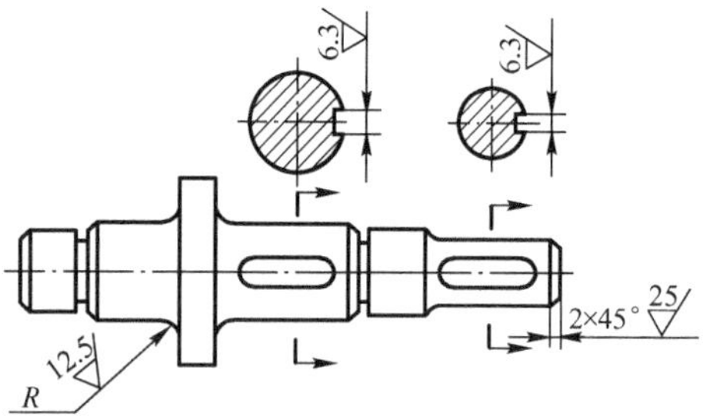	键槽工作表面，倒角、圆角的表面粗糙度代号的标注方法
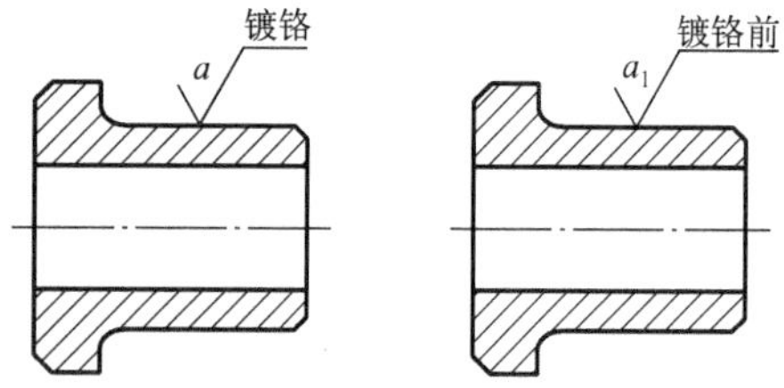 镀铬　　　　　镀铬前 （a）　　　　　（b）	1. 镀涂或其他表面处理后的表面粗糙度代号注法，如图（a）所示 　　2. 需要表示镀涂前的表面粗糙度代号注法，如图（b）所示

11.5.2　极限与配合

1. 零件的互换性

　　同一批零件，不经挑选和辅助加工，任取一个就可顺利地装到机器上去，并满足机器的性能要求，零件的这种性能称为互换性。日常生活中使用的螺钉、螺母、灯泡和灯头都具有互换性。

　　零件具有互换性，不仅能组织大批量生产，而且可提高产品的质量，降低成本和便于维修。

　　保证零件具有互换性的措施：由设计者确定合理的配合要求和尺寸公差大小。

2. 基本术语

　　基本尺寸：由设计确定的尺寸。

　　实际尺寸：通过测量得到的尺寸。

极限尺寸：允许尺寸变化的两个极限值，分为最大极限尺寸和最小极限尺寸。

尺寸偏差（简称偏差）：实际尺寸减其基本尺寸所得的代数差。

极限偏差：指上偏差和下偏差。

上偏差 = 最大极限尺寸 − 基本尺寸

上偏差的代号：孔为 ES，轴为 es

下偏差 = 最小极限尺寸 − 基本尺寸

下偏差的代号：孔为 EI，轴为 ei

尺寸公差：允许尺寸有的变动量。

尺寸公差（简称公差）：允许尺寸的变动量。

公差 = 最大极限尺寸 − 最小极限尺寸 = 上偏差 − 下偏差

例如，如图 11-37 所示，一根轴的直径为 $\phi50 \pm 0.008$，其具体含义如下：

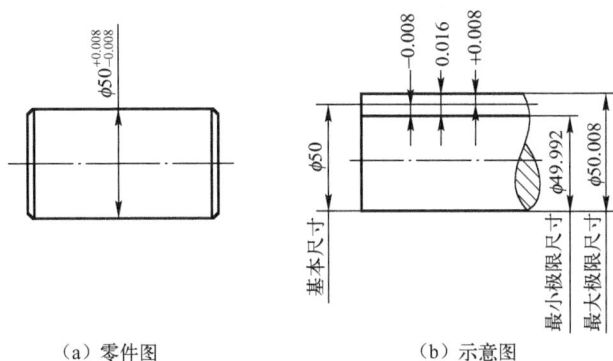

（a）零件图　　　　　（b）示意图

图 11-37　轴的尺寸公差

基本尺寸为 $\phi50$

最大极限尺寸为 $\phi50.008$

最小极限尺寸为 $\phi49.992$

上偏差 = 50.008 − 50 = 0.008

下偏差 = 49.992 − 50 = −0.008

公差 = 50.008 − 49.992 = 0.016　或 = 0.008 − (−0.008) = 0.016

尺寸公差带（简称公差带）：在公差带图中，有代表上、下偏差的两条直线所限定的区域，如图 11-38 所示。

零线：在公差带图（公差与配合图解）中确定偏差的一条基准直线，即零偏差线。通常以零线表示基本尺寸，如图 11-38 所示。

3. 标准公差与基本偏差

公差带由"公差带大小"和"公差带位置"这两个要素组成。标准公差确定公差带大小，基本偏差确定公差带位置，如图 11-39 所示。

（1）标准公差。标准公差是标准所列的，用以确定公差带大小的任一公差。标准公差分为 20 个等级，即：IT01、IT0、IT1 至 IT18。字母 IT 是"国际公差"的符号，数字表示公差等级，从 IT01 至 IT18 精度依次降低。标准公差数值取决于基本尺寸的大小和标准公差等级，其值可通过附表查得。

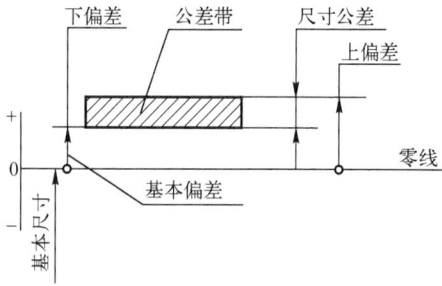

图 11-38　公差带示意图

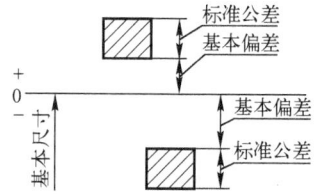

图 11-39　标注公差与基本偏差

（2）基本偏差。基本偏差是用以确定公差带相对零线位置的上偏差或下偏差，一般指靠近零线的那个偏差。当公差带在零线的上方时，基本偏差为下偏差；反之则为上偏差。

轴与孔的基本偏差代号用拉丁字母表示，大写为孔，小写为轴，各有 28 个，其中 $H(h)$ 的基本偏差为零，常作为基准孔或基准轴的偏差代号，如图 11-40 所示。

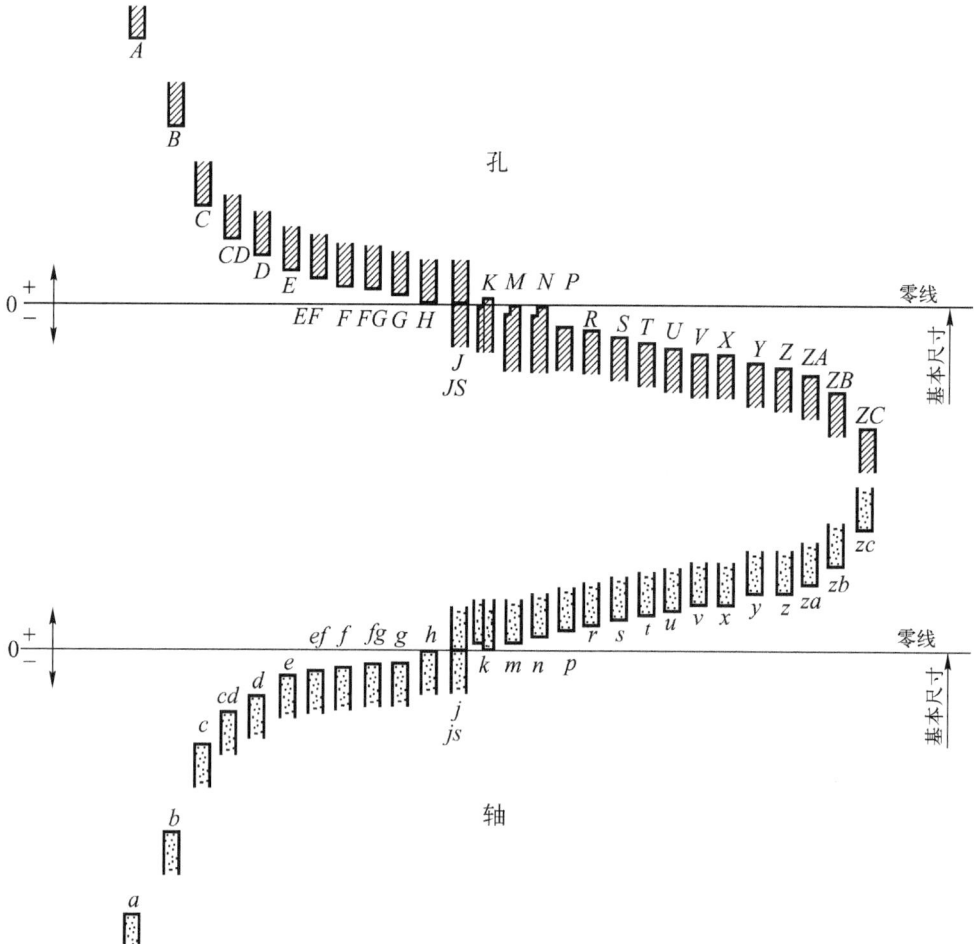

图 11-40　基本偏差系列图

4. 配合

基本尺寸相同的、相互结合的孔和轴公差带之间的关系称为配合。根据使用的要求不同，孔和轴之间的配合有松有紧，国家标准规定配合分三类：间隙配合、过盈配合和过渡配合。

（1）间隙配合。孔与轴配合时，具有间隙（包括最小间隙等于零）的配合，此时孔的公差带在轴的公差带之上，如图11-41所示。

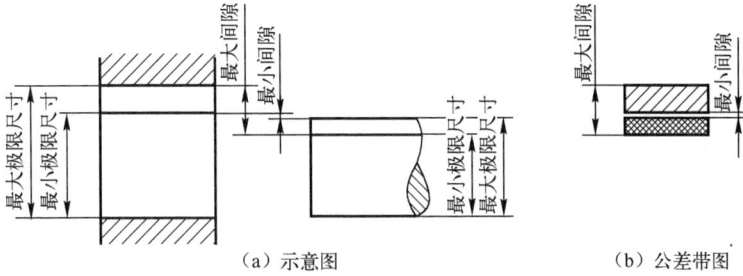

图 11-41　间隙配合

（2）过盈配合。孔和轴配合时，孔的尺寸减去相配合轴的尺寸，其代数差为负值为过盈。具有过盈的配合称为过盈配合。此时孔的公差带在轴的公差带之下。

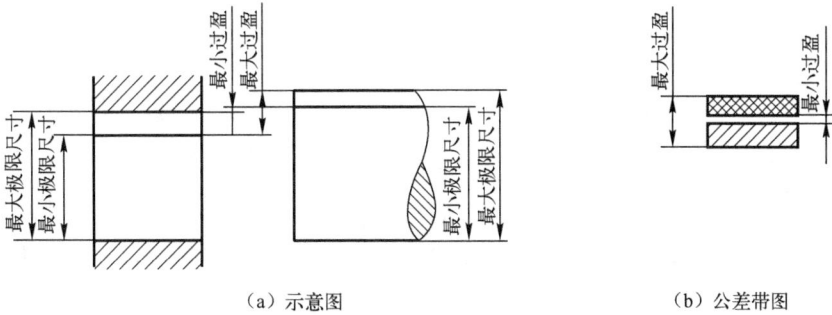

图 11-42　过盈配合

（3）过渡配合。可能具有间隙，也可能具有过盈的配合为过渡配合。此时孔的公差带与轴的公差带相互交叠，如图11-43所示。

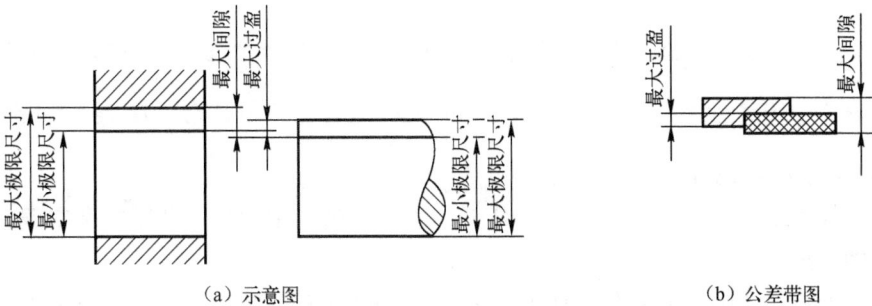

图 11-43　过渡配合

5. 配合基准制

当基本尺寸确定后，为了得到孔与轴之间各种不同性质的配合，又便于设计和制造，国家标准规定了两种不同的基准制，即基孔制和基轴制。由于孔加工一般采用定制（定尺寸）刀具，而加工轴则采用通用刀具，因此国标规定一般情况应优先选用基孔制。

（1）基孔制。基本偏差为一定的孔的公差带，与不同基本偏差的轴的公差带形成各种配合的一种制度。如图 11-44 所示。

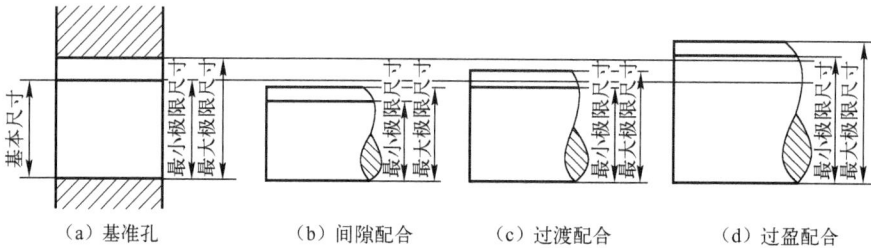

（a）基准孔　　　　（b）间隙配合　　　　（c）过渡配合　　　　（d）过盈配合

图 11-44　基孔制配合

基孔制配合中的孔为基准孔，用基本偏差代号 H 表示，基准孔的下偏差为零。

（2）基轴制。是基本偏差为一定的轴的公差带，与不同基本偏差的孔的公差带形成各种配合的一种制度。如图 11-45 所示。

基轴制配合中的轴为基准轴，用基本偏差代号 h 表示，基准轴的上偏差为零。

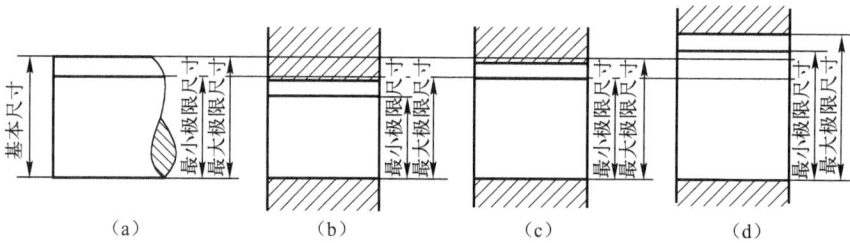

（a）　　　　（b）　　　　（c）　　　　（d）

图 11-45　基轴制配合

6. 配合代号、优先和常用配合

配合代号用孔、轴公差带代号的组合表示，写成分数形式。例如，$\phi50H8/f7$ 或 $\phi50\dfrac{H8}{f7}$，其中 $\phi50$ 表示孔、轴基本尺寸，H8 表示孔的公差带代号，f7 表示轴的公差带代号，H8/f7 表示配合代号。

在配合代号中，凡孔的基本偏差为 H 者，表示是基孔制配合，凡轴的基本偏差为 h 者，表示是基轴制配合。

国家标准将孔、轴公差带分为优先、常用和一般用途公差带，并由孔、轴的优先和常用公差带分别组成基孔制和基轴制的优先配合和常用配合。基孔制和基轴制各13种优先配合见表 11-8，常用配合可查阅国家标注或有关手册。

表 11-8　优先配合

	基孔制优先配合	基轴制优先配合
间隙配合	$\dfrac{H7}{g6}$，$\dfrac{H7}{h6}$，$\dfrac{H8}{f7}$，$\dfrac{H8}{h7}$，$\dfrac{H9}{d7}$，$\dfrac{H9}{h9}$，$\dfrac{H11}{c11}$，$\dfrac{H11}{h11}$	$\dfrac{G7}{h6}$，$\dfrac{H7}{h6}$，$\dfrac{F8}{h7}$，$\dfrac{H8}{h7}$，$\dfrac{D9}{h9}$，$\dfrac{H9}{h9}$，$\dfrac{C11}{h11}$，$\dfrac{H11}{h11}$
过渡配合	$\dfrac{H7}{k6}$，$\dfrac{H7}{n6}$	$\dfrac{K7}{h6}$，$\dfrac{N7}{h6}$
过盈配合	$\dfrac{H7}{p6}$，$\dfrac{H7}{s6}$，$\dfrac{H7}{u6}$	$\dfrac{P7}{h6}$，$\dfrac{S7}{h6}$，$\dfrac{U7}{h6}$

7. 孔和轴的极限偏差值计算

根据基本尺寸和公差带代号，可通过查表获得孔、轴的极限偏差数值。查表时，根据某一基本尺寸的孔和轴，先由其基本偏差代号得到基本偏差值，再由公差等级查表得到标准公差值，最后由公差和极限偏差的关系，算出另一个极限偏差值。

例 11-1　已知孔、轴的配合为 $\phi 50\dfrac{H8}{f6}$，试确定孔和轴的极限偏差及配合性质。

解：由基本尺寸 $\phi 50$（属于尺寸分段 >40 ~ 50 段）和孔的公差带代号 H8，从附表中可查得孔的上、下偏差分别为 $ES = 39\mu m$，$EI = 0$。由基本尺寸 $\phi 50$ 的轴和轴的公差带代号 f7，查附表可得轴的上、下偏差分别为 $es = -25\mu m$，$ei = -50\mu m$。由此可知，孔的尺寸为 $\phi 50^{+0.039}_{0}$，轴的尺寸为 $\phi 50^{-0.025}_{-0.050}$。$\phi 50\dfrac{H8}{f6}$ 的公差带图如图 11-46 所示，从图中可以看出孔、轴是基孔制的间隙配合，最大间隙为 +0.089mm，最小间隙为 +0.025mm。

例 11-2　已知孔、轴的配合为 $\phi 30\dfrac{P7}{h6}$，试确定孔、轴的极限偏差值及配合性质。

解：由基本尺寸 $\phi 30$ 和孔的公差带代号 P7，查附表可得孔的上、下偏差分别为 $ES = -14\mu m$，$EI = -35\mu m$。由基本尺寸 $\phi 30$ 和轴的公差带代号 h6，查附表可得轴的上、下偏差分别为 $es = -0$，$ei = -13\mu m$。由此可知，孔的尺寸为 $\phi 30^{-0.014}_{-0.035}$，轴的尺寸为 $\phi 30^{0}_{-0.013}$。$\phi 30\dfrac{P7}{h6}$ 的公差带图如图 11-47 所示，从图中可以看出孔、轴是基轴制的过盈配合，最大过盈为 +0.035mm，最小过盈为 +0.001 mm。

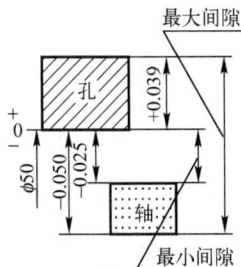

图 11-46　$\phi 50\dfrac{H8}{f6}$ 的公差带图　　　图 11-47　$\phi 30\dfrac{P7}{h6}$ 的公差带图

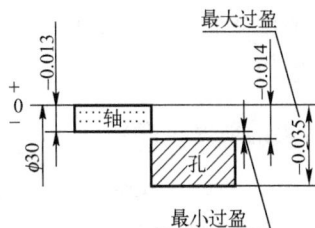

8. 公差与配合在图样上的标注

（1）零件图中的标注形式。在零件图中的标注形式有三种：标注基本尺寸及上、下偏差值（常用方法）；标注基本尺寸；标注公差带代号及相应的极限偏差，且极限偏差应加上圆括号。如图 11-48 所示。

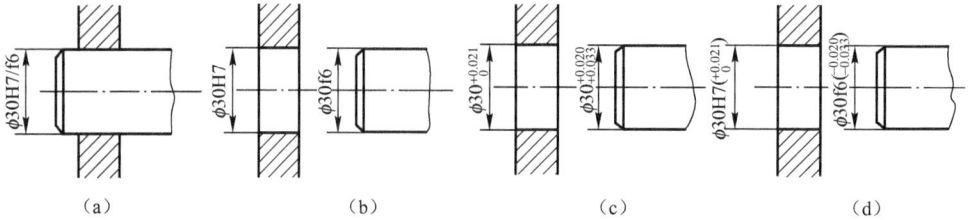

图 11-48　公差与配合在零件图上的标注方法

（2）在装配图中配合尺寸的标注。在装配图中标注时，应在基本尺寸右边注出孔和轴的配合代号，如图 11-48（a）所示。

11.5.3　形状和位置公差简介

零件加工时，不仅会产生尺寸误差，还会出现形状误差和位置误差。例如，在加工一根轴的圆柱时，会出现一头粗一头细或中间粗两头细的现象，如图 11-49（a）所示。又如，加工阶梯轴时，会出现各段圆柱轴线不重合的现象，如 11-49（b）所示。这些误差属于形状和位置误差，它对机器的加工精度和使用寿命都会有所影响，所以对于重要零件，除了控制尺寸误差之外，还要控制某些形状和位置误差。

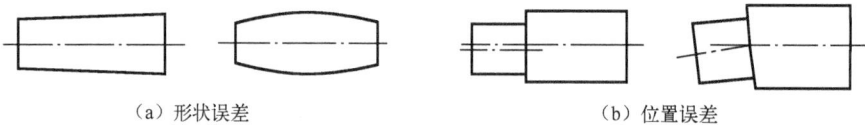

（a）形状误差　　　　　　　　　（b）位置误差

图 11-49　形状和位置误差

形状和位置误差简称形位误差，是零件要素（点、线、面）的实际形状或实际位置对理想形状和位置的允许变动量。

1. 形位公差的项目和符号

国家标准 GB/T1182—1996 将形状公差分为四个项目：直线度、平面度、圆度和圆柱度。将位置公差分为八个项目：其中，平行度、垂直度和倾斜度为定向公差；位置度、同轴度和对称度为定位公差；圆跳动和全跳动为跳动公差。线轮廓度和面轮廓度按有无基准要求分为位置公差和形状公差。形位公差的每个项目都规定了专用符号，如表 11-9 所示。

表 11-9　形位公差各项目的名称和符号

公　　差	项　　目	符　号	公　　差	项　　目	符　号
形状公差	直线度	一	位置公差	平行度	//
	平面度	▱		垂直度	⊥
	圆度	○	定向	倾斜度	∠
	圆柱度	⌭	定位	同轴度	◎
形状公差或位置公差	线轮廓度	⌒		对称度	⹀
				位置度	⊕
	面轮廓度	⌓	跳动	圆跳度	↗
				全跳度	↗↗

2. 形位公差的标注

在图样上标注形位公差时，应有公差框格、被测量要素和基准要素（相对位置公差）三组内容。

（1）公差框格。形位公差要求在矩形公差框格中给出，该框由两格或多格组成，用细实线绘制。框格高度推荐为图内尺寸数字高度的 2 倍，框格中的内容从左到右分别填写公差特征符号、线性公差值（如公差带是圆形或圆柱形的，则在公差值前加注"ϕ"，如果是球形的，则加注"$s\phi$"）、基准代号的字母和有关符号，如图 11-50 所示。公差框格可水平或垂直放置。

一	0.1

//	0.1	A

⊕	$\phi0.1$	A	B	C

图 11-50　公差框路

（2）被测要素的标注。标注形位公差时，指引线的箭头要指向被测要素的轮廓线或其延长线上。当被测要素是线或表面时，指引线的箭头应指向要素的轮廓线或其延长线上，并明显地与尺寸线错开，如图 11-51 所示。

当被测要素是轴线时，指引线的箭头应与该要素尺寸线的箭头对齐，指引线箭头所指方向是公差带的宽度方向或直径方向。当被测要素为各要素的公共轴线或公共中心平面时，指引线箭头可直接指在轴线或中心线上，如图 11-52 所示。

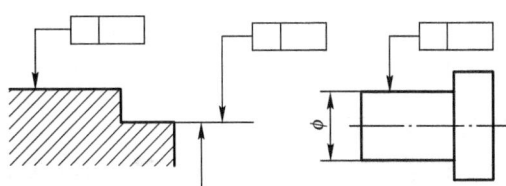

图 11-51　被测要素的标注方式　　　　图 11-52　被测要素的标注方式

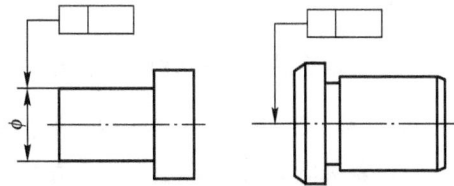

对几个表面有同一数值的公差带要求时，其表示方法如图 11-53 所示。

（3）基准要素的标注。基准要素用基准字母表示，基准符号以带小圆（直径比图中尺寸数字高 2 倍）的大写字母用细实线与粗的短横线相连，如图 11-54 所示。表示基准的字母也应注在相应的公差框格内。

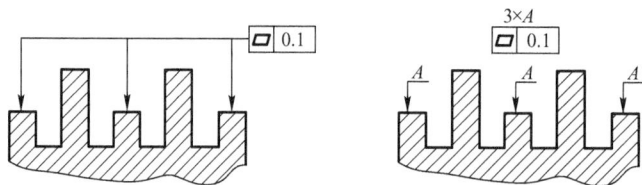

图 11-53　被测要素的标注方式　　　　　　图 11-54　基准符号

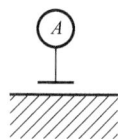

单一基准要用大写字母表示，如图 11-55（a）所示；由两个要素组成的公共基准，用横线隔开的大写字母表示，如图 11-55（b）所示；由三个或三个以上要素组成的基准体系，如多基准组合，表示基准的大写字母应按基准的优先次序从左至右分别置于格中，如图 11-55（c）所示。

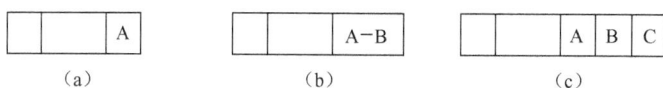

图 11-55　基准字母在框格内的表示

基准符号的短横线应置于：当基准要素是轮廓线或表面时，在要素的外轮廓线上方或它的延长线上，并应与尺寸线明显错开，如图 11-56（a）所示；当基准要素是轴线或中心平面或带尺寸的要素确定的点时，则基准符号中的粗短线应与尺寸线对齐，如图 11-56（b）所示。

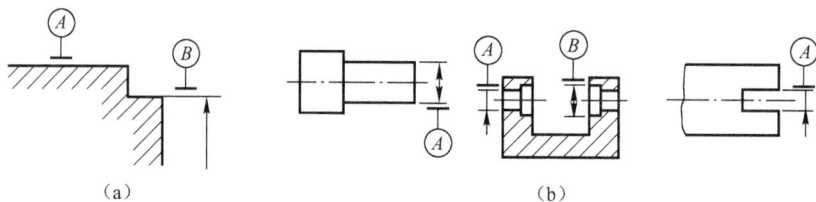

图 11-56　基准符号短横线的放置

当被测要素和基准要素允许互换时，即为任选基准时的标注方法，如图 11-57 所示。

3. 形位公差的公差等级和公差值

国家标准 GB/T1184—1996 中对形位公差各项目规定了 1～12 共 12 个公差等级，等级数越大，公差值也越大，精度越低，具体公差值见附表。

图 11-57　任选基准时的标注

4. 零件图上形位公差示例

零件图上形位公差标注实例如图 11-58 所示。

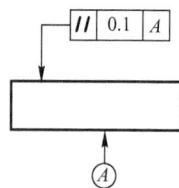

R750的球面对于φ16
轴线的跳动公差为0.003

杆身φ16的圆柱度公差为0.005

M81的螺纹孔轴线对于φ16
轴线的同轴度公差是φ0.1

| ⌭ | 0.005 |

| ⊚ | φ0.1 | A |

| ↗ | 0.003 | | A |

$\phi36^{0}_{-0.390}$

$SR750$

$\phi16^{-0.016}_{-0.004}$

20

M8×1

$14^{0}_{-0.27}$

底部对于φ16的
圆跳动公差是0.1

| ↗ | 0.1 | A |

$62^{0}_{-0.460}$

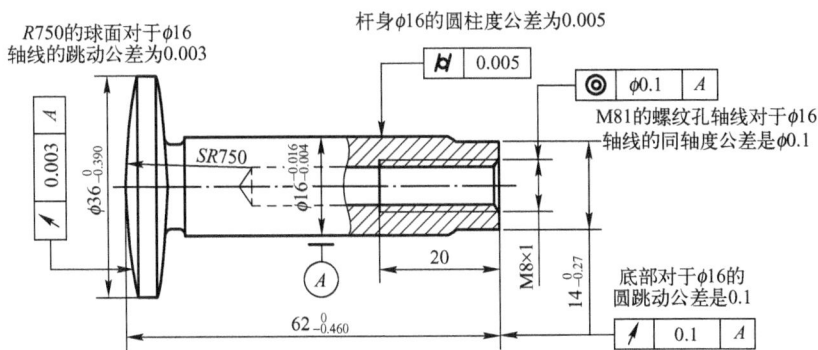

图11-58　形位公差标注示例

11.6　读零件图

11.6.1　读零件图的方法和步骤

1. 读标题栏

了解零件的名称、材料、画图的比例、重量，从而大体了解零件的功用。对于较复杂的零件，还需要参考有关的技术资料。

2. 分析视图，想象结构形状

分析各视图之间的投影关系及所采用的表达方法。看视图时，先看主要部分，后看次要部分；先看整体，后看细节；先看容易看懂部分，后看难懂部分。按投影对应关系分析形体时，要兼顾零件的尺寸及其功用，以便帮助想象零件的形状。

3. 分析尺寸

了解零件各部分的定形尺寸、定位尺寸和零件的总体尺寸，以及注写尺寸所用的基准。

4. 看技术要求

零件图的技术要求是制造零件的质量指标。分析技术要求，结合零件表面粗糙度、公差与配合等内容，以便弄清加工表面的尺寸和精度要求。

5. 综合考虑

把读懂的结构形状、尺寸标注和技术要求等内容综合起来，就能比较全面地读懂零件图。

11.6.2　读图举例

如图11-59所示，分析读图的具体过程。

（1）读标题栏：阀体用铸铁HT200制造。

（2）读图：该阀体共采用三个基本视图表达零件内、外结构。主视图采用全剖视图，主要表达内部结构形状；主视图的剖切平面通过阀体的前、后对称平面，因而它的剖切符号等完全被省略；它与阀体工作位置一致，表达空腔及两个外接孔的结构和位置；两外接口均加工有内螺纹，上口是细牙普通螺纹，右口是用于密封的圆锥内螺纹。左视图采用半剖视表达连接板形状、螺孔位置及阀体基本形体是圆筒体。俯视图采用局部视图表示螺孔以及上部外接口的形状。

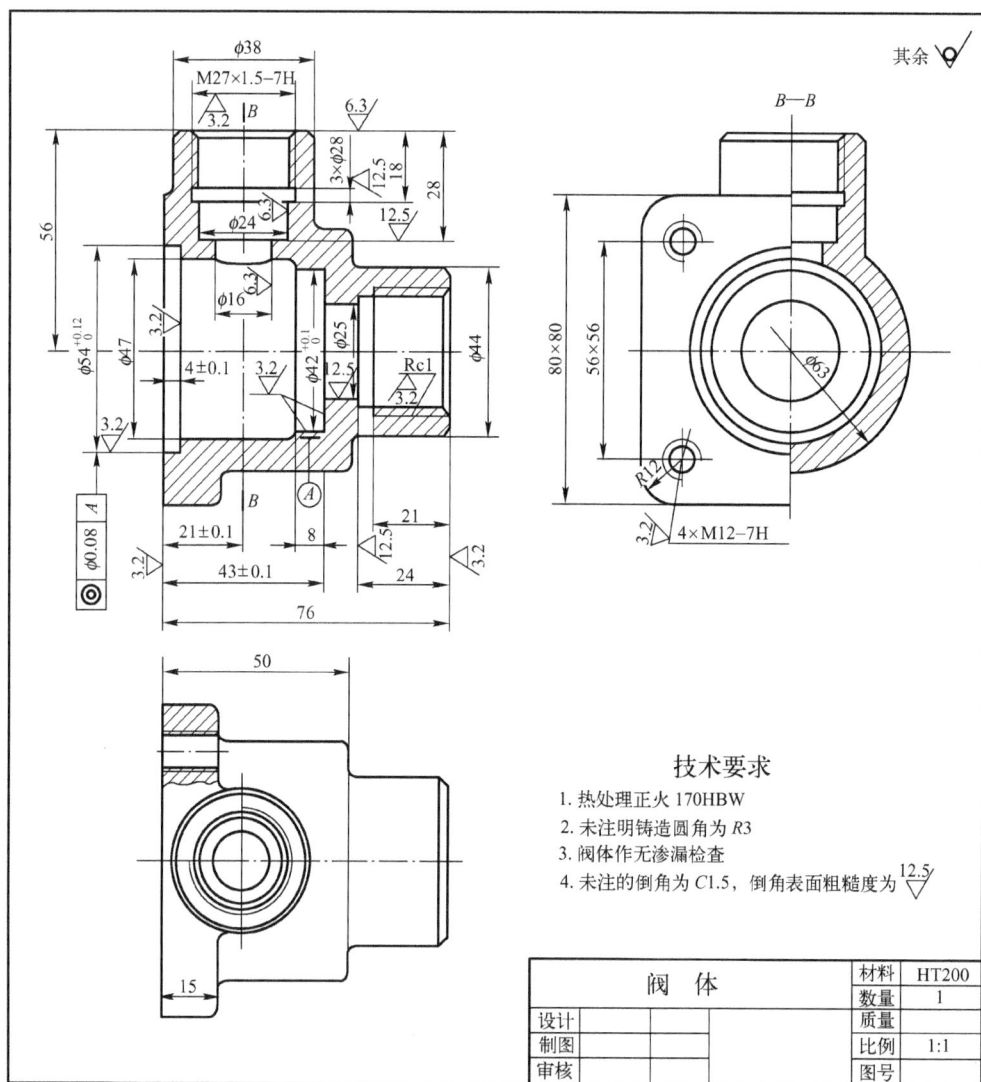

图 11-59　阀体零件图

（3）读尺寸：高度及宽度方向以内腔孔的轴线为主要尺寸基准，长度则以连接板的左端面为主要尺寸基准。定位尺寸举例：21±0.1、56、56×56 等。

（4）读技术要求：阀体为铸件，大部分外表面及部分内腔表面保持铸件原状，铸件需做无渗漏检查。正火后硬度 170HBW。有尺寸精度、形位公差要求的表面通常是切削加工表面。

11.6.3　零件的测绘方法和步骤

1.分析零件

了解零件的用途、材料、制造方法以及与其他零件的相互关系；分析零件的形状和结构；选择主视图，确定表达方案。

2. 画零件草图

零件测绘工作一般多在现场完成，是经目测后徒手画出的，下面以端盖零件（如图 11-60 所示）为例说明。

绘制步骤为：

（1）定出各视图的位置，画出各视图的中心线、对称面迹线和作图基准线，如图 11-61（a）所示，注意各视图之间留出标注尺寸的位置。

（2）确定绘图比例，按所确定的表达方案画出零件的内、外结构形状。先画主要形体，后画次要形体；先定位置，后定形状；先画主要轮廓，后画细节，如图 11-61（b）所示。

（3）选定尺寸基准，按照国家标准画出全部定形、定位尺寸界线、尺寸线，校核后加深图线，如图 11-61（c）所示。

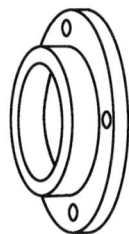

图 11-60 端盖零件

（4）逐个测量并标注尺寸数值，画剖面符号，注写表面粗糙度代号，填写技术要求和标题栏。

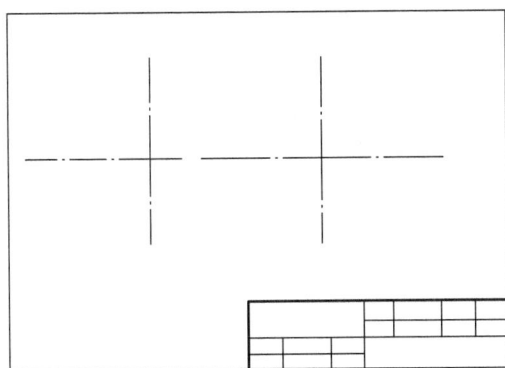

（a）画各视图基准线

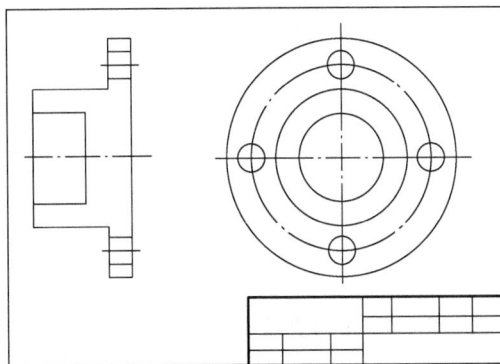

（b）画各视图轮廓线

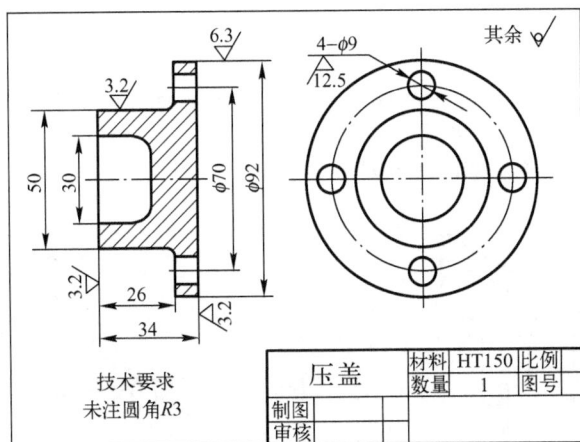

（c）画尺寸线，尺寸界线并描深

图 11-61 画零件图草图的步骤

3. 画零件图

画零件图的步骤与画草图类似，绘图过程中要注意：草图中的表达方案不够完善的地方，在画零件图时应加以改进；如果遗漏了重要的尺寸，必须到现场重新测量；尺寸公差、形位公差和表面粗糙度是否符合产品要求，应尽量标准化和规范化。

11.6.4 零件尺寸的测量方法

测量尺寸是零件测绘过程中的重要内容，零件上的全部尺寸数值的量取应集中进行，这样不但可以提高工作效率，还可避免错误和遗漏。测量的基本量具有：钢尺，内，外卡钳，游标卡尺和螺纹规等。下面介绍常用的测量方法。

1. 回转体内、外径的测量

回转体内、外径一般用内、外卡测量，然后再在钢尺上读数，也可用游标卡尺测量，如图 11-62 所示。

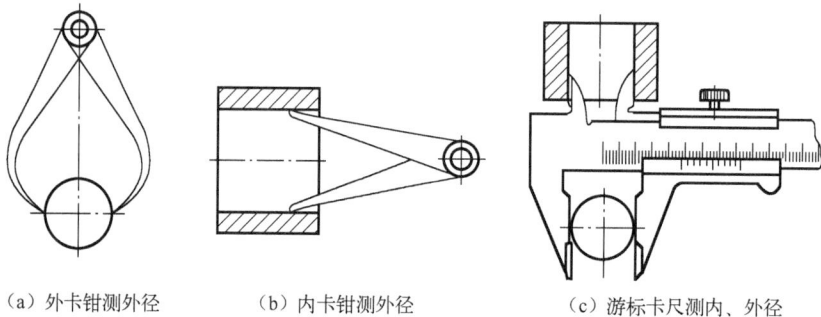

（a）外卡钳测外径　　　　（b）内卡钳测外径　　　　（c）游标卡尺测内、外径

图 11-62　回转体内外径的测量

2. 直线尺寸的测量

直线尺寸一般可用钢尺或三角板直接量出，如图 11-63 所示。

3. 孔中心距的测量

两孔中心距的测量根据孔间距的情况不同，可用卡尺、直尺或游标卡尺测量。测量后用公式：$A = A_0 + \dfrac{D_1}{2} + \dfrac{D_2}{2}$ 计算，如图 11-64 所示。

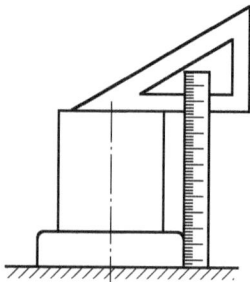

图 11-63　直线尺寸测量

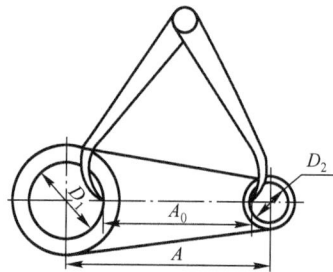

图 11-64　中心距的测量

使用卡钳时应注意：用外卡钳量取外径时，卡钳所在平面必须垂直于圆柱体的轴线；用内卡钳量取内径时，卡钳所在平面必须包含圆孔的轴线。

4. 测量注意事项

（1）不要忽略零件上的工艺结构，如铸造圆角、倒角、退刀槽、凸台等。

（2）有配合关系的尺寸，可测量出基本尺寸，其偏差应经分析选用合理的配合关系查表得出。

（3）对螺纹、键槽、沉头孔、螺孔深度、齿轮等已标准化的结构，在测得主要尺寸后，应查表采用标准结构尺寸。

第12章 装 配 图

装配图是表达机器或者部件中各零件之间的相对位置、连接方式、配合性质、传动路线等装配关系的图样。

12.1 装配图概述

1. 装配图的作用

装配图是机器设计中设计意图的反映，是机器设计、制造过程中的重要技术依据。装配图的作用有以下几方面：

（1）进行机器或部件设计时，首先要根据设计要求画出装配图，表示机器或部件的结构和工作原理。

（2）生产、检验产品时，是依据装配图将零件装配成产品，并按照图样的技术要求检验产品。

（3）使用、维修时，要根据装配图了解产品的结构、性能、传动路线、工作原理等，从而决定操作、保养和维修的方法。

（4）在技术交流时，装配图也是不可缺少的资料。装配图是设计、制造和使用机器或部件的重要技术文件。

2. 装配图的内容

参见图12-1所示的球阀装配图，可知装配图主要包括如下内容：

（1）一组视图。表达各组成零件的相互位置、装配关系和连接方式，部件（或机器）的工作原理和结构特点等。

（2）必要的尺寸。包括部件或机器的规格（性能）尺寸、零件之间的配合尺寸、外形尺寸、部件或机器的安装尺寸和其他重要尺寸等。

（3）技术要求。说明部件或机器的性能、装配、安装、检验、调整或运转的技术要求，一般用文字写出。

（4）标题栏、零部件序号和明细栏。在装配图中对零部件进行编号，并在标题栏上方按编号顺序绘制成零部件明细栏。

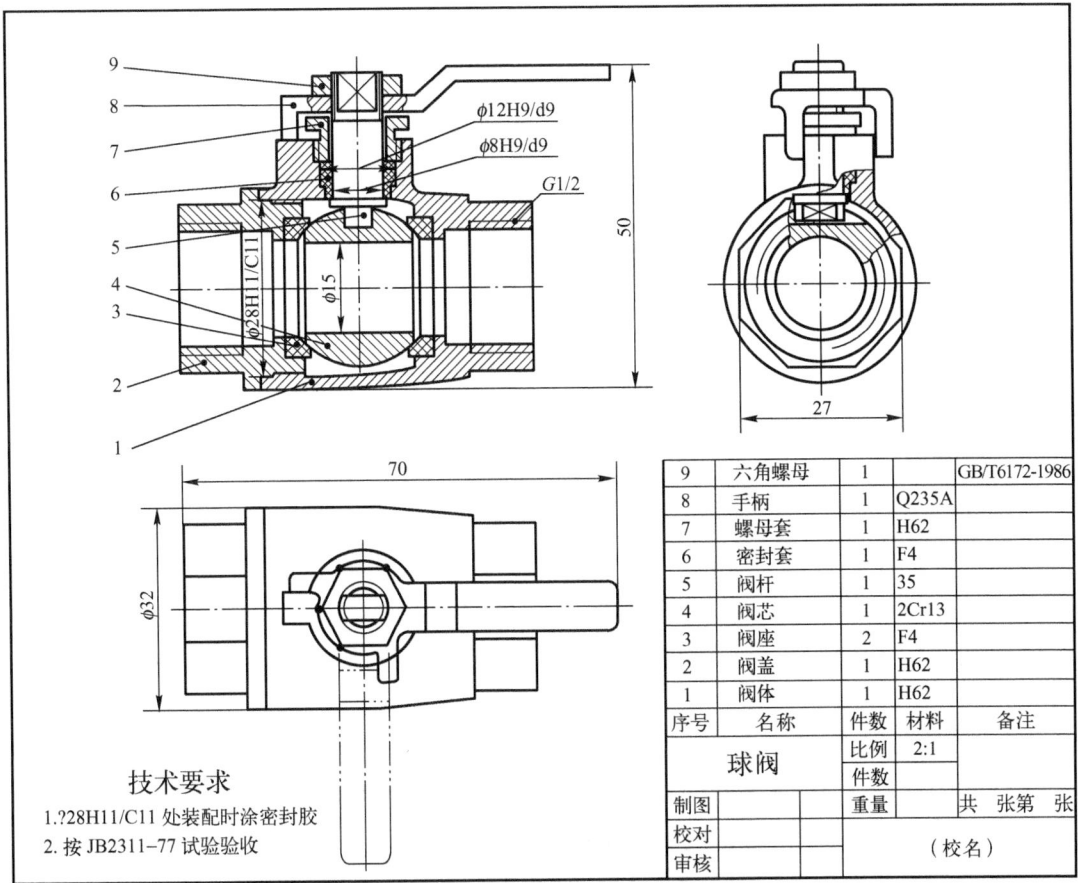

9	六角螺母	1	GB/T6172-1986
8	手柄	1	Q235A
7	螺母套	1	H62
6	密封套	1	F4
5	阀杆	1	35
4	阀芯	1	2Cr13
3	阀座	2	F4
2	阀盖	1	H62
1	阀体	1	H62
序号	名称	件数	材料	备注

技术要求

1. ?28H11/C11 处装配时涂密封胶
2. 按 JB2311-77 试验验收

图 12-1　球阀装配图

12.2　装配图的视图表达方法

1. 规定画法

为了明显区分每个零件，又要确切表示出它们之间的装配关系，对装配图的画法做了如下的规定，参见图 12-2 所示。

（1）接触面与配合面的画法。相邻两零件接触表面和配合面规定只画一条线，两个基本尺寸不相同的零件套装在一起时，即使它们之间的间隙很小也必须画出有明显间隔的两条轮廓线。

（2）剖面线的画法。

① 同一零件的剖面线在各剖视图、断面图中应保持方向一致，间隔相等。

② 两零件邻接时，不同零件的剖面线方向应相反，或者方向一致，间隔不等。

（3）紧固件和实心零件的画法。对于紧固件和实心零件（如螺钉、螺栓、螺母、垫圈、键、销、球及轴等），若剖切平面通过它们的轴线或对称平面时，则这些零件均按不剖切绘制；需要时，可采用局部剖视图。当剖切平面垂直于这些紧固件或实心件的轴线剖切时，则这些零件应按剖视绘制。

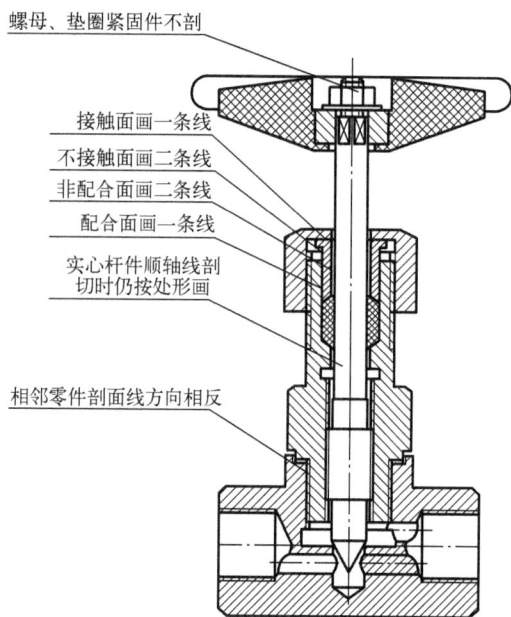

螺母、垫圈紧固件不剖

接触面画一条线

不接触面画二条线

非配合面画二条线

配合面画一条线

实心杆件顺轴线剖切时仍按处形画

相邻零件剖面线方向相反

图 12-2　画装配图有关的规定画法

2. 装配图中的特殊表达

（1）沿零件结合面的剖切和拆卸画法。假想沿某些零件的结合面剖切或假想将某些零件拆卸以后，绘出其图形，以表达装配体内部零件间的装配情况。如图 12-3 中的俯视图，右半部分是采用沿轴承盖与底座的结合面剖开，拆去上面部分以后画出的。零件的结合面不画剖面线，被横向剖切的轴、螺栓或销等要画剖面线。

（2）假想画法。对于不属于本部件但与本部件有关系的相邻零件，可用双点划线来表示，如图 12-4 所示。

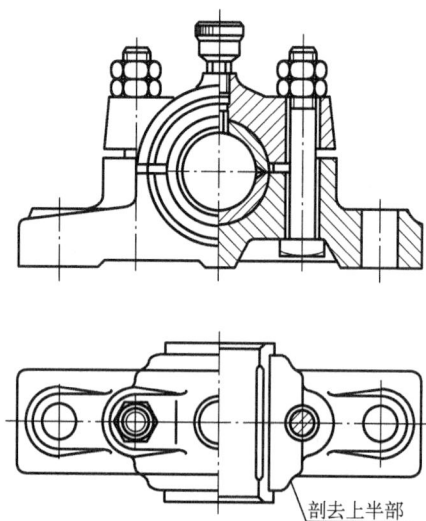

剖去上半部

图 12-3　拆卸画法

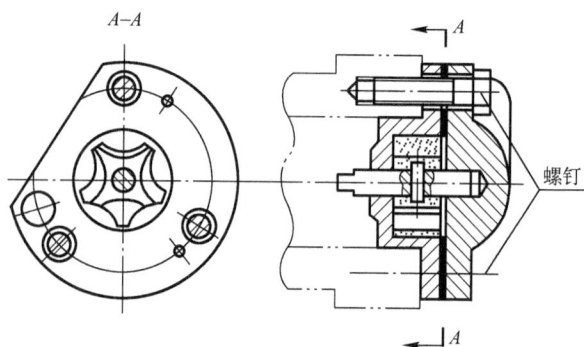

A–A

A

螺钉

A

图 12-4　双点划线表示与其他零件的装配关系

对于运动的零件，当需要表明其运动极限位置时，也可用双点划线来表示，如图 12-5 所示。

（3）夸大画法。对于直径或厚度小于 2mm 的较小零件或较小间隙，如薄片零件、细丝弹簧等，若按它们的实际尺寸在装配图中很难画出或难以明显表示时，可不按比例而采用夸大画法，如图 12-6 所示。

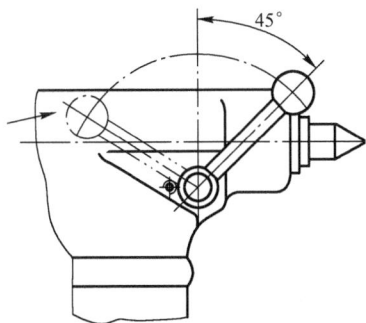

图 12-5　双点划线表示运动件的极限位置　　　图 12-6　简化画法和夸大画法

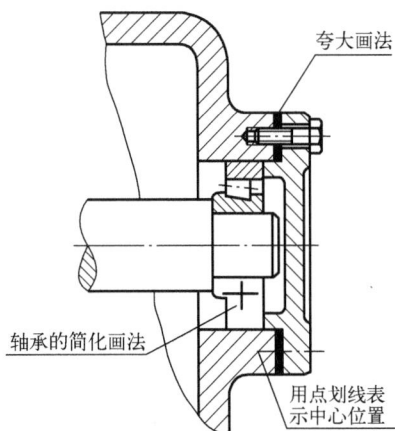

（4）简化画法。

① 装配图上若干个相同的零件组，如螺栓、螺钉的连接等，允许详细地画出一组，其余只画出中心线位置，如图 12-6 所示。

② 装配图上的零件工艺结构，如退刀槽、倒角、倒圆等，允许省略不画。

③ 在装配图中滚动轴承可用简化画法或示意画法表示。

④ 在装配图中，当剖切平面通过的部件为标准件或该部件已有其他图形表示清楚时，可按不剖绘制，如图 12-3 中主视图上的螺栓，就是按不剖绘制的。

12.3　装配图中的尺寸标注和技术要求

1. 尺寸标注

装配图不是制造零件的直接依据，故装配图中不需注出零件的全部尺寸，而只需标注出一些必要的尺寸，这些尺寸可分为以下几类：

（1）规格性能尺寸。规格性能尺寸是表示机器或部件性能或规格的重要尺寸，是设计和使用的重要参数，如图 12-1 所示球阀的公称直径 $\phi 15$。

（2）装配尺寸。机器或部件中重要零件间的极限配合要求，应标注其配合关系。如图 12-1 中所示阀盖与阀体的配合关系 $\phi 28H11/c11$，阀杆与密封套的配合为 $\phi 8H9/d9$ 等。此外，装配时需要保证一定间隙的尺寸，可标注调整尺寸。

（3）安装尺寸。机器或部件安装时涉及到的尺寸应在装配图中标出，供安装时使用，如图 12-1 球阀与管道的安装连接尺寸 $G1/2$。

（4）外形尺寸。标注出部件或机器的外形轮廓尺寸，如球阀的总长 70，总宽 $\phi 32$ 及总高 50，为部件的包装和安装所占空间的大小提供数据。

（5）其他重要尺寸。如图 12-1 所示球阀安装时的板手尺寸 27。

以上五种类型尺寸是装配图中需要考虑标注的，但具体一张图中有时并非都具备，有时同一尺寸具有多种作用，我们在学习中要善于根据装配件的结构，具体分析后合理标注。

2. 装配图的技术要求

在装配图中，用简明文字逐条说明在装配过程中应达到的技术要求，应予保证调整间隙的方法或要求，产品执行的技术标准和试验、验收技术规范，产品外观如油漆、包装等要求。上述五种尺寸在一张装配图上不一定同时都有，有的一个尺寸也可能包含几种含义。应根据机器或部件的具体情况和装配图的作用具体分析，合理地标注出装配图的尺寸。

12.4 装配图序号及明细栏

12.4.1 零件序号

（1）装配图中所有的零件、组件都必须编写序号，且同一零件、部件只编一个序号。

（2）图中的序号应与明细栏中的序号一致。

（3）序号沿水平或垂直方向按顺时针或逆时针方向顺序排列整齐，同一张装配图中的编号形式应一致。

（4）常见形式：在所指零件可见轮廓内画一小圆点，由此用细实线画出指引线，在指引线的末端画一水平线或圆，在水平线上方或圆内注写序号，序号字高比图中数字大 1~2 号。如图 12-7 所示。

（5）若所指零件很薄或涂黑的剖面，可在指引线的起始处画出指向该件的箭头。如图 12-7 零件 2 的指引线。

（6）指引线彼此不能相交，当它通过剖面线区域时，也不应与剖面线相平行，必要时可将指引线画成折线，但只允许曲折一次。

（7）对紧固组件装配关系清楚的零件组，可以采用公共指引线进行编号，如图 12-7 中螺栓组件的几种编号形式。

（8）装配图中的标准化组件或成品件，如电动机、滚动轴承、油杯等，可视为一件，只编一个序号。

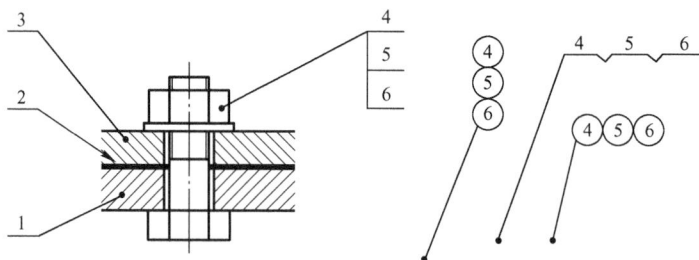

图 12-7　零件序号编绘形式

12.4.2 明细栏

供学习时使用的明细栏格式如图 12-8 所示，明细栏般画在标题栏的上方，当装配图图面位置不够时，明细栏也可分段画在栏题栏的左方。

2						
1						
序号	名称		数量	材料	备注	
（图名）			比例		（图号）	
			件数			
制图		（日期）	重量		共 张	第 张
校对		（日期）	（校名）			
审核		（日期）				

图 12-8　标题栏及明细表

12.5　装配图结构的合理性

在设计和绘制装配图的工作中，应该考虑装配结构的合理性，以保证部件性能要求以及零件加工和装拆的方便。

（1）在同一方向上，两零件的接触面只能有一对。两零件接触时，在同一方向上只能有一对接触面。这样既保证了零件的良好接触，又降低了加工要求，如图 12-9 所示。

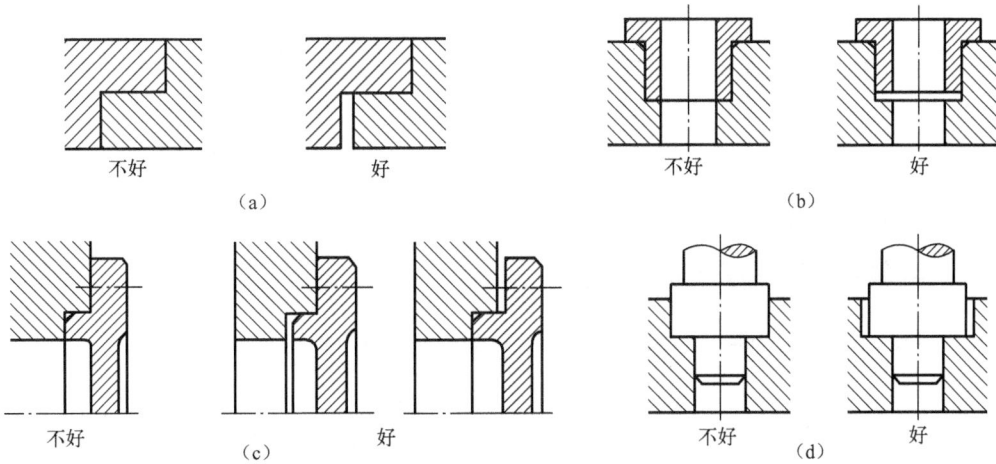

图 12-9　两零件接触面

（2）轴肩面和孔端面相接触时，应在孔边倒角或在轴的根部切槽，以保证轴肩与孔的端面接触良好，如图 12-10 所示。

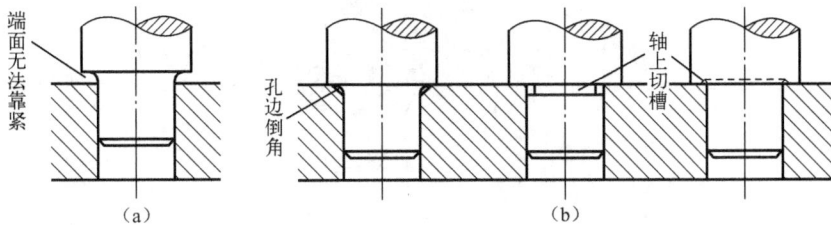

图 12-10　轴肩与孔口接触的画法

（3）考虑安装、维修、拆卸的方便。如图 12-11（b）和（d）所示，滚动轴承装在箱体轴承孔及轴上的情况是合理的，若设计成图（a）和（c）那样，将无法拆卸。

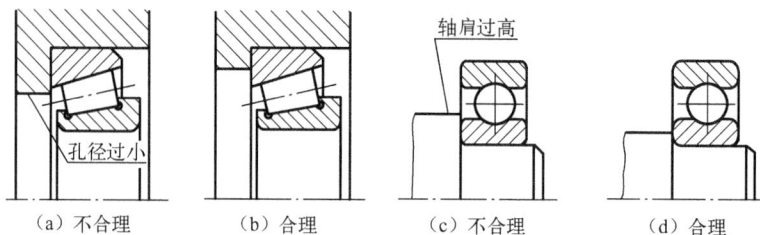

（a）不合理　　（b）合理　　（c）不合理　　（d）合理

图 12-11　滚动轴承的合理安装

图 12-12 所示是在安排定位螺钉时，应考虑扳手的空间活动范围，图 12-12（a）中所示留空间太小，扳手无法使用，图 12-12（b）所示是正确的结构形式。

如图 12-13 所示，应该考虑螺钉放入时所需要的空间，图 12-13（a）中所示留空间太小，螺钉无法放入，图 12-13（b）所示是正确的结构形式。

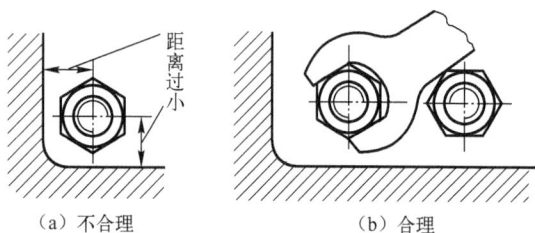

（a）不合理　　　　　（b）合理

图 12-12　应考虑扳手的活动范围

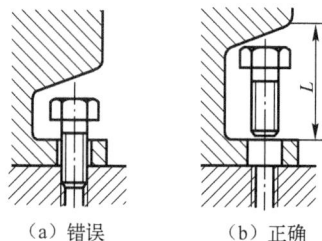

（a）错误　　　（b）正确

图 12-13　应考虑拧入螺钉所需的空间

12.6　画装配图的方法和步骤

本节以齿轮油泵（如图 12-14 所示）为例讲述画装配图的方法和步骤。

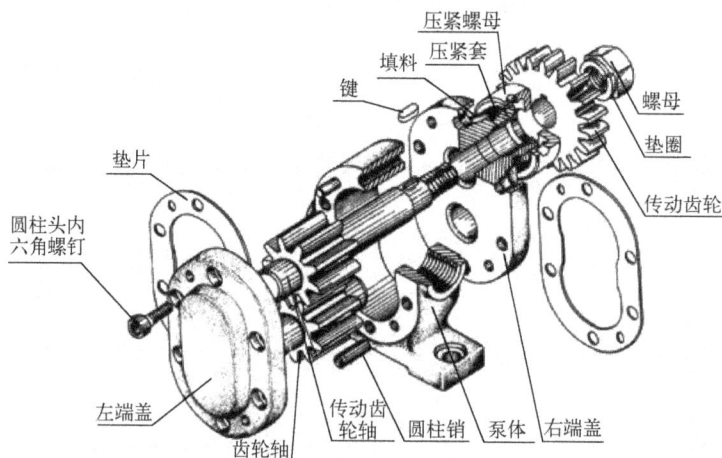

图 12-14　齿轮泵

1. 了解部件的装配关系

齿轮油泵主要由泵体、传动齿轮轴、齿轮轴、齿轮、端盖和一些标准件组成。在看懂零件结构形状的同时，应了解各零件之间的相互位置及连接关系。

2. 了解部件的工作原理

工作原理：当主动齿轮旋转时，带动从动齿轮旋转，在两个齿轮的啮合处，由于轮齿瞬时脱离啮合，使泵室右腔压力下降产生局部真空，油池内的液压油便在大气压力作用下，从吸油口进入泵室右腔的低压区，随着齿轮的转动，由齿间将油带入泵室左腔，并使油产生压力经出油口排出，如图12-15所示。

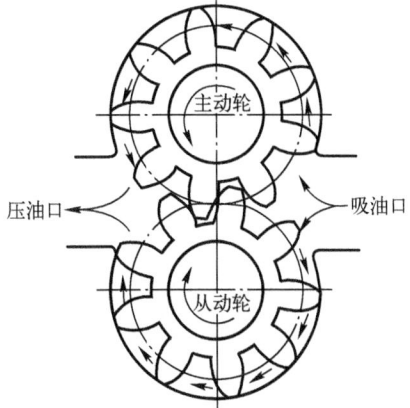

图 12-15　齿轮泵的工作原理

3. 视图选择

（1）装配图的主视图选择。

① 一般将机器或部件按工作位置或习惯位置放置。

② 主视图选择应能尽量反映出部件的结构特征。即装配图应以工作位置和清楚反映主要装配关系、工作原理、主要零件的形状的那个方向作为主视图方向。

（2）其他视图的选择。其他视图主要是补充主视图的不足，进一步表达装配关系和主要零件的结构形状。其他视图的选择考虑以下几点：

① 分析还有哪些装配关系、工作原理及零件的主要结构形状没有表达清楚，从而选择适当的视图及相应的表达方法。

② 尽量用基本视图和在基本视图上作剖视来表达有关内容。

③ 合理布置视图，使图形清晰，便于看图。

4. 画装配图的步骤

（1）确定图幅。根据部件的大小、视图数量，选取适当的画图比例，确定图幅的大小。然后画出图框，留出标题栏、明细栏和填写技术要求的位置。

（2）布置视图。画各视图的主要轴线、中心线和定位基准线，并注意各视图之间留有适当间隔，以便标注尺寸和进行零件编号。

（3）画主要装配线。从主视图开始，按照装配干线，从传动齿轮开始，由里向外画。

（4）完成装配图。校核底稿，进行图线加深，画剖面线、尺寸界线、尺寸线和箭头；编注零件序号，注写尺寸数字，填写标题栏和技术要求，完成装配图的全部内容，如图12-16所示。

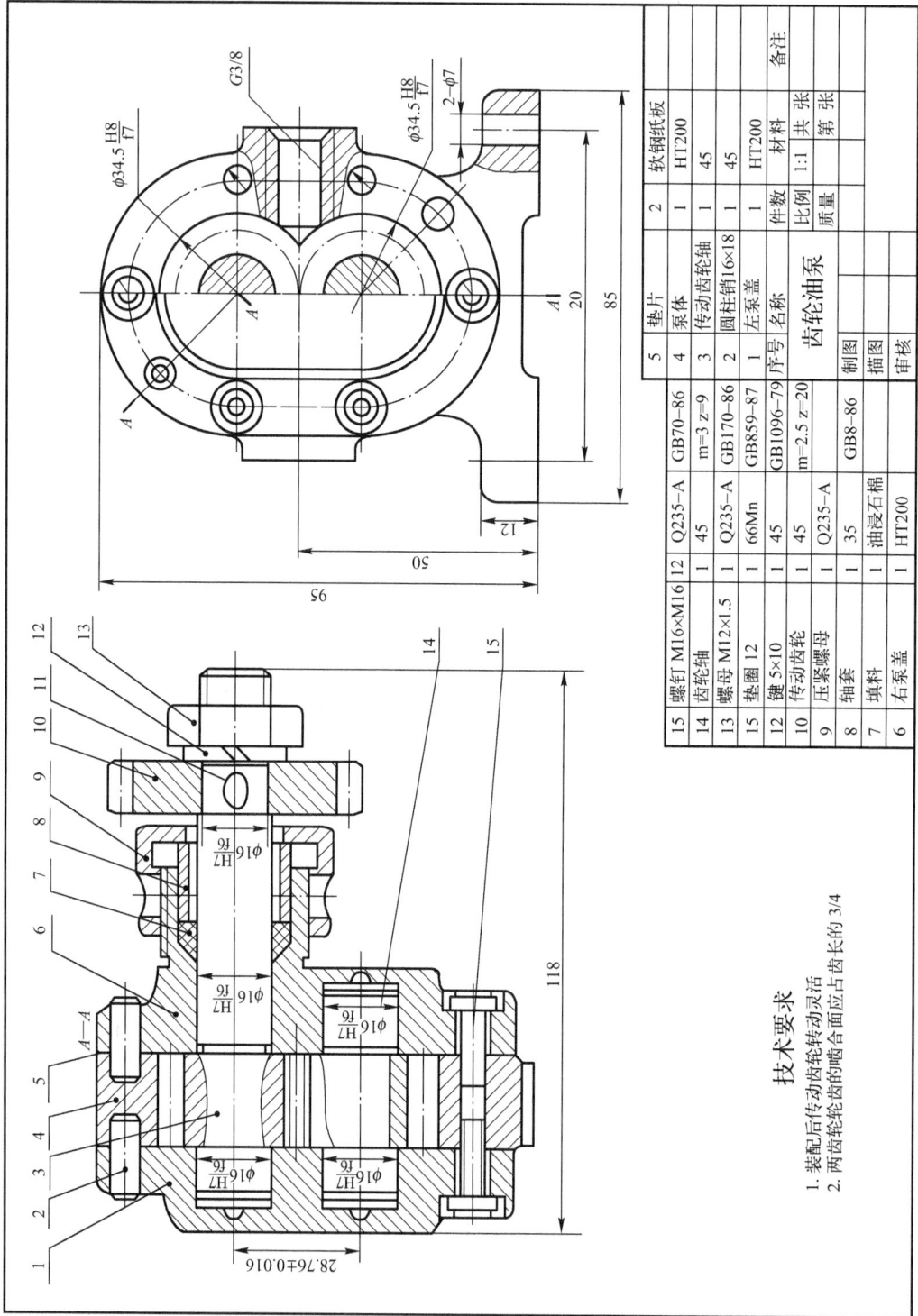

图 12-16 齿轮泵的装配图

技术要求

1. 装配后传动齿轮转动灵活
2. 两齿轮齿的啮合面应占齿长的 3/4

15	螺钉 M16×M16	12	Q235-A	GB70-86
14	齿轮轴	1	45	m=3 z=9
13	螺母 M12×1.5	1	Q235-A	GB170-86
12	垫圈 12	1	66Mn	GB859-87
15	键 5×10	1	45	GB1096-79
10	传动齿轮	1	45	m=2.5 z=20
9	压紧螺母	1	Q235-A	
8	轴套	1	35	GB8-86
7	填料	1	油浸石棉	
6	右泵盖	1	HT200	
5	垫片	2	软钢纸板	
4	泵体	1	HT200	
3	传动齿轮轴	1	45	m=3 z=9
2	圆柱销16×18	1	45	GB170-86
1	左泵盖	1	HT200	
序号	名称	件数	材料	备注

	齿轮油泵	比例 1:1		共 张
		质量		第 张
制图				
描图				
审核				

·236·

12.7 读装配图

1. 读装配图的步骤和方法

在机器或部件的设计、装配、使用以及技术交流时都需要读装配图，因此阅读装配图是从事工程技术或管理工作必备的基本能力。

读装配图的要求包括：

（1）了解机器或部件的性能、功能、工作原理。

（2）读懂各零件间的装配、连接关系和装拆顺序。

（3）分析零件，读懂零件的结构形状。

（4）了解技术要求和尺寸性能等。

2. 读装配图举例

下面以旋塞（如图 12-17 所示）为例进行读图。

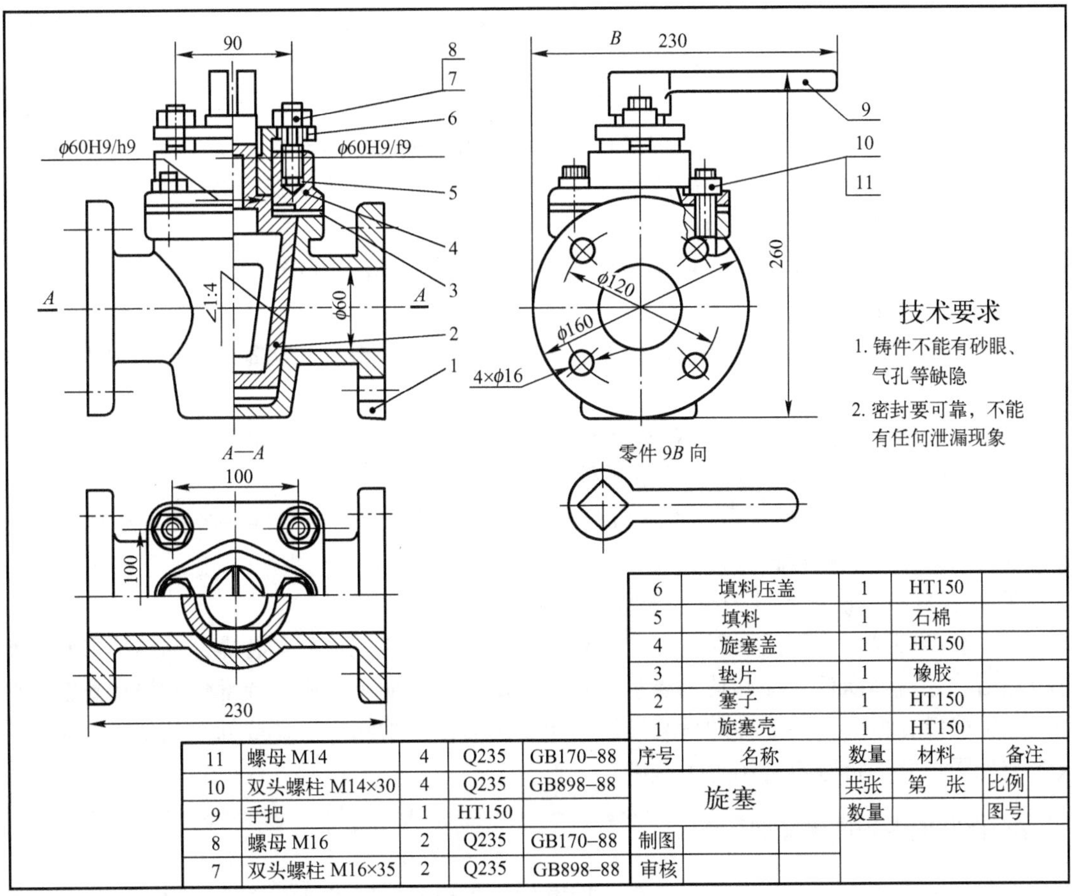

技术要求

1. 铸件不能有砂眼、气孔等缺隐
2. 密封要可靠，不能有任何泄漏现象

零件 9B 向

6	填料压盖	1	HT150	
5	填料	1	石棉	
4	旋塞盖	1	HT150	
3	垫片	1	橡胶	
2	塞子	1	HT150	
1	旋塞壳	1	HT150	

11	螺母 M14	4	Q235	GB170-88	序号	名称	数量	材料	备注
10	双头螺柱 M14×30	4	Q235	GB898-88		旋塞	共张	第 张	比例
9	手把	1	HT150				数量		图号
8	螺母 M16	2	Q235	GB170-88	制图				
7	双头螺柱 M16×35	2	Q235	GB898-88	审核				

图 12-17　旋塞装配图

（1）概括了解。由标题栏知，该部件是旋塞；由明细栏知它共有 11 种零件，是较为简单的部件。从图中所注性能规格、特性尺寸，结合生产实际知识和产品说明书等有关资料，可了解该部件的用途、适用条件和规格。它是连接在管路上，用来控制液体流量和启闭的装置。主视图中左、右两个 φ60 的孔为其特性尺寸，它决定旋塞的最大流量。

（2）分析视图。旋塞采用三个基本视图和一个零件的局部视图。主视图用半剖视图表达主要装配干线的装配关系，同时也表达部件外形；左视图用局部视图表达旋塞壳与旋塞盖的连接关系和部件外形；俯视图是 A—A 半剖视图，既表达部件内部结构，又表达旋塞盖与旋塞壳连接部分的形状。

为使塞子上部表达得更清晰，在主视图与俯视图中采用了拆卸画法。还用单个零件的表示方法表达手把的形状，如图中的零件 9B 向视图。

（3）分析装配关系、传动关系和工作原理。图中旋塞壳左、右有液体的进出口，塞子和旋塞壳靠锥面配合。塞子的锥体上有一个梯形通孔，当处于图示位置时，旋塞壳的液体进出孔被塞子关闭，液体不能流通。如果将手把转动某一角度，塞子也随同转动同一角度，塞子锥体上的梯形通孔与旋塞壳上的液体进出孔接通，液体可以流过。手把转动角度增大，液体的流量增加。转动手把就能起到控制液体流量的作用。

零件间的装配关系要从装配干线最清楚的视图入手，主视图反映了旋塞的主要装配关系，由该视图中的 φ60H9/f9、φ60H9/h9 分别表示填料压盖与旋塞盖、塞子与旋塞盖之间的配合关系，手把带动塞子转动的运动关系，紧固件分别反映填料压盖与旋塞盖、旋塞盖与旋塞壳的连接关系。各紧固件的相对位置在主视图和俯视图表达出来。

旋塞盖与旋塞壳连接后，为防止液体从结合面渗漏，装有垫片起密封作用，垫片套在旋塞盖的子口上，便于装配和固定。

（4）分析零件的结构形状。根据装配图，分析零件在部件中的作用，并通过构形分析确定零件各部分的形状。

先看主要零件，再看次要零件；先看容易分离的零件，再看其他零件；先分离零件，再分析零件的结构形状。

① 由明细栏中的零件序号，从装配图中找到该零件所在位置。如图中的旋塞盖其序号为 4，再由装配图中找到序号 4 所指的零件。

② 利用投影分析，根据零件的剖面线倾斜方向和间隔，确定零件在各视图中的轮廓范围，并可大致了解到构成该零件的简单形体。

③ 综合分析，确定零件的结构形状。

（5）总结归纳。主要是在对机器或部件的工作原理、装配关系和各零件的结构形状进行分析之后，还应对所注尺寸和技术要求进行分析研究，从而了解机器或部件的设计意图和装配工艺性能等，并弄清各零件的拆装顺序。经归纳总结，加深对机器或部件的全面认识，完成看装配图，并为拆画零件图打下基础。

3. 由装配图拆画零件图

由装配图拆画零件图，简称为拆图。拆图的过程也是继续设计零件的过程，它是在看懂装配图的基础上进行的一项内容。装配图中的零件类型可分为以下几种：

（1）标准件。标准件一般属于外购件，不画零件图。按明细栏中标准件的规定标记列出标准件即可。

（2）借用零件。借用零件是借用定型产品上的零件，这类零件可用定型产品的已有图样，不拆画。

（3）重要设计零件。重要零件在设计说明书中给出了这类零件的图样或重要数据，此类零件应按给出的图样或数据绘图。

（4）一般零件。这类零件是拆画的主要对象。

现以图 12-18 中所示的旋塞盖为例，说明由装配图拆画零件图的方法和步骤。

（1）分离零件。在看装配图时，已将零件分离出来，且已基本了解零件的结构形状，现将其他零件从中卸掉，恢复旋塞盖被挡住的轮廓和结构，即可得到旋塞盖完整的视图轮廓，如图 12-18 所示。

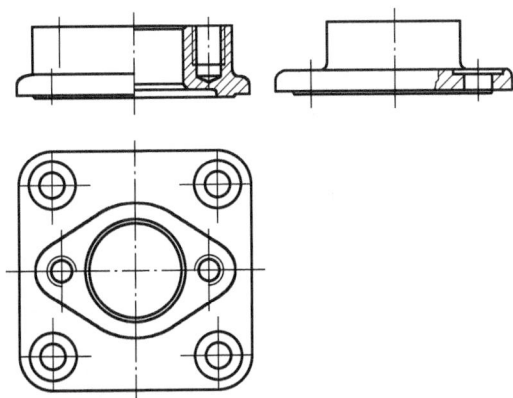

图 12-18　由装配图分离出的视图轮廓

（2）确定零件的视图表达方案。装配图的表达是从整个部件的角度来考虑的，因此装配图的方案不一定适合每个零件的表达需要，所以在拆图时，不宜照搬装配图中的方案，而应根据零件的结构形状，进行全面的考虑。有的对原方案只需做适当调整或补充，有的则需重新确定。

如旋塞盖，在主视图中的位置，既反映其工作位置，又反映其形状特征，所以这一位置仍作为零件图的主视图。而旋塞盖的方盘及上部端面形状、方盘上的四个螺柱孔的位置和深度未表达清楚，因此还需要局部视图和俯视图表达，但左视图已无必要，经分析后确定的视图表达方案如图 12-19 所示。

（3）零件尺寸的确定。装配图中已标注的零件尺寸都应移到零件图上，凡注有配合的尺寸，应根据公差代号在零件图上注出公差带代号或极限偏差数值。

（4）拆画零件图应注意的问题。

① 在装配图中允许不画的零件的工艺结构如倒角、圆角、退刀槽等，在零件图中应全部画出。

② 零件的视图表达方案应根据零件的结构形状确定，而不能盲目照抄装配图。要从零件的整体结构形状出发选择视图。箱体类零件主视图应与装配图一致；轴类零件应按加工位置选择主视图；叉架类零件应按工作位置或摆正后选择主视图。其他视图应根据零件的结构形状和复杂程度来选定。

③ 装配图中已标注的尺寸，是设计时确定的重要尺寸，不应随意改动，零件图的尺寸，除在装配图中注出者外，其余尺寸都在图上按比例直接量取。对于标准结构或配合的尺寸，如螺纹、倒角、退刀槽等要查标准后标注出。

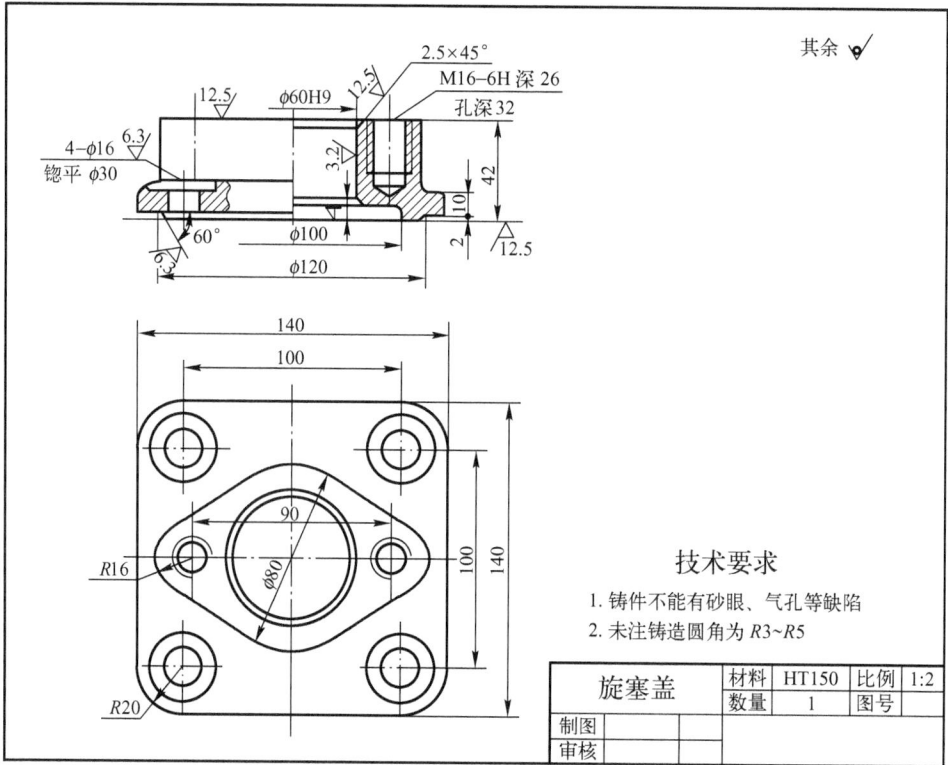

图 12-19　旋塞盖的表达方案

④ 标注表面粗糙度、公差配合、形位公差等技术要求时，要根据装配图所示该零件在机器中的功用、与其他零件的相互关系，并结合自己掌握的结构和制造工艺方面的知识而定。

附　　录

一、常用螺纹

1. 普通螺纹（摘自 GB/T 5193—1981、GB/T 196—1981）

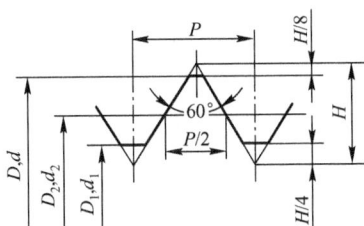

$$H = \frac{\sqrt{3}}{2}P$$

附表 1-1　直径与螺距系列、基本尺寸　　　　　　　　　　　（mm）

公称直径 D、d		螺距 P		粗牙小径 D_1、d_1	公称直径 D、d		螺距 P		粗牙小径 D_1、d_1
第一系列	第二系列	粗牙	细牙		第一系列	第二系列	粗牙	细牙	
3		0.5	0.35	2.459		22	2.5		19.294
	3.5	(0.6)		2.850	24		3	2, 1.5, 1, (0.75), (0.5)	20.752
4		0.7	0.5	3.242		27	3	2, 1.5, 1, (0.75)	23.752
	4.5	(0.75)		3.688	30		3.5	(3), 2, 1.5, 1, (0.75)	26.211
5		0.8		4.134		33	3.5		29.211
6		1	0.75, (0.5)	4.917	36		4	3, 2, 1.5, 1,	31.670
8		1.25	1, 0.75, (0.5)	6.647		39	4		34.670
10		1.5	1.25, 1, 0.75, (0.5)	8.376	42		4.5	(4), 3, 2, 1.5, (1)	37.129
12		1.75	1.5, 1.25, 1, 0.75, (0.5)	10.106		45	4.5		40.129
	14	2		11.835	48		5		42.870
16		2	1.5, 1, 0.75, (0.5)	13.835		52	5		46.587
	18	2.5	2, 1.5, 1, (0.75), (0.5)	15.294	56		5.5	4, 3, 2, 1.5, (1)	50.046
20		2.5		17.294					

注：① 优先选用第一系列，括号内尺寸尽可能不用，第三系列未列入。
　　② 中径 D_2、d_2 未列入。

附表 1-2　细牙普通螺距与小径的关系　　　　　　　　　　（mm）

螺距 P	小径 D_1、d_1	螺距 P	小径 D_1、d_1	螺距 P	小径 D_1、d_1
0.35	$d-1+0.621$	1	$d-2+0.918$	2	$d-3+0.835$
0.5	$d-1+0.459$	1.25	$d-2+0.647$	3	$d-4+0.752$
0.75	$d-1+0.188$	1.5	$d-2+0.376$	4	$d-5+0.670$

注：表中的小径按 $D_1 = d_1 = d - 2 \times \dfrac{5}{8}H, H = \dfrac{\sqrt{3}}{2}$ 计算得出。

2. 梯形螺纹（摘自 GB/T 5769.2—1986、GB/T 5796.3—1996）

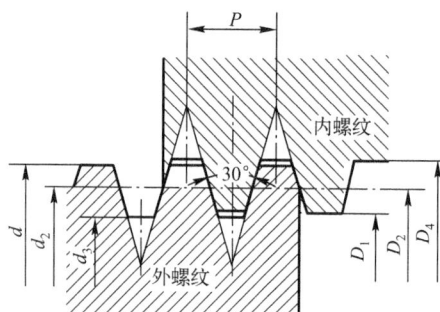

附表 1-3　直径与螺距系列、基本尺寸　　　　　　　（mm）

公称直径 d 第一系列	公称直径 d 第二系列	螺距 P	中径 $d_2 = D_2$	大径 D_4	小径 d_3	小径 D_1	公称直径 d 第一系列	公称直径 d 第二系列	螺距 P	中径 $d_2 = D_2$	大径 D_4	小径 d_3	小径 D_1
8		1.5	7.25	8.30	6.20	6.50		26	3	24.50	26.50	22.50	23.00
	9	1.5	8.25	9.30	7.20	7.50			5	23.50	26.50	20.50	21.00
		2	8.00	9.50	6.50	7.00			8	22.00	27.00	17.00	18.00
10		1.5	9.25	10.30	8.20	8.50	28		3	26.50	28.50	24.50	25.00
		2	9.00	10.25	7.50	8.00			5	25.00	28.50	22.50	23.00
	11	2	10.00	11.50	8.50	9.00			8	24.00	29.00	19.00	20.00
		3	9.50	11.50	7.50	8.00		30	3	28.50	30.50	26.50	29.00
12		2	11.00	12.50	9.50	10.00			6	27.00	31.00	23.00	24.00
		3	10.50	12.50	8.50	9.00			10	25.00	31.00	19.00	20.00
	14	2	13.00	14.50	11.50	12.00	32		3	30.50	32.50	28.50	29.00
		3	12.50	14.50	10.50	11.00			6	29.00	33.00	25.00	26.00
16		2	15.00	16.00	13.50	14.00			10	27.00	33.00	21.00	22.00
		4	14.00	16.50	11.50	12.00		34	3	32.50	34.50	30.50	31.00
	18	2	17.00	18.50	15.50	16.00			6	31.00	35.00	27.00	28.00
		4	16.00	18.50	13.50	14.00			10	29.00	35.00	23.00	24.00
20		2	19.00	20.50	17.50	18.00	36		3	34.50	36.50	32.50	33.00
		4	18.00	20.50	15.50	16.00			6	33.00	37.00	29.00	30.00
	22	3	20.50	22.50	18.50	19.00			10	31.00	37.00	25.00	26.00
		5	19.50	22.50	16.50	17.00		38	3	36.50	38.50	34.50	35.00
		8	18.00	23.00	13.00	14.00			7	34.50	39.00	30.00	31.00
24		3	22.50	24.50	20.50	21.00			10	33.00	39.00	27.00	28.00
		5	21.50	24.50	18.50	19.00	40		3	38.50	40.50	36.50	37.00
									7	36.50	41.00	32.00	33.00
		8	20.00	25.00	15.00	16.00			10	35.00	35.00	29.00	30.00

3. 非螺纹密封的管螺纹(摘自 GB/T 7307—1996)

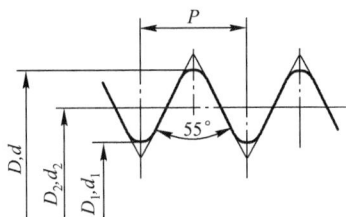

附表 1-4　管螺纹尺寸代号及基本尺寸　　　　　　　　　(mm)

尺 寸 代 号	每25.4mm 内的牙数 n	螺距 P	基 本 直 径	
			大径 D、d	小径 D_1、d_1
1/8	28	0.907	9.728	8.566
1/4	19	1.337	13.157	11.445
3/8	19	1.337	16.662	14.950
1/2	14	1.814	20.955	18.631
5/8	14	1.814	22.911	20.587
3/4	14	1.814	26.441	24.117
7/8	14	1.814	30.201	27.877
1	11	2.309	33.249	30.291
$1\frac{1}{8}$	11	2.309	37.897	34.939
$1\frac{1}{4}$	11	2.309	41.910	38.952
$1\frac{1}{2}$	11	2.309	47.803	44.845
$1\frac{3}{4}$	11	2.309	53.746	50.788
2	11	2.309	59.614	56.656
$2\frac{1}{4}$	11	2.309	65.710	65.752
$2\frac{1}{2}$	11	2.309	75.184	72.226
$2\frac{3}{4}$	11	2.309	81.534	78.576
3	11	2.309	87.884	84.926

二、螺纹紧固件

1. 六角头螺栓

六角头螺栓—C 级(摘自 GB/T 5780—2000)、六角头螺栓—A 和 B 级(摘自 GB/T 5782—2000)。

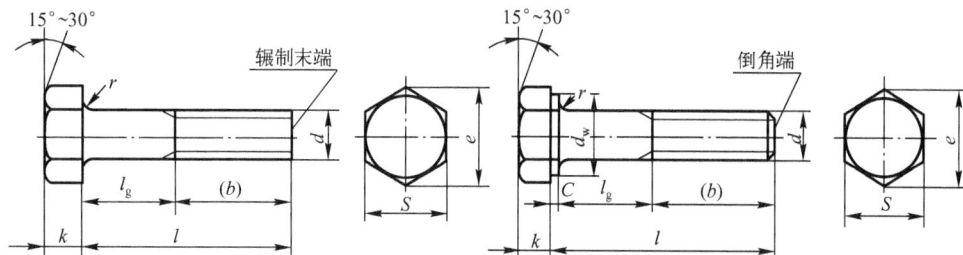

标记示例

螺纹规格 d = M12,公称长度 l = 80mm、性能等级为 8.8 级,表明氧化、A 级的六角头螺栓,其标记为:

螺栓　GB/T 5782 M12×80

附表 2-1　六角头螺栓各部分尺寸　　　　　　　　　　(mm)

螺纹规格 d			M3	M4	M5	M6	M8	M10	M12	M16	M20	M24	M30	M36	M42
b 参考	$l \leqslant 125$		12	14	16	18	22	26	30	38	46	54	66	—	—
	$125 < l \leqslant 200$		18	20	22	24	28	32	36	44	52	60	72	84	96
	$l > 200$		31	33	35	37	41	45	49	57	65	73	85	97	109
c			0.4	0.4	0.5	0.5	0.6	0.6	0.6	0.8	0.8	0.8	0.8	0.8	1
d_w	产品等级	A	4.57	5.88	6.88	8.88	11.63	14.63	16.63	22.49	28.19	33.61	—	—	—
		A、B	4.45	5.74	6.74	8.74	11.74	14.47	16.47	22	27.7	33.25	42.75	51.11	59.95
e	产品等级	A	6.01	7.66	8.79	11.05	14.38	17.77	20.03	26.75	33.53	39.98	—	—	—
		B、C	5.88	7.50	8.63	10.89	14.20	17.59	19.85	26.17	32.95	39.55	50.85	60.79	72.02
k 公称			2	2.8	3.5	4	5.3	6.4	7.5	10	12.5	15	18.7	22.5	26
r			0.1	0.2	0.2	0.25	0.4	0.4	0.6	0.6	0.8	0.8	1	1	1.2
s 公称			5.5	7	8	10	13	16	18	24	30	36	46	55	65
l(商品规格范围)			20~30	25~40	25~50	30~60	40~80	45~100	50~120	65~160	80~200	90~240	110~300	140~360	160~440
l_g								$l_g = l - b$								
l 系列			12,16,20,25,30,35,40,45,50,55,60,65,70,80,90,100,110,120,130,140,150,160,180, 200,220,240,260,280,300,320,340,360,380,400,420,440,460,480,500												

注:① A 级用于 $d \leqslant 24$ 和 $l \leqslant 10d$ 或 $\leqslant 150$ 的螺栓。

　　　B 级用于 $d > 24$ 和 $l > 10d$ 或 > 150 的螺栓。

　② 螺纹规格 d 的范围:GB/T 5780 为 M5~M64;GB/T 5782 为 M1.6~M64。

　③ 公称长度范围:GB/T 5780 为 25~500,GB/T 5782 为 12~500。

2. 双头螺柱

双头螺柱——$b_m = 1d$(GB/T 897—1988)双头螺柱——$b_m = 1.25d$(GB/T 898—1988)。

双头螺柱——$b_m = 1.5d$(GB/T 899—1988)双头螺柱——$b_m = 2d$(GB/T 900—1988)。

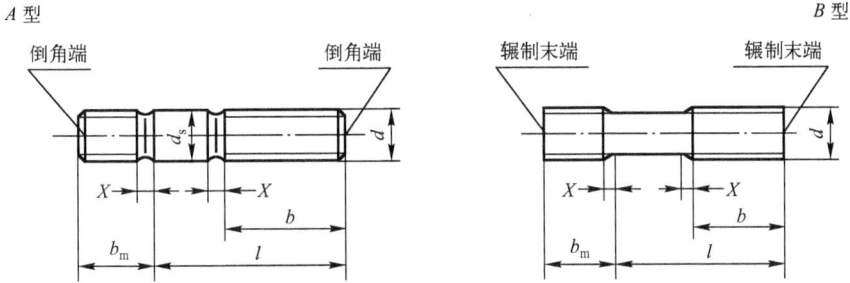

标记示例

两端均为普通粗牙螺纹,$d = 10$,$l = 50$、性能等级为 4.8 级,B 型,$b_m = 1d$ 双头螺柱,其标记为:

螺柱 GB/T 897 M10 × 50

旋入机体一端为粗牙普通螺纹,旋螺母一端为螺距 1 的细牙普通螺纹,$d = 10$,$l = 50$,性能等级为 4.8 级,A 型,$b_m = 1d$ 双头螺柱,其标记为:

螺柱 GB/T 897 AM10 – M10 × 1 × 50

附表 2-2 双头螺柱各部分尺寸 (mm)

螺纹规格		M5	M6	M8	M10	M12	M16	M20	M24	M30	M36	M42
b_m (公称)	GB/T 897	5	6	8	10	12	16	20	24	30	36	42
	GB/T 898	6	8	10	12	15	20	25	30	38	45	52
	GB/T 899	8	10	12	15	18	24	30	36	45	54	65
	GB/T 900	10	12	16	20	24	32	40	48	60	72	84
d_s(max)		5	6	8	10	12	16	20	24	30	36	42
x(max)		1.5P										
$\dfrac{l}{b}$		$\dfrac{16\sim22}{10}$	$\dfrac{20\sim22}{10}$	$\dfrac{20\sim22}{12}$	$\dfrac{25\sim28}{14}$	$\dfrac{25\sim30}{16}$	$\dfrac{30\sim38}{20}$	$\dfrac{35\sim40}{25}$	$\dfrac{45\sim50}{30}$	$\dfrac{60\sim65}{40}$	$\dfrac{65\sim75}{45}$	$\dfrac{65\sim80}{50}$
		$\dfrac{25\sim50}{16}$	$\dfrac{25\sim30}{14}$	$\dfrac{25\sim30}{16}$	$\dfrac{30\sim38}{16}$	$\dfrac{32\sim40}{20}$	$\dfrac{40\sim55}{30}$	$\dfrac{45\sim65}{35}$	$\dfrac{55\sim75}{45}$	$\dfrac{70\sim90}{50}$	$\dfrac{80\sim110}{60}$	$\dfrac{85\sim110}{70}$
			$\dfrac{32\sim75}{18}$	$\dfrac{32\sim90}{22}$	$\dfrac{40\sim120}{26}$	$\dfrac{45\sim120}{30}$	$\dfrac{60\sim120}{38}$	$\dfrac{70\sim120}{46}$	$\dfrac{80\sim120}{54}$	$\dfrac{95\sim120}{60}$	$\dfrac{120}{78}$	$\dfrac{120}{90}$
					$\dfrac{130}{32}$	$\dfrac{130\sim180}{36}$	$\dfrac{130\sim200}{44}$	$\dfrac{130\sim200}{52}$	$\dfrac{130\sim200}{60}$	$\dfrac{130\sim200}{72}$	$\dfrac{130\sim200}{84}$	$\dfrac{130\sim200}{96}$
										$\dfrac{210\sim250}{85}$	$\dfrac{210\sim300}{91}$	$\dfrac{210\sim300}{109}$
l 系列		16,(18),20,(22),25,(28),30,(32),35,(38),40,45,50,(55),60,(65),70,(75),80,(85),90,(95),100,110,120,130,140,150,160,170,180,190,200,210,220,230,240,250,260,280,300										

注:P 是粗牙螺纹的螺距。

3. 内六角圆柱头螺钉(摘自 GB/T 70.1—2000)

标记示例

螺纹规格 d = M5、公称长度 l = 20、性能等级为 8.8 级、表面氧化的内六角圆柱头螺钉,标记为:

螺钉 GB/T 70.1 M5×20

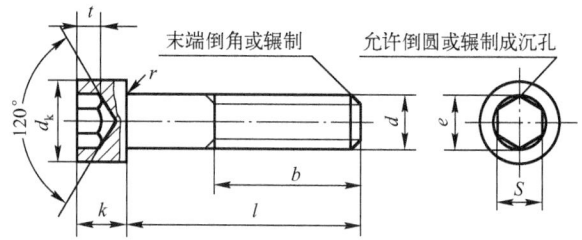

附表2-3 内六角圆柱头螺钉各部分尺寸 (mm)

螺纹规格 d	M3	M4	M5	M6	M8	M10	M12	M14	M16	M20
P(螺距)	0.5	0.7	0.8	1	1.25	1.5	1.75	2	2	2.5
b(参考)	18	20	22	24	28	32	36	40	44	52
d_k	5.5	7	8.5	10	13	16	18	21	24	30
k	3	4	5	6	8	10	12	14	16	20
t	1.3	2	1.5	3	4	5	6	7	8	10
s	2.5	3	4	5	6	8	10	12	14	17
e	2.87	3.44	4.58	5.72	6.86	9.15	11.43	13.72	16.00	19.44
r	0.1	0.2	0.2	0.25	0.4	0.4	0.6	0.6	0.6	0.8
公称长度 l	5～30	6～40	8～50	10～60	12～80	16～100	20～120	25～140	25～160	30～200
$l\leqslant$表中数值时,制成全螺纹	20	25	25	30	35	40	45	55	55	65
l 系列	2.5,3,4,5,6,8,10,12,16,20,25,30,35,40,45,50,55,60,65,70,80,90,100,110,120,130,140,150,160,180,200,220,240,260,280,300									

注:螺纹规格 d = M1.6 - M64

4. 开槽沉头螺钉(摘自 GB/T 68—2000)

标记示例

螺纹规格 d = M5、公称长度 20、性能等级为 4.8 级、不经表面处理 A 级开槽沉头螺钉,标记为:

螺钉 GB/T 68 M5×20

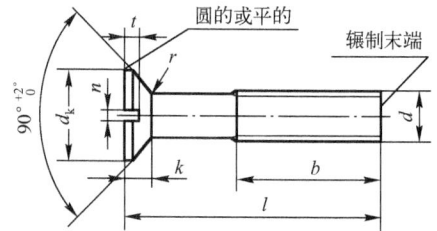

附表2-4 开槽沉头螺钉各部分尺寸 (mm)

螺纹规格 d	M1.6	M2	M2.5	M3	M4	M5	M6	M8	M10
P(螺距)	0.35	0.4	0.45	0.5	0.7	0.8	1	1.25	1.5
b	25	25	25	25	38	38	38	38	38
d_k	3.6	4.4	5.5	6.3	9.4	10.4	12.6	17.3	20
k	1	1.2	1.5	1.65	2.7	2.7	3.3	4.65	5
n	0.4	0.5	0.6	0.8	1	1.3	1.5	2	2.5
r	0.4	0.5	0.6	0.8	1	1.3	1.5	2	2.5
t	0.5	0.6	0.75	0.85	1.3	1.4	1.6	2.3	2.6
公称长度 l	2.5～16	3～20	4～25	5～30	6～40	8～50	8～60	10～80	12～80
l 系列	2.5,3,4,5,6,8,10,12,(14),16,20,25,30,35,40,45,50,(55),60,(65),70,(75),80								

注:螺纹规格 d = M1.6 - M64

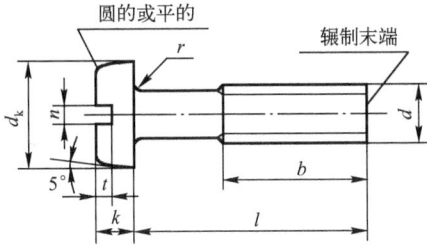

圆的或平的　　r　辗制末端

5. 开槽圆柱头螺钉（摘自 GB/T 65 – 2000）

标记示例

螺纹规格 $d = M5$、公称长度 $l = 20$、性能等级为 4.8 级、不经表面处理 A 级开槽圆柱头螺钉，标记为：

螺钉　GB/T　65　M5 × 20

附表 2-5　开槽圆柱头螺钉各部分尺寸　　　　　　　（mm）

螺纹规格 d	M4	M5	M6	M8	M10
P（螺距）	0.7	0.8	1	1.25	1.5
b	38	38	38	38	38
d_k	7	8.5	10	13	16
k	2.6	3.3	3.9	5	6
n	1.2	1.2	1.6	2	2.5
r	0.2	0.2	0.25	0.4	0.4
t	1.1	1.3	1.6	2	2.4
公称长度 l	5 ~ 40	6 ~ 50	8 ~ 60	10 ~ 80	12 ~ 80
l 系列	5,6,8,10,12,(14),16,20,25,30,35,40,45,50,(55),60,(65),70,(75),80				

注：① 公称长度 $l \leqslant 40$ 的螺钉，制成全螺纹。

② 括号内的规格尽可能不采用。

③ 螺纹规格 $d = M1.6 - M10$；公称长度 $l = 2 \sim 80$。

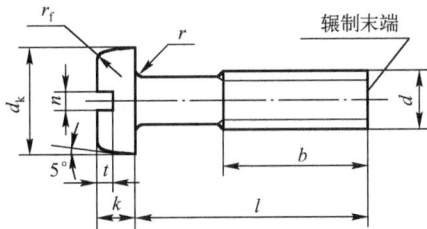

6. 开槽盘头螺钉（摘自 GB/T 67—2000）

标记示例

螺纹规格 $d = M5$、公称长度 $l = 20$、性能等级为 4.8 级、不经表面处理 A 级开槽盘头螺钉，标记为：

螺钉　GB/T　67　M5 × 20

附表 2-6　开槽盘头螺钉各部分尺寸　　　　　　　（mm）

螺纹规格 d	M1.6	M2	M2.5	M3	M4	M5	M6	M8	M10
P（螺距）	0.35	0.4	0.45	0.5	0.7	0.8	1	1.25	1.5
b	25	25	25	25	38	38	38	38	38
d_k	3.6	4	5	5.6	8	9.5	12	16	20
k	1	1.3	1.5	1.8	2.4	3	3.6	4.8	6
n	0.4	0.5	0.6	0.8	1.2	1.2	1.6	2	2.5
r	0.1	0.1	0.1	0.1	0.2	0.2	0.25	0.4	0.4
t	0.35	0.5	0.6	0.7	1	1.2	1.4	1.9	2.4
公称长度 l	2 ~ 16	2.5 ~ 20	3 ~ 25	4 ~ 30	5 ~ 40	6 ~ 50	8 ~ 60	10 ~ 80	12 ~ 80
l 系列	2,2.5,3,4,5,6,8,10,12,(14),16,20,25,30,35,40,45,50,(55),60,(65),70,(75),80								

注：① 括号内的规格尽可能不采用。

② M1.6 - M3，公称长度 $l \leqslant 30$ 的，制成全螺纹；M4 - M10，公称长度 $l \leqslant 40$ 的，制成全螺纹

7. 紧定螺钉

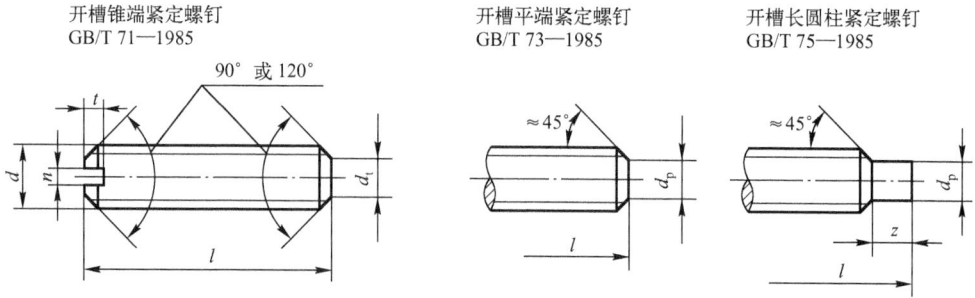

开槽锥端紧定螺钉
GB/T 71—1985

开槽平端紧定螺钉
GB/T 73—1985

开槽长圆柱紧定螺钉
GB/T 75—1985

标记示例

螺纹规格 d = M5、公称长度 l = 12、性能等级为14H级、表面氧化的开槽长圆柱紧定螺钉，标记为：

螺钉　GB/T　75　M5×12

附表2-7　紧定螺钉各部分尺寸　　　　　　　　　　　　(mm)

螺纹规格 d		M1.6	M2	M2.5	M3	M4	M5	M6	M8	M10	M12
P（螺距）		0.35	0.4	0.45	0.5	0.7	0.8	1	1.25	1.5	1.75
n		0.25	0.25	0.4	0.4	0.6	0.8	1	1.2	1.6	2
t		0.74	0.84	0.95	1.05	1.42	1.63	2	2.5	3	3.6
d_t		0.16	0.2	0.25	0.3	0.4	0.5	1.5	2	2.5	3
d_p		0.8	1	1.5	2	2.5	3.5	4	5.5	7	8.5
z		1.05	1.25	1.5	1.75	2.25	2.75	3.25	4.3	5.3	6.3
l	GB/T 71—1985	2~8	3~10	3~12	4~16	6~20	8~25	8~30	10~40	12~50	12~60
	GB/T 73—1985	2~8	2~10	2.5~12	3~16	4~20	5~25	5~30	8~40	10~50	12~60
	GB/T 75—1985	2.5~8	3~10	4~12	5~16	6~20	8~25	10~30	10~40	12~50	14~60
l系列		2,2.5,3,4,5,6,8,10,12,(14),16,20,25,30,35,40,45,50,(55),60									

注：括号内的规格尽可能不采用。

8. 螺母

1 型六角头螺母—A 和 B 级
GB/T 6170—2000

2 型六角头螺母—A 和 B 级
GB/T 6175—2000

六角薄螺母
GB/T 6172.1—2000

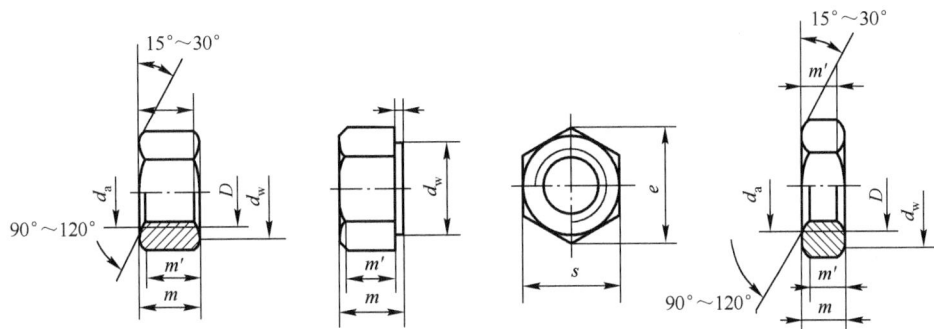

标记示例

螺纹规格 D = M12、性能等级为 8 级、不经表面处理、A 级 1 型六角头螺母,其标记为:螺母 GB/T 6170　M12

螺纹规格 D = M12、性能等级为 9 级、表面氧化的 2 型六角头螺母,其标记为:螺母 GB/T 6175　M12

螺纹规格 D = M12、性能等级为 04 级、不经表面处理的六角薄螺母,其标记为:螺母 GB/T 6172.1　M12

附表 2-8　螺母各部分尺寸　　　　　　　　　　（mm）

螺纹规格 D		M3	M4	M5	M6	M8	M10	M12	M16	M20	M24	M30	M36
e	min	6.01	7.66	8.63	10.89	14.2	17.59	19.85	26.17	32.95	39.55	50.85	60.79
s	max	5.5	7	8	10	13	16	18	24	30	36	46	55
	min	5.5	7	8	10	13	16	18	24	30	36	46	55
c	max	0.4	0.4	0.5	0.5	0.6	0.6	0.6	0.8	0.8	0.8	0.8	0.8
d_w	min	4.6	5.9	6.9	8.9	11.6	14.6	16.6	22.5	27.7	33.2	42.8	51.1
d_a	max	3.45	4.6	5.75	6.75	8.75	10.8	13	17.3	21.6	25.9	32.4	38.9
GB/T 6170 -2000 m	max	2.4	3.2	4.7	5.2	6.8	8.4	10.8	14.8	18	21.5	25.6	31
	min	2.15	2.9	4.4	4.9	6.44	8.04	10.37	14.1	16.9	20.2	24.3	29.4
GB/T 6171.2 -2000 m	max	1.8	2.2	2.7	3.2	4	5	6	8	10	12	15	18
	min	0.55	1.95	2.45	2.9	3.7	4	5.7	7.42	9.10	10.9	13.9	16.9
GB/T 6175 -2000 m	max	—	—	5.1	5.7	7.5	9.3	12	16.4	20.3	23.9	28.6	34.7
	min	—	—	4.8	5.4	7.14	8.94	11.57	15.7	19	22.6	27.3	33.1

注:A 级用于 $D \leq 16$,B 级用于 $D > 16$。

9. 垫圈

小垫圈:A 级(GB/T 848—2002)

平垫圈:A 级(GB/T 97.1—2002)

平垫圈 倒角型:A 级(GB/T 97.2—2002)

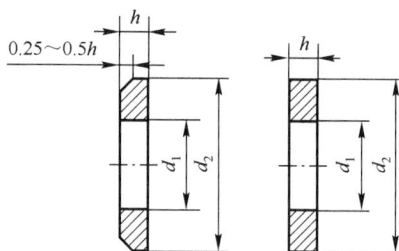

标记示例

标准系列、规格 8、性能等级为 140HV 级、不经表面处理的平垫圈,其标记为:垫圈 GB/T 97.1 8

附表 2-9　垫圈各部分尺寸　　　　　　　　　　　　　　　(mm)

公称尺寸(螺纹规格d)		1.6	2	2.5	3	4	5	6	8	10	12	14	16	20	24	30	36
d_1	GB/T 848	1.7	2.2	2.7	3.2	4.3	5.3	6.4	8.4	10.5	13	15	17	21	25	31	37
	GB/T 97.1	1.7	2.2	2.7	3.2	4.3	5.3	6.4	8.4	10.5	13	15	17	21	25	31	37
	GB/T 97.2						5.3	6.4	8.4	10.5	13	15	17	21	25	31	37
d_2	GB/T 848	3.5	4.5	5	6	8	10	11	15	18	20	24	28	34	39	50	60
	GB/T 97.1	4	5	6	7	9	10	12	16	20	24	28	30	37	44	56	66
	GB/T 97.2						10	12	16	20	24	28	30	37	44	56	66
h	GB/T 848	0.3	0.3	0.5	0.5	0.5	1	1.6	1.6	1.6	2	2.5	2.5	3	4	4	5
	GB/T 97.1	0.3	0.3	0.5	0.5	0.5	1	1.6	1.6	1.6	2	2.5	2.5	3	4	4	5
	GB/T 97.2						1	1.6	1.6	1.6	2	2.5	2.5	3	4	4	5

10. 标准型弹簧垫圈(GB/T 93—1987)

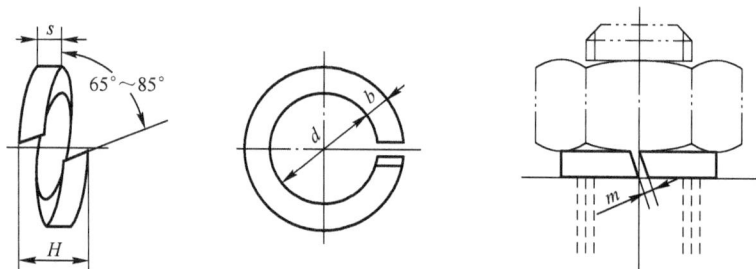

标记示例

规格 16、材料为 65Mn、表面氧化的标准型弹簧垫圈,其标记为:垫圈 GB/T 93 16

附表 2-10　标准型弹簧垫圈各部分尺寸　　　　　　　　　(mm)

规格(螺纹大径)		3.1	4	5	6	9	10	12	(14)	16	18	20	(22)	24	27	30
d		3.1	4.1	5.1	6.1	8.1	10.2	12.2	14.2	16.2	18.2	20.2	22.5	24.5	27.5	30.5
H	GB/T 93	1.6	2.2	2.6	3.2	4.2	5.2	6.2	7.2	8.2	9	10	11	12	13.6	15
	GB/T 859	1.2	1.6	2.2	2.6	3.2	4	5	6	6.4	7.2	8	9	10	11	12
s(b)	GB/T 93	0.8	1.1	1.3	1.6	2.1	2.6	3.1	3.6	4.1	4.5	5	5.5	6	6.8	7.5
S	GB/T 859	0.6	0.8	1.1	1.3	1.6	2	2.5	3	3.2	3.6	4	4.5	5	5.5	6
$m \leqslant$	GB/T 93	0.4	0.55	0.65	0.8	1.05	1.3	1.55	1.8	2.05	2.25	2.5	2.75	3	3.4	3.75
	GB/T 859	0.3	0.4	0.55	0.65	0.8	1	1.25	1.5	1.6	1.8	2	2.25	2.5	2.75	3
b	GB/T 859	1	1.2	1.5	2	2.5	3	3.5	4	4.5	5	5.5	6	7	8	9

注:1. 括号内的规格尽可能不采用。

　　2. m 应大于零。

三、键、销

1. 普通平键及键槽（摘自 GB/T 1096—1979 及 GB/T 1095—1979，1990 年确认有效）

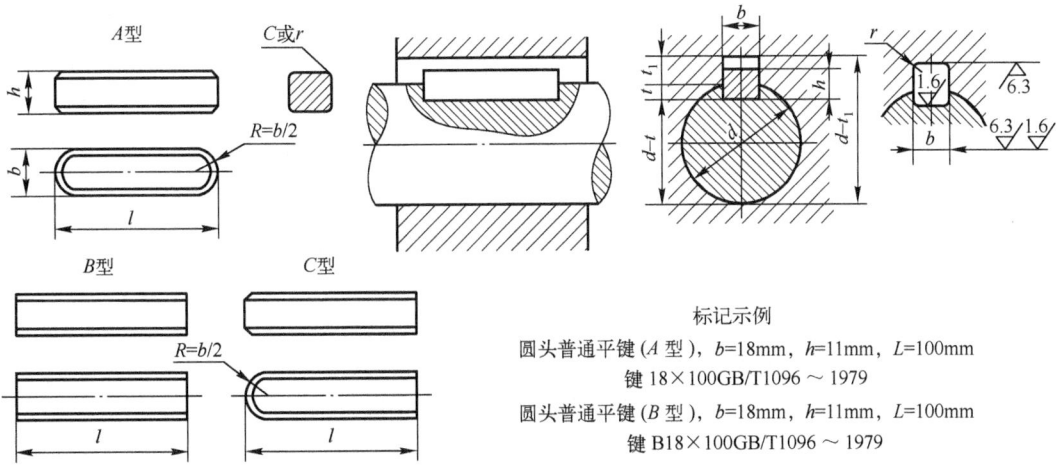

标记示例

圆头普通平键（A 型），b=18mm，h=11mm，L=100mm
键 18×100GB/T1096～1979

圆头普通平键（B 型），b=18mm，h=11mm，L=100mm
键 B18×100GB/T1096～1979

附表 3-1　普通平键及键槽各部分尺寸　　　　　　　　（mm）

轴　径　d	键的公称尺寸			键　槽　深		r 小于 0
				轴	轮毂	
	b	h	l	t	t_1	
自 6～8	2	2	6～20	1.2	1.0	
>8～10	3	3	6～36	1.8	1.4	0.16
>10～12	4	4	8～45	2.5	1.8	
>12～17	5	5	10～56	3.0	2.3	
>17～22	6	6	14～70	3.5	2.8	0.25
>22～30	8	7	18～90	4.0	3.3	
>30～38	10	8	22～110	5.0	3.3	
>38～44	12	8	28～140	5.0	3.3	
>44～50	14	9	36～160	5.5	3.8	0.40
>50～58	16	10	45～180	6.0	4.3	
>58～65	18	11	50～200	7.0	4.4	
>65～75	20	12	56～220	7.5	4.9	
>75～85	22	14	63～250	9.0	5.4	
>85～95	25	14	70～280	9.0	5.4	0.60
>95～110	28	16	80～320	10.0	6.4	
>110～130	32	18	90～360	11.0	7.4	
>130～150	36	20	100～400	12.0	8.4	
>150～170	40	22	100～400	13.0	9.4	
>170～200	45	25	110～450	15.0	10.4	1.00
>200～230	50	28	125～500	17.0	11.4	

轴 径 d	键的公称尺寸			键槽深		r 小于 0
				轴	轮毂	
	b	h	l	t	t₁	
>230~260	56	30	140~500	20.0	12.4	1.60
>260~290	63	32	160~500	20.0	12.4	
>290~330	70	36	180~500	22.0	12.4	
>330~380	80	40	200~500	25.0	15.4	2.50
>380~440	90	45	220~500	28.0	17.4	
>440~500	100	50	250~500	31.0	19.5	
l 系列	6, 8, 10, 12, 14, 16, 18, 20, 25, 28, 32, 36, 40, 45, 50, 56, 63, 70, 80, 90, 100, 110, 120, 125, 140, 160……					

注：① 在工作图中轴槽深用 $d-t$ 或 t 标注，轮毂槽深用 $d+t_1$ 标注。

② 对于空心轴，阶梯轴、较低扭矩及定位等特殊情况，允许大直径的轴选用较小剖面尺寸的键。

2. 半圆键及键槽（摘自 GB/T 1099~1979 及 GB/T 1098~1979，1990 年确认有效）

附表 3-2　半圆键及键槽各部分尺寸　　　　　（mm）

轴 径 d		键的公称尺寸				键槽深		C 小于
						轴	轮毂	
键传动扭矩用	键传动定位用	b	h	d	L≈	t	t₁	
自 3~4	自 3~4	1.0	1.4	4	3.9	1.0	0.6	
>4~5	>4~6	1.5	2.6	7	6.8	2.0	0.8	
>5~6	>6~8	2.0				1.8	1.0	0.25
>6~7	>8~10		3.7	10	9.7	2.9		
>7~8	>10~12	2.5				2.7	1.2	
>8~10	>12~15	3.0	5.0	13	12.7	3.8	1.4	
>10~12	>15~18					5.3		
>12~14	>18~20	4.0	6.5	16	15.7	5.0	1.8	
>14~16	>20~22		7.5	19	18.6	6.0		
>16~18	>22~25	5.0	6.5	16	15.7	4.5	2.3	0.4
>18~20	>25~28		7.5	19	18.6	5.5		
>20~22	>28~32	6.0	9	11	21.6	7.0	2.8	
>22~25	>32~36					6.5		
>25~28	>36~40		10	25	24.5	7.5		
>28~32	>40	8	11	28	27.4	8.0	3.3	0.6
>32~38	—	10	13	32	31.4	10.0		

注：① 在工作图中轴槽深用 $d-t$ 或 t 标注，轮毂槽深用 $d+t_1$ 标注。

② k 值是计算键连接挤压应力时的参考尺寸。

3. 销

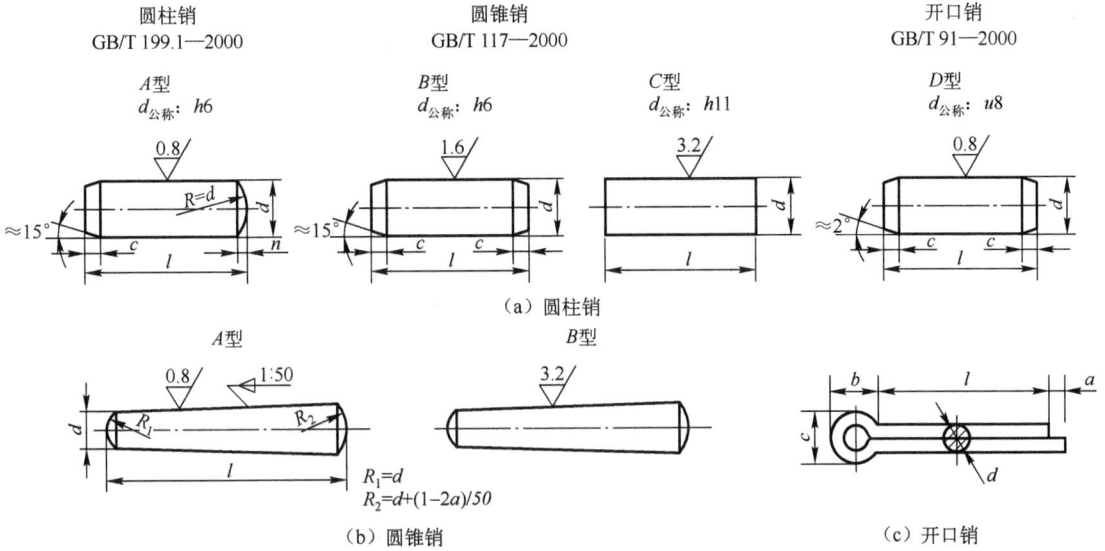

（a）圆柱销

（b）圆锥销　　　　　　　　　　（c）开口销

$R_1 = d$
$R_2 = d + (1 - 2a)/50$

标记示例

公称直径10mm、长50mm的A型圆柱销，其标记为：销 GB/T 119.1 6m10×50
公称直径10mm、长60mm的A型圆柱销，其标记为：销 GB/T 117 10×60
公称直径5mm、长50mm的开口销，其标记为：销 GB/T 91 10×50

附表3-3　销各部分尺寸　　　　　　　　　　　　（mm）

名　　　称	公称直径 d	1	1.2	1.5	2	2.5	3	4	5	6	8	10	12
圆柱销	$n \approx$	0.12	0.16	0.20	0.25	0.30	0.40	0.50	0.63	0.80	1.0	1.2	1.6
（GB/T 199.1－2000）	$c \approx$	0.20	0.25	0.30	0.35	0.40	0.50	0.63	0.80	1.2	1.6	2	2.5
圆锥销（GB/T 117－2000）	$a \approx$	0.12	0.16	0.20	0.25	0.30	0.40	0.50	0.63	0.80	1.0	1.2	1.6
开口销（GB/T 91－2000）	d（公称）	0.6	0.8	1.0	1.2	1.6	2	2.5	3.2	4	5	6.3	8
	c	1	1.4	1.8	2	2.8	3.6	4.6	5.8	7.4	9.2	11.8	15
	$b \approx$	2	2.4	3	3	3.2	4	5	6.4	8	10	12.6	16
	a	1.6	1.6	1.6	2.5	2.5	2.5	2.5	4	4	4	4	4
	l（商品规格范围公称长度）	4～12	5～16	6～	8～	8～	10～40	12～50	14～65	18～80	22～100	30～120	40～160
l 系列		2, 3, 4, 5, 6, 8, 10, 12, 14, 16, 18, 20, 22, 24, 26, 28, 30, 32, 35, 40, 45, 50, 55, 60, 65, 70, 75, 80, 85, 90, 95, 100, 120

四、极限与配合

附表 4-1　基本尺寸小于 500mm 的标准公差数值（摘自 GB/T 18800.3—1998）（μm）

基本尺寸（mm）	公差等级（μm）																		
	IT01	IT0	IT1	IT2	IT3	IT4	IT5	IT6	IT7	IT8	IT9	IT10	IT11	IT12	IT13	IT14	IT15	IT16	IT17	IT18
≤3	0.3	0.5	0.8	1.2	2	3	4	6	10	14	25	40	60	100	140	250	400	600	1000	1400
>3~6	0.4	0.6	1	1.5	2.5	4	5	8	12	18	30	48	75	120	180	300	480	750	1200	1800
>6~10	0.4	0.6	1	1.5	2.5	4	6	9	15	22	36	58	90	150	220	360	580	900	1500	2200
>10~18	0.5	0.8	1.2	2	3	5	8	11	18	27	43	70	110	180	270	430	700	1100	1800	2700
>18~30	0.6	1	1.5	2.5	4	6	9	13	21	33	52	84	130	210	330	520	840	1300	2100	3300
>30~50	0.7	1	1.5	2.5	4	7	11	16	25	39	62	100	160	250	390	620	1000	1600	2500	3900
>50~80	0.8	1.2	2	3	5	8	13	19	30	46	74	120	190	300	460	740	1200	1900	3000	4600
>80~120	1	1.5	2.5	4	6	10	15	22	35	54	87	140	220	350	540	870	1400	2200	3500	5400
>120~180	1.2	2	3.5	5	8	12	18	25	40	63	100	160	250	400	630	1000	1600	2500	4000	6300
>180~250	2	3	4.5	7	10	14	20	29	46	72	115	185	290	460	720	1150	2850	2900	4600	7200
>250~315	2.5	4	6	8	12	16	23	32	52	81	130	210	320	520	810	1300	2100	3200	5200	8100
>315~400	3	5	7	9	13	18	25	36	57	89	140	230	360	570	890	1400	2300	3600	5700	8900
>400~500	4	6	8	10	15	20	27	40	63	97	155	250	400	630	970	1550	2500	4000	6300	9700

附表 4-2　轴的优先及常用轴公差带极限偏差数值表(摘自 GB/T 1800.4—1999)（μm）

基本尺寸(mm)	常用及优先公差带(带圈者为优先公差)												
	a	b		c			d				e		
	11	11	12	9	10	⑪	8	⑨	10	11	7	8	9
>0 ~ 3	−270 −330	−140 −200	−140 −240	−60 −85	−60 −100	−60 −120	−20 −34	−20 −45	−20 −60	−20 −80	−14 −24	−14 −28	−14 −39
>3 ~ 6	−270 −345	−140 −215	−140 −260	−70 −100	−70 −118	−70 −145	−30 −48	−30 −60	−30 −78	−30 −105	−20 −32	−20 −38	−20 −50
>6 ~ 10	−280 −370	−150 −240	−150 −300	−80 −116	−80 −138	−80 −170	−40 −62	−40 −79	−40 −98	−40 −130	−25 −40	−25 −47	−25 −61
>10 ~ 14	−290 −400	−150 −260	−150 −330	−95 −138	−95 −165	−95 −205	−50 −77	−50 −93	−50 −120	−50 −160	−32 −50	−32 −59	−32 −75
>14 ~ 18													
>18 ~ 24	−300 −430	−160 −290	−160 −290	−110 −162	−110 −194	−110 −240	−65 −98	−65 −117	−65 −149	−65 −195	−40 −61	−40 −73	−40 −92
>24 ~ 30													
>30 ~ 40	−310 −470	−170 −330	−170 −330	−120 −182	−120 −220	−120 −280	−80 −119	−80 −142	−80 −180	−80 −240	−50 −75	−50 −89	−50 −112
>40 ~ 50	−320 −480	−180 −340	−180 −340	−130 −192	−130 −230	−130 −290							
>50 ~ 65	−340 −530	−190 −380	−190 −400	−140 −214	−140 −260	−140 −330	−100 −146	−100 −174	−100 −220	−100 −290	−60 −90	−60 −106	−60 −134
>65 ~ 80	−360 −550	−200 −390	−200 −500	−150 −224	−150 −270	−150 −340							
>80 ~ 100	−380 −600	−200 −440	−220 −570	−170 −257	−170 −310	−170 −390	−120 −174	−120 −207	−120 −260	−120 −340	−72 −109	−72 −126	−72 −159
>100 ~ 120	−410 −630	−240 −460	−240 −590	−180 −267	−180 −320	−180 −400							
>120 ~ 140	−460 −710	260 −510	−260 −660	−200 −300	−200 −360	−200 −450	−145 −208	−145 −245	−145 −305	−145 −395	−85 −125	−85 −148	−85 −185
>140 ~ 160	−520 −770	−280 −530	−280 −680	−210 −310	−210 −370	−210 −460							
>160 ~ 180	−580 −830	−310 −560	−310 −710	−230 −330	−230 −390	−230 −480							
>180 ~ 200	−660 −950	−340 −630	−340 −800	−240 −355	−240 −425	−240 −530	−170 −242	−170 −285	−170 −355	−170 −460	−100 −146	−100 −172	−100 −215
>200 ~ 225	−740 −1030	−380 −670	−380 −840	−260 −375	−260 −445	−260 −550							
>225 ~ 250	−820 −1110	−420 −710	−420 −880	−280 −395	−280 −465	−280 −570							
>250 ~ 280	−920 −1240	−480 −800	−480 −1000	−300 −430	−300 −510	−300 −620	−19 −271	−190 −320	−190 −400	−190 −510	−110 −162	−110 −191	−110 −240
>280 ~ 315	−1050 −1370	−540 −860	−540 −1060	−330 −460	−330 −540	−330 −650							
>315 ~ 355	−1200 −1560	−600 −960	−600 −1170	−360 −500	−360 −590	−360 −720	−210 −299	−210 −350	−210 −44	−210 −570	−125 −182	−125 −214	−125 −265
>355 ~ 400	−1350 −1710	−680 −1040	−680 −1250	−400 −540	−400 −630	−400 −760							
>400 ~ 450	−1500 −1900	−760 −1160	−760 −1390	−440 −595	−440 −690	−440 −840	−330 −327	−230 −385	−230 −480	−230 −630	−135 −198	−135 −232	−135 −290
>450 ~ 500	−1650 −2050	−840 −1240	−840 −1470	−480 −635	−480 −730	−480 −880							

注:基本尺寸小于1mm时,各级的 a 和 b 均不采用。

基本尺寸 (mm)	常用及优先公差带(带圈者为优先公差)														
	f					g			h							
	5	6	⑦	8	9	5	⑥	7	5	⑥	⑦	8	⑨	10	⑪	12
>0~3	−6 −10	−6 −12	−6 −16	−6 −20	−6 −31	−2 −6	−2 −8	−2 −12	0 −4	0 −6	0 −10	0 −14	0 −25	0 −40	0 −60	0 −100
>3~6	−10 −15	−10 −18	−10 −22	−10 −28	−10 −40	−4 −9	−4 −12	−4 −16	0 −5	0 −8	0 −12	0 −18	0 −30	0 −48	0 −75	0 −120
>6~10	−13 −19	−13 −22	−13 −28	−13 −35	−13 −49	−5 −11	−5 −14	−5 −20	0 −6	0 −9	0 −15	0 −22	0 −36	0 −58	0 −90	0 −150
>10~14	−16 −24	−16 −27	−16 −34	−16 −43	−16 −59	−6 −14	−6 −17	−6 −24	0 −8	0 −11	0 −18	0 −27	0 −43	0 −70	0 −110	0 −180
>14~18																
>18~24	−20 −29	−20 −33	−20 −41	−20 −53	−20 −72	−7 −16	−7 −20	−7 −28	0 −9	0 −13	0 −21	0 −33	0 −52	0 −84	0 −130	0 −210
>24~30																
>30~40	−25 −36	−25 −41	−25 −50	−25 −64	−25 −87	−9 −20	−9 −25	−9 −34	0 −11	0 −16	0 −25	0 −39	0 −62	0 −100	0 −160	0 −250
>40~50																
>50~65	−30 −43	−30 −49	−30 −50	−30 −76	−30 −104	−10 −23	−10 −29	−10 −40	0 −13	0 −19	0 −30	0 −46	0 −74	0 −120	0 −190	0 −300
>65~80																
>80~100	−36 −51	−36 −58	−36 −71	−36 −90	−36 −123	−12 −27	−12 −34	−12 −47	0 −15	0 −22	0 −35	0 −54	0 −87	0 −140	0 −220	0 −350
>100~120																
>120~140	−43 −61	−43 −68	−43 −83	−43 −106	−43 −143	−14 −32	−14 −39	−14 −54	0 −18	0 −25	0 −40	0 −63	0 −100	0 −160	0 −250	0 −400
>140~160																
>160~180																
>180~200	−50 −70	−50 −79	−50 −96	−50 −122	−50 −165	−15 −35	−15 −44	−15 −61	0 −20	0 −29	0 −46	0 −72	0 −115	0 −185	0 −290	0 −460
>200~225																
>225~250																
>250~280	−56 −79	−56 −88	−56 −108	−56 −137	−56 −186	−17 −40	−17 −49	−17 −69	0 −23	0 −32	0 −52	0 −81	0 −130	0 −210	0 −320	0 −520
>280~315																
>315~355	−62 −87	−62 −98	−62 −119	−62 −151	−62 −202	−18 −43	−18 −54	−18 −75	0 −25	0 −36	0 −57	0 −89	0 −140	0 −230	0 −360	0 −570
>355~400																
>400~450	−68 −95	−68 −108	−68 −131	−68 −165	−68 −223	−20 −47	−20 −60	−20 −83	0 −27	0 −40	0 −63	0 −97	0 −155	0 −250	0 −400	0 −630
>450~500																

基本尺寸 (mm)	常用及优先公差带（带圈者为优先公差）														
	js			*k*			*m*			*n*			*p*		
	5	⑥	7	5	⑥	7	5	6	7	5	⑥	7	5	⑥	7
>0~3	±2	±3	±5	+4 0	+6 0	+10 0	+6 +2	+8 +2	+12 +2	+8 +4	+10 +4	+14 +4	+10 +6	+12 +6	+16 +6
>3~6	±2.5	±4	±6	+6 +1	+6 +1	+13 +1	+9 +4	+12 +4	+16 +4	+13 +8	+16 +8	+20 +8	+17 +12	+20 +12	+24 +12
>6~10	±3	±4.5	±7	+7 +1	+7 +1	+16 +1	+12 +6	+15 +6	+21 +6	+16 +10	+19 +10	+25 +10	+21 +15	+24 +15	+30 +15
>10~14 >14~18	±4	±5.5	±9	+9 +1	+9 +1	+19 +1	+15 +7	+18 +7	+25 +7	+20 +12	+23 +12	+30 +12	+26 +18	+29 +18	+36 +18
>18~24 >24~30	±4.5	±6.5	±10	+11 +2	+11 +2	+23 +2	+17 +8	+21 +8	+29 +8	+24 +15	+28 +15	+36 +15	+31 +21	+35 +22	+43 +22
>30~40 >40~50	±5.5	±8	±12	+13 +2	+13 +2	+27 +2	+20 +9	+25 +9	+34 +9	+28 +17	+33 +17	+42 +17	+37 +26	+42 +26	+51 +26
>50~65 >65~80	±6.5	±9.5	±15	+15 +2	+15 +2	+32 +2	+24 +11	+30 +11	+41 +11	+33 +20	+39 +20	+50 +20	+45 +32	+51 +32	+62 +32
>80~100 >100~120	±7.5	±11	±17	+18 +3	+18 +3	+38 +3	+28 +13	+35 +13	+48 +13	+38 +23	+45 +23	+58 +23	+52 +37	+59 +37	+72 +37
>120~140 >140~160 >160~180	±9	±12.5	±20	+21 +3	+21 +3	+43 +3	+33 +15	+40 +15	+55 +15	+45 +27	+52 +27	+67 +27	+61 +43	+68 +43	+83 +43
>180~200 >200~225 >225~250	±10	±14.5	±23	+24 +4	+24 +4	+50 +4	+37 +17	+46 +17	+63 +17	+51 +31	+60 +31	+77 +31	+70 +50	+79 +50	+96 +50
>250~280 >280~315	±11.5	±16	±26	+27 +4	+27 +4	+56 +4	+43 +20	+52 +20	+72 +20	+57 +34	+66 +34	+86 +34	+79 +56	+88 +56	+108 +56
>315~355 >355~400	±12.5	±18	±28	+29 +4	+29 +4	+61 +4	+46 +21	+57 +21	+78 +21	+62 +37	+73 +37	+94 +37	+87 +62	+98 +62	+119 +62
>400~450 >450~500	±13.5	±20	±31	+32 +5	+32 +5	+68 +5	+50 +23	+63 +23	+86 +23	+67 +40	+80 +40	+103 +40	+95 +68	+108 +68	+131 +68

基本尺寸 （mm）	常用及优先公差带（带圈者为优先公差）														
	r			s			t			u		v	x	y	z
	5	6	7	5	⑥	7	5	6	7	⑥	7	6	6	6	6
>0~3	+14 +10	+16 +10	+20 +10	+18 +14	+20 +14	+24 +14	—	—	—	+24 +18	+28 +18	—	+26 +20	—	+32 +26
>3~6	+20 +15	+23 +15	+27 +15	+24 +19	+27 +19	+31 +19	—	—	—	+31 +23	+35 +23	—	+36 +28	—	+43 +35
>6~10	+25 +19	+28 +19	+34 +19	+29 +23	+32 +23	+38 +23	—	—	—	+37 +28	+43 +28	—	+43 +34	—	+51 +42
>10~14	+31 +23	+34 +23	+41 +23	+36 +28	+39 +28	+46 +28	—	—	—	+44 +33	+51 +33	—	+51 +40	—	+61 +50
>14~18												+50 +39	+56 +45	—	+71 +60
>18~24	+37 +28	+41 +28	+49 +28	+44 +35	+48 +35	+56 +35	—	—	—	+54 +41	+62 +41	+60 +47	+67 +54	+76 +63	+86 +73
>24~30							+50 +41	+54 +41	+62 +41	+61 +48	+69 +48	+68 +55	+77 +64	+88 +75	+101 +88
>30~40	+45 +34	+50 +34	+59 +34	+54 +43	+59 +43	+68 +43	+59 +48	+64 +48	+73 +48	+76 +60	+85 +60	+84 +68	+96 +80	+110 +94	+128 +112
>40~50							+65 +54	+70 +54	+79 +54	+86 +70	+95 +70	+97 +81	+113 +97	+130 +114	+152 +136
>50~65	+54 +41	+60 +41	+71 +41	+66 +53	+72 +53	+83 +53	+79 +66	+85 +66	+96 +66	+106 +87	+117 +87	+121 +102	+141 +122	+163 +144	+191 +172
>65~80	+56 +43	+62 +43	+73 +43	+72 +59	+78 +59	+89 +59	+88 +75	+94 +75	+105 +75	+121 +102	+132 +102	+139 +120	+165 +145	+193 +174	+229 +210
>80~100	+66 +51	+73 +51	+86 +51	+86 +71	+93 +71	+106 +91	+106 +91	+113 +91	+126 +91	+146 +124	+159 +124	+168 +146	+200 +178	+236 +214	+280 +258
>100~120	+69 +54	+76 +54	+89 +54	+94 +79	+101 +79	+114 +79	+110 +104	+126 +104	+136 +104	+166 +144	+179 +144	+194 +172	+232 +210	+276 +254	+332 +310
>120~140	+81 +63	+88 +63	+103 +63	+110 +92	+117 +92	+132 +92	+140 +122	+147 +122	+162 +122	+195 +170	+210 +170	+227 +202	+273 +248	+325 +300	+390 +365
>140~160	+83 +65	+90 +65	+105 +65	+118 +100	+125 +100	+140 +100	+152 +134	+159 +134	+174 +134	+215 +190	+230 +190	+253 +228	+305 +280	+365 +340	+440 +415
>160~180	+86 +68	+93 +68	+108 +68	+126 +108	+133 +108	+148 +108	+164 +146	+171 +146	+186 +146	+235 +210	+250 +210	+277 +252	+335 +310	+405 +380	+490 +465
>180~200	+97 +77	+106 +77	+123 +77	+142 +122	+151 +122	+168 +122	+186 +166	+195 +166	+212 +166	+265 +236	+282 +236	+313 +284	+379 +350	+454 +425	+549 +520
>200~225	+100 +80	+109 +80	+126 +80	+150 +130	+159 +130	+176 +130	+200 +180	+209 +180	+226 +180	+287 +258	+304 +258	+339 +310	+414 +385	+499 +470	+604 +575
>225~250	+104 +84	+113 +84	+130 +84	+160 +140	+169 +140	+186 +140	+216 +196	+225 +196	+242 +196	+313 +284	+330 +284	+369 +340	+454 +425	+549 +520	+669 +640
>250~280	+117 +94	+126 +94	+146 +94	+181 +158	+190 +158	+210 +158	+241 +218	+250 +218	+270 +218	+347 +315	+367 +315	+417 +385	+507 +475	+612 +580	+742 +710
>280~315	+121 +98	+130 +98	+150 +98	+193 +170	+202 +170	+222 +170	+263 +240	+272 +240	+292 +240	+382 +350	+402 +350	+457 +425	+557 +525	+682 +650	+822 +790
>315~355	+133 +108	+144 +108	+165 +108	+215 +190	+226 +190	+247 +190	+293 +268	+304 +268	+325 +268	+426 +390	+447 +390	+511 +475	+626 +590	+766 +730	+936 +900
>355~400	+139 +114	+150 +114	+171 +114	+233 +208	+244 +208	+265 +208	+319 +294	+330 +294	+351 +294	+471 +435	+492 +435	+566 +530	+696 +660	+856 +820	+1036 +1000
>400~450	+153 +126	+166 +126	+189 +126	+259 +232	+272 +232	+295 +232	+357 +330	+370 +330	+393 +330	+530 +490	+553 +490	+635 +595	+780 +740	+960 +920	+1140 +1100
>450~500	+159 +132	+172 +132	+195 +132	+279 +252	+292 +252	+315 +252	+387 +360	+400 +360	+423 +360	+580 +540	+603 +540	+700 +660	+860 +820	+1040 +1000	+1290 +1250

基本尺寸 (mm)	常用及优先公差带(带圈者为优先公差)													
	A	B	C		D				E		F			
	11	11	12	⑪	8	⑨	10	11	8	9	6	7	⑧	9
>0~3	+330 +270	+220 +140	+240 +140	+120 +60	+34 +20	+45 +20	+60 +20	+80 +20	+28 +14	+39 +14	+12 +6	+16 +6	+20 +6	+31 +6
>3~6	+345 +270	+215 +140	+260 +140	+145 +70	+48 +30	+60 +30	+78 +30	+105 +30	+38 +20	+50 +20	+18 +10	+22 +10	+28 +10	+40 +10
>6~10	+370 +280	+240 +150	+300 +150	+170 +80	+62 +40	+76 +40	+98 +40	+130 +40	+47 +25	+61 +25	+22 +13	+28 +13	+35 +13	+49 +13
>10~14	+400 +290	+260 +150	+330 +150	+205 +95	+77 +50	+93 +50	+120 +50	+160 +50	+59 +32	+75 +32	+27 +16	+34 +16	+43 +16	+59 +16
>14~18	+400 +290	+260 +150	+330 +150	+205 +95	+77 +50	+93 +50	+120 +50	+160 +50	+59 +32	+75 +32	+27 +16	+34 +16	+43 +16	+59 +16
>18~24	+430 +300	+290 +160	+370 +160	+240 +110	+98 +65	+117 +65	+149 +65	+195 +65	+73 +40	+92 +40	+33 +20	+41 +20	+53 +20	+72 +20
>24~30	+430 +300	+290 +160	+370 +160	+240 +110	+98 +65	+117 +65	+149 +65	+195 +65	+73 +40	+92 +40	+33 +20	+41 +20	+53 +20	+72 +20
>30~40	+470 +310	+330 +170	+420 +170	+280 +170	+119 +80	+142 +80	+180 +80	+240 +80	+89 +50	+12 +50	+41 +25	+50 +25	+64 +25	+87 +25
>40~50	+480 +320	+340 +180	+430 +180	+290 +180	+119 +80	+142 +80	+180 +80	+240 +80	+89 +50	+12 +50	+41 +25	+50 +25	+64 +25	+87 +25
>50~65	+530 +340	+380 +190	+490 +190	+330 +140	+146 +100	+170 +100	+220 +100	+290 +100	+106 +60	+134 +80	+49 +30	+60 +30	+76 +30	+104 +30
>65~80	+550 +360	+390 +200	+500 +200	+340 +150	+146 +100	+170 +100	+220 +100	+290 +100	+106 +60	+134 +80	+49 +30	+60 +30	+76 +30	+104 +30
>80~100	+600 +380	+440 +220	+570 +220	+390 +170	+174 +120	+207 +120	+260 +120	+340 +120	+126 +72	+159 +72	+58 +36	+71 +36	+90 +36	+123 +36
>100~120	+630 410	+460 +240	+590 +240	+400 +180	+174 +120	+207 +120	+260 +120	+340 +120	+126 +72	+159 +72	+58 +36	+71 +36	+90 +36	+123 +36
>120~140	710 +460	+510 +260	+660 +260	+450 +200	+208 +145	+245 +145	+305 +145	+395 +145	+148 +85	+135 +85	+68 +43	+83 +43	+106 +43	+143 +43
>140~160	+770 +520	+530 +280	+680 +280	+460 +210	+208 +145	+245 +145	+305 +145	+395 +145	+148 +85	+135 +85	+68 +43	+83 +43	+106 +43	+143 +43
>160~180	830 +580	+560 +310	+710 +310	+480 +230	+208 +145	+245 +145	+305 +145	+395 +145	+148 +85	+135 +85	+68 +43	+83 +43	+106 +43	+143 +43
>180~200	950 +660	+630 +340	+800 +340	+530 +240	+242 +170	+285 +170	+355 +170	+460 +170	+172 +100	+215 +100	+79 +50	+96 +50	+122 +50	+165 +50
>200~225	1030 +740	+670 +380	+840 +380	+550 +260	+242 +170	+285 +170	+355 +170	+460 +170	+172 +100	+215 +100	+79 +50	+96 +50	+122 +50	+165 +50
>225~250	+1110 +820	+710 +420	+880 +420	+570 +280	+242 +170	+285 +170	+355 +170	+460 +170	+172 +100	+215 +100	+79 +50	+96 +50	+122 +50	+165 +50
>250~280	+1240 +920	+800 +480	+1000 +480	+620 +300	+271 +190	+320 +190	+400 +190	+510 +190	+191 +110	+240 +110	+88 +56	+108 +56	+137 +56	+186 +56
>280~315	1370 +1050	+860 +540	+1060 +540	+650 +330	+271 +190	+320 +190	+400 +190	+510 +190	+191 +110	+240 +110	+88 +56	+108 +56	+137 +56	+186 +56
>315~355	+1560 +1200	+960 +600	+1170 +600	+720 +360	+299 +210	+350 +210	+440 +210	+570 +210	+214 +125	+265 +125	+98 +62	+119 +62	+151 +62	+202 +62
>355~400	+1710 +1350	+1040 +680	+1250 +680	+760 +400	+299 +210	+350 +210	+440 +210	+570 +210	+214 +125	+265 +125	+98 +62	+119 +62	+151 +62	+202 +62
>400~450	+1900 +1500	+1160 +760	+1390 +760	+840 +440	+327 +230	+385 +230	+480 +230	+630 +230	+232 +135	+290 +135	+108 +68	+131 +68	+165 +68	+223 +68
>450~500	+2050 +1650	+1240 +840	+1470 +840	+880 +480	+327 +230	+385 +230	+480 +230	+630 +230	+232 +135	+290 +135	+108 +68	+131 +68	+165 +68	+223 +68

注:基本尺寸小于1mm时,各级的 A 和 B 均不采用。

基本尺寸 （mm）	常用及优先公差带（带圈者为优先公差）																
	G		H							Js			K			M		
	6	⑦	6	⑦	⑧	⑨	10	⑪	12	6	7	8	6	⑦	8	6	7	8
>0~3	+8 +2	+12 +2	+6 0	+10 0	+14 0	+25 0	+40 0	+60 0	+100 0	±3	±5	±7	0 -6	0 -10	0 -14	-2 -8	-2 -12	-2 -16
>3~6	+12 +4	+16 +4	+8 0	+12 0	+18 0	+30 0	+48 0	+75 0	+120 0	±4	±6	±9	+2 -6	+3 -9	+5 -13	-1 -9	0 -12	+2 -16
>6~10	+14 +5	+20 +5	+9 0	+15 0	+22 0	+36 0	+58 0	+90 0	+150 0	±4.5	±7	±11	+2 -7	+5 -10	+6 -16	-3 -12	0 -15	+1 -21
>10~14	+17 +6	+24 +6	+11 0	+18 0	+27 0	+43 0	+70 0	+110 0	+180 0	±5.5	±9	±13	+2 -9	+6 -12	+8 -19	-4 -15	0 -18	+2 -25
>14~18																		
>18~24	+20 +7	+28 +7	+13 0	+21 0	+33 0	+52 0	+84 0	+130 0	+210 0	±6.5	±10	±16	+2 -11	+6 -15	+10 -23	-4 -17	0 -21	+4 -29
>24~30																		
>30~40	+25 +9	+34 +9	+16 0	+25 0	+39 0	+62 0	+100 0	+160 0	+250 0	±8	±12	±19	+3 -13	+7 -18	+12 -27	-4 -20	0 -25	+5 -34
>40~50																		
>50~65	+29 +10	+40 +10	+19 0	+30 0	+46 0	+74 0	+120 0	+190 0	+300 0	±9.5	±15	±23	+4 -15	+9 -21	+14 -32	-5 -24	0 -30	+5 -41
>65~80																		
>80~100	+34 +12	+47 +12	+22 0	+35 0	+54 0	+87 0	+140 0	+220 0	+350 0	±11	±17	±27	+4 -18	+10 -25	+16 -38	-6 -28	0 -35	+6 -48
>100~120																		
>120~140	+39 +14	+54 +14	+25 0	+40 0	+63 0	+100 0	+160 0	+250 0	+400 0	±12.5	±20	±31	+4 -21	+12 -28	+20 -43	-8 -33	0 -40	+8 -55
>140~160																		
>160~180																		
>180~200	+44 +15	+61 +15	+29 0	+46 0	+72 0	+115 0	+185 0	+290 0	+460 0	±14.5	±23	±36	+5 -24	+13 -33	+22 -50	-8 -37	0 -46	+9 -63
>200~225																		
>225~250																		
>250~280	+49 +17	+69 +17	+32 0	+52 0	+81 0	+130 0	+210 0	+320 0	+520 0	±16	±26	±40	+5 -27	+16 -36	+25 -56	-9 -41	0 -52	+9 -72
>280~315																		
>315~355	+54 +18	+75 +18	+36 0	+57 0	+89 0	+140 0	+230 0	+360 0	+570 0	±18	±28	±44	+7 -29	+17 -40	+28 -61	-10 -46	0 -57	+11 -78
>355~400																		
>400~450	+60 +20	+83 +20	+40 0	+63 0	+97 0	+155 0	+250 0	+400 0	+630 0	±20	±31	±48	+8 -32	+18 -45	+29 -68	-10 -50	0 -63	+11 -86
>450~500																		

基本尺寸 (mm)	常用及优先公差带(带圈者为优先公差)											
	N			P		R		S		T		U
	6	⑦	8	6	⑦	6	7	6	⑦	6	7	⑦
>0~3	−4 −10	−4 −14	−4 −18	−6 −12	−6 −16	−10 −16	−10 −20	−14 −20	−14 −24	—	—	−18 −28
>3~6	−5 −13	−4 −16	−2 −20	−9 −17	−8 −20	−12 −20	−11 −23	−16 −24	−15 −27	—	—	−19 −31
>6~10	−7 −16	−4 −19	−3 −25	−12 −21	−9 −24	−16 −25	−13 −28	−20 −29	−17 −32	—	—	−22 −37
>10~14	−9 −20	−5 −23	−3 −30	−15 −26	−11 −29	−20 −31	−16 −34	−25 −36	−21 −39	—	—	−26 −44
>14~18	−9 −20	−5 −23	−3 −30	−15 −26	−11 −29	−20 −31	−16 −34	−25 −36	−21 −39	—	—	−26 −44
>18~24	−11 −24	−7 −28	−3 −36	−18 −31	−14 −35	−27 −37	−20 −41	−31 −44	−27 −48	—	—	−33 −54
>24~30	−11 −24	−7 −28	−3 −36	−18 −31	−14 −35	−27 −37	−20 −41	−31 −44	−27 −48	−37 −50	−33 −54	−40 −61
>30~40	−12 −28	−8 −33	−3 −42	−21 −37	−17 −42	−29 −45	−25 −50	−38 −54	−34 −59	−43 −59	−39 −64	−51 −76
>40~50	−12 −28	−8 −33	−3 −42	−21 −37	−17 −42	−29 −45	−25 −50	−38 −54	−34 −59	−49 −65	−45 −70	−61 −86
>50~65	−14 −33	−9 −39	−4 −50	−26 −45	−21 −51	−35 −54	−30 −60	−47 −66	−42 −72	−60 −79	−55 −85	−76 −106
>65~80	−14 −33	−9 −39	−4 −50	−26 −45	−21 −51	−37 −56	−32 −62	−53 −72	−48 −78	−69 −88	−64 −94	−91 −121
>80~100	−16 −38	−10 −45	−5 −58	−30 −52	−24 −54	−44 −66	−38 −73	−64 −86	−58 −93	−84 −106	−78 −113	−111 −146
>100~120	−16 −38	−10 −45	−5 −58	−30 −52	−24 −54	−47 −69	−41 −76	−72 −94	−66 −101	−97 −119	−91 −126	−131 −166
>120~140	−20 −45	−12 −52	−4 −67	−36 −61	−28 −68	−56 −81	−48 −88	−85 −110	−77 −117	−115 −140	−107 −147	−155 −195
>140~160	−20 −45	−12 −52	−4 −67	−36 −61	−28 −68	−58 −83	−50 −90	−93 −118	−85 −125	−127 −152	−119 −159	−175 −215
>160~180	−20 −45	−12 −52	−4 −67	−36 −61	−28 −68	−61 −86	−53 −93	−101 −126	−93 −133	−139 −164	−131 −171	−195 −235
>180~200	−22 −51	−14 −60	−5 −77	−41 −70	−33 −79	−68 −97	−60 −106	−113 −142	−105 −151	−157 −186	−149 −195	−219 −265
>200~225	−22 −51	−14 −60	−5 −77	−41 −70	−33 −79	−71 −100	−63 −109	−121 −150	−113 −159	−171 −200	−163 −209	−241 −287
>225~250	−22 −51	−14 −60	−5 −77	−41 −70	−33 −79	−75 −104	−67 −113	−131 −160	−123 −169	−187 −216	−179 −225	−267 −313
>250~280	−25 −57	−14 −66	−5 −86	−47 −79	−36 −88	−85 −117	−74 −126	−149 −181	−138 −190	−209 −241	−198 −250	−295 −347
>280~315	−25 −57	−14 −66	−5 −86	−47 −79	−36 −88	−89 −121	−78 −130	−161 −193	−150 −202	−231 −263	−220 −272	−330 −382
>315~355	−26 −62	−16 −73	−5 −94	−51 −87	−41 −98	−97 −133	−87 −144	−179 −215	−169 −226	−257 −293	−247 −304	−369 −426
>355~400	−26 −62	−16 −73	−5 −94	−51 −87	−41 −98	−103 −139	−93 −150	−197 −233	−187 −244	−283 −319	−273 −330	−414 −471
>400~450	−27 −67	−17 −80	−6 −103	−55 −95	−45 −108	−113 −153	−103 −166	−219 −259	−209 −272	−317 −357	−307 −370	−467 −530
>450~500	−27 −67	−17 −80	−6 −103	−55 −95	−45 −108	−119 −159	−109 −172	−239 −279	−229 −279	−347 −387	−337 −400	−517 −580

附表 4-4 形位公差的公差值(摘自 GB/T 1184－1996)

公差项目	主参数 L(mm)	公差等级											
		1	2	3	4	5	6	7	8	9	10	11	12
		公差值(μm)											
直线度、平面度	≤10	0.2	0.4	0.8	1.2	2	3	5	8	12	20	30	60
	>10～16	0.25	0.5	1	1.5	2.5	4	6	10	15	25	40	80
	>16～25	0.3	0.6	1.2	2	3	5	8	12	20	30	50	100
	>25～40	0.4	0.8	1.5	2.5	4	6	10	15	25	40	60	120
	>40～63	0.5	1	2	3	5	8	12	20	30	50	80	150
	>63～100	0.6	1.2	2.5	4	6	10	15	25	40	60	100	200
	>100～160	0.8	1.5	3	5	8	12	20	30	50	80	120	250
	>160～250	1	2	4	6	10	15	25	40	60	100	15	300
圆度、圆柱度	≤3	0.2	0.3	0.5	0.8	1.2	2	3	4	6	10	14	25
	>3～6	0.2	0.4	0.6	1	1.5	2.5	4	5	8	12	18	30
	>6～10	0.25	0.4	0.6	1	1.5	2.5	4	6	9	15	22	36
	>10～18	0.25	0.5	0.8	1.2	2	3	5	8	11	18	27	43
	>18～30	0.3	0.6	1	1.5	2.5	4	6	9	13	21	33	52
	>30～50	0.4	0.6	1	1.5	2.5	4	7	11	16	25	39	62
	>50～80	0.5	0.8	1.2	2	3	5	8	13	19	30	46	74
	>80～120	0.6	1	1.5	2.5	4	6	10	15	22	35	54	87
	>120～180	1	1.2	2	3.5	5	8	12	18	25	40	63	100
	>180～250	1.2	2	3	4.5	7	10	14	20	29	46	72	115
平行度、垂直度、倾斜度	≤10	0.4	0.8	1.5	3	5	8	12	20	30	50	80	120
	>10～16	0.5	1	2	4	6	10	15	25	40	60	100	150
	>16～25	0.6	1.2	2.5	5	8	2	20	30	50	80	120	200
	>25～40	0.8	1.5	3	6	10	15	25	40	60	100	150	250
	>40～63	1	2	4	8	10	20	30	50	80	120	200	300
	>63～100	1.2	2.5	5	10	15	25	40	60	100	150	250	400
	>100～160	1.5	3	6	12	20	30	50	80	120	200	300	500
	>160～250	2	4	8	15	25	40	60	100	150	250	400	600
同轴度、对称度、圆跳度、全跳度	≤1	0.4	0.6	1	1.5	2.5	4	6	10	15	25	40	60
	>1～3	0.4	0.6	1	1.5	2.5	4	6	10	20	40	60	120
	>3～6	0.5	0.8	1.2	2	3	5	8	12	25	50	80	150
	>6～10	0.6	1	1.5	2.5	4	6	10	15	30	60	100	200
	>10～18	0.8	1.2	2	3	5	8	12	20	40	80	120	250
	>18～30	1	1.5	2.5	4	6	10	15	25	50	100	150	300
	>30～50	1.2	2	3	5	8	12	20	30	60	120	200	400
	>50～120	1.5	2.5	4	6	10	15	25	40	80	150	250	500
	>120～250	2	3	5	8	12	20	30	50	100	200	300	600